敏捷成功之道

— *Mike Cohn* —

使用Scrum進行軟體開發
Software Development Using Scrum

詹喬智 譯
博碩文化 何芃穎 審校
搞笑談軟工 *Teddy Chen*、*Tim Lister* 專文推薦

作　　者：Mike Cohn
譯　　者：詹喬智
責任編輯：何芃穎

董 事 長：曾梓翔
總 編 輯：陳錦輝

出　　版：博碩文化股份有限公司
地　　址：221 新北市汐止區新台五路一段 112 號 10 樓 A 棟
　　　　　電話 (02) 2696-2869　傳真 (02) 2696-2867

發　　行：博碩文化股份有限公司
郵撥帳號：17484299　戶名：博碩文化股份有限公司
博碩網站：http://www.drmaster.com.tw
讀者服務信箱：dr26962869@gmail.com
訂購服務專線：(02) 2696-2869 分機 238、519
（週一至週五 09:30 ～ 12:00；13:30 ～ 17:00）

版　　次：2025 年 5 月初版

博碩書號：MP12102
建議零售價：新台幣 980 元
Ｉ Ｓ Ｂ Ｎ：978-626-414-176-5
律師顧問：鳴權法律事務所 陳曉鳴律師

本書如有破損或裝訂錯誤，請寄回本公司更換

國家圖書館出版品預行編目資料

敏捷成功之道：使用 Scrum 進行軟體開發 /
Mike Cohn 著；詹喬智譯. -- 初版. -- 新北
市：博碩文化股份有限公司, 2025.05
　　面；　　公分. -- (名家名著；32)(Mike Cohn
簽章推薦系列)
　　譯自：Succeeding with agile : software
development using Scrum
　　ISBN 978-626-414-176-5(平裝)

1.CST: 軟體研發 2.CST: 專案管理 3.CST: 電
腦程式設計

312.2　　　　　　　　　　　　　　114002814

Printed in Taiwan

商標聲明
本書中所引用之商標、產品名稱分屬各公司所有，本書引用純屬介紹之用，並無任何侵害之意。

有限擔保責任聲明
雖然作者與出版社已全力編輯與製作本書，唯不擔保本書及其所附媒體無任何瑕疵；亦不為使用本書而引起之衍生利益損失或意外損毀之損失擔保責任。即使本公司先前已被告知前述損毀之發生。本公司依本書所負之責任，僅限於台端對本書所付之實際價款。

著作權聲明
Authorized translation from the English language edition, entitled SUCCEEDING WITH AGILE: SOFTWARE DEVELOPMENT USING SCRUM, 1st Edition by COHN, MIKE, published by Pearson Education, Inc, Copyright© 2010 Pearson Education, Inc.

All rights reserved. No part of this book may be reproduced or transmitted in any form or by any means, electronic or mechanical, including photocopying, recording or by any information storage retrieval system, without permission from Pearson Education, Inc.

Chinese Traditional language edition published by Dr Master Press Co. Ltd., Copyright © 2025.

本書著作權為作者所有，並受國際著作權法保護，未經授權任意拷貝、引用、翻印，均屬違法。

博 碩 粉 絲 團　歡迎團體訂購，另有優惠，請洽服務專線
　　　　　　　(02) 2696-2869 分機 238、519

對《敏捷成功之道》的讚譽

「僅僅了解敏捷流程的機制是不夠的。Mike Cohn 編寫了一部出色且全面的建議集，幫助個人和團隊在採用和調整敏捷流程時應對那些複雜的挑戰。本書將成為敏捷團隊必讀的權威手冊。」

——Colin Bird，EMC Consulting 敏捷全球負責人

「Mike Cohn 在幫助眾多組織採用敏捷方法方面的經驗，透過實用的方法和寶貴的見解展現得淋漓盡致。如果你真的希望敏捷方法成功落實，這是你應該閱讀的書。」

——Jeff Honious，Reed Elsevier 創新部副總裁

「Mike Cohn 再次成功了。《敏捷成功之道》是他以及我們在敏捷領域迄今的所有經驗匯集。他涵蓋了從專案最初到成熟的所有階段，並為個人、團隊和企業提供了實質建議。無論你處於敏捷周期的哪個階段，這本書都能為你提供幫助！」

——Ron Jeffries，www.XProgramming.com

「如果你希望開始或進一步提升敏捷軟體開發，這本書將是你的最佳選擇。它探討了在擴展敏捷專案時的挑戰、優秀的解決方案和實用的指導。我們在引入敏捷到一個受 FDA 監管的大型部門時，廣泛應用了這本書中的指導原則。」

——Christ Vriens，Philips Research MiPlaza 部門主管

「如果轉型敏捷對你來說一直讓你感到困惑，那麼這本書將為你揭開其中的奧秘。Mike Cohn 為我們提供了一本權威且直截了當的指南，幫助你將組織轉變為高效、創新且具競爭力的成功企業。」

——Steve Greene，www.salesforce.com 專案管理和敏捷開發資深總監

「Mike Cohn 是協助軟體組織轉型的優秀顧問。本書是他多年來幫助企業轉型為敏捷的所有心得與 know-how。如果你正在考慮採用敏捷，拿起這本書就對了。」

——Christopher Fry，博士，www.salesforce.com 平台開發副總

「無論你是剛開始，還是已經有了 Scrum 的經驗，在《敏捷成功之道》中，Mike Cohn 提供了豐富的資訊來指導你如何持續改進。在全書中，概念透過實用的日常建議加以強化，包括如何處理反對意見和發人深省的『現在試一試』。此外，書中還附有豐富的延伸閱讀清單，是一本必備的好書。」

──Nikki Rohm，Electronic Arts 專案與資源管理工作室總監

「透過 Scrum 改進軟體流程的第一步很艱難，而且每往前一步都會帶來新的挑戰。在《敏捷成功之道》中，Mike Cohn 展示了其他組織如何完成這過程，幫助你從中學習以便成功實施 Scrum，並讓你的組織走上持續改進和創造價值的道路。」

──Johanes Brodwall，Steria Norway 首席科學家

「我從一開始審閱 Mike Cohn 的新書時，就立刻推薦它了。每當有人問我有關敏捷開發某些細節問題時，我會發現自己剛剛在 Mike 的某個章節讀到過很棒的內容。我非常高興這本書終於出版了，現在我可以直接說：『Mike 的書已經出版了！快去買吧！』」

──Linda Rising，《Fearless Change: Patterns for Introducing New Ideas》共同作者

「書名就說明了一切；這是一本洞察力極為深刻且務實的指南，幫助你成功實踐敏捷軟體開發。如果你只能讀一本敏捷相關書籍，那就選這本吧。我現在就想把它送給我所有的客戶！」

── Henrik Kniberg，敏捷教練、敏捷聯盟董事會成員、
《Scrumand XPfrom the Trenches》作者

「Mike Cohn 將深入的理論知識與實用的操作技術相結合。這是 Mike 又一本出色的敏捷著作，它將幫助你的團隊、部門甚至整個組織成功採用敏捷。」

──Matt Truxaw，Kaiser PermanenteIT 應用程式交付經理，認證 ScrumMaster

「Mike Cohn 的新書是公司轉型 Scrum 的權威指南，內容實用且易於應用。讀它，然後付諸實踐！」

──Roman Pichler，《Agile Product Management withScrum》作者

「《敏捷成功之道》兼具實用性、見解深刻，而且讀起來十分愉快。它將來自軟體業的故事和範例與偉大的理念相結合，不管是希望在公司推廣敏捷流程的企業，還是只想改進團隊單一專案運作方式的開發人員，都會對這本書產生濃厚興趣。」

——Andrew Stellman，《Head First PMP》、《Beautiful Teams》、
《Applied Software Project Management》作者

「在小型公司的 Web 應用程式中採用敏捷方法已經夠困難了，轉型一家企業更是難上加難。本書捕捉了我們曾經面臨的挑戰，並提供了深刻的見解，更重要的是提供了實用的解決方法。」

——Michael Wollin，CNN 廣播製作系統資深開發經理

「Mike Cohn 編寫了一本出色的指南，不僅可以幫助你啟動 Scrum 的實施，還能幫助你將整個企業轉變為敏捷社群。我已經實踐了本書中的許多建議，並看到了它們對我們組織內部支持 Scrum 的正面影響。」

——James Tischart，Mx Logic, Inc 產品交付副總

「在《敏捷成功之道》中，Mike Cohn 從自己和無數其他人經驗中提煉了敏捷開發的集體智慧和教訓。他提供了真實的實戰故事、有用的數據和研究，以及在採用、調整和擴展 Scrum 時，哪些做法有效、哪些無效的寶貴見解。我最喜歡本書的一點是，Mike 提供了多種不同替代方案和方法的智慧，並說明了每種方法最適合的情境。」

——Brad Appleton，「Fortune」百大的電信公司內部敏捷顧問

「我相信 Mike Cohn 的書將解答許多人和團隊在如何改善協作、溝通、品質和團隊生產力方面所面臨的困惑與挑戰。我特別欣賞並認同 Mike 的觀點：『在一個強調持續改進的過程中，不可能存在著終點。』這是一項艱鉅的工作，需要堅持、團隊合作和優秀的人。我計畫將《敏捷成功之道》列為我組織中的必讀書籍，就像我們之前對他的《Agile Estimating and Planning》一樣。」

——Scott Spencer，First American CoreLogic 工程副總

「Mike Cohn 再次成功地撰寫了一本全面的敏捷軟體開發指南，提供了眾多技巧和方法以實現成功。我熱烈推薦這本書給任何想要開始接觸敏捷或是希望改進開發流程的人。」

——**Benoit Houle**，BioWare（Electronic Arts 分部）資深開發經理

「毫無疑問，Mike Cohn 的新書將成為如何使用 Scrum 管理軟體專案的經典著作。本書精心編寫，避免了提供『萬能丹』的陷阱。雖然主要集中於 Scrum，但 Mike 結合了其他多種技術，創作了一本內容深入且全面的手冊。這不是基於一兩次經驗的草率之作；書中的例子充分展現了 Mike 在這領域的廣泛個人經驗。」

——**Philippe Kruchten**，英屬哥倫比亞大學軟體工程教授

「本書充滿了如何讓你的組織變敏捷的實用建議。它是一本實用的手冊，很適合面臨現實挑戰（例如為分布式團隊擴展敏捷）的教練和變革推動者——像是如何為分布式團隊擴展敏捷——以及尋求與整個組織互動的人。我喜歡 Mike Cohn 透過自己在業界面臨的挑戰，以故事的形式加上研究數據和獨特見解，將本書內容生動地呈現給讀者。我在每一章都學到了新東西，我相信你也會如此。」

——**Rachel Davies**，《Agile Coaching》共同作者

感謝 Laura、Savannah 和 Delaney，讓我成為那個擁有知識的人。

目錄

推薦序：Teddy Chen xii
推薦序：Tim Lister xiv
致謝 xvi
關於作者 xx
前言 xxi

Part I 開始進行 1

1 為什麼敏捷很難（卻很值得）？ 3
為什麼轉型很困難 5
為什麼這值得努力 11
更高的生產力和更低的成本 12
展望未來 19
延伸閱讀 20

2 轉型 Scrum 的 ADAPT 方法 21
意識 23
渴望 27
能力 31
推廣 34
轉移 38
將整個 ADAPT 放在一起看 41
延伸閱讀 42

3 導入 Scrum 的模式 43
從小處著手或全員投入 44
公開展示或隱密行動 48

	擴散 Scrum 的模式	51
	引入新的技術實踐	56
	最後一個考慮點	58
	延伸閱讀	60
4	**逐步敏捷**	**63**
	改進待辦清單	65
	企業轉型社群	66
	改進社群	73
	難以一體適用	82
	展望未來	82
	延伸閱讀	83
5	**你的第一個專案**	**85**
	前導專案的選擇	86
	選擇正確的時間啟動	88
	選擇一個前導團隊	90
	設定與管理期望	93
	這只是個前導專案	97
	延伸閱讀	98
Part II	**個人**	**99**
6	**克服抗拒**	**101**
	預測阻力	102
	溝通變革	105
	個人抵制的方式和原因	108
	抵抗是有用的警告	119
	延伸閱讀	120
7	**新的角色**	**121**
	ScrumMaster 的角色	121
	產品負責人	130
	新角色，舊職責	140

		延伸閱讀	141
	8	**改變的角色**	**143**
		分析師	144
		專案經理	146
		架構師	149
		部門經理	151
		程式設計師	153
		資料庫管理師	155
		測試人員	156
		使用者體驗設計師	158
		三個共通的主題	161
		延伸閱讀	161
	9	**技術實踐**	**163**
		追求技術上的卓越	164
		設計：有意圖但逐步湧現	175
		改進技術實踐並非可有可無的	181
		延伸閱讀	182
Part III		**團隊**	**185**
	10	**團隊結構**	**187**
		兩個披薩	188
		偏好功能團隊	194
		自組織不等於可以隨機組成	200
		一個人一個專案	204
		良好團隊結構的準則	210
		繼續往前走	211
		延伸閱讀	212
	11	**團隊合作**	**213**
		擁抱整個團隊的責任感	214
		專家可以依靠，但要適量	217

	每件事都做一點	218
	培養團隊學習	221
	透過承諾來鼓勵協作	228
	現在一起齊心向前	231
	延伸閱讀	231
12	**帶領自組織團隊**	**233**
	影響自組織	234
	影響組織的演化	242
	自組織的領導不只是買披薩	247
	延伸閱讀	248
13	**產品待辦清單**	**249**
	從寫文件轉變為口頭討論	250
	逐步完善需求	256
	學會在沒有規格的情況下開始	265
	讓產品待辦清單更加 DEEP	269
	不要忘記交談	270
	延伸閱讀	271
14	**衝刺**	**273**
	每次衝刺都交付可運作的軟體	274
	每個衝刺都交付有價值的東西	279
	在這個衝刺中為下一個衝刺做準備	282
	在整個衝刺中協作	285
	保持固定與嚴格的時間限制	294
	不要改變目標	297
	獲取回饋、學習和適應	301
	延伸閱讀	302
15	**規劃**	**303**
	逐步完善計畫	304
	不要指望用加班來挽救計畫	306
	優先調整範疇	312

		將估算與承諾分開	316
		總結	325
		延伸閱讀	326
	16	**品質**	**327**
		將測試整合到流程中	328
		在不同層次進行自動化	332
		進行驗收測試驅動開發（ATDD）	338
		還技術債	341
		品質是整個團隊的責任	344
		延伸閱讀	345
Part IV		**組織**	**347**
	17	**擴展 Scrum**	**349**
		擴展產品負責人的規模	350
		處理大型產品待辦清單	352
		主動管理依賴關係	356
		協調跨團隊的工作	363
		擴展衝刺規劃會議	369
		培養實踐社群	372
		Scrum 能夠擴展	377
		延伸閱讀	377
	18	**分散式團隊**	**379**
		決定如何分散多個團隊	380
		創造凝聚力	383
		實體聚集	392
		改變你的溝通方式	397
		補充一些文件	398
		會議	400
		謹慎行事	413
		延伸閱讀	413

19	**與其他方法共存**	415
	混合 Scrum 和順序開發	416
	治理	420
	合規性	423
	展望	428
	延伸閱讀	428
20	**人力資源、設備管理與專案管理辦公室（PMO）**	431
	人力資源	432
	設備管理	439
	專案管理辦公室（PMO）	447
	核心觀點	451
	延伸閱讀	452

Part V　接下來要做的事 ... 453

21	**看看自己的進展**	455
	衡量的目的	455
	通用敏捷性評估	456
	建立你自己的評估	464
	Scrum 團隊的平衡計分卡	465
	我們是否真的需要這樣做？	470
	延伸閱讀	471
22	**旅途還沒結束**	473
	參考文獻	475

推薦序

敏捷開發與 Scrum 作為一種解決方案,它究竟要解決什麼問題?一種常見的回答是:「讓個人、團隊與組織,能在競爭激烈、快速變動的環境中生存下來。」換句話說,就是要贏。

贏一次,也許靠運氣;想持續不敗,或從失敗中重新站起,就需要一種持續學習與改善的精神,以及願意親身投入實踐的決心。只要喊一聲「敏捷」,生產力立刻翻倍、開發時程瞬間砍半,這樣的情節只會出現在神話故事裡,或者是業配新聞稿中。真正的敏捷轉型,往往像古代的「變法維新」,困難重重、血淚斑斑。

幸運的是,我們可以從他人的經驗中獲得指引。本書詳細整理了在導入 Scrum 過程中可能遇到的阻礙與應對之道,不論你是敏捷愛好者,還是敏捷懷疑論者,都能從書中找到現實中可能行得通的策略與方法。

為了撰寫這篇推薦序,我重讀了本書。過去近二十年來導入敏捷的各種經驗,彷彿透過書中的章節一一浮現腦海。我一邊讀,一邊反思:「當年的我,是怎麼解決那些導入 Scrum 的難題?而現在的我,又會用什麼方式面對這些挑戰?」

對某些人來說,「敏捷」或「Scrum」彷彿已成禁語,不僅毫無用處,甚至成為嘲諷他人的符號;但也有許多人從這些方法中找到方向,實現可持續、可改善的軟體開發方式。無論你是對 Scrum 感興趣,還是正深受 Scrum 所苦,都值得一讀。這本書,推薦給所有認真看待軟體開發的鄉民們。

Teddy Chen

部落格「搞笑談軟工」板主

2025 年 3 月 24 日

推薦序

一直以來，我聽到人們把軟體專案比喻為一場旅程，而我認為，他們言之下意是指軟體專案不僅僅是一場旅程，更是一場通往未知的探索。我們從贊助者那裡獲得資金，召集一支堅韌不拔的隊伍，朝著我們猜測可能有價值的方向啟航，接下來的故事就像《奧德賽》（The Odyssey）史詩故事一般。我們經歷 Odysseus 的冒險傳說——遇見食蓮族、大戰獨眼巨人、對抗女巫瑟西、抵擋海妖塞壬的歌聲、逃離海妖斯庫拉的威脅，甚至面對女神卡呂普索的誘惑；我們的成功或失敗，全憑諸神庇佑或發怒。這聽起來多麼浪漫，又是多麼荒謬。

如果要用類似的比喻，我認為更貼切的說法是把專案視為一場探險。我們有一個明確的目標，或者幾個目標；手上有一些經過求證的地圖，也有一些較為模糊不確定；還有曾經歷這趟旅程成功歸來的人所留下的建議與日誌。

我們並非毫無準備就踏出去迎接未知的一切，但前方仍有許多未解的謎團，使我們身處高風險的環境。然而，我們願意承擔這些風險，因為如果探險成功，勢必能獲得豐厚的回報。我們擁有一定的技能，但不確定因素依然存在。

我們該如何應對這樣的情況？我建議我們回顧大約 300 年前，看看加拿大哈德遜灣的約克工廠（York Factory）。當時，那裡是 Hudson Bay Company 的總部，而這家公司的主要業務就是為毛皮商人提供所有必要物資；你猜對了，

這些毛皮商人從哈德遜灣出發去「探險」。他們發展出一種極為聰明的探險啟程方式，稱為「哈德遜灣起步法」（The Hudson Bay Start）。當毛皮商人們在公司一次採購完所需物資後，他們不會立刻深入未知的荒野，而是離開哈德遜灣一兩英里就先紮營。為什麼？當然不是為了設陷阱捕獵，而是要確認自己是否遺漏了什麼裝備，這樣一來，若有遺漏，回去補充所需物資只需不到一小時的步行時間。身為優秀的專案人員，你一定能猜到，多數經驗豐富、飽經風霜的毛皮商人，會再回去補貨一次。

這些與你手上的這本書有什麼關聯？ Mike Cohn 的《敏捷成功之道》，正是敏捷開發的「哈德遜灣起步法」。這本書就像一位歷經風霜、經驗老到的獵人，在你展開探險前為你提供一份「必備」檢查清單。在閱讀的過程中，你會發現 Mike Cohn 提出了許多你從未考慮過的問題，提供應對各種情境的建議，並幫助你重新定義團隊中的新角色。

別讓自己成為團隊中唯一讀這本書的人。一個自組織團隊，任何人隨時都有可能成為這場探險的領隊，而這本書將引發許多有趣且深刻的討論——我向你保證。

不過，我有點擔心我的說法會讓你誤以為 Mike 只是單方面提供你一套沒有選擇的方案。事實上，他從一開始就不斷強調，你必須在個人、團隊與組織層面做出自己的選擇。

《敏捷成功之道》不僅是完成一個成功的專案，而是探討敏捷如何改變一個組織。如果要用哈德遜灣的比喻來說，這本書講的是如何成為一名出色的遠征者（Voyageur）。

如果你仍對 Mike 的探險領導能力有所懷疑，那麼不妨看看他的公司名稱——Mountain Goat Software（山羊軟體），一切不言可喻。

Tim Lister
大西洋系統協會（The Atlantic Systems Guild, Inc.）首席顧問
紐約市

致謝

我對幾位正式審校者滿懷深深的感激之情：Brad Appleton、Johannes Brodwall、Rachel Davies、Ron Jeffries、Brian Marick 和 Linda Rising。他們不僅讀了整本書稿，還多次提出寶貴的意見，這些意見都大大地提升了本書的品質。

特別感謝 Tod Golding、Kenny Rubin、Rebecca Traeger 以及我的妻子 Laura，他們花了好幾個小時與我討論目錄架構，我們有時甚至覺得永遠都討論不完。

我無法用言語表達對 Rebecca Traeger 的感謝。她是出色的編輯、顧問與聆聽者。她曾擔任 Agile Alliance 和 ScrumAlliance 的編輯，因此我認為她是敏捷領域閱歷最豐富的人，同時也是世界上最優秀的編輯。她的編輯功力堪比深夜電視購物頻道中的 Veg-O-Matic 切菜神器，讓這本書經過層層打磨而更加出色。

哇，Tim Lister 為本書撰寫了推薦序，這對我來說是無比的榮耀。

我與 Tim 相識幾年了，於是鼓起勇氣寫了一封電子郵件，問他是否願意幫這本書撰寫推薦序。我當時並不知道他正好在度假，因此他過了一週才回信。我先在手機上看到他的回覆，但螢幕上只顯示了前兩行內容。在準備點開郵件之際，我彷彿回到了等待大學錄取通知的時候——這會是好消息還是壞消息呢？當我讀到他答應時，我興奮不已。後來我看到他在推薦序中寫下的讚賞內容，心中更是萬分激動。謝謝你，Tim。

此外，我的助理 Jennifer Rai 在整個寫作過程中提供了無可比擬的協助。從搜尋參考資料、處理授權事宜到整理我的研究內容，她都一手包辦。我非常感激她的投入、專業精神以及始終如一的細心。能有這樣一位助理，夫復何求。

過去的兩年裡，我一直在本書的網站（www.SucceedingWithAgile.com）上發布章節內容。我很幸運能有一群優秀的人下載並審閱章節，還提供給我寶貴的意見。我想感謝以下人士，他們閱讀了網站上發布的草稿，或是提供故事讓我將其納入書中：Fridtjof Ahlswede、Peter Alfvin、Ole Andersen、Joshua Boelter、Mikael Boman、Rowan Bunning、Butterscotch、Bill Campbell、Mun-Wai Chung、Scott Collins、Jay Conne、John Cornell、Lisa Crispin、Alan Dayley、Ken DeLong、Scott Duncan、Sigfrid Dusci、Mike Dwyer、Pablo Rodriguez Facal、Abby Fichtner、Hillel Glazer、Karen Greaves、Janet Gregory、Ratha Grimes、Geir Hedemark、Fredrik Hedman、Ben Hogan、Matt Holmes、Sue Holstad、Benoit Houle、Eric Jimmink、Quinn Jones、Martin Kearns、Jeff Langr、Paul Lear、Lowell Lindstrom、Catherine Louis、Rune Mai、Artem Marchenko、Kent McDonald、Susan McIntosh、Alicia McLain、Ulla Merz、Ralph Miner、Brian Lewis Pate、Trond Pedersen、David Peterson、Roman Pichler、Walter Ries、Adam Rogers、René Rosendahl、Kenny Rubin、Mike Russell、Michael Sahota、George Schlitz、Lori Schubring、Raffi Simonian、Jamie Tischart、Ryan Toone、Matt Truxaw、J. F. Unson、Srinivas Vadhri、Stefan van den Oord、Bas Vodde、Bill Wake、Daniel Wildt、Trond Wingård、Rüdiger Wolf、Elizabeth Woodward、Nick Xidis、Alicia Yanik 和 Mauricio Zamora。

感謝 Jeff Schaich，他為本書創作了精美的插圖。我第一次認識 Jeff 時，曾聽說他可能和我一樣是個完美主義者。他或許真是如此，而他的插圖也完美地體現了這一點。

Stephen Wilbers，《Keys to Great Writing》一書的作者，早期為我提供了急需的編輯和建議。我非常感謝他的提議與鼓勵。

一如以往，Pearson 的團隊也非常棒，與他們合作十分愉快。Chris Guzikowski 在我拒絕承諾任何截稿期時，特別是在早期階段，依然對我表現出

極大的耐心。早期在那些我努力整理思路的日子裡，Chris Zahn 給了我很棒的指導。Jake McFarland 設計了本書的內頁，並且做得非常出色，還對我不斷提出的 InDesign 問題展現了極大的耐心，我對此感激不盡。Raina Chrobak 在整個過程中都提供了極大的幫助，尤其是在臨近完成的關鍵時期，那段時間總是非常緊張。

感謝 Jovana San-Nicolas Shirley 擔任本書的專案編輯，她在最後幾個月中讓一切運作順利，協調了所有人的工作。我很感謝她隨時回覆我的電子郵件，不論是白天或晚上。San Dee Phillips 的最終文稿編輯工作做得很棒，感謝她恰到好處地審校原稿，並且細心地找出所有小錯誤，讓文本更加完美。

同樣也要感謝封面設計 Alan Clements，封面實在太美了！你能從封面來判斷一本書嗎？我希望可以，因為已經有不少人告訴我他們非常喜歡這個封面。Lisa Stumpf 在索引工作方面做得非常出色，應該把她的名字收錄在「詳盡」與「一絲不苟」的條目下的。Karen Gill 完成了最終校對，找出所有不一致的地方和其他問題。Kim Scott 來自 Bumpy Design，負責最終的頁面排版，我很感謝她在最後一刻加入，幫助我們所有人趕上截稿期限。

我還想感謝 Pearson 的 Chris Guzikowski 和 Karen Gettman，感謝他們讓我有機會編輯 Addison-Wesley 的 Signature 系列書籍。我仍然清楚地記得 1985 年，我坐在位於加州 Ben Lomond 森林的 Ken Kaplan 家中，讀著《C Primer Plus》。這本書是 Stephen Prata 所寫，但屬於 Mitchell Waite 的系列之一。我當時不知道系列編輯是做什麼的，但聽起來很重要也很酷。現在，我學會了系列編輯的工作，並且非常榮幸能獲得他們的信任。

同樣，我要感謝 Lyssa Adkins、Lisa Crispin、Janet Gregory、Clinton Keith、Roman Pichler 和 Kenny Rubin，他們每個人都寫過或正在寫一本將會成為這個系列的書。我們曾多次討論關於寫作、敏捷方法、如何表達某些觀點等等問題。透過這些討論，每個人都讓本書得到了提升。

特別感謝所有我的客戶以及曾經參加過我課程的每一個人。我不夠聰明，沒資格坐在那裡隨便發揮大膽的想法，並自己創造出偉大的點子；我所知道的

一切，都是從與團隊合作並觀察成功案例中學來的，或是透過與課程參與者的交流獲得。如果沒有你們，這本書可能只有四頁。謝謝你們。

感謝 Ken Schwaber、Jeff Sutherland、Mike Beedle、Jeff McKenna、Martine Devos 和其他在 Scrum 早期階段的人們。如果沒有他們撰寫關於 Scrum 的文章、在早期的會議上進行演講並討論 Scrum，Scrum 不會成為今天的模樣。還要感謝 Scrum 社群中所有培訓師和教練，他們不遺餘力地改善我們實施 Scrum 的方式，同時也堅持讓 Scrum 保持簡單框架的本質。我與你們的對話，有多少人對我影響有多麼地深遠，遠遠超出你們的想像。

我無法充分表達對家人的感謝，衷心感謝他們在我寫這本書的過程中做的所有犧牲，讓我有時間全心投入。世界上再也沒有比 Laura 更棒、更有愛的妻子了，而我們的女兒 Savannah 和 Delaney 依然是我完美珍貴的小公主，我珍惜與她們在一起的每一刻。現在，隨著本書終於完成，我保證會有更多時間與她們一起相處，做那些我們最近沒有太多時間做的事情——現在輪到我來讓你們明白，愛到底有多深。

關於作者

Mike Cohn 是 Mountain Goat Software 的創辦人，透過該公司提供 Scrum 和敏捷軟體開發的訓練與諮詢服務。Mike 專注於幫助企業採用 Scrum 並成為更具敏捷性的組織，以建立極具高效能的開發組織。除了這本書，他還是《Mike Cohn 的使用者故事：敏捷軟體開發應用之道》（User Stories Applied for Agile Software Development）、《Agile Estimating and Planning》以及 Java 和 C++ 程式設計相關書籍的作者。

Mike 擁有超過 25 年的經驗，曾在各種規模的公司擔任技術高層職位，從新創公司到「Fortune」40 大公司。他也為《Better Software》、《IEEE Computer》、《Cutter IT Journal》、《Software Test and Quality Engineering》、《Agile Times》和《C/C++ Users Journal》等期刊撰寫過文章。Mike 經常受邀擔任業界各大會議的演講者，也是 Agile Alliance 和 ScrumAlliance 的創始成員之一。他還是一位認證 Scrum 培訓師，並於 2003 年 5 月與 Ken Schwaber 一同教授了首堂 ScrumMaster 認證課程。

欲了解更多資訊，請造訪 www.mountaingoatsoftware.com。Mike 還有一個很受歡迎的部落格 blog.mountaingoatsoftware.com，你可以在 Twitter 上追蹤他的帳號 mikewcohn，或透過電子郵件 mike@mountaingoatsoftware.com 與他聯繫。

前言

這本書並不適合那些對 Scrum 或敏捷完全陌生的人；市面上有其他書籍、課程甚至是網站，專門針對這些初學者[1]。如果你對 Scrum 完全陌生，建議你先閱讀這些資料。這本書也不適合追求完美的正統派；他們可以在許多部落格中找到關於敏捷或 Scrum 唯一正確方式的論點。這本書是為實用主義者而寫的。它適合那些已經開始使用 Scrum、但在過程中遇到問題的人，或是那些尚未開始使用 Scrum、但清楚知道自己想要嘗試的人。他們不需要再閱讀如何繪製燃盡圖、每個人在每日站會中要回答的三個問題是什麼，他們需要的建議是關於更具挑戰性的問題——如何引入並推廣 Scrum、如何讓人們放下專案初期進行大規模設計的習慣、如何在每個衝刺結束時交付可運作的軟體、管理者應該做些什麼等等。如果這些問題聽起來很熟悉，那麼這本書就是為你準備的。

為了回答這些問題，本書汲取了我過去 15 年在 Scrum 方面的經驗，尤其是過去四年的經歷。在過去四年中，每當我和客戶共事了一天後，我回到飯店房間會記下他們所面臨的問題、他們提出的問題以及我給出的建議。之後我會跟進，透過回訪或電子郵件聯繫。我希望能確定哪些建議真的有效解決了哪些問題。

---

[1] 要作為一個好的起步，可參閱 www.mountaingoatsoftware.com/scrum。

當我收集這些問題、困難和建議時，我就能找出其中的共同點。有些困難是只發生在某個客戶或某支團隊身上，其他困難就比較普遍，在許多團隊和組織都反覆出現。正是這些更普遍的問題——以及我對克服這些困難提出的建議——構成了本書的基礎。這些建議主要透過兩種方式呈現出來：首先，大部分章節中都會有標題為「現在試一試」的邊欄，邊欄的內容重現了我最常給出的建議、或在特定情況下最有幫助的建議。其次，大部分章節也會有標題為「反對意見」的邊欄。我在這些邊欄中試圖重現一些典型的對話場景，其中有人不同意我當時所表達的觀點。當你閱讀這些反對意見時，試著聆聽同事的想法；我猜你已經聽過許多類似的反對意見了吧。在這些邊欄中，你會看到我是如何設法克服那些反對意見的。

我還假設了關於你的其他事情

我還假設你對 Scrum 的基本概念有一定的了解，而且現在的目標是將 Scrum 引入自己的組織，或是希望在應用 Scrum 方面變得更加熟練。我還假設你在組織中有一定的影響力，不過這並不代表本書的目標讀者是總監、副總裁或 CEO。我所假設的影響力類型，很可能來自於你個人的魅力和在同事中的信譽，以及來自於你名片上的職稱。當然，擁有一個響亮的職稱確實有幫助，但正如我們即將看到的，成功推行 Scrum 所需的影響力，往往來自於意見領袖。

本書的結構

四年前我開始寫這本書時，我暫定的副書名是《入門與精通》，因為這正是我最希望幫助讀者的兩個目標。在收集案例並提供建議的過程中，我意識到，入門與精通 Scrum 其實是同一件事，我們並不是先用一套技術來入門，然後再用另一套技術來精通它。

　　第一部分是關於入門——這部分的內容包括了是否應該從小規模開始、還是一次讓所有人參與轉型，如何幫助人們從意識到需要新流程、進而渴望變

革、再到具備實施變革的能力，還有如何選擇初始專案和團隊。你在這裡學到的基本運作機制，不僅可以用來啟動 Scrum，還能幫助你精通它，像是第 4 章「逐步敏捷」中提到的改進社群和改進待辦清單。

在第二部分，我專注於個人及其在採用 Scrum 過程中需要進行的改變。第 6 章「克服抗拒」描述了某些人可能表現出的抗拒型態。我在當中對於如何理解一個人的抗拒行為給出了建議，並提供指引來幫助這些人克服抗拒。第 7 章和第 8 章介紹了 Scrum 專案中的新角色，以及傳統角色（如程式設計師、測試人員、專案經理等）所需的改變。第 9 章「技術實踐」描述了一些應該使用或至少進行實驗的技術實踐（持續整合、結對程式設計、測試驅動開發等），這些都能改變個人處理日常工作的方式。

在第三部分，我們將焦點從個人擴展到團隊。我們首先討論如何組織團隊以實現 Scrum 的最大效益。接著在第 11 章「團隊合作」中，我介紹了 Scrum 專案中團隊合作的本質。在第 12 章「領導自組織團隊」中，我們探討領導自組織 Scrum 團隊的意涵。在這一章中，我提供了 ScrumMaster、部門經理及其他領導者的具體建議，幫助團隊自組織以實現成功目標。第 13 至第 15 章則對衝刺、規劃和品質進行充分討論，將第三部分做完美的結束。

第四部分再次擴展重點，這一次是聚焦於整個組織。在第 17 章「擴展 Scrum」中，我們深入探討如何將 Scrum 擴展應用到大型、多團隊的專案。第 18 章「分散式團隊」則探討了分散式團隊帶來的額外複雜性。接著在第 19 章「與其他方法共存」中，我們更進一步討論，部分使用傳統瀑布流程的專案或者面臨合規性或治理要求時，要如何有效運作 Scrum。第四部分的最後一章，第 20 章「人力資源、設施與專案管理辦公室」聚焦於如何考量應對 Scrum 對組織的人力資源、設備管理和專案管理辦公室所帶來的影響。

第五部分包含了兩章：第 21 章「看看自己的進展」總結了如何衡量組織轉型敏捷的進展。最終章第 22 章「旅途還沒結束」則是提醒讀者，敏捷是需要持續改進的，不管你今天有多優秀，要保持敏捷，你必須在下個月變得更好。

關於某些術語的說明

跟很多事情一樣，撰寫 Scrum 的書比口頭講解 Scrum 還困難，因為人們很容易誤解一句話或是斷章取義。為了避免這些問題，我在使用某些術語時盡量小心力求精確。例如，我使用「開發人員」一詞來代指專案中所有參與開發端的人：包括程式設計師、測試人員、分析師、使用者體驗設計師、資料庫管理員等等。

「團隊」這個詞也有挑戰性。當然，它包括開發人員，但「團隊」是否也包括 ScrumMaster 和產品負責人呢？這自然得取決於上下文。當我希望表達得特別清楚時，我會使用「整個團隊」來代指所有人：開發人員、產品負責人和 ScrumMaster。但如果一律使用「整個團隊」，又會降低閱讀的流暢度。因此，你也會看到「團隊」一詞，但通常是在上下文已足以明確表示我所指團隊的情況下使用。

在提及 Scrum 和敏捷團隊時，我也需要一個術語來代指那些既不是 Scrum 也不是敏捷的團隊。在某些地方，我使用了「順序」、「傳統」甚至「非敏捷」這些術語，每個術語傳達的含義略有不同，並且使用得當。

如何使用這本書

許多書籍都有像上面這樣的標題，但這些標題通常會寫成「如何閱讀這本書」。閱讀本書的最佳方式是實際運用它，不要僅僅閱讀它。當你看到「現在試一試」時，嘗試看看其中的一些建議，或者記下它們，在下次的回顧會議或規劃會議中嘗試，前提是我有這樣建議。

不必按照順序閱讀本書。事實上，可能有些章節對你來說不必要閱讀。如果在你的組織中，規劃沒有太大問題，也沒有分散式團隊，那就可以跳過或略過這些章節。不過，我建議每個人至少閱讀前四章，並按順序閱讀，因為它們是後續一切的基礎。

在第 4 章中，你將接觸到「改進社群」和「改進待辦清單」的概念。改進社群是一群對推動某個領域的改進充滿熱情的人。例如，當三個對產品待辦清單充滿熱情的人決定收集最佳實踐和建議並與團隊共享時，就可能會形成一個改進社群。另一個改進社群可能包括數百人，這些人致力於改善組織如何測試應用程式。改進待辦清單就是它的字面意思——一個按優先順序排列的清單，列出了改進社群希望幫助組織提升的事項。

我的其中一個希望是，改進社群——包括指導和激勵轉型工作的企業轉型社群——能夠利用這本書來補充他們的改進待辦清單。事實上，許多大標題故意寫成可以直接放到改進待辦清單中。例如，第 13 章的「從寫文件轉變為口頭討論」、第 14 章的「在這個衝刺中為下一個衝刺做準備」以及第 16 章的「在不同層次進行自動化」等標題。

身為一名長期從事 Scrum 培訓和顧問工作者，我與數百個團隊和組織合作過，並且深信每個組織都有可能成功實施 Scrum。有些組織會面臨比其他組織更大的挑戰，有些會受到僵化企業文化制約，還有一些會面對根深蒂固、難以處理的個性，這些人正面臨個人損失。幸運的組織會擁有能夠支持員工的領導層和熱情投入的員工。而所有組織都有一個共同點，那就是都需要務實且證實可行的建議。我寫這本書的目的，就是希望能夠提供這樣的建議。

PART I
開始進行

> 願意改變是一種力量，
> 即使這意味著公司的一部分會有好一陣子
> 陷入完全的混亂之中。
>
> —— Jack Welch

Chapter 1
為什麼敏捷很難（卻很值得）？

許多軟體開發組織都正努力變得更敏捷，誰能說他們的不是呢？畢竟，和傳統團隊相比，成功的敏捷團隊正以更快的速度與更低的成本，產出更高品質且更能滿足使用者需求的軟體。再說，誰不想變得更敏捷呢？光是聽起來就很不錯吧！這就好比人都想變瘦、變有錢，追求變得更敏捷也很合情合理。儘管「敏捷」一詞已經變成流行語，甚至有點被過度炒作，但撇開這些不談，那些認真想變敏捷並採用 Scrum 流程的組織，正親眼見證顯著的效益。

這些組織看見生產力顯著提升，成本隨之下降。他們能更快將產品推向市場並獲得更高的顧客滿意度。開發過程變得更加透明，使得預測也變得更加準確。對他們來說，不受控制、永遠無法完成的專案已經成為過去式。

Salesforce.com 是一家因為實踐 Scrum 而受益的公司。1999 年自舊金山一所公寓起家的 Salesforce.com，是網際網路時代真實且持久的成功案例之一，2006 年，公司營收已超過四億五千萬美元，且擁有兩千多名員工。但 Salesforce.com 當時也注意到，軟體發布的頻率已經從一年四次減少到一年一次，而且客戶得到的功能越來越少、等待的時間卻越來越長；他們意識到需要做出改變。因此，公司決定進行 Scrum 轉型。導入 Scrum 後的一

年,Salesforce.com 發布的功能增加了 94%,每個開發人員交付的功能增加了 38%,為客戶提供的價值增加了 500%(Greene and Fry 2008)。接下來的兩年,營收增長了一倍以上,超過十億美元。有如此成效,也難怪有這麼多組織企業紛紛進行 Scrum 轉型,或者至少嘗試過。

我會說「嘗試」,是因為進行 Scrum 或其他敏捷方法的轉型是很難的,比多數公司所想像的還要難得多。要收獲敏捷帶來的所有回報,就必須做出巨大的改變,不僅僅是開發人員,組織內其他成員也需要共同努力。實踐改變是一回事,轉換思維又是另一回事。我撰寫本書不只是要展示如何順利轉型,還要告訴讀者如何長久持續下去。

我曾親眼目睹了幾起本可避免的轉型失敗。第一個案例是花了超過百萬美元轉型的公司,公司高層請來了外部的培訓師和教練,並聘請五個人組成「敏捷辦公室」,讓要導入 Scrum 的團隊可以向他們尋求建議。該公司失敗的原因是,他們認為採用 Scrum 所帶來的影響僅限於研發部門,因此啟動轉型的高階主管們認為只要教育和支持開發人員就夠了,他們沒有考慮到 Scrum 會如何觸動銷售、市場甚至財務部門的工作。如果不去改變這些層面,組織的慣性就會把公司拉回到一開始的地方。

第二個失敗案例,則是出於完全不同的原因。Josef 剛晉升專案經理,他首次擔任該職位,因 Scrum 符合他自然的管理風格而深受其吸引。Josef 輕易地說服了他的團隊──這些人在一個月前都是他的同事──在一個新專案中嘗試採用 Scrum。該專案十分成功,團隊得到讚揚,並為 Josef 贏得了參與更大型專案的機會。隨後,Josef 向新的專案團隊介紹了 Scrum,大多數成員都表示願意嘗試這種新方法。儘管專案的成員很樂意使用 Scrum,但少數成員的直屬部門主管卻感到很不安,擔心 Scrum 會給他們帶來不好的影響。Josef 的好運很快就用完了,那些主管──特別是品質管控和資料庫開發的部門主管──聯手說服了工程部的副總,認為 Scrum 不適用於公司內如此複雜又重要的專案。

另一個案例的情況則稍微好一些。Caroline 擔任一家大型數據管理公司的研發部副總,底下有兩百多名開發人員。她在某個專案中看到了 Scrum 的效益,興奮地啟動了一個計畫,將 Scrum 導入到她底下的部門,讓所有員工都獲

得培訓或教練。在幾個月內，幾乎所有的團隊都能在為期兩週的衝刺結束時產出可行的軟體，這可以說是一個巨大的進步。可是當我一年後再次拜訪這家公司時，他們的開發情形卻沒有取得任何新的進展。可以肯定的是，團隊的確產出更高品質的軟體，而且開發速度比導入 Scrum 前更快一些，只不過他們獲得的效益，是原本可以達到的一小部分而已，她們忘了 Scrum 是需要持續改進的。

這些案例是不是很驚人？每一個失敗都有著向 Scrum 轉型的良好初衷，但善意不代表能避免失敗。不過別擔心，Scrum 轉型也許很難，但只要方法正確，就一定可行。在這一章中，我們將探討為什麼轉型到任何敏捷開發流程（包括 Scrum）會特別困難。

我們詳列出了使上述幾個案例偏離正軌的一些挑戰。但最重要的是，我們先來了解一下，為什麼成為一個敏捷組織值得我們如此努力。

為什麼轉型很困難

所有的改變都不容易。我見過員工只因為公司改變醫療保險的方案就吵得不可開交，可想而知，更大的改變只會帶來更大的衝擊。但是，在向 Scrum 轉型的過程中，有一些特性使得它比大多數變化都還來得困難：

- 成功的變革不完全是由上而下或由下而上。
- 最終狀態是無法預測的。
- Scrum 的影響十分廣泛。
- Scrum 的運作方式截然不同。
- 變化來得比以往更快。
- 最佳實踐是有風險的。

成功的變革不完全是由上而下或由下而上

成功的變革不完全是由上而下（top-down）或由下而上（bottom-up）。在由上而下的變革中，通常由一位強大的領導者分享對未來的願景，而組織則跟隨領

導者朝向這個願景前進。想像一下,一個有魅力、受人敬仰且強大的領導者,像是賈伯斯告訴 Apple 的員工,他們不但要在電腦軟硬體界稱霸,還要成為數位音樂界的主宰。他的聲譽和風格可能會為公司指出一個新的方向,但光是這樣還不足以完成一項壯舉。變革管理(change management)專家約翰科特(John Kotter)也同意這一點。

> 沒有人能夠定出正確的願景,將其傳遞給許多人,同時移除所有的關鍵障礙、產生短期的勝利,領導和管理幾十項變革專案,並將新方法深深地植入組織文化中。即便是霸道 CEO 也難以做到(1996, 51-52)。

相較起來,在由下而上的變革中,一個團隊或某些人會決定需要進行變革,並著手實踐。有些團隊會採取一種「先斬後奏」的態度進行由下而上的變革,而有些團隊則是明目張膽破壞規則,還有一些團隊會盡可能在不被公司察覺的情況下暗自進行。

大多數成功的變革,尤其像 Scrum 這樣的敏捷流程變革,必須同時包括由上而下和由下而上的變革要素。Mary Lynn Manns 和 Linda Rising 對此表示贊同,他們在《Fearless Change》一書中提到:「我們相信變革最好是由下而上,並在適當的時機得到管理層的支持,無論是就近的還是更高層級的(2004, 7)。」若一個組織試圖在沒有高層支持下轉型到 Scrum,終將遇到那些下層無法克服的阻力,並且通常發生在新的 Scrum 流程開始影響到原始團隊以外的其他部門的工作方式時。中層管理者會藉由打擊 Scrum 造成的變化來保護自己的部門,這時就會需要由上而下的支持來移除這種阻礙。

同樣來說,如果少了由下而上的參與,轉型就會讓人感覺像是坐在墨西哥露天餐廳的吊扇底下,只感覺到從上方吹下來的熱空氣,在這種情況下,被告知該做什麼會讓人很反感。我們需要由下而上的參與,基層人員主動參與之所以如此重要,是因為團隊成員才是真正找出 Scrum 在組織內最佳運作方式的人。

導入 Scrum 的成功關鍵,是要結合由下而上和由上而下這兩種變革要素。

最終狀態是無法預測的

也許你讀過一本關於極限程式設計（Extreme Programming, XP）的書，覺得它和你自己的公司是絕配，或是參加了 Certified ScrumMaster 的培訓，認為 Scrum 聽起來很不錯，又或者你讀了一本關於各式敏捷流程的書，認為敏捷是適合你組織的完美方法。

但你很有可能搞錯了。

在這些方法的創始者觀點中，沒有一個流程能夠百分百適合你的組織。反過來說，任何一個流程都可能是個好開始，但你需要調整流程讓它更精確地適應組織、個人和產業的個別情況。Alistair Cockburn 對此表示贊同，「改變流程或對流程進行調整以適應團隊的狀況，看來是順利導入一個流程的關鍵因素。也正是因為有這樣的創造過程，讓團隊對『自己創造的』流程產生了更強的認同感[1]。」

可能你對「執行 Scrum」有清晰的願景，也想讓其他人有同樣清晰的願景，但組織最後的發展可能會與你想像的不同。事實上，在 Scrum 轉型中提到最終狀態是不正確的；畢竟一個以持續改進為訴求的流程是不會結束的。

這就給那些想透過傳統變革方法來進行 Scrum 轉型的組織帶來了一個問題，因為傳統的變革方法依賴「差距分析」（gap analysis），也就是先分析當前狀態與目標之間的差距，然後制定計畫來填補這些差距。如果我們不能預測 Scrum 轉型的最終狀態，就無法辨識出最終狀態與現狀之間的差距。所以，傳統基於差距分析的方法行不通，最接近的方法是辨識現狀與改進後的中間狀態之間的差距。

就算我們辨識出了這些較小的差距，仍得面臨如何填補這些差距的問題。但我們很難（也通常不可能）準確地預測，人們在通往敏捷路上遇到許多需要進行的小變革時會如何回應。團隊協作專家 Christopher Avery 將組織視為一個活生生的系統。

1　這段話和本書其他未註明引用的參考資料，都是來自於發言者與我的私人對話。

我們永遠不可能指揮一個活生生的系統，頂多只能進行干擾並等待它的反應……我們無法掌握所有影響組織改變的力量，因此只能嘗試用某個我們認為可能有效的手段來刺激這個系統，然後觀察會發生什麼事（2005, 22-23）。

所以，Scrum 轉型不可能像我在傳統的變革管理書中讀到的那樣，「闡明和定義整個變革過程、縮小『現狀』和『未來』之間差距並制定戰術計畫」（Carr, Hard, and Trahant 1996,144-5）。制定這樣一個計畫需要跨越兩個不可能的障礙：第一，準確知道我們想要的目標是什麼；第二，清楚知道到達該目標的步驟。但這兩件事情是不可能辦到的，我們最多只能採取一種「挑釁並觀察」的方法（Avery 2005, 23），也就是進行一些嘗試，看看它是否使我們更接近改進的中間狀態，如果是，就再多做一點。對組織的這些試探和刺激並不是隨意進行，而是要根據經驗、智慧與直覺精心挑選的，以實現成功的 Scrum 轉型。

> **另見**
> 第 4 章「逐步敏捷」會描述我所推薦採用 Scrum 的整個流程。

Scrum 的影響十分廣泛

當一個變革是獨立的、不會影響到個人工作的全部面向，這種變革往往更容易導入組織。請思考以下的情境：一個未採用敏捷流程的組織，決定要在應用程式部署到公司的網路伺服器之前加上一個強制的審查機制。這是一個相對獨立的變革，當然會有一些開發人員討厭這個新流程，甚至強烈抱怨，但這並不是全面性的變革，即使不喜歡，他們大部分的工作方式並不受影響。

現在想想 Scrum 轉型對一個開發人員的影響。開發人員必須在每個衝刺結束前完成一些相對較小的工作，而且開發人員必須針對每一段新程式碼撰寫對應的自動化測試；甚至需要利用測試驅動開發（test-driven development, TDD），在寫一段程式之前都先寫完目標的測試，可能還需要拿下耳機和另外一位開發人員進行結對程式設計（pair programming）。這些都是很根本的改變，它們並不像程式碼審查那樣，每天或每週只需幾個小時就能完成。這種根本性的改變是很困難的，因為它關係到開發人員的日常工作。由於影響的程度較大，因此受到抵抗的程度也更大。

Scrum 在組織面的影響也很廣，遠遠超出軟體開發部門的範疇，對整個公司都會產生影響。單純導入系統就緒審查（readiness review）幾乎不會影響到財務、銷售或其他部門，但導入 Scrum 卻肯定會影響到每個部門。為了搭配 Scrum 的運作，財務部將不得不調整資金的使用方式，銷售部需要改變溝通的頻率、承諾的交付範圍，甚至是合約的內容與方式。隨著越來越多的部門受到 Scrum 導入的影響，出現的阻力也越來越多，自然也可能產生更多誤解。綜合這些因素，使得 Scrum 轉型比其他變革還要困難得多。

> **另見**
>
> Scrum 對其他團體的影響（如財務、營運、人力資源和其他團體），將在第 20 章「人力資源、設備管理以及專案管理辦公室」中討論。

Scrum 的運作方式截然不同

採用 Scrum 所帶來的變化不僅深入開發團隊的日常工作，其中帶來的許多變化更挑戰著他們過往所受的訓練。例如，許多測試人員都認為他們的任務是測試程式是否符合規範，而程式設計師接受的培訓是在寫程式之前要對問題進行深入分析、並設計出完美的解決方案。然而在 Scrum 專案中，測試人員和程式設計師需要拋下過去所學。測試人員需要知道，測試還要確保產品符合使用者的實際需求和期望；程式設計師也要知道，並不是每次寫程式之前都要有完善的設計（有時甚至是不需要的）。部落格 Hacker Chick 的作者 Abby Fichtner 告訴我，她同意這樣的調整對一個程式設計師來說是多麼的困難。

> 要習慣浮現式設計（emergent design）很不容易，因為這會讓你感覺自己只是在隨便寫程式碼！而且，如果成為優秀的開發人員、進行深思熟慮的設計是你向來引以為傲的事，那麼此舉等於顛覆你所有的認知，告訴你「那些你曾經的驕傲，現在卻讓你成了糟糕的開發人員」。撼動了你的世界。

　　正因為 Scrum 轉型涉及了要求人們用不熟悉的方式工作，且和過往訓練與經驗背道而馳，所以一般人往往會猶豫不決，甚至直接抵制。我們來看看 Terry 的情況，他在公司是一位資深且受人尊敬的程式設計師。Terry 參加了一個關於測試驅動開發、為期一天的實作課程，並且對它的效益深信不疑。滿腔熱血的 Terry 回到辦公室，期待不用再進行大規模的前期設計，而是透過測試驅動開發讓設計自然浮現。然而現實並不如他想像般順利，他寫了封信給我，描述這令人挫折的經驗。

> **另見**
>
> 浮現式設計與測試驅動開發會在第 9 章「技術實踐」中討論。

要讓其他程式設計師去嘗試測試驅動開發比我想像的要難得多。我試著以「跳過漫長的前期設計」為目標來推動，但結果慘不忍睹。幾個月後我再試一次，這次我成功讓其他開發人員先從測試寫起，但也是因為這本身就是個好主意，可是到頭來他們仍不願放掉漫長的前期設計。我又花了一年的時間，終於有些不錯的進展，但我們還可以做得更好。

變化來得比以往更快

早在 1970 年，阿爾文托夫勒（Alvin Toffler）就創造了**「未來的衝擊」（future shock）**一詞，他說這是人們在面對「短時間內發生太多變化時產生的失落感」（1970, 4）。人類改變的能力是有限的，因此組織的變革能力也同樣有限，要求人們同時改變太多事物，他們會感到無法承受；同時未來衝擊帶來的壓力和迷惘也會隨之而來。

在許多組織中，員工一直在承受未來衝擊。團隊在人手縮減的情況下，卻被要求做更多的事情，使得外包與分散式團隊的運作模式越來越普遍。在這之前企業還經歷了一些變化，像是將應用程式轉移到主從式架構（client/server model），隨後轉移到網路，接著轉向服務化。再加上技術本身不斷推陳出新，而且變化速度越來越快——新的語言、工具與平台不斷誕生，在在使得未來衝擊成了現在式。在這樣的背景下，不難想像轉型到 Scrum 撼動著想要採用 Scrum 的人們，因它的廣泛影響以及它對工作和互動方式所造成的根本性改變，無疑更容易引發未來衝擊。

最佳實踐是有風險的

在大多數組織變革中，當有人發現了做某件事的正確方法或最佳方法後，這種方法就會被當作「最佳實踐」並廣為流傳。對於某些工作來說，蒐集並重現最佳實踐確實對於變革很有幫助，例如，向新客戶銷售產品的組織，可以透過最佳實踐蒐集潛在客戶的反對意見來優化銷售流程。不過在轉型到 Scrum 時，蒐集最佳實踐的做法恐怕會有風險。

最佳實踐有如海妖的歌聲，誘使我們鬆懈並停止改進，但持續改進卻是 Scrum 所必需。Toyota Production System（豐田生產系統，簡稱 TPS）的創始人大野耐一（Taiichi Ohno）寫道：「確實有所謂的標準作業，但標準應該不斷改變。反過來說，如果你認為標準是你能達到的最高水準，那就完了。」大野接著說，「如果我們把某件事情確立為『最好的方式』，那持續漸進式改進（kaizen）的動力就會消失（1982）。」

儘管團隊成員會希望分享新發現、好用的工作方式，但他們應該克制將其變成一套最佳實踐的衝動。這邊提一個最佳實踐出錯的例子：有家公司決定所有的站會都必須在上午十點之前舉行。我不完全確定這個規定的目的是什麼，但是許多員工因為這條規定進一步自證了「Scrum 是關於微管理的」。

❑ 思考一下你們團隊目前在 Scrum 轉型的狀態，是才剛開始、還是已經到一定階段，或者感覺已經接近轉型的尾聲了？不管所處的階段為何，找出你認為要成功地往下一步走可能面臨的主要障礙。

現在試一試

為什麼這值得努力

儘管有很多原因使得向 Scrum 轉型特別困難，但已完成轉型的團隊的利害關係人都很高興他們有轉型，因為採用 Scrum 等敏捷流程縮短了產品的上市時間。能有更快的上市速度是因為敏捷團隊更高的生產力，而這種高生產力又是敏捷專案的高品質所促成的。因為員工的時間被釋出用於進行高品質的工作，並且看到自己的成果更快交付到使用者手中，工作滿意度因此提高。更高的工作滿意度帶來了更高的參與度，也導致生產力提高，自然而然啟動了一種持續改進的良性循環。

本章接下來將更深入地探討以上的論述。我會提出支持每一種說法的證據，其中一些來自我個人、我的客戶或同事的經驗，有些則是雜誌上或研討會上的分享。此外，這些主張還得到了以下數據的支持。

- 將 26 個敏捷專案與具有 7,500 個傳統開發專案的資料庫進行嚴謹的比對考察。這項研究是由 QSM Associates（QSMA）的營運合夥人

Michael Mah 所主導，該公司收集生產力、品質和其他專案的指標已經超過了 15 年。

- 各類學術研究論文，包括 David Rico 博士審視了 51 個已發表敏捷專案後的研究論文（2008）。
- 敏捷工具供應商 VersionOne 所進行的三千多人線上調查（2008），以及熱門開發期刊《Dr. Dobb's journal》對 642 人進行的調查（Ambler 2008a），這兩個調查都是在 2008 年進行的，在接下來的章節中將分別以「VersionOne」和「DDJ」指稱 。當然，諸如此類的行業調查不能視為明確的結論，畢竟選擇參加這類調查的人可能抱持著偏向敏捷的看法。這些調查的結果之所以被提出來，是因為它們具有代表性，而不是最終的結論。

> **另見**
> 本章的資料已整理成 PowerPoint 和 Keynote 兩種簡報格式，可以在 www.succeedingwithagile.com 上找到。

接下來的幾個小節中，我們將探討轉型到敏捷流程如 Scrum 的原因，以及這樣做的價值所在。

- 更高的生產力和更低的成本
- 提高員工參與度和工作滿意度
- 更快的上市時間
- 更高的品質
- 提高利害關係人的滿意度
- 我們一直在用的方法不再有效

更高的生產力和更低的成本

對於生產力，並沒有一個普遍認同的衡量標準，著名的軟體開發大師與演講家 Martin Fowler 甚至認為開發人員的生產力是難以衡量的（2003）。雖然我同意 Fowler 的觀點，但我認為可以用一些替代指標來間接衡量生產力。有些團隊使用程式碼的行數作為生產力的表現；也有一些團隊用交付的功能點數或者僅用功能的數量作為指標，但都忽略掉不是所有的功能規模都是相同的。這樣的替

代指標是絕對有問題的。但我認為，如果能夠合理地假設團隊沒有透過故意重複程式碼來增加程式碼行數或功能點以浮報數據，那麼這些用來衡量生產力的替代指標才是合理且有用的。在許多情況下，尤其是像 QSMA 這樣涉及大型資料庫的研究，我認為這會是一個合理的假設。

　　QSMA 為其資料庫中的專案計算了一個生產力指數。這個指數考慮到了工作量、進度、技術難度等多種因素，使跨團隊的比較更有意義。在其對敏捷專案和傳統專案的比較中，Mah 發現敏捷專案的生產力提高了 16%，且這數值在統計學上是顯著的。圖 1.1 顯示了敏捷專案（點）與 QSMA 資料庫中平均生產力及其周圍一個標準差的比較。正如你所看到的，大多數敏捷專案都在產業平均線以上，少數專案的生產力比產業平均高了一個標準差。

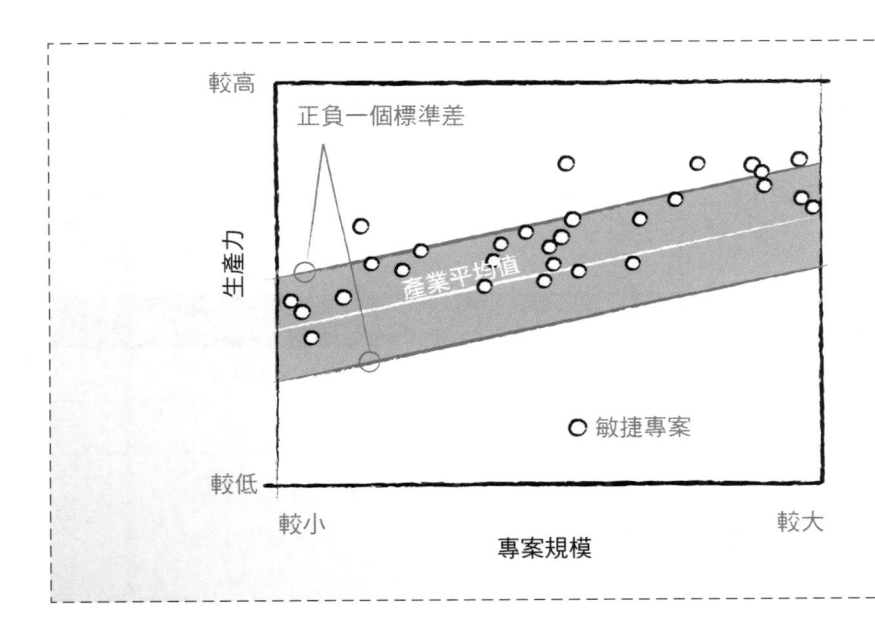

圖 1.1
敏捷團隊的生產力明顯高於產業的平均水準（資料來源：Mah 2008）。

　　QSMA 的結果在 DDJ 和 VersionOne 的調查中都得到了證實。在 DDJ 的調查中，82% 的參與者認為在使用 Scrum 等敏捷方法時，生產力比以前有所提高或提高很多，只有 5% 的人認為生產力有所降低或大幅降低。有 73% 的 VersionOne 調查受訪者認為，敏捷的方式大大改善了（23%）或提高了（50%）生產力。

按理說，如果人們的生產力高，成本就會低。VersionOne 和 DDJ 的研究都證明了這一點，如表 1.1[2] 所示。

表 1.2 顯示了 David Rico 在 2008 年所發表有關敏捷團隊案例研究的調查。Rico 發現，報告的生產力提高的中位數是 88%，成本降低的中位數是 26%，這些數據是敏捷團隊更有生產力、為專案節省成本的確鑿證據。

表 1.1
許多的調查受訪者表示，敏捷改善了開發成本。

開發成本	DDJ	Versionone
有改善	32%	30%
顯著改善	5%	8%

儘管這些數字挺振奮人心，但它們只說明了一部分的故事。敏捷的一個重要好處是，敏捷團隊不太可能建立不再需要的功能，這一點在這些數據中沒有體現。傳統順序開發流程的一個問題是，等到軟體交付時，原本所提供的功能可能已經不符合使用者的需求了，相較之下，Scrum 團隊可以透過頻繁的回饋、有時限的衝刺，在衝刺時重定優先順序，更能夠專注在使用者真正需要的功能上。

表 1.2
敏捷對生產力與成本的影響（資料來源：Rico 2008）。

種類	最低改善率	中位數改善率	最高改善率
生產力	14%	88%	384%
成本	10%	26%	70%

提高員工參與度和工作滿意度

導致敏捷專案的高生產力和低成本的一個因素可能是「員工更喜歡他們的工作」。在採用 Scrum 的 15 個月後，Salesforce 對其員工進行了調查，發現 86%

2　VersionOne 的調查要求受訪者在一個量表上回答，上頭的選項包括「顯著改善」、「有改善」、「沒有好處」、「比較差」和「更差」。DDJ 的調查也使用了類似的量表，但用的是「大幅提高」、「有提高」、「沒有變化」、「比較低」和「大幅降低」。為了方便閱讀，本章的所有表格都引用 VersionOne 調查所用的標籤。

的人在工作時感到「愉快」或「最愉快」，但在採用 Scrum 之前，只有 40% 的人有這樣的感受。此外，92% 的員工說他們會向其他人推薦敏捷方法。諸如此類的結果很常見；我的許多客戶都做過員工滿意度調查，而且都有類似的結果。VersionOne 發現，在整個產業的調查中，74% 的受訪者表示士氣得到提升（44%）或明顯提升（30%）。

員工更喜歡他們的工作的一個可能原因是，敏捷流程所提倡的可持續節奏。加拿大 Calgary 大學（University of Calgary）的 Chris Mann 和 Frank Maurer 研究了一個團隊在採用敏捷流程（2005 年）前/後一年的加班情況。他們發現，在實踐敏捷之前，團隊成員的加班情況平均為 19%；在 2005 年導入敏捷後，加班情況下降了近三分之二，平均只有 7%。此外，即使在採用敏捷後偶爾需要加班，但從團隊採用敏捷前後的標準差可以發現，所需的加班量變化也較小。敏捷架構師 Johannes Brodwall 就提到：「在我們導入敏捷後，加班情況看起來降低不少，測試人員特別有感，畢竟他們以前的工作量非常大。」

不加班可能只是在敏捷團隊工作滿意度提高的其中一個因素，其他好處還有：對你的日常工作有更高的掌握度、看到你的工作成果更快被使用、與同事更緊密地合作，並創造更有可能滿足客戶和使用者期望的產品等等。對自己的工作和雇主更滿意的員工，會更加投入自己的工作中，而更高的員工參與度，也將為組織帶來眾多好處。

更快的上市時間

敏捷團隊往往比傳統團隊更快發布他們的產品。根據 VersionOne 的研究，64% 的參與者回報上市時間得到了改善（41%）或顯著改善（23%）。QSMA 將 26 個敏捷專案與包含 7,500 個多半為傳統專案的資料庫進行比較，研究顯示敏捷專案的上市時間快了 37%，如圖 1.2 所示。

敏捷團隊擁有更快的上市時間有兩個原因。首先，敏捷團隊的高產能使他們能更快速地開發功能；其次，敏捷團隊會逐步推出產品的功能。當利害關係人意識到一個團隊可以在每一個衝刺產生有價值的功能時，他們會認為不需要等所有功能齊全再一次交付（big-bang delivery）。

圖 1.2
與產業平均值相比，敏捷專案的上市時間快了 37%（資料來源：Mah 2008）。

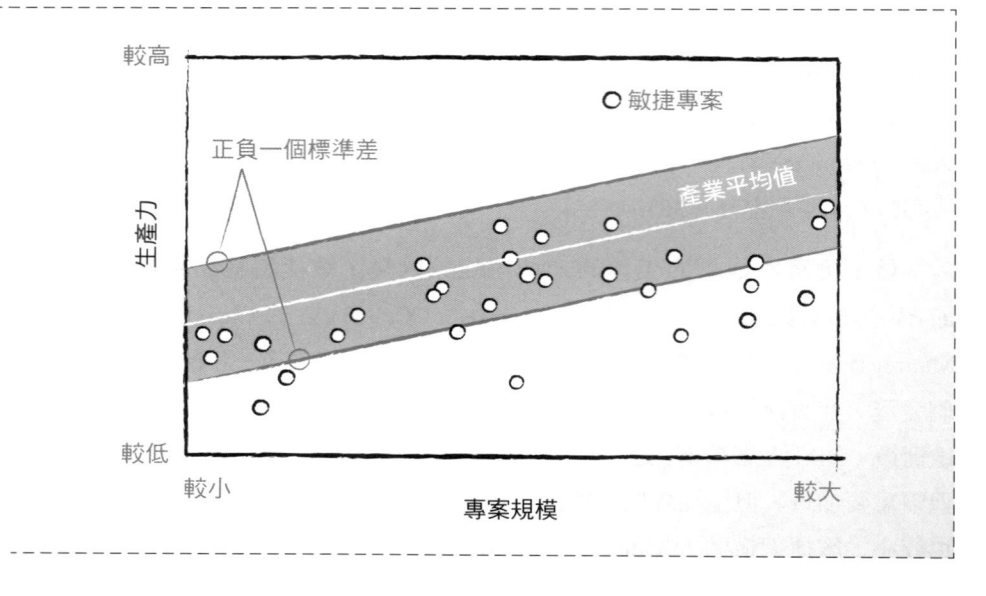

Salesforce 在轉型到 Scrum 之後立即注意到了這種好處（Greene and Fry 2008），圖 1.3 顯示了採用 Scrum 前（2006 年）後（2007 年）交付給客戶的累積功能數。該圖顯現了一個簡單的指標：交付功能的數量與交付時間，同時也提供了一個有力證據，說明使用 Scrum 第一年為客戶帶來的額外價值。

圖 1.3
Salesforce 在導入 Scrum 前的 2006 年和導入 Scrum 後的 2007 年間，交付功能的累積價值。

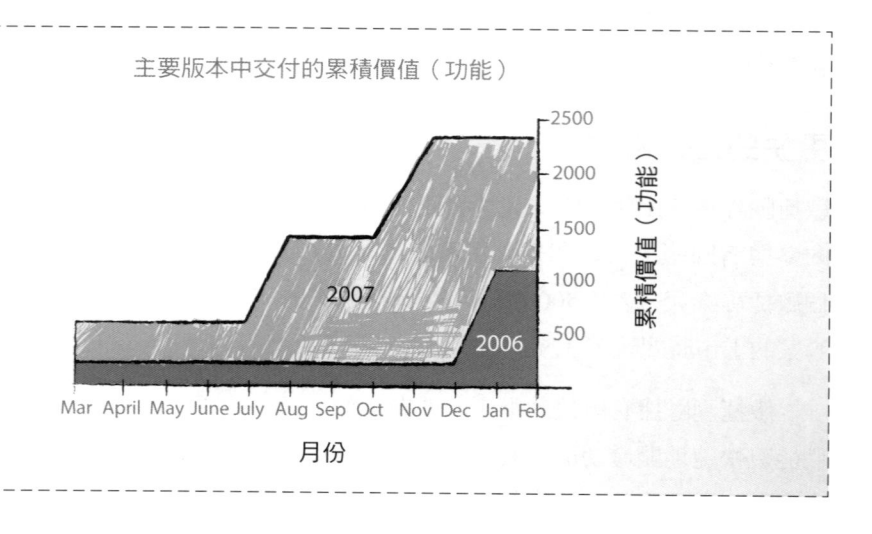

更高的品質

如果你問一個 Scrum 團隊，轉型前是什麼讓他們有更高的生產力，多數人會說，有一部分是因為持續更高品質地工作。當少掉了拖慢團隊進度的 bug 時，他們就能夠穩定而快速地前進。當團隊用持續穩定的步伐工作，也可以避免草率隨便的工作態度，品質便得以提升。且當工程實踐方法改善了，像是結對程式設計、重構以及強調早期自動化測試，品質也會跟著提升。

David Rico 的研究也驗證了敏捷團隊帶來更高品質產品這一說。在他對 51 個已發表的敏捷專案研究進行調查時，他發現品質改善的比例最低為 10%，中位數為 63%。Rico 的研究與我在客戶那裡的經驗相符，並且可以對品質進行量測及報告。例如，ePlanServices 是一家專為中小企業員工提供退休規劃服務的公司，其背後主要是靠一個強大的網頁程式；導入 Scrum 轉型的九個月後，他們每千行程式碼發生缺陷的頻率下降了 70%。

VersionOne 的調查也證明了敏捷流程（如 Scrum）可以提高品質。68% 的參與者認為敏捷已提升（44%）或顯著提升（24%）軟體品質。此外，敏捷軟體的缺陷數上，84% 的調查參與者認為減少了 10% 以上，30% 的人認為減少了 25% 以上。DDJ 的調查報告也有類似的結果，有 48% 的人認為品質有所提升，29% 的人認為品質大幅提升。

提高利害關係人的滿意度

考慮到迄今為止敏捷帶來的種種好處，利害關係人滿意度提高的這件事也就讓人不意外了。在 DDJ 的調查中，78% 參與者認為使用敏捷流程能使利害關係人的滿意度有所提升（47%）或大幅提升（31%）。

利害關係人對敏捷流程更滿意還有一個原因，敏捷更能適應當今快節奏、競爭激烈的企業生態中不斷變化的優先事項。在 VersionOne 的研究中，92% 的參與者認為敏捷因應優先事項不斷變化的能力有所提升。此外，在優先事項更容易變動的同時，敏捷專案的利害關係人也會知悉變化帶來的影響。開發石油和天然氣產業的小公司 PetroSleuth，它的一位利害關係人證實了這一點。

> Scrum 使我們更積極深入參與每日的回顧與討論中。這也使我們更加意識到改變，並且在流程的早期就開始承擔責任（Mann and Maurer 2005, 77）。

VersionOne 的調查更深入地探討了提升利害關係人滿意度的原因。表 1.3 顯示出高比例的調查參與者表示敏捷使得技術與商業間能夠更協調一致，減少了專案的風險，能更有效管理不斷變化的優先事項，並提高了專案的能見度。Steve Fisher 身為 Salesforce 的資深副總，也是公司內多個敏捷團隊的重要利害關係人，他表示導入 Scrum「帶來了完整的能見度、透明度和難以置信的生產力…而且是完勝（Greene 2008）」。

表 1.3 利害關係人對敏捷感到滿意的幾個原因。

	有改善	明顯改善
提升管理持續變化的優先事項能力	41%	51%
提高專案能見度	42%	41%
增加 IT 與商業目標間的一致性	39%	27%
降低專案風險	48%	17%

我們一直在用的方法不再有效了

考慮 Scrum 的最後一個理由是，目前的開發流程已經不再有效。當一個流程過去奏效、現在卻不再有效的時候，通常的反應是加倍做更多的事，Yahoo! 的情況正是如此，其產品長 Pete Deemer 是最早意識到公司需要改變的人之一。

> 最初，Yahoo! 嘗試 Scrum 單純是因為走投無路——傳統瀑布式的流程是明顯行不通的。他們花了一整年嘗試「更有效」貫徹瀑布開發，透過更徹底的計畫與分析、更深入的技術文件、更多的簽核（sign-off）等等，但情況反而更糟而未見好轉。對比於大多數嘗試 Scrum 並享受其好處的團隊，差異是顯而立見的。

基於 console 的遊戲開發人員 Clinton Keith、也是 High Moon 工作室前技術長，講述過一個類似的故事。

> 身為一家資金充足的新創公司成功的專案經理，我們覺得可以「應用更多瀑布流程」來達成我們雄心勃勃的新專案，然而卻產生了與期望完全相反的效果，專案整個失控了。我們的假設是錯的，這迫使我們重新思考如何管理專案。

現在試一試

- 找出到目前為止你應用 Scrum 所獲得的好處。
- 如果你還沒有收集關於品質、員工士氣、利害關係人滿意度等方面的指標，請選擇幾個你感興趣的，先建立一個基準值，以便之後拿來比對。
- 如果你之前已經有了基準值並已進行了至少三到六個月的 Scrum，那麼再測一次，看看有什麼進展。創造你自己對於「為什麼 Scrum 值得」的圖表，這樣當其他團隊開始進行 Scrum 轉型，或是當有些團隊轉型時碰到問題，你可以和他們分享這些內容。

展望未來

轉變為敏捷是很困難的，比我所見過或參與過的大多數組織變革都還要難。在本章的開頭，我論述了執行很困難的原因，包括需要由上而下與由下而上同時進行變革、無法確切知道最終狀態、Scrum 所引起廣且深的變化、在已經發生的事情上再增添更多變化，以及需要避免將 Scrum 變成一堆最佳實踐。

因為到了這裡你還在閱讀，我可以假設這一連串的挑戰並沒有讓你打退堂鼓。幸運的是，克服了這些挑戰的組織將會擁有巨大的優勢，包括更有生產力的團隊、更低的成本、更快樂的員工、更短的上市時間、更好的品質以及更高的利害關係人滿意度。

在下一章，我們將更深入探討，如何讓你及團隊與組織從認知到變革是必要的並相信 Scrum 是解決方案，進入實質進展且持續改進的下一階段。

延伸閱讀

Ambler, Scott. 2008. Agile adoption rate survey, February. http://www.ambysoft.com/surveys/agileFebruary2008.html.

> 本文呈現了 2008 年 2 月進行的一項調查結果，且進一步深入探討更多相關內容。

Greene, Steve, andChris Fry. 2008.Year of living dangerously: HowSalesforce.com delivered extraordinary results through a "big bang" enterprise agile revolution. Session presented atScrumGathering, Stockholm. http://www.slideshare.net/sgreene/Scrum-gathering-2008-stockholm-salesforcecom-presentation.

> Greene 和 Fry 在 Salesforce 負責導入 Scrum。他們分享了這個有趣的簡報，說明他們是如何進行、從中學到了什麼，以及如果重來一次會採取什麼不同的做法。

Mah, Michael. 2008. How agile projects measure up, and what this means to you. *Cutter Consortium Agile Product & Project Management Executive Report* 9 (9).

> 這是 Mah 對 26 個敏捷專案與基準資料庫中超過 7,500 個傳統專案的生產力進行比較的結果。

Rico, David F. 2008.What is the ROI of agile vs. traditional methods? An analysis of extreme programming, test-driven development, pair programming, andScrum(using real options). A downloadable spreadsheet from David Rico's personal website. http://davidfrico.com/agile-benefits.xls.

> 對現有敏捷專案的相關文獻進行了廣泛的調查，總結了生產力、成本、品質、進度、客戶滿意度和投資回報率的關鍵百分比。

VersionOne. 2008.The state of agile development:Third annual survey. Posted as a downloadable PDF in the Library of White Papers on theVersionOnewebsite. http://www.versionone.com/pdf/3rdAnnualStateOfAgile_FullDataReport.pdf.

> 每年敏捷工具開發商 VersionOne 都會對敏捷的使用情況進行國際性的大規模調查，是對敏捷實踐現況最廣泛的了解。

Chapter 2
轉型 Scrum 的 ADAPT 方法

身為一家大型製造公司的應用程式開發經理，Lori Schubring 是最早意識到必須做出改變的人之一。她意識到開發流程已經變得「過於制式化，阻礙了我們應對業務的靈活度，情況已經嚴重到無法快速處理專案需求的地步」（2006, 27）。Lori 意識到公司亟須改變，於是她用半天的時間參加了一個介紹 Scrum 的免費研討會；她看到了更好的軟體開發方式，認為這樣的框架可能對她的組織有幫助，因此產生了想要轉型 Scrum 的念頭。接下來，Lori 透過參加 ScrumMaster 的課程、更多敏捷研討會，並且參觀已經採用 Scrum 的公司，學習應該要如何進行轉型。隨後她向老闆和團隊大力推廣 Scrum，成功說服他們接受它所帶來的好處。最後，Lori 再將團隊使用 Scrum 的意義和影響轉移到公司其他部門，這樣就能避免團隊被組織的慣性拉回到原點。

Lori 的故事概括了要成功且持久地採用 Scrum 所必備的五個行為：

- **意識**（**Awareness**）到當前的流程不能繼續提供可被接受的結果
- **渴望**（**Desire**）採用 Scrum 作為解決當前問題的方式
- 擁有成功執行 Scrum 的**能力**（**Ability**）

- 透過分享經驗來**推廣（Promotion）** Scrum，讓自身團隊能記住並讓其他人看見成功案例
- 將運用 Scrum 所帶來的影響**轉移（Transfer）**到整個公司

方便起見，我們將這五個活動——意識（Awareness）、渴望（Desire）、能力（Ability）、推廣（Promotion）和轉移（Transfer），縮寫成 ADAPT[1]。

在圖 2.1 中，我們可以看到意識、渴望與能力彼此之間是有所重疊的，而推廣和轉移則在整個轉型過程中重複發生。在你開始轉型後，這個循環仍將隨著你的不斷改進而持續出現。

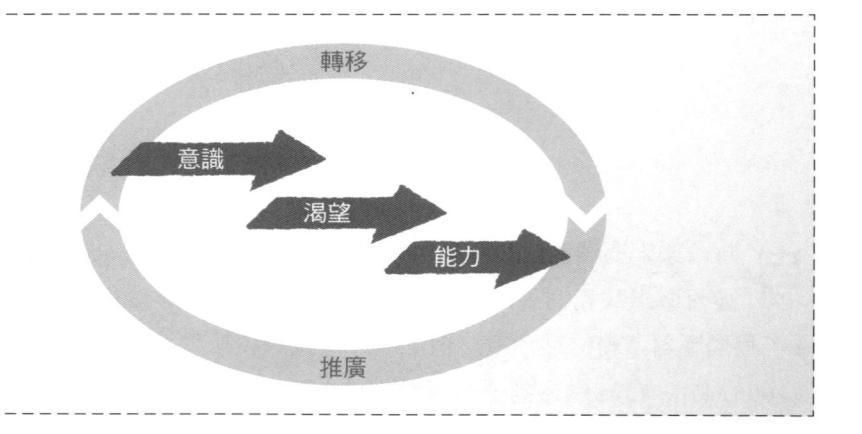

圖 2.1
調適 Scrum 的五項活動。

成功導入 Scrum 的組織可以視為在多個層級上執行這些活動：

- **就組織來說**。以組織作為主體時，整個組織將參與這些活動。無論組織中某個人或團體有多麼強烈意識到改變的必要，若想讓組織能夠集體向前推進，必須要有夠多的人具有類似的認知和意識。用這思路來看 ADAPT 模型在組織層級的應用，我們可以說「公司渴望全面採用 Scrum」或是「我們的組織目前缺乏執行 Scrum 的能力」。

---

1 ADAPT 的五項活動是基於一個通用的變革模型 ADKAR（Hiatt 2006），其包括認知、渴望、知識、能力和強化五步驟。但在 Scrum 的實踐中，我發現將知識與能力分開是沒有必要的。此外，ADKAR 中「強化」這個步驟在 ADAPT 中被「推廣」和「轉移」步驟取代，強調了這些活動對於轉型成功的重要性。

- **就個體來說**。組織是由個人組成的，所以重要的是接受每個人會以不同的速度進行轉型。例如，你可能已經獲得了應用 Scrum 的能力，已經學會了一些新技能和一些關於軟體開發的新思維，但是你的同事才剛開始意識到目前的方法是行不通的。
- **就團隊來說**。在向 Scrum 轉型的過程中，團隊可能對個人產生助力，也可能成為阻力。團隊成員往往會一起在 ADAPT 週期中取得進展，就像有研究指出，如果身邊的朋友都過胖，這個人就很有可能也是過胖的（Thaler and Sunstein, 2009）。因此，如果你的團隊成員有在使用 Scrum，你就很有可能也渴望運行 Scrum。
- **對每一次的實踐來說**。ADAPT 模型也可以應用在導入 Scrum 的過程中習得的每一項新技能。舉例來說，考慮到 Scrum 團隊普遍對自動化單元測試的依賴，團隊及其成員必須首先意識到目前的測試方法是行不通的，然後必須發展出渴望將更多測試更早自動化的動力，要做到這一點，一些團隊成員需要學習新的技能。推廣團隊在自動化測試方面的成功，以鼓勵其他開發團隊仿效。最後，將團隊執行更多自動化測試的意義轉移到其他小組，以確保團隊外的力量不會阻礙團隊持續執行新的做法。

無論你目前是正在採用 Scrum 或者才剛開始導入，你需要做的第一件事仍是辨識出個人、團隊和整個組織在 ADAPT 中的哪個位置。可能你正在某個團隊中學習如何進行測試驅動開發，而這個團隊也在推廣其成功經驗，並且所在部門有意實施 Scrum，然而，整體組織可能對於改變只有粗淺的認識。本章不僅將討論 ADAPT 的五個活動，還會討論每個活動中你所需要的工具，來鼓勵或發展組織各層級的意識、渴望、能力、推廣和轉移。

意識

改變始於意識，特別是當意識到現狀不再理想時。然而，人們很難意識到過去有效的東西已不再奏效。我個人經歷過最戲劇性的例子是在 1990 年代中期，我擔任一家醫療軟體公司的開發總監，公司的創辦人意識到公司唯一的產品，同

時也是讓公司成功上市並造就公司巨幅成長的產品,最多只剩一年可以賣,因為當時美國的醫療衛生產業正發生根本性的轉變;公司需要開發新產品來因應市場變化。在一次全公司的會議中,創辦人展示了一張投影片,如圖 2.2 的圖表所示。

當大多數員工還在讚頌我們的成功時,創辦人卻意識到,我們正進入他所謂的「死亡之谷」(Vally of Death)。處於「死亡之谷」時,現有產品的收入會迅速下滑,甚至可能遠超過尚未開發的新產品的收入增長。

圖 2.2
「死亡之谷」顯示了在新產品發布前,現有產品的收入不斷下降的現象。

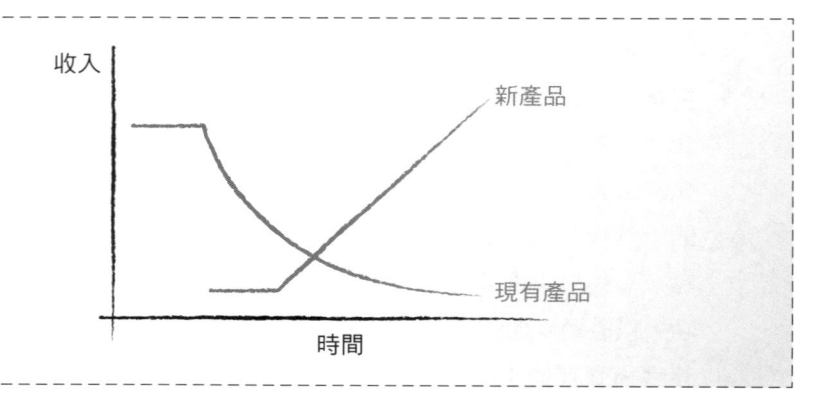

我們當中很少有人能像這位創辦人一樣有先見之明。從第一次出現改變的需要,到我們察覺需要改變,中間幾乎都會有一段時間差距。如果公司經營狀況良好,這段時間差距可能會特別長。另外有幾個常見的因素,也會導致個人比較慢察覺到需要變革:

- **缺乏對大局的接觸**。採用 Scrum 的需求可能是由各種因素交織而成,而這些因素並不是每個人都能看到。恐怕只有那些看到新客戶的銷售量下滑、聽到強大競爭對手進入公司勢力範圍、預見到需要做更多事但人力卻沒增加的人,才會清楚意識到變革的必要性。

- **拒絕眼前的事實**。有時即使變革的需求相當明確,我們也會否認它。可能是因為人們認為問題只是一時的,或常態性地擔心變革可能帶來的問題。「不要沒事找事」的心態,對比敏捷的「如果它不完美(而且永遠不會完美),那就繼續改進」的心態來說相差甚遠。

- **搞混踏步與進步**。我們每天都會看到大量的事務在進行著，不管是召開中的會議、傳閱中的報告、撰寫中的文件或是審查中的程式碼，很容易將這些事務當作是有在進步。但當許多事務正在進行時，我們也很難承認這些事務並沒有讓產品更吸引人。
- **買單公司的外宣**。公司新聞中充滿著預測大好未來的文章，大廳的玻璃櫃驕傲地展示著歷年產品的各項榮耀，走廊裡則充滿著愉快的祝賀聲，然而顧客卻在質疑：「你們最近為我做了什麼？」聽取自己給自己的掌聲和宣傳很容易使人變得自滿，我們當然可以慶祝成功，但需要記得背後的努力。

用於培養意識的工具

團隊成員會在不同的時間點意識到改變的必要性。理解這件事，即有機會幫助其他人得到相同的結論。在這一小節，我們將帶你看看可以使用哪些工具來幫助發展「需要改變」意識。

溝通既存的問題。BioWare 是世界知名的故事導向遊戲開發商之一，坐擁四百多名員工和一些知名的遊戲，如《質量效應》、《翡翠帝國》、《闇龍紀元》、《舊共和國武士》、《絕冬城之夜》和《柏德之門》系列等。儘管 BioWare 的產品很成功，但交付專案的效率並不理想，有著加班、溝通不良和交付物偶爾未達預期等常見問題。

由於其過往產品的成功，所有的專案參與者並不清楚專案本身是否可以更成功。幸好，製作人 Trent Oster 在尋找更好的遊戲開發方式時發現了 Scrum，而且還能夠聘用幾個具有 Scrum 經驗的專案經理。但這群 Scrum 的早期支持者無法取得太大進展，直到他們協助其他人也意識到需要改變。他們透過傳達一個所有專案共同的目標來推動：

> 以更低的成本開發出高品質的遊戲，並讓開發有如玩遊戲一樣有趣。

這個目標之所以定的好，有幾個因素。首先，它是很難爭論的。我無法想像一個團隊成員會吵說，熬夜工作和玩遊戲一樣有趣。第二，它既沒有提

出解決方案，更沒有進行勸說。試想一下，如果 BioWare 早期的 Scrum 倡導者「用敏捷來打造更造高品質的遊戲」可能會產生什麼影響。除了既有支持變革的人之外，不會有其他任何人相信改變的必要。《轉變之書》（Managing Transitions）一書的作者 William Bridges 強調了讓人同意問題的重要性，而不是提出具體的解決方案（2003, 16）。

運用實際的指標來進行衡量。 指標作為一種溝通策略，可以強化變革的核心理由。我見過一些公司使用員工流動率、工作滿意度調查結果、員工收入以及其他簡單的指標來提升變革必要性的意識。

提供成員接觸新的人和經歷的機會。 鼓勵人們參加研討會或培訓，讓他們聽到新的技術和做法。或者派人參加同產業的貿易展，讓他們看看競爭對手發布了什麼產品，抑或安排團隊成員和客戶間的會議，讓他們可以第一手獲知功能需求以及大致的時程。更好的長期策略是重視新員工的多元性，有意地挖掘不同背景的人，這不僅能為組織帶來新的想法，還有助於組織接觸到新想法。

> **另見**
> 第 3 章「採用 Scrum 的模式」比較了「從前導專案開始」與「讓所有人一次性轉型」的優缺點。第 5 章「你的第一個專案」則說明了要如何選擇一個初始專案或前導專案。

執行一個前導專案（pilot project）。 一個成功的前導專案證明了可以改善現況，而成功的經驗是很難去反駁的。當那些還沒有意識到需要改變的人，看到一個非常成功的專案以不同的方式運行時，他們要嘛選擇不買單，要嘛更加意識到改變可能是合適的選擇。

把注意力集中在變革最重要的原因上。 如果你的組織和其他大多數組織一樣，你或許可以列出一份長長的清單，說明為什麼當前的開發流程是不合適的，如：產品不能滿足使用者的期待、開發時間過長、品質不佳、開發人員士氣低迷、過多的工作超時、無法預期進度以及開發成本過高等。在幫助人們意識到改變的必要性時，清單最好簡短些。寫出造成問題的兩到三個主要原因，並且它們足以證明採用 Scrum 之合理性。透過縮減清單到少數幾個關鍵的原因後，把注意力集中在這些最有說服力的原因上。

我的一個客戶決定導入 Scrum，是因為其產品已經失去了領先的地位。他們的客戶之所以會繼續使用其產品，主要是出於多年的忠誠度與熟悉感。為了聚焦注意力，我要他們將大廳裡所有的獎狀、獎杯等種種榮譽撤掉，僅留下過去一年的獲獎。透過拿掉歷年的榮耀來強化一個事實──客戶在詢問「你們最

近為我做了什麼」。儘管移掉許多舊獎項後，大廳仍有很多的獎項，但與員工習以為常的數量已形成驚人對比，有助於提升他們的意識——公司的輝煌時代已過，除非我們做出改變。

渴望

除了意識到需要改變之外，還必須要渴望改變。例如，我意識到我應該多吃蔬菜，但我還不想要改變我的飲食習慣；在意識轉變為渴望之前，我的飲食習慣是不會改變的。Scrum 培訓師暨顧問 Michele Sliger 講述了一個例子，有家公司的轉型因缺乏渴望而停滯，某次培訓課結束的幾個星期後，Sliger 打電話給那家公司，了解大家的進展如何。

> 由於公司內的政治因素，他們做出了敏捷並不適合他們的決定。這是我所知道的唯一一家花時間學習敏捷（而且還是找有經驗的敏捷顧問，而不是透過書籍）、深入檢視研究了公司文化和內部政治，但最後對敏捷說「不」的公司。該說他們很實際？抑或是很現實？還是其實很恐懼？或者悲觀？我不知道。但在我合作過的其他公司中，沒有一家公司像這樣拒絕敏捷的。也許有更多公司應該會這麼做。我真的很尊重這些人判斷自己還沒有準備好的事實，不管是出於什麼原因，總比沒有全力以赴地嘗試來的好。

他們願意花錢讓 Scrum 培訓師進入公司，至少已經讓某些員工意識到需要用不同的方式做事。但從 Sliger 敘述的故事中，我們可以得出結論：他們沒有足夠強烈的渴望來進一步推動變革。

對許多人來說，要從意識到現狀不可行，到渴望使用不同的開發流程是相當困難的。畢竟，經過多年的學校教育與實務經驗，已經把我們訓練成喜歡按照規劃走。除此之外，儘管我們可能對專案的某些部分不甚滿意，但我們努力了很久才找到了合適的老闆與團隊，而採用 Scrum 可能改變這一切。所以有時候儘管事情看似容易，時機可能就是尚未成熟。

20年前，我的一個朋友推薦我讀 John D.MacDonald 寫的 Travis McGee 系列小說，當晚我就買了《The Girl in the Plain Brown Wrapper》並讀了起來。讀到一半我發現我不喜歡，就不繼續讀了。大約一年後，我瞄到在書架上的這本書，決定再給它一次機會，這次我喜歡上了這本書，而且又繼續閱讀了 McGee 系列的其他 20 本書。第一次讀這本書時，我的心態和處境都不對，而這也是許多團隊成員聽到 Scrum 好處時的反應。如果時機不對，你無法說服他們。好消息是，用同樣的方式在不同的時間點傳遞同樣的訊息，就足以讓人從「意識」進到「渴望」的階段了。

提升渴望的工具

要提升採用 Scrum 的渴望，往往比形成必須改變現狀的意識要難上許多。幸運的是，有很多工具可以讓人從意識前進到渴望。

溝通有更好的做法。 建立意識的過程中，溝通的重點要放在組織或團隊採用 Scrum 所面臨的關鍵問題。而在提升渴望的過程中，溝通的重點則是 Scrum 如何幫助我們解決這些問題。但是把這兩種訊息混在一起（目前的方法不夠好，Scrum 可以協助改善）會讓某些人產生抗拒心理，以至於對這兩種訊息都不接受。然而，隨著越來越多的員工意識到變革的必要性，推動者的訊息就可以轉變為更積極的推廣與宣傳。本章開頭故事中的 Lori 即提到，渴望是有傳染力的。

> 我相信敏捷可以幫助我們。我擬定了計畫、得到了主管的支持並成為內部的傳教士。正因為我的強烈信念，讓人很難忽視掉它。如果有人質疑我的想法，我也會馬上挑戰他們。我的渴望得到了一些人的認同，也有些人不太買單。但有幾個關鍵人物對它產生了興趣，而這確實有助於其他人打開心房迎接 Scrum 的可能性。

創造一種緊迫感。 將意識轉化為渴望的一種方法是提高熱度。透過創造緊迫感，我們讓別人清楚地認識到現況很能再繼續走下去。還記得前面我意識到自己要多吃蔬菜的例子嗎？假設我的醫生明天打電話來說，如果我不開始吃青花菜、蘆筍、花椰菜之類的蔬菜，六個月後就會死，那我很有可能就會設法愛上吃蔬菜了。

創造氣勢。與其關注那些不願意或反對 Scrum 的人，不如花時間和精力幫助那些已經有熱情的人。不用去爭辯什麼做得到、什麼做不到，跟那些願意做的人一起進行就好，目標是透過一次又一次的成功建立出勢不可擋的動力。當 Salesforce 的 Steve Greene 和 Chris Fry 回顧他們公司轉型成功的經驗時，他們建議其他人「專注在讓多個團隊達到卓越表現（2008）」。與其分散支持到所有團隊中，不如努力透過這些早期的成功，讓採用 Scrum 看起來是必然要發生的，那麼其他人就會渴望成為其中的一份子。

讓團隊試做一下 Scrum。與其讓團隊成員抽象地爭論 Scrum，不如讓他們快速體驗一下。有一個好方法是進行為期三個月的實驗，這將使團隊有充分的機會完成最初的一兩個衝刺，可能還是會讓他們感到非常不舒服。在三個月後，與整個團隊進行一次徹底的回顧，並共同決定如何繼續向前推進，這個決定不需要是「要不要採取 Scrum」。如果實驗沒有明確結論或者團隊意見分歧，可以選擇再實驗幾個月。或者，如果團隊決定還沒有做好準備，也可以選擇暫時擱置，過一陣子再繼續實驗。

調整獎勵因素（或至少消除阻礙的因素）。在組織中有許多的獎勵方案，包括金錢上的和其他形式，可能會跟導入 Scrum 相互矛盾。像是許多組織都有獎金計畫，以激勵對團隊或部門有重大貢獻的員工。雖然這樣的計畫乍看之下不錯，但可能與我們希望 Scrum 團隊成員所具備的合作心態相違背。根據紀錄的缺陷數對測試人員進行獎勵的計畫，對團隊也有類似削弱合作的影響。

　　一個曾與我一起工作的組織修訂了其年度審查表，刪除了個人導向的標準，如個人知識、時間管理和平衡優先事項的能力。取而代之的是團隊導向的標準，如提升他人工作能力、對共享知識做出貢獻、願意跳脫職務範圍去協助他人、達到團隊的交付目標和品質目標等等。

　　在另一家公司，我讓產品負責人和部門經理承諾，如果產品能如期釋出且包含約定的功能，就給團隊一個非金錢上的特殊獎勵。儘管產品負責人和經理們相信團隊會持續高品質地產出，但我還是要求團隊成員提出一個品質指標，我不希望他們犧牲品質來獲得獎勵。他們提議用發布後 30 天內回報的缺陷數來衡量品質，目標是缺陷數要比之前兩個類似規模的版本少。四個月後，團隊在

計畫的日期內交付了比承諾還多的功能。再 30 天後衡量品質時，團隊成員如期得到了他們的獎勵——一個為期四週的衝刺，但每個人作為自己的產品負責人，可以進行任何他們想進行的專案。他們利用這個機會對一些一直困擾他們的程式碼進行重構。一個測試人員花時間去探索新的測試工具，兩個開發人員為應用程式做了一個腳本介面。這種類型的獎勵是一個全面的勝利，避免了現金或類似獎品容易出現的問題。

專注於解決恐懼。我們的行為往往受到恐懼影響。由於過去的糟糕經驗，產品負責人可能會擔心開發團隊失控、只開發自己想要的功能。這會導致產品負責人更傾向進行詳細的前期需求蒐集，因為這樣能防止開發人員只開發他們想要的功能。

> **另見**
>
> 許多恐懼是「瀑布症」（waterfallacy）與「敏捷恐懼症」（agile phobia）的結果，我們將在第 6 章「克服抗拒」中討論這兩種情形。還有許多其他的恐懼症狀，則會在本書闡述反對意見的邊欄中貫穿出現。

另一方面，管理部門可能會擔心進度有過多的延遲，導致他們更傾向於一個能提早預估出精確交付日期的開發流程，就算他們很清楚產品幾乎不可能在承諾的日期前完成，但他們仍然這麼做的理由是，透過讓團隊承諾一個較早的交付日，來持續對團隊施加壓力，避免出現嚴重的進度延遲。

有個軟體架構師傾向於做詳盡的前期系統設計，因為那是她所擅長的。她擔心如果取消專案的設計階段，那麼她就無法表現得比同事更出色。在與那些被恐懼堵住渴望的人溝通時，要尋找機會去說明這些擔心害怕多半是不必要的。

幫助人們放手。除非放下過去，否則人們不會渴望迎接新的未來。每一次轉型都可能會帶來損失與隨之而來的哀傷。允許人們花點時間去感傷，傾聽並接納他們的損失，不要跟他們爭論。損失是個人且主觀的感受，不用爭論，因為你永遠無法說服那些正在悲傷的人是他們反應過度、或是失去的東西「沒那麼重要」。千萬別嘗試這麼做。

不要詆毀過去。在描述轉型以及你正前往的全新敏捷世界時，不貶低或詆毀過去。不管之前使用的是什麼樣的開發流程，它某種程度上也幫助了組織取得現有的成果，理應得到我們由衷的感謝與尊重，畢竟，不可能完全是糟糕的。《Managing Transitions》一書的作者 William Bridges 說明了透過攻擊過去以支持未來將導致的後果。

許多經理人沈浸在「未來比過往更美好」的熱情中，去嘲笑或貶損過去的做事方式。如此反而鞏固了轉型的反對勢力，因為那些人認同過去的做事方式。因此，每當過往的做事方式受到攻擊時，他們就會覺得自我價值受到了威脅（2003, 34）。

讓員工一起努力。在渴望這階段要盡可能多爭取盟友。一個理想的盟友是意見領袖，他已經贏得了你大部分目標受眾的尊重，而多幾個意見領袖的熱情感染力，就可以迅速影響組織中的其他人。BioWare 公司的 ScrumMaster，Benoit Houle，就親身經歷過這一點。

> 我非常幸運地與一位備受尊敬的資深程式設計師建立了良好的工作關係。他是我們「前導」團隊的 ScrumMaster，負責最早的幾個衝刺。他對這流程感到非常興奮，研讀了很多關於 Scrum 和極限程式設計的書，是十分稱職的 ScrumMaster，辦公室的每一個角落都能感受到他的熱情。

讓心存懷疑者也一起參與。問問員工在想要嘗試 Scrum 前，他們需要看到、體驗或了解什麼，並想辦法滿足他們。

> **另見**
>
> 第 4 章「逐步敏捷」描述了使用改進社群作為讓員工參與到 Scrum 轉型的一種方式。

能力

如果一個團隊沒有獲得運行敏捷的能力，那麼無論團隊對敏捷方法的意識和渴望有多強烈，也無法取得進展。正如我們在第 1 章「為什麼敏捷很難（卻很值得）」中有稍微提到的，要在 Scrum 中致勝不僅需要團隊成員學習新的技能，還需要放下既有的技能。Scrum 團隊面臨的一些較大挑戰包括以下幾點：

- **學習新的技術**。剛接觸 Scrum 的開發人員通常會發現，雖然他們仍然擅長自己的工作，但還不擅長敏捷工作方式。他們必須發展以前所不需要具備的技能（或是原本可以忽視的技能），例如，程式設計師需要學習如何逐步改進系統設計，測試人員需要在不依賴文件下進行測試；兩者通常都需要學習新的自動化測試方法。

- **學習以整個團隊來進行思考和工作。**我們中的許多人已經享受了多年來在小隔間裡默默工作，戴著耳機，盡可能減少與團隊互動。「你做你的，我做我的，等到整合時發現有問題再說。」Scrum 團隊被鼓勵不要用「我的任務」和「你的任務」來思考，而是要以「我們的任務」來看待，這會使團隊成員間的合作再上一層樓。這樣的工作方式也創造了一種共同承擔的心態，對許多團隊成員來說是一種全新體驗。
- **學習如何在較短的時間內開發可運作的軟體。**Scrum 的短期、集中且有時間限制的衝刺，對大多數剛開始嘗試的團隊來說，都是個大挑戰。Scrum 團隊會努力避免兩個專業成員間不必要的交接，讓每個人在衝刺結束時能開發出可運作的軟體，這將會促使團隊成員設法減少不必要交接以避免資源上的浪費，也能讓彼此之間合作更加緊密。

培養能力的工具

在大多數組織中，培養敏捷的能力（然後成為優秀的敏捷人才）會比打造意識或創造渴望花更多的時間。幸運的是，有許多用於培養能力的好工具，包括以下這些：

教練與培訓。Scrum 與傳統軟體開發十分不同，需要伴隨教練或顧問的現場培訓。像是成功引領了一次 Scrum 導入的 Lori Schubring 表示：「我們之所以能成功使用敏捷，在我看來，能力始於一個關鍵的教育流程。如果我們對其不了解，就不可能完全接受它。」Elizabeth Woodward，將敏捷導入 IBMl 的領導者之一，也表示贊同。我們開始了敏捷轉型，設定了一個目標──要在一個季度以內，在全球每個重要據點舉辦為期兩天的敏捷開發課程。前三季當中，全球總共有超過 4,400 名軟體工程師受到了培訓。讓每個人都能站在同一條跑道上是非常重要的，如此才能共享願景，並建立一種緊迫感。我們也發現有些關於敏捷的錯誤資訊需要調整，以便讓團隊更願意接受敏捷。

對大多數公司來說，最有效的是早期的初步培訓，目的是讓人們願意嘗試 Scrum 並理解其核心原則。這種一般性的培訓通常會伴隨著特定實踐的培訓或教練，比如請一位測試驅動開發專家到現場，與團隊一起在程式碼中實際操作與學習。

在導入 Scrum 後不久，Salesforce 讓我為三十多位 ScrumMaster 做了一場培訓，包括一些不會在專案中擔任該角色的人。兩個月後，他們邀請我為 35 個產品負責人進行一場為期兩天的正式培訓，在這兩天中，現場還請來了許多教練與團隊一起工作。事後看來，即使這麼早期就已全力投入培訓和教練，Chris Fry 和 Steve Greene 還是希望能「更早、更高強度培訓產品負責人」，並讓他們能「更早地得到外部教練的協助」。他們建議想要進行 Scrum 轉型的公司「找專業的來協助（2008）」。

讓個人負起責任。在提供教練和培訓的同時，員工需要知道，公司投入資源讓員工學習新的技能，因此他們將承擔起應用新技能的的責任。

分享資訊。在發展敏捷能力的同時，團隊成員將被大量的新資訊和挑戰淹沒，要提供機會讓他們分享資訊與問題。其中一個方法是透過跨團隊交流，鼓勵團隊成員偶爾參加另一個團隊的每日站會（daily scrum meeting）或衝刺審查會議（sprint review）。另一個選擇是利用部門的內部網路、wiki、實踐社群和讀書會來傳播資訊。還有另一個分享的途徑是要求那些學了新技能的人，進行一個簡短的培訓課程。或者，如果你的團隊夠大，可以更進一步，舉行為期一天的小型敏捷會議。這正是 Yahoo! 在其加州總部所做的事情，當時公司的 Scrum 教練 J.F. Unson 就使用了這種方法。

> 在 Yahoo!，我們有一個全天的開放空間會議（open space conference），任何內部人士都可以參與並提出議題。我們有很多好的環節，特別是關於企業應用、分散式敏捷等的議題，甚至有遠在英國的員工調整會議時間一起參與。這真的有助於在你的公司內建立社群，讓大家提出並擁有他們的解決方案。當然，部分也是因為公司有夠多的人，才能創造足夠的參與度（2008）。

IBM 也採用了類似的做法，每年舉行兩次為期四天的會議，參與者包括自世界各地的技術負責人與經理，以及當地的技術人員。Elizabeth Woodward 描述了公司如何在全球為採用敏捷的 IBM 員工舉辦一些小型的迷你會議。

另見

實踐社群將在第 17 章「擴展 Scrum」中有更多描述。

每次迷你會議都是以敏捷為主題，形式包括演講、教育、經驗報告與社群工作會議。社群工作會議之所以特別有效，是因為透過背景不同、經驗豐富的一群人面對面辯論與討論，就能夠解決關鍵的挑戰，像是要如何在遠距的環境中使用 Scrum。

設定合理的目標。「現在就變敏捷」這樣的目標，會讓許多團隊不知所措，不知道該如何開始。成功的 Scrum 轉型需要切割成很多階段來進行。因此，與其要求團隊「立馬開始進行測試驅動開發」，ScrumMaster 應該要求團隊在下一個衝刺中，以測試驅動為主開發一個功能。同樣地，組織必須在「推動快速的導入」與「過快推動的風險」之間取得平衡。你可以透過鼓勵團隊選擇現實且可實作的目標，幫助他們避免在面臨更大型專案時有所猶豫。

做就對了。不要拖延、等著得知所有答案才開始行動。培養能力最好的方法就是去實踐它。正如 Greene 與 Fry 所建議的「大膽實驗，耐心嘗試，並期待犯錯（2008）」。

推廣

推廣階段有三個目標。第一個目標是為下一次的 ADAPT 週期奠定基礎，透過宣傳當前的成功可以讓大家提早意識到下一輪的改進；第二個目標是，透過宣傳團隊在 Scrum 上取得的成就，來加強現有團隊的敏捷導入。最後第三個目標，則是讓那些沒有與 Scrum 團隊直接關聯的人建立意識和興趣。這些團體中的許多人（如人資、銷售、行銷、營運和設備管理）都會對你是否能成功轉型產生巨大的影響。在轉移階段，你要積極地確保這些團體不會阻礙開發團隊持續保持敏捷思維。

在宣揚 Scrum 時，請不要將你的努力變成一場行銷活動。許多員工已歷經了無數次的變革，無窮無盡的改變措施已讓他們感到厭倦。許多組織的員工也都知道，如果他們不喜歡一項措施的改變，那就等等吧，反正另一項變革很快就會出現取代它。直接宣布「我們要實行敏捷」，很可能會引起嘲諷和懷疑。

應對這種嘲諷的一個好方法是不要為轉型命名。那些經歷過「品質 2000」（Quality 2000）、「更好、更快、更便宜」（Better, Faster, Cheaper）和「客戶至上」（Customers First!）的團隊，並不會對「以 Scrum 為榮」之類的活動有什麼反應。組織發展專家 Glenn Allen-Meyer 說，組織會為他們的變革計畫命名並包裝成品牌，是因為這種類型的行銷正是大多數組織所擅長。

> 當工作中的人們聽到包裝後的變革訊息時，知道他們必須選擇承諾、遵守或離開。當他們沒有看到變革的所帶來的價值，卻必須遵守以保住工作時，真實的感受與表面上遵守之間的落差，會造成他們與工作場域產生一種分離，也就是分裂（2000c, 24）。

讓同事們致力於 Scrum 轉型，不僅僅是遵守，或是等待它的熱潮淡去，而這正是我們希望透過成功的宣揚來實現的。Allen-Meyer 有一個建議是：不為變革過程命名（2000a）。這也在我直接管理、參與或觀察過的變革經驗中得到了證實。

追求轉型過程不具名有一個好處是，人們較難抵制沒有具體命名之事物。Thomas 是一家大型商業軟體開發公司的團隊領導，他就有如此經驗。在讀過一些早期的 Scrum 書籍和文章後，Thomas 認為它很適合用在他的 40 人專案。在沒有任何培訓、也沒有接觸過有經驗的人的情況下，他向團隊介紹了 Scrum。員工們對此抱持著開放態度，並同意嘗試，團隊也公開宣揚正在使用 Scrum，他們覺得沒有理由隱瞞這個事實。不幸的是，該團隊因誤解了 Scrum 的幾個關鍵要素，結果是慘不忍睹。

當我遇到 Thomas 時，他仍對 Scrum 有興趣，持續閱讀和學習更多的知識。自從專案失敗後，他參加了一個會議和一個兩天的培訓課。專案失敗後過了 18 個月，Thomas 和團隊都覺得已經準備好再試一次了。儘管之前導入失敗，但團隊成員已經看到了 Scrum 帶來的效益，願意再次嘗試。可惜 Scrum 的專有名詞──「ScrumMaster」、「sprint」（衝刺）、「Product Backlog」（產品待辦清單）、「daily scrum」（每日站會）甚至「Scrum」本身──在組織內已經帶有負面印象。Thomas 很清楚，不能跟老闆說他們要再次採用 Scrum，所以他告

訴老闆，他們將改用「敏捷」（agile）（要注意這邊用的是小寫的 a，而不是大寫的 A，因為後者會再度讓人聯想到一個品牌）。後來，Thomas 和團隊成功地運用了他們口中的「敏捷」（agile），事實上就是 Scrum，只是沒有使用那些讓人輕易產生聯想的專有名詞。

宣傳 Scrum 的工具

既然已經確定了不會使用命名和統一服裝這種表面策略來推廣變革過程，讓我們將注意力轉向一些我們可以使用的工具。

宣揚成功故事。一如既往，溝通在 ADAPT 的推廣活動中起到了關鍵作用，在組織內大肆宣傳 Scrum 早期採用者的成功經驗格外地重要。麥肯錫公司的一項研究發現，在成功的變革中，重點會放在鼓勵員工於成功的基礎上再接再厲，而不是讓他們解決問題（2008）。宣傳活動有助於讓員工將注意力從認知階段所發現的問題，轉而專注於他們所能取得的成功。

一個傳遞成功的好方法，是邀請採用過 Scrum 的內部團隊進行經驗分享，沒有什麼能比得上聽已經執行的人親口分享。這些經驗報告可以和「Scrum 簡介」結合，讓不熟悉 Scrum 的人不僅可以了解什麼是 Scrum，還可以聽到團隊實際使用它的故事。如果團隊已經開始收集指標，這些指標也可以包含在簡報內容中。當然早期的指標可能只是一項簡單的問卷，調查諸如喜歡使用 Scrum 的人數百分比、認為 Scrum 會更有效率的百分比，以及認為品質會更高的百分比。你可以在之後新增更縝密的指標。

幸運的是，推廣 Scrum 轉型的最佳方式並不需要你很努力。正如 BioWare 的 ScrumMaster Benoit Houle 所說：「就如同病毒式行銷一樣，口碑是最好的宣傳。當在敏捷團隊工作的人員大力稱讚這個流程——團隊有更多的所有權、更多的可預測性、更少的精力浪費與趕死線，其他人聽到後，自然也會想成為其中的一員。」

First American CoreLogic 的開發經理兼敏捷倡導者 Matt Truxaw 也有類似的經歷。

> **另見**
>
> www.mountaingoatsoftware
> 上提供了一個可編輯且可轉發分享的 Scrum 介紹簡報檔。

> **另見**
>
> 第 21 章「看看自己的進展」中介紹了一些衡量指標。

我把敏捷的過程比喻作一個漩渦，隨著時間累積，它會不斷吸納新的人與團體加入而持續發展。一開始只有來自開發人員的有限支持，但藉由定期的談論並協助推廣成功經驗，我們讓更多的開發人員對這個流程產生了興趣。透過在團隊內部的開展並為專案小組提供教練與指導，我們獲得了大部分團隊成員的認可。

舉辦一次敏捷的田野之旅。這個我最喜歡的推廣 Scrum 方法來自 Google，它允許那些對敏捷感到好奇但又沒有機會在敏捷團隊中工作的團隊成員參加「敏捷田野之旅」（Agile Safari）。當員工參加敏捷田野之旅時，他們會加入一個敏捷團隊，待上幾週，親身體驗敏捷的運作方式，在「真實情境」中實地感受敏捷的運作，而不僅僅是透過書本和課程去了解敏捷。我非常喜歡這個想法，因為它解決了馬基維利（Machiavelli）在五百年前寫下的一個擔憂——「在對新事物有實際的個人經驗以前，人們不會真正地去相信（2005, 22）」。

吸引注意力和興趣・大膽地尋求關注。人們越常聽到 Scrum（或者最好是看到它或體驗它），你就越有機會使其最終被採用。Lori 在部門轉型的幾個月後，用一種別出心裁的方式吸引了人們的注意力。

> 我們在萬聖節舉行了「開放參觀活動」（Open House），讓企業能來參觀我們部門，看看我們用 Scrum 做了些什麼。現場準備食物與飲料，並且設計了一個以 Scrum 為主題的有獎填字遊戲，還有海報解釋 Scrum 的不同元素，像是 Scrum Board、Burndown Chart（燃盡圖）、Product Backlog（產品待辦清單）與 ScrumMaster 等等。內部的資訊服務人員也協助了食物和場佈的準備工作，整個活動相當成功。

Mary Lynn Manns 和 Linda Rising 在他們的書《Fearless Change》中指出，提供食物永遠是一個好主意，不僅會吸引更多的參與者，也能使人心情更好（2004）。Benoit Houle 就將食物帶到 BioWare 公司的衝刺回顧會議，以鼓勵更多人參與，他也說食物是「宣傳成功的好方法，歡迎公司內的每個人來參加」。

Houle 成功利用了團隊的工作空間和牆面，貼上索引卡詳細說明衝刺的運作方式，來吸引大家注意並引發興趣。

> 我們的戰情室裡掛滿了四乘六英寸的卡片、團隊成員照片與燃盡圖，相當能說明我們團隊的進展與成就。由於房間的牆面空間有限，我們開始在走廊上放置許多軟木板當作任務板，以展現團隊的進展與成果。

轉移

推動 Scrum 後已過了三年，Gino 有很多值得驕傲的事。她參與了數以千計的每日站會，為超過五百名團隊成員舉辦了數十次的一日「Scrum 入門」課程，現在大部分開發部門的人都在使用 Scrum。Gino 開始推動公司向 Scrum 轉型時，還只是公司眾多的開發經理之一，由於他的團隊早期便取得成果，Gino 因而被提拔為公司新設立的部門「Scrum 辦公室」的總監。Scrum 辦公室類似傳統軟體公司的專案管理辦公室（PMO），為任何需要幫助的團隊提供服務與支援。Gino 在新角色上表現得相當出色，很快地，公司一半以上的開發人員都在進行敏捷專案。但在公司完全實現轉型之前，Gino 接受了另一家公司的更高職位，該公司在 Scrum 轉型上面臨了更大且更難的挑戰。最終，Gino 原本的公司導入 Scrum 轉型失敗，不是因為 Gino 離開了，而是因為沒有人（甚至 Gino 本人）去把使用 Scrum 的意義擴展到軟體部門之外。

我會把 Scrum 想像成一枚火箭。火箭靠著引擎推進，但同時重力會不斷地把它往回拉，如果火箭能夠推得夠遠，它就能上軌道；但如果不能，它將不可避免地被拉回地球，回到原點。Scrum 的意義必須被推得夠遠、深入到組織內的其他部分，這樣整個轉型才不會被組織的重力給拉回到原點，功虧一簣。

Gino 在讓程式設計師、測試人員、專案經理、資料庫開發人員、UX 設計師、分析師等接受 Scrum 上做得很好。但超過五百多名開發人員使用 Scrum 的成果，卻從未影響人資、銷售、行銷與其他部門改變。個人導向的獎金與年度審查計畫依然存在，銷售人員仍然可以在沒有先跟團隊討論之下，對客戶承諾單次性的功能補強。

一個開發團隊不可能永遠靠自己持續保持敏捷運作方式。如果不把使用 Scrum 的意義轉移到其他部門，來自這些部門的引力最終會拖累並扼殺轉型的努力。我的意思並不是說組織的其他部門需要開始使用 Scrum，我的意思是其他部門必須至少與 Scrum 協調、共存。

組織引力的源頭

本章的前幾小節介紹了許多工具，你可以用它們幫助組織在導入 Scrum 的過程中持續地進步。但要將敏捷轉移到其他部門只有一個工具：與其他部門溝通。因此，與其提供工具清單，不如讓我們看看組織裡頭引力可能較大的部門或群體，也是轉移時最值得關注的群體。在與這些群體合作時，以傳遞知識為目標，而非強迫推銷或說服，讓他們知道 Scrum 對開發團隊的效益何在。不需要讓其他部門成為 Scrum 的死忠支持者，而是期待他們能了解 Scrum 的一些獨特原則，並意識到這些原則可能會在團隊之間造成的磨擦。

以下列出你必須向其傳遞使用 Scrum 意義的群體。請注意，我並沒有納入測試和產品管理，因為這兩組人是 Scrum 的基本參與者，而非要將 Scrum 影響轉移過去的目標群體。產品負責人與測試人員對 Scrum 的參與是至關重要的，需要在轉型開始時就要加入。

人資。使用 Scrum 的開發團隊和人資部門（HR）可能會在很多方面有所衝突。許多組織的人資政策並不利於 Scrum 的成功導入，像是強迫經理對員工價值進行排名的定期考核，會破壞鼓勵團隊合作的努力。重視個人貢獻而忽視團隊合作的定期審查流程，也同樣有害。

設備。很常會聽到公司的「擺設糾察隊」（Furniture Police）來干涉團隊辦公室的空間布置（DeMarco and Lister 1999）。許多團隊被告知不能在牆上掛索引卡、燃盡圖或其他進度相關的標示，也很少有團隊被允許調整他們自己的小隔間；許多人學到了，最好的辦法是在周末拆掉或移動隔間，畢竟先斬後奏總是比較容易。BioWare 的 Benoit Houle 有一個更令人鼓舞的小故事，關於成功地將 Scrum 的影響轉移到設備部門。

另見

產品負責人的新角色會在第 7 章「新角色」介紹，測試人員的角色改變則會在第 8 章「改變的角色」介紹。

另見

Scrum 對人資部門的影響會在第 20 章「人力資源、設備管理與專案管理辦公室（PMO）」中進一步討論。

另見

Scrum 對設備管理部門的影響會在第 20 章中進一步討論。

設備部門重新設計樓層，以打造敏捷團隊的使用空間。他們給我們更大的空間，能夠容納六到八人的團隊，並設計一個可以記錄每個人座位並且自由換位置的流程與應用程式，我們可以透過內網輕易申請位置調動。由於都使用同款式的辦公桌，所以大多數時候只要移動電腦和配件，過程既快速且無痛。

行銷。在許多組織中，開發部門不擅長預測出貨日，以至於行銷部門索性不問，乾脆自行估算日期。這種情況也常發生在行銷部門比開發部門強勢的組織中，因此能直接指定期望的出貨日。在將 Scrum 成效轉移到行銷部的過程中，關鍵是教育他們，令其了解 Scrum 所提供的透明度。

大多數行銷團隊和開發團隊一樣，都不喜歡必須提前一年就鎖定計畫。他們跟開發團隊一樣，通常喜歡保留一點彈性。或許行銷部門需要提前九個月安排廣告，但與其現在就指定廣告的確切內容，他們寧可今天先承諾會下廣告，在接近發布日時再決定廣告的確切內容。而 Scrum 團隊對計畫內容的逐步完善，以及對時程的嚴格遵守，對於願意接受這種方式的行銷團隊應該是有益的。

財務。財務部門經常在兩個面向上，與 Scrum 專案有所交集。首先是專案進度和預算的預測。對開發來說，很重要的一件事是讓財務部門明白，無論是哪種開發流程，團隊都不可能在僅有產品構想的紙上談兵階段，就能預估出差距百分之五以內的精準估算。但開發團隊也要明白，財務部門之所以提出這種不切實際的要求，通常是因為他們過去深受開發團隊預測失誤所害。要讓財務部門對開發團隊恢復信心與信任，會需要點時間。

在一些 Scrum 團隊開始展示新流程的成功後，與你的財務部門會面通常是會有幫助的。在會議上，勇於坦承過去專案規劃的失誤，但同時也要表明，儘管 Scrum 仍然不能保證按時交付，但它可以早點提出可能出現的進度落後問題。

開發和財務經常有交集的第二個面向，是在工時的追蹤與報告上。雖然 Scrum 不要求團隊追蹤工時，但如果財務部門需要這些資訊，團隊應該要願意做。例如，在按時數計價的合約開發公司，就屬於這種情況。

在工時追蹤背後，是財務部門對專案成本資本化（captizalize）的渴望。意思是，用專案預計使用年限來分攤開發成本，而非列為發生當期的費用。資本化的估算準則因國家而異，其中許多是基於過時的概念，像是在技術可行性被證明之前，專案成本不能被資本化。依據過去與開發團隊交手的經驗，財務部門的認知是要等分析和設計完成後，技術可行性才能被驗證。而如果 Scrum 專案沒有明確的分析與設計階段，財務部門可能會很難界定技術可行性將在何時被實現。

我曾和許多財務部門討論過這個議題，我總會提出：技術可行性會在幾個衝刺內被驗證。畢竟，如果團隊開發一個可用軟體，它包含了成品的某一項功能，那麼它在技術上一定是可行的。雖然我可以理解反對這種立場的論點，但這些反對論點也可以用來質疑「僅依賴分析和設計就認為技術上可行」的這種觀點。

除此以外，還有一些團體，最終也需要我們將 Scrum 的意涵轉移給他們。例如，你可能會與專案管理辦公室、銷售、技術、營運、硬體開發以及其他對組織具有影響力的團體合作，將 Scrum 的意義傳遞給他們對於長遠的成功而言是很重要的。

- ❏ 找出最接近你、你的團隊、部門和組織的 ADAPT 階段。找出要進入下一階段可以做的三件事。選擇其中一項開始實踐，你可以和團隊一起收斂清單。
- ❏ 如果你已開始採用 Scrum，請思考要如何推廣它。請找出宣揚早期成功的方式，要足以使其他人對這個過程產生興趣。

現在試一試

將整個 ADAPT 放在一起看

就如同 Scrum 流程本身，調適 Scrum 的過程也是不斷地迭代。它始於人們意識到目前的工作方式不再適用，並隨著此種意識的擴散，少數幾人產生了想嘗試 Scrum 以改善現況的渴望。透過反覆試驗，組織中的早期採用者發展出成功使用 Scrum 的能力。此時就產生了一個新的局面，在一個組織中，有少數的團隊成功地導入了 Scrum。

當這些最初的 Scrum 團隊繼續改進對 Scrum 的使用時，也要開始宣揚自己的成功——有時是非正式的管道，如與其他團隊的朋友共進午餐；也有更正式的管道，像是在部門演講中分享。這將有助於其他團隊成員開啟 Scrum 的 ADAPT 旅程。很快，其他團隊也會開始宣揚他們的成功。

所有這些早期的成功都很好，但是如果把採用 Scrum 看作是開發部門的事，就會很危險。為了建立能持續的長期成功，將使用 Scrum 的意義轉移到其他受影響的部門是必要的，包括銷售、行銷、營運、人資與設備部門。這些團體不需要使用 Scrum——我們不需要銷售人員畫出燃盡圖，或要求設備部門進行站會。但是，除非這些團體在與開發團隊的互動上做出微小但重要的改變，不然他們將影響開發團隊保持敏捷的能力。

在下一章中，我們將探討數種在你有能力轉型到 Scrum 時可以效仿的模式。我們將考慮，是從小規模開始還是全力投入，以及在轉型開始時應該進行多少推廣。我們還會討論將 Scrum 從初始專案擴展到其他專案的幾種方法。了解本章所提到的 ADAPT 過程，將有助於你理解下一章中所需要做的決定判斷。

延伸閱讀

Derby, Esther. 2006. A manager's guide to supporting organizational change. *Crosstalk*, January, 17–19.

與 Diana Larsen 合著《Agile Retrospectives》(2006) 的作者 Esther Derby，在文章中提出了十個見解，說明管理者能做什麼來支持變革措施，這些見解大部分都專注在意識與渴望兩階段。

Hiatt, Jeffrey. 2006. ADKAR: *A model for change in business, government and our community*. Prosci Research.

ADKAR 是意識（Awareness）、渴望（Desire）、知識（Knowledge）、能力（Ability）與強化（Reinforcement）的縮寫，是個人與組織變革的一種通用模型，啟發了 ADAPT 模型的誕生。本書提供了關於意識、渴望與能力的建議，儘管通用但卻是相當實用的好建議。

Chapter 3
導入 Scrum 的模式

導入 Scrum 有許多不同的途徑。所幸我們能夠從那些已經轉型的公司中，識別出成功導入 Scrum 的一些常見模式。在本章中，我們將探討四種導入模式的好處與壞處，以及每種模式適合用在什麼時候。這四種模式取決於導入 Scrum 前必須回答的兩個關鍵問題：

- 應該先從一兩個團隊開始，還是所有團隊同時進行轉型？
- 應該先宣布我們的意圖（也許是對公司的其他人，或是對外公開），還是暫時安靜地進行變革？

在這章，除了提供回答上述兩個問題的指引，我們還會探討在初期導入後推廣 Scrum 的三種選項，最後則會探討一個新 Scrum 團隊應該多快開始專注在敏捷的技術實務上。

從小處著手或全員投入

長期以來對 Scrum 或任何敏捷流程轉型的建議常常是：從一個前導專案開始，從中學習，然後再推廣到整個組織。此種方法即是常見的「小規模先行模式」（start-small pattern），即組織選擇一至三個團隊（每個團隊五到九人），讓他們取得 Scrum 上的成功，然後再推廣到組織其他單位。隨著 Scrum 在組織中擴展開來，新的團隊可以從先前團隊的經驗中受益。「小規模先行」有很多種不同做法，取決於組織希望轉型的人數以及他們希望推行的速度，而根據組織對於風險規避以及轉型不確定性的考量，也可以有不同的應用方式。例如，某些情況下，第二批團隊會等到前一批團隊的專案完成後，才開始新的專案；有些組織則會採取重疊方式，也就是第一批完成了一到兩個衝刺後，第二批團隊就開始進行。

小規模先行模式雖然流行，但並不適合所有人，例如 Salesforce 就採取了相反的模式（Fryand Greene 2006）。我記得在 2006 年 10 月 3 日那天接到 Salesforce 的 Chris 和 Steve 來電，他們告訴我，剛在一夜之間將 35 個團隊轉換為 Scrum 工作方式，詢問我是否願意幫忙。我最初的想法是，比起 Scrum 顧問，他們更需要一個精神科醫師吧！不過，我不是個會在挑戰面前退縮的人，便答應幫忙，打包了筆電和一本佛洛伊德的書，遂出發前往他們位在舊金山的辦公室。在那裡，我看到了些不意外的情形——團隊與個人都對這種突如其來的重大改變躁動不安——但我也看到了幫助這種大規模、快速採用成功的其他因素。

Salesforce 正在追求「全員投入模式」（all-in pattern），此命名源自於把籌碼全押在一局的撲克牌手法。Salesforce 有一種拼勁十足、積極進取、以成就為導向的文化，確實不適合謹慎的小規模先行模式。當核心主管們收到採用 Scrum 的建議時，他們被說服了，而且認為如果 Scrum 值得一個團隊去做，它就值得所有團隊去做，所以他們選擇了全員投入模式。

令人驚訝的是，全員投入和小規模先行模式可以結合執行。一種越來越常見的做法是，在一到三個團隊的前導專案之後，立即全員投入。這種情況下的前導其目的通常是要讓組織認識 Scrum，以及了解 Scrum 在這裡會如何發

揮它的作用。不過，在這種情境中的前導有一個更重要的目的，即提高組織對 Scrum 的意識。如果你要一下子讓兩百人或更多的人轉型，若能夠指出一個已實行的團隊並說「我們都要像他們一樣」，會非常有用。

傾向小規模先行的理由

小規模先行有幾個優點。

- **小規模先行成本較低**。全員投入幾乎可以肯定比小規模先行花費更多。由於有更多的人同時學習新的工作方式，全員投入轉型通常更依賴外部教練、ScrumMaster 與培訓師。相較之下，小規模先行的推行步調較慢，先讓組織建立內部的專業知識，然後利用這些知識來幫助後來才啟動的團隊。小規模先行還可以節省資金，因為早期的錯誤只會影響到組織的一部分。最初的敏捷實踐者 Tom Gilb 即寫道：「如果你不知道你在做什麼，就不要一次投入太多（1988,11）。」

- **早期成功基本上是可以保證的**。畢竟，最初的專案和團隊成員經過了仔細挑選，幾乎可以保證第一個 Scrum 專案會成功。你可能認為這樣是作弊，但我不這麼認為。在開始採用小規模先行時，前幾個專案的目標是產出能成功推行 Scrum 的專業知識，選擇一個容易成功的專案和一支團隊作為開始，並且從中學習經驗，可能會帶來很大的價值。除此之外，早期的成功對於獲得懷疑者或持觀望態度者的認同至關重要。

- **小規模先行可以避免全員投入的巨大風險**。一次性轉型的風險是很高的，小小的錯誤都會被放大。也許，全員投入最大的風險是不可能會有第二次機會。如果你推動整個組織轉型時犯了個錯而招致更多抵抗，在想辦法克服新發現的問題時，不得已暫時退回到轉型 Scrum 前的流程，那麼團隊成員就不太可能給你第二次機會重新轉型。屆時，反對的聲浪很可能已經根深蒂固，導致轉型宣告失敗。相較之下，先從小處著手的話，如果發現做法有致命的缺陷，你就可以在下一輪維持相同的規模並調整做法，以便有效地重啟轉型。

- **小規模先行的壓力較小。** 二十一世紀的組織與員工都處在持續的壓力之下，宣布整個開發部門採用 Scrum，會影響到許多的日常工作，致使轉型可能會成為壓垮駱駝的最後一根稻草。透過小規模先行能減少轉型的壓力，因為早期採用者會成為教練或敏捷大使，他們分享自身的成功故事，並且坦誠地討論所面臨的挑戰以及如何克服萬難，來鼓勵其他團體轉型。

- **從小規模下手可以不進行重組。** 大多數完全採用 Scrum 的組織最終或多或少會進行重組，這可能會造成更多的壓力，也會讓某些人更加抗拒。而從小規模先行做起，可以把重組的時間點往後延，最好設定在獲得導入 Scrum 的經驗後。

傾向全員投入的理由

既然有有支持小規模先行的理由，當然也會有傾向於全員投入的理由。

- **全員投入可以減少阻力。** 在任何非一次性轉型的情況下，總會有一些懷疑者，他們會希望投入僅僅作為一個測試，且很快地點子就會被拋棄。就如同 Cortez 在電影《龍虎干戈》（Vera Cruz）中破釜沈舟來向他的士兵展示決心，一個全員投入的組織，既表明了它承諾投入新流程，也表明它不會回頭。對改變如此公開地承諾，將有助於成功推動變革。

> **另見**
> 第 19 章「與其他方法共存」中提供了 Scrum 團隊如何與傳統團隊一起協作的建議。

- **避免掉 Scrum 與傳統團隊一起工作所產生的問題。** 如果你沒有一下子讓整個公司轉型，就會產生使用 Scrum 的團隊和使用傳統流程的團隊同時存在的風險。這意味著 Scrum 團隊有時需要與傳統團隊協調，而這就產生了挑戰，因為兩邊對於規劃、截止日期和溝通等態度大不同。如果整個組織同時採用 Scrum，就不會有這些問題。Salesforce 的 Chris Fry 和 Steve Greene 就回報說，「促使我們進行大規模轉型的關鍵，是為了避免組織分歧，以及產生對果斷行動的渴望，因為屆時每個人會在同一時間做相同的事（2007,137）。」

- **全員投入的轉型將更快結束。** 本書的核心思想之一是，一個組織永遠不可能「完成」敏捷，因為永遠有改進的餘地。然而，當員工回首過往

時，肯定說得出最壞的日子已經過去了；一個全員投入的組織，會更快達到這個境界。

在全員投入和小規模先行之間做出選擇

正如我在本章開頭所提到的，小規模先行一直是大多數敏捷作者默認的方式，也是大多數人採用敏捷時的做法。它兼具低風險和高成功率，使它很難被詬病。當組織中的領導者不願意完全投入 Scrum 時，總是會選擇從小規模先行開始。因為，即使是小型的成功，也是說服懷疑者的最好方式。此外，當失敗的成本很高時，一定要從小規模開始。如果失敗的代價對領導轉型的人來說太高，那麼從小規模先行是最好的辦法，即使它對整個組織來說可能不是最好的。但是當你的組織迫切需要 Scrum 所帶來的好處時，小規模先行可能就不是最好的方法了（你如果還是選擇從小規模開始，要迅速擴大規模）。從小規模開始是安全的，但是推行速度很慢。

全員投入應該在特定的情況下使用。如果時間很緊迫的話，可以考慮全員投入。雖然全員投入可能會需要花更多錢，但會相對耗費較少的時間。如果時間是你最主要的考量，全員投入可能是最好的解法。如果你像 Salesforce 一樣，想向少數批評者與利害關係人傳達一個明確的訊息——即我們將與 Scrum 共存，那麼可以考慮全員投入。但是，如果沒有夠多資深的 ScrumMaster 為每個團隊提供服務，就不要選擇全員投入。短期內，這些 ScrumMaster 是從組織外聘請或是公司內部人員都無所謂，但請記得，最終你會希望所有的 ScrumMaster 都是內部職員。最後一點，規模很重要。如果你們只有十個人，不妨選擇全員投入；但是對於超過四百人的團隊來說，全員投入可能會有點困難。

無論你選擇透過哪種途徑來採用 Scrum，請記得，模式的選擇只是你在轉型過程中需要做出的眾多決策當中的第一項。接下來，你需要決定，是否要讓外界知道你正在進行轉型。

另見

我們將在本章後面探討將 Scrum 推廣到其他團隊的方法。

公開展示或隱密行動

第二個決定，則是在於要不要將轉型對外公開。選擇「公開展示」(public display)的話，團隊或組織要大張旗鼓地宣布它正在採用 Scrum。依據轉型的規模和重要性，宣布的範圍小至午餐時在休息室與其他團隊閒聊、大至全國性的新聞發布。無論宣傳到什麼程度，選擇公開展示時，團隊需要努力告知其他人正在進行的敏捷轉型。

與公開展示相反的做法是「隱密行動」(stealth transition)。在隱形的轉型中，一直到專案完成之前，只有團隊成員知道他們在使用 Scrum。我曾注意到我有一個客戶公司裡有一個團隊正在進行隱形轉型。在我第一次拜訪這個客戶時，該公司的專案管理辦公室主任 Sarah 告訴我「正順利地進行 Scrum 轉型」，而且是在我為其總辦公室的開發人員進行兩天培訓後不久開始的。Sarah 與我分享了一個周密的計畫，目的是將 Scrum 導入公司超過兩百名開發人員的工作中。

Sarah 的計畫是，一開始有四個前導團隊，每個團隊都是出於不同考量而被選中的。其中一個團隊是因為他們願意搬到一個共享的團隊空間，與當時常用的專用隔間有著截然不同的環境；另一個團隊則是因為，它將是第一批使用公司重大投資的新技術的團隊之一；另外兩個團隊，被選中也有很充分的好理由。Sarah 經過深思熟慮的計畫確實很出色，使團隊在轉型的一開始就能最大化學習效益。

我離開 Sarah 的辦公室時，想著去拜訪這四個團隊，以了解他們對事情進展的想法。但奇怪的是，因為我對這棟樓不熟悉，在尋找其中一個團隊時迷路了，因而偶然間發現有五個團隊在執行 Scrum。當我得知哪一個不是 Sarah 所提到的四個團隊後，我又回去和那個團隊多聊了幾句，發現他們並不在 Sarah 規劃的前導團隊中，而是成員們注意到了其中一個前導團隊的運作方式後覺得很不錯，就決定自己來嘗試一下。他們隱約知道自己可能不該這麼做，所以把任務板與燃盡圖放在一個隔間牆上不太顯眼的位置。這個團隊正在進行著隱密的轉型。團隊成員們正使用著 Scrum，但在專案完成之前都不打算對外公開。隱密行動有不同的程度——有些團隊可能會刻意地保持沉默，而另一些則只是不主動公開改變。

贊成公開展示的理由

公開展示有很多好的理由，其中包括以下幾點。

- **所有人都知道你在做這件事，所以你更有可能堅持下去。**對任何嘗試養成一個習慣或戒掉一個習慣的人來說，標準建議是尋求友人的協助。無論是打算節食、戒菸還是開始運動，將你打算做的改變告訴朋友們是個好主意。由於你已經宣布了自己的意圖，你可能會感受到壓力，不過朋友們也會給你適時的支持與鼓勵。在進行 Scrum 轉型時也是一樣的。

- **公開展示能打造一個值得努力的願景。**公開地宣布你的意圖，提供了一個以目標為中心進行思考與討論的機會。隨著意圖的公開，團隊成員會覺得與團隊以外的人談論轉型是很自在的，他們能夠去分享成功與失敗的經驗。有興趣的人會提供建議（甚至於希望自己也能參與），反對的人則會加以阻撓，公開展示可以讓持贊成與反對的兩組人馬都參與轉型的過程，既有機會鼓勵前者，還能試著克服後者的反對意見。

- **公開透明運作是一種最堅定的承諾。**隱密轉型可能會被認為是搖擺不定，好像團隊或組織在說：「我們相信這個流程，但我們也想保留不順利時回頭的選項。」公開則是沒有回頭路，是一個強而有力的聲明，表明著組織不僅打算啟動轉型，還打算一定要成功。

- **你可以爭取組織的支持。**如果你不對外透露自己正在使用 Scrum，那麼尋求團隊以外的幫助就會很有限。在轉型過程中，你可能會遇到很多障礙，而盟友能協助我們克服這些障礙，因此在放棄可能的盟友前，要確保隱密行動的優勢夠強大而具有說服力。

- **說出你的目標並實現它，將釋放出強而有力的訊息。**在一個專案結束時宣布該專案的成功是因為它悄悄地使用了 Scrum，對懷疑者來說比較沒有說服力。美國棒球選手貝比魯斯（Babe Ruth）最著名的全壘打，是 1932 年的「全壘打預告」（called shot）。在兩好球兩壞球的情況下，他先指向中外野的圍牆表明意圖，接著就把下一顆球打到了中外野的看台上。說出你即將要做的事並去執行，將會比達成目標之後再宣布你的目標更加有力。

贊成隱密行動的理由

隱密的轉型看起來有點鬼鬼祟祟，但實際上保持低調有很多好處，其中即包括：

- **在遭受反對之前，有機會先取得進展**。轉型的公開聲明將使那些抵制與唱反調的人浮出水面，他們避免變革的最好機會，就是在變革開始獲得支持和明顯進展之前，因此他們會在宣布轉型後表示強烈的反對。

- **隱密行動可以減少額外的壓力**。如果採用 Scrum 很高調進行，在公司新聞、內網等地方發出了公告，那麼團隊就會感受到莫大的壓力，無論是在專案上還是在轉型上都要取得成功。對於那些在壓力下仍能茁壯成長的團隊來說，這可能是好事，然而，當專案完成後，你不會知道成功是 Scrum 造成，還是由於團隊承受額外壓力所帶來的。Bob Schatz 和 Ibrahim Abdelshafi 在領導 Primavera 成功轉型到 Scrum 時，選擇不宣布這項對流程的重大改變。

    > 首要之事就是，不向所有人宣布我們計劃導入一個新的流程。我們不想讓大家感到不安，而是想給他們時間來適應這些變化。再說，當你四處宣揚新流程和它的好處時，很容易讓人產生不切實際的期待（2005, 37-38）。

- **直到你說，大家才會知道**。當以隱蔽模式運作時，你可以等到專案成功後再表明專案是以不同的方式運行的。或者，如果專案失敗了，你可以調整執行 Scrum 的方式再重試一次，一定要等你搞清楚了究竟要如何在你的環境中獲得成功後，再告訴其他人。

- **如果沒有人知道你在進行 Scrum，就沒有人可以叫你停下**。如果你悄無聲息地開始，那麼除了參與者外沒有人知道，就也沒有人可以叫你停止。我見過個別團隊在知道先斬後奏更容易的前提下，選擇了隱密行動；我還見過開發部門或專案管理辦公室的副總選擇隱密地導入 Scrum，這樣就可以在與已知會抵制 Scrum 的團體辯論前，先證明實際的好處。

在公開展示和隱密行動之間做出選擇

我發現願意公開展示敏捷的組織，比那些嘗試隱密行動的組織更有可能享受成功轉型的過程。當你對 Scrum 有信心並致力於轉型時，一定要選擇公開展示。同樣地，如果你預估變革會遭受激烈的抵抗，但又想迅速克服它，那麼也強烈建議公開展示。

相較之下，當你只是想先試試看 Scrum 時，就選擇一個比較安靜的方法。例如，你可能會引入每日站會——但先不要稱之為「每日 scrum 站會」——並看看效果如何，然後再導入下一個，比如在有限時間內的衝刺；如果進展順利，也許可以開始把你正在做的事情稱為「敏捷」或「Scrum」，再持續進行下去。此外，當它是你唯一的選擇時，一定要選擇隱密行動。如果你沒有足夠的政治影響力去高喊「我們正在使用 Scrum ！」或者這樣做會造成太大的阻力的話，那也請選擇悄悄地開始。

擴散 Scrum 的模式

開始使用 Scrum 是一回事，在整個組織中推廣它又是另外一回事。除非你選擇了全員轉型，否則你將需要有幾個團隊先取得成功後，再把 Scrum 推廣到其他團隊。初期推廣有三種常見的模式，前兩種模式有關於利用一個成功導入 Scrum 的團隊，讓成員充當種子角色去協助新團隊轉型；第三種模式則涉及到利用內部教練推廣 Scrum。

拆分並播種

「拆分並播種」（split-and-seed）模式通常是在幾個採用 Scrum 的初始團隊完成幾個衝刺之後開始進行。屆時，團隊成員已開始了解在 Scrum 團隊內的工作樣貌，當然他們還未完全掌握一切，但至少在衝刺結束時軟體是可運作的，而且團隊成員間彼此也能良好協作。簡單來說，團隊還有很多可以改善之處，但團隊已開始習慣 Scrum 了。

正是在這不太可能的時機，我們將團隊拆散。

在拆分並播種模式中，一個正常運作的 Scrum 團隊被一分為二，原團隊的成員構成了新團隊的基礎。然後，新人被加到這兩個團隊中，形成兩個新的 Scrum 團隊，如圖 3.1 所示。一個大型的初始團隊，甚至可以拆分成四個新團隊的種子，特別是當初始團隊的成員具有 Scrum 經驗或天賦時。

圖 3.1
用於開啟兩個新團隊的拆分並播種模式。

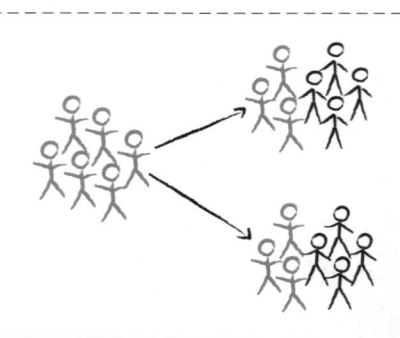

新的 Scrum 團隊成員可以是新招募的員工，也可以讓現有員工轉入 Scrum 專案。拆分並播種模式背後的想法是，新成立的第二代 Scrum 團隊會更容易學習 Scrum 的機制並實踐它，因為他們會得到團隊中經驗豐富的成員的指導。新團隊一樣經歷幾個衝刺階段，直到該團隊順暢協作，且其新成員對 Scrum 已經有心得。然後再一次，這些功能性的團隊再進一步拆分成更小的團隊，並讓新成員加入。這樣的循環可以不斷重複直到 Scrum 完全導入。

在大企業中推廣 Scrum，你不需要讓每一代團隊都一起完成相同數量的衝刺，可以在每個團隊準備好的時候再將其拆分。

增長並拆分

「增長並拆分」（grow-and-split）模式是拆分並播種方法的一個變型。如圖 3.2 所示，它涉及到增加團隊成員一直到團隊夠大，以便順利地一分為二。拆分後，每個新的團隊都是理想中的五到九位成員規模。讓新的團隊在縮小的規模下進行一次衝刺後，再於這兩個小團隊中增加新的成員，直到每個團隊大到夠再次進行拆分。這個模式不斷重複，一直到整個專案或組織完全轉型。

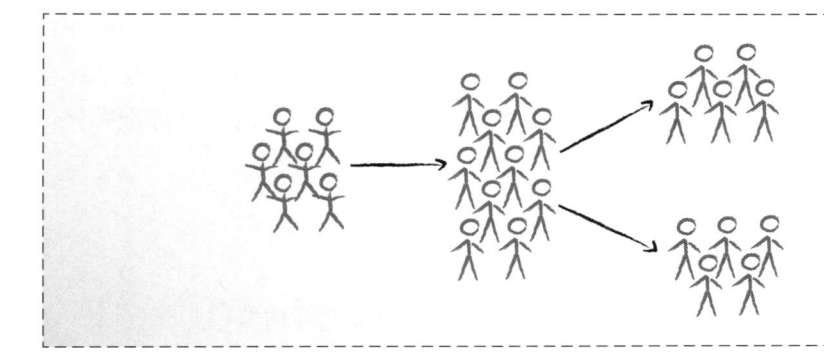

圖 3.2 用來建立兩個團隊的增長並拆分模式。

內部教練

「內部教練」（internal coaching）是擴展 Scrum 的第三種模式，也是 Philips Research 機構所採用的模式。該機構採用 Scrum 後，也面臨了許多其他組織遇到的情況——有些團隊在新的敏捷方法中表現優異，有些則在苦苦掙扎；而 Philips 的 Christ Vriens 透過內部教練的模式解決了問題。他從每個表現良好的團隊中選出一位真正理解敏捷意涵的人，並指派其作為教練，指導另一個尚未完全理解 Scrum 的團隊。

教練被賦予了具體的職責，比如參與衝刺規劃會議、審查會議和回顧會議，每週參加一次每日站會，且每週要撥出兩小時時間協助需要指導的團隊。教練並沒有被免除在原團隊中的責任，但大家都知道擔任教練對原團隊能投入的時間會比較少。

傾向於拆分並播種的理由

拆分並播種模式的優勢在於其快速傳播的特性。

- **你可以比其他大多數的方法更快增加團隊數量**。每個新團隊最好包括前一個團隊至少兩名成員，換句話說，可能在兩、三個衝刺後，第一輪八人的團隊就可以分成四個兩人小組，作為第二輪新團隊的種子。如果第二輪的四個團隊中都有八個人，你就會有 32 名 Scrum 團隊成員。幾個衝刺之後，可以作為 16 個新團隊的種子。維持每個團隊八名成員，經過五到六個衝刺後，總共會有超過一百名有 Scrum 經驗的成員。

- **每個團隊都有已運行過 Scrum 的人協助指導新成員**。除了轉型剛開始的初始團隊，其他所有後續的團隊都能夠從至少有兩個（最好是三個或四個）具有至少幾個衝刺經驗的團隊成員身上得到幫助，有助於減少一些人面對不熟悉的新事物時所產生的不舒適感。

傾向於增長並拆分的理由

在擴散 Scrum 的速度上，增長並拆分模式相較於拆分並播種要慢一些，但也有一些關鍵的優勢。

- **你不需要破壞任何現有的團隊**。拆分並播種這個策略的主要問題是，那些才剛剛開始團結並掌握 Scrum 的團隊，卻要被拆散以形成新的團隊。打散一個運作良好的團隊，務必要謹慎行事。在拆分團隊之前先壯大團隊，可以克服這項缺陷，因為團隊會維持在一起，直到人數多到可以拆分成兩個完整且具有執行敏捷經驗的新團隊。

- **團隊成員會感到衝刺更連貫**。當使用拆分並播種模式時，團隊還沒建立好團隊情誼和合作默契，就頻繁地被拆散並重組。增長並拆分則不同，只有在團隊規模過大時才會拆開來，所以成員們的合作時間可以更長，也比較不會有中斷的感覺。

傾向於內部教練的理由

一般來說，內部教練法是我偏好的方法。這一點都不足為奇，因為它有一堆強大的優勢，包括以下幾點：

- **運作良好的團隊不需要被拆分**。前面兩種方法的缺點是，為了形成新團隊的基礎，運作良好的團隊要被拆分。但使用內部教練的話，團隊能保持完整，只是偶爾會有外人（教練）加入團隊，輕微介入指導。

- **教練可以針對新團隊來挑選**。拆分並播種的模式採取了每人皆教練的形式：新團隊的教練是由原團隊的成員共同擔任。有些人在教練這個角色上會做得很出色，有些人則不然。而透過內部教練這個方法，就可以為每個新團隊選擇最合適的教練人選。

- **教練可以在不同團隊輪流指導**。經過一段時間後，團隊和教練可能會變得停滯不前，如果這時候有新的人出現，就可以找出新的方法來改善現況。當內部教練在不同團隊輪流指導時，他們就如同蜜蜂一樣「授粉」，給每個團隊灌輸新的想法。

選擇你的推廣方式

在這三種推廣 Scrum 的模式中，有兩個核心問題要先釐清：我們需要多快將 Scrum 推廣到更多的團隊，以及我們是否有好的內部教練可以協助新的團隊？這將是幫助你選擇最適合組織的推廣模式的關鍵。

一般來說，當你很趕著推動時，可以考慮使用拆分並播種模式，這是在組織中傳播 Scrum 的最快模式之一，而且可以透過幾種不同的手法加速。首先，你拆分團隊的時間點可以比理想的時間更早；第二，你可以將原本團隊拆分成更多的新團隊，也許拆成四個新團隊而不僅是兩個，即便這意味著一些新團隊將從原團隊得到較少的教練人數。

但是，如果公司技術或其領域不能支援人員頻繁地在團隊之間流動，那麼在使用拆分並播種模式時就需要更加謹慎。畢竟，團隊成員變動會對生產力造成負面影響，不過這種損失可以被組織中快速傳播 Scrum 的好處所抵消。然而，在某些情況下，在團隊之間調動人員是不切實際的，例如，在一個 .NET 的團隊中加入 Java 程式設計師，只因為他們有三個衝刺階段的 Scrum 經驗，這就不是個好主意。

增長並拆分模式也許是最自然的方法，因為它會反映出，如果沒有人介入協助 Scrum 的推動可能會發生什麼情況。在大多數組織中，人員會在不同的專案間流動，並將有效的做法帶入其中。增長並拆分只是一種方向更明確的方法，而不是讓這個過程自然發生，因為這會需要更長的時間。

當情況沒有緊迫到要逼著你採用拆分並播種模式時，可以考慮使用增長並拆分模式，因為它相對不會那麼激進（且風險也較小），所以經常被用於緊迫性較小的情況。

內部教練可以作為一種傳播模式單獨使用，也可以用來增強其他任何一種模式。內部教練在某些條件下運作效果會最好：

- **當小組規模夠大，好的做法無法自然而然地擴展時**。教練的其中一個優點是可以主動在團隊之間轉移，並傳播好的實踐與做法。如果你的組織還很小，分享好的做法不會是個問題，那麼你可能不需要透過這種方式。
- **當拆分團隊對你的專案不適用時**。如果拆分團隊的任何缺點會使你掛懷，那麼內部教練就是個很好的解方。
- **當你有足夠的內部教練或是可以引入外部幫助的時候**。理想的教練是那些從根本上了解 Scrum 的人，他們甚至可能在聽到這個詞之前，就已經以類似的方法工作了多年。他們不一定是最有經驗的團隊成員，導致他們很難先被看見。如果你的好教練人數不夠多，就可以考慮先使用其他模式。等到有夠多的團隊運行過幾個衝刺階段後，你就可以開始用內部教練方法來增加播種的模式。你也可以透過讓每個教練協助一個以上團隊，來讓手邊有限的教練為更多人提供協助。當然，如果預算允許，你也可以引入外部顧問，直到你建立起自己的內部教練群。

引入新的技術實踐

變革推動者、ScrumMaster 和新的 Scrum 團隊成員本身面臨的最後一個決定是，團隊應該多快實踐新的技術。有一派的觀點認為，一切都應該從技術實踐開始。如果一個團隊正在執行正確的技術實務——簡化設計、自動測試、結對程式設計與重構等——那麼自然而然就能打造敏捷的團隊。

另一種觀點是，應該讓團隊多花些時間來探索在其環境中最有效的技術實踐方法。ScrumMaster、主管與教練，最終可能會為了督促團隊去嘗試不同的方式，而問團隊：「如果我們有更多的自動化測試是不是就能辦到？」總之，重點在於讓團隊於導入之初有更長的時間，能在沒有壓力下嘗試實踐特定的新技術。

在本節中，我們將說明鼓勵及早開始嘗試實踐新技術的原因，以及推遲到晚一些可能會更好的原因。

盡快開始實踐的理由

強調儘早採用新的技術實踐，有三個非常好的理由：

- **非常快速的改進是有可能的。**許多技術實踐可以為團隊和組織帶來一些快速的勝利。例如，結對程式設計可以幫助程式設計師跨足更多專業領域培訓彼此，引入持續建構流程可以將整合的困難減少到趨近於零。而其他的實踐如測試驅動開發，雖然有更陡峭的學習曲線，但即便如此，時程也是以天和週來衡量，而非需要數月甚至數年的時間。

- **如果團隊不在早期嘗試新的技術實踐，就可能永遠不會嘗試了。**太多的 Scrum 團隊止步於採用最基本的 Scrum，認為透過迭代和擴大工作規模的方式就已經足夠。由於沒有考慮或嘗試新的或優化的技術實踐，這些團隊等於是捨棄了他們本可以做到的許多改進。我傾向於認為這樣的團隊已經學會了迭代工作，但卻沒有變得敏捷。在 Yahoo! 擔任敏捷產品開發總監的 Gabrielle Benefield 就曾目睹過這個問題。

    > 在 Yahoo! 產品開發過程中，最明顯的問題是出在專案與團隊層（圍繞著規劃、專案管理、部署管理和團隊互動等問題），而非在技術實踐或工具層面。因此，Yahoo! 最初的重點是讓 Scrum 導入。關於是否要同時採用敏捷技術實踐，我們曾非常積極地探討過。現在想起來，如果當時團隊有採用，就能夠更快看到成效了（2008, 461）。

- **它可以解決專案中最緊迫的問題。**向團隊導入敏捷技術實踐可以解決一系列典型的專案問題，包括品質不佳、解決方案的過度設計、交付週期過長等等。不過，有些問題是無法透過導入技術實踐來解決的，例如，一個專案如果有個不積極參與的產品負責人，就會經歷緩慢或不正確的決策過程，光是靠導入技術實踐是無法解決的；有多個產品負責人的專案也是一樣，每一個產品負責人的目標或優先考量各不相同而產生衝

突，或者當專案成員彼此的個性明顯不合時，都無法靠技術實踐解決。如果你的專案最緊迫的問題是可以由一個或多個常見的敏捷技術實踐來解決的，就請考慮在轉型初期強調這些實踐。

推遲技術實踐的理由

正如有充分理由鼓勵團隊儘早採用新的技術實踐，當然也有些理由支持等待是更好的選擇：

- **某些做法可能會遭遇強烈反對**。某些特定技術實踐的導入，可能會是你在轉型時面臨的最困難挑戰之一。許多人非常不願意嘗試新的東西，如簡化設計、結對程式設計和測試驅動開發。儘管你可能有很好的理由在一開始就推動團隊嘗試新的技術實踐，但這些理由需要和阻力增加的風險相互權衡。

- **團隊成員可能已經手忙腳亂了**。僅僅學習 Scrum 的基礎知識在許多組織中已足具挑戰性，要再學習更多新的實踐所帶來的額外壓力，對一些團隊來說可能太過沉重，導致他們不願意再嘗試。若是時間充足，團隊才能在 Scrum 的嚴格時限內交付的壓力下，意識到他們需要嘗試新的技術實踐。

最後一個考慮點

本章介紹了任何組織在向 Scrum 轉型時都會遇到的兩個問題：要從小處著手或全員投入？要公開展示還是隱密行動？不見得答案是單純的二選一，對於大多數組織來說，在小規模先行和全面投入之間存在著很大的中間地帶，推廣模式也是如此，可以擇一而行，也可以視乎個別狀況結合在一起運用。例如，也許你首先決定拆分並播種，但隨著時間的推移，有了足夠的團隊數，你可以放慢速度，讓團隊先成長再加以拆分，同時也透過內部教練來加速學習。此外，無論你選擇什麼樣的推廣模式，轉型工作的領導者（以及參與其中的人）必須在任何時候都要回應——要讓正在轉型的團隊做出多少改變。試圖改變太多，團

隊就會迷失方向；改變太少，時間就會拉長，漫長的馬拉松式變革將會使大家疲憊不堪。

Cutter Consortium 的高級顧問 Joshua Kerievsky 贊成一次性宣布所有變化。他反對所謂的「逐漸轉型」，他說這些轉變將會⋯

- 更加痛苦，因為變革過程是漫長的。
- 未能解決根本問題。
- 很少因此能實現完整的轉型。
- 變化產生的速度過慢，以至於企業無法從中受益。
- 很容易在沒有專家協助下進行，導致犯了本可避免的錯誤、造成巨大損失（2005）。

儘管 Kerievsky 提出了一些很好的觀點，但這些觀點把敏捷的轉型視為可以一次完成的事件。實際上卻恰好相反，採用敏捷方法（例如 Scrum）是一種持續改進的過程，沒有既定的最終狀態，正因為如此，談論「完全轉型」或認為變革耗費太長時間是不正確的，變革不再是組織「經歷過」的階段性事件，而是一種永久且持續的狀態。

Liz Barnett 即在《Agile Journal》上撰文，提出了與 Kerievsky 不同的觀點。

> 慢慢開始才是正道。對於絕大多數有興趣實踐敏捷的公司來說，漸進式的採用是改善軟體開發組織同時做好風險管理最務實的做法。當他們實施組織、流程和技術的變革時，團隊可以不斷地重新評估他們的進展，並確定最務實的下一步。這就是以敏捷的方式變敏捷（2008）。

《極致軟體製程》（Extreme Programming Explained）一書作者 Kent Beck 和 Cynthia Andres 同意，先從一小部分實踐新的工作方式開始，然後一次改進一件事，幾乎是必要的做法。

從一次改變一件事做起是很容易的。但我認為閱讀本書後決定入坑 Scrum，也很難一次實踐所有的做法、接受所有的價值觀，並在新的環境中應用所有的原則。像是極限程式設計（XP）的技術能力與其背後的心態，就需要一段時間來學習。當然，全部都做時效果會最好，但你需要從一個起點開始（2004, 55）。

這也讓主題延展到了我們下一章。在你決定轉型到 Scrum、了解變革會帶來的影響，並決定你最有可能效法的模式之後，即是時候開始進行 Scrum 所要求的改變了。正如 Beck 和 Andres 所指出的，最好的實踐是不斷迭代。我們將探討如何使用 Scrum 的框架以及被稱為「改進社群」（improvement community）的敏捷實踐群體，來導入與擴散 Scrum，帶來持續改善，並在整個組織內傳遞敏捷思想。

延伸閱讀

Beck, Kent, and Cynthia Andres. 2005. Getting started with XP:Toe dipping, racing dives, and cannonballs. PDF file at Three Rivers Institute website. www.threeriversinstitute.org/Toe%20Dipping.pdf.

> Beck 和 Andres 用「進入游泳池的方式」來描述採用極限程式設計的三種方法：第一種是「試水溫型」，先用腳趾試探水溫，慢慢適應，每次只採用一種實踐方法；第二種是「炸彈式跳水型」，直接跳進水裡，雖然會帶來短暫的混亂，但轉型速度很快；第三種是「競速跳水型」，像是「輔助式炸彈跳水」方式，意思是在有經驗的教練指導之下，迅速進行很多改變。

Benefield, Gabrielle. 2008. Rolling out agile in a large enterprise. In *Proceedings of the 41st Annual Hawaii International Conference on System Sciences*, 461–470. IEEE Computer Society.

> 本文提供了關於 Yahoo! 大規模應用 Scrum 的細節。詳細描述了哪些方面做得好、哪些方面可以改進。

Elssamadisy, Amr. 2007. *Patterns of agile practice adoption: The technical cluster*. C4Media.

　　本書的 PDF 可以在 www.infoq.com 上取得，其重點介紹了敏捷團隊應該採用的技術實務，因而作為本章所介紹模式的補充。

Hodgetts, Paul. 2004. Refactoring the development process: Experiences with the incremental adoption of agile practices. In *Proceedings of the Agile Development Conference*, 106–113. IEEE Computer Society.

　　本文總結了 Scrum 培訓師 Paul Hodgetts 協助少數團隊進行敏捷轉型的經驗。他根據這些專案的經驗，比較了漸進式與一次性採用敏捷的利弊。

Striebeck, Mark. 2006. Ssh! We are adding a process.... In *Proceedings of the Agile 2006 conference*, ed. Joseph Chao, Mike Cohn, Frank Maurer, Helen Sharp, and James Shore,185–193. IEEE Computer Society.

　　Mark Striebeck 描述了在 Google 的 AdWords 前端應用程式是如何引入敏捷的，他結合了小規模先行和隱密行動兩種模式，並逐步增加新的做法。

Chapter 4
逐步敏捷

綜觀歷史，每當一個組織需要變革時，它會去執行一個「變革計畫」。這類型的變革是經過仔細設計，有明確的開始與結束，並且是由高層自上而下推動。在過去每隔幾年才需要變革的時代，這種做法很有效。Christopher Avery 寫道：「我認為這種方法在二十世紀六○年代和七○年代，可能比在九○年代以後更容易成功，因為隨著競爭的全球化，變革的頻率也在加速，這種模式已經不適用了（2005,18）。」Avery 接著說道，「如果變化來得如此之迅速又猛烈，以至於預先設計的變革方案無法奏效時，也許我們應該在組織運作上進行調整，以便能夠消化並適應更多接連不斷的小變革（20）。」

無論你是剛開始採用 Scrum，還是已經到了需要進行微調的階段，你都應該用敏捷來管理敏捷轉型。採用迭代式的轉型流程──在現有基礎上持續進行小改變──是一種合理的做法，有助於順利推行本身就具備迭代特性的開發流程。如此一來，將會大大提高轉型成功並持續穩定改進的機率。這也是為什麼我相信最好是用 Scrum 本身來管理 Scrum 的導入，由於它的迭代特性、固定的時間框架以及強調團隊合作與行動，似乎是最適合用來管理「採用 Scrum 變敏捷並持續進展」這個龐大的專案。

2004 年，Shamrock Foods 食品公司的領導層意識到他們的產業變化太快了。作為美國十大食品經銷商之一，Shamrock 公司 20 年來一直使用由上而下的傳統策略規劃流程，每年花幾個月的時間來制定一份五年計畫，但往往計畫剛寫完就已經過時了。為了解決這個問題，執行長 Kent McClelland 捨棄掉公司沿用 20 年的做法，開始採用基於 Scrum 的迭代式策略規劃流程。

> Shamrock 的新流程是以季為單位的策略性「scrum」[衝刺] 來進行：團隊成員在公司外的一個地方集合，花一整天的時間，依據上一季的行動計畫來評估公司的表現。我們要求他們找出自上次會議以來，在公司策略上學到最重要的東西，並建議如何將這些見解納入未來的策略中。除了每季的 scrum[衝刺] 以外，參與者每年都要另外再參加為期三天的年度異地會議，在此期間，大家被要求從更長遠的角度重新審視公司的策略性假設（McFarland 2008, 71）。

45 名經理與員工參與了這些衝刺，他們被選為每個部門、單位的代表。在每季的衝刺開始時，這個小組最多選擇幾個他們一致認為公司應該改進的關鍵區塊，這些區塊被稱為「主題」。由於 Shamrock 將 Scrum 應用於組織改進而非軟體開發，因此，這些主題展示了更廣泛的業務目標。例子包括增加 Shamrock 公司的品牌收入、改善其對漢堡王等大客戶的服務方式，以及提高公司招募、留人與培養優秀人才的能力。

許多公司的改善計畫之所以失敗，是因為沒有制定具體且可執行的計畫。而因為使用了 Scrum，Shamrock 的團隊不僅僅是辨識出要改進的主題：「參與策略規劃者建立並優先考量一些具體、可衡量的策略指標，以推進每個策略主題，然後建立詳細的行動計畫，並設定他們認為能在 90 天內達成的可衡量結果（McFarland 2008, 71）。」

Shamrock 的故事不僅說明了 Scrum 的廣泛應用，也能夠用來說明如何透過 Scrum 管理組織改進。在本章中，我們將探討如何使用 Scrum——首先導入 Scrum，然後吸引志同道合的夥伴組成社群，如指導 Shamrock 組織改進工作的 45 人——來推動持續改進。

改進待辦清單

就如同 Scrum 的軟體專案使用產品待辦清單一樣，你應該使用改進待辦清單（improvement backlog）來追蹤組織採用 Scrum 所做的努力。改進待辦清單列出了組織在使用 Scrum 時可以做得更好的一切。當 IBM 開始採用 Scrum 時，其改進待辦清單包括以下幾個項目：

- 增加使用 Scrum 的團隊數量。
- 增加自動化測試的導入。
- 使團隊能實踐持續整合。
- 想辦法確保每個團隊有一個產品負責人。
- 確定如何衡量採用 Scrum 所帶來的影響。
- 增加單元測試和測試驅動開發的使用。

表 4.1 中所展示的改進待辦清單是動態的，清單中的項目會隨著被提出、完成、認為不必要等情況而增刪變動。我們在第 2 章「轉型 Scrum 的 ADAPT 方法」中討論的大部分內容都會在改進待辦清單中找到。如果你剛剛開始使用 Scrum，你的改進待辦清單將著重於創造意識和渴望；如果已經順利開始轉型，你的改進待辦清單可能就會圍繞在發展出順利執行 Scrum、成功推廣或轉移成果到其他團體的能力上。同樣地，關於第 3 章「導入 Scrum 的模式」提到要使用哪種模式的決定，也可以在改進待辦清單中建立相關項目。

一個小部門或單一專案的轉型，可能只會涉及到單一改進待辦清單，但是，當 Scrum 應用於一個大型單位、部門或組織時，轉型的工作就會變得相當龐雜，以至於需要使用多個改進待辦清單，而每個改進待辦清單都是由熱衷於以特定方式改善組織的群體所建立。例如，可能有一個群體是為了弄清楚如何在 Scrum 專案中進行最佳的自動化測試，而建立相關的改進待辦清單：另一個群體則是為了發展和成為偉大的 ScrumMaster，諸如此類。

此外，在一個大型轉型任務中，可能有一個主要的改進待辦清單，是由指導整體組織轉型的小組來維護，而我們接下來要關注的就是這個小組。

企業轉型社群

發起、鼓勵並支持組織發展與改進的 Scrum 團體，被稱為企業轉型社群（Enterprise Transition Community），或簡稱為 ETC[2]，其存在是為了創造一種文化和環境，讓那些對組織的成功充滿熱情的人能夠推動變革，而成功的推動會讓更多的人產生更多的熱情。ETC 並不是透過強制推動變革來改善組織，而是藉由指導那些正在實踐變革的團體，幫助他們消除運作 Scrum 時的障礙，激發出對變革的動力與熱忱。

ETC 的成員通常不超過 12 人，組成通常來自於參與 Scrum 轉型的最高層級。如果一個公司要在組織層級導入 Scrum，ETC 應該包括來自工程或開發部門的最資深人員，以及產品管理、行銷、銷售、營運、人力資源等部門的副總級以上的人物。如果是要在部門層級採用 Scrum，ETC 可能包含了工程部的副總以及品管、開發、架構、互動設計、資料庫等部門的負責人。這裡的關鍵是，ETC 是由轉型所在層級的最高級別人員組成的。

表 4.1
改進待辦清單是一份包含待發展的能力、待執行的工作或組織內待處理的問題等等的清單。

Item	Responsible	Note
打造如專案管理辦公室一樣的 Scrum 辦公室來協助團隊		Jim（CTO）將在下個開發人員月會上談這件事，來看看屆時誰會有興趣。
建立培訓 ScrumMaster 的內部計畫		我們如何辨識出優秀的內部候選人？又要如何培育他們？
在公司內收集並宣傳 Scrum 的成功故事	SC	Savannah 展示出對此的興趣。
內部建置一個持續培訓的計畫		考慮每一季都召開一次開放空間會議。尋找並聯繫業界專家來舉行一個小時的午餐會議。

2　ETC 的縮寫與 Ken Schwaber 在《The Enterprise inScrum》書中的縮寫一致，儘管他將其稱為「企業轉型團隊」（2007）。

Item	Responsible	Note
即使不是測試優先的題目，仍運用 FitNesse 開始做大量的自動化單元測試		在自動測試方面取得最大進展的團隊（由部門所有人票選決定），所有成員可以參加明年夏天的敏捷大會。
協助建立社群，以便決定需要多少前期架構設計	TG	Tod 將開始招募志工，但他說在下一季之前不能承諾任何目標。
解決設施相關的爭議，重新安排二樓的隔間	JS	Jim 與設備部門的 Ursula 會討論相關預算。
撰寫關於為什麼要採用 Scrum 的說明，讓 Jim 在月會上討論	JS	下一次的月會將在 3 月 25 日舉行。

有時 Scrum 是透過草根式由下而上地引入組織。一個團隊嘗試了 Scrum 並成功地完成了一個專案，其他的團隊即開始感興趣，而 Scrum 就這樣傳播開來。在這種情況下，ETC 通常是由一些早期的 Scrum 提倡者所自發形成的，他們尋求老闆的允許，讓他們有時間幫助其他團隊學習 Scrum。當出現了一些需要老闆協助的障礙時，老闆才會加入 ETC。或者，在企業全面採用 Scrum 的情況下，若是決定大規模推行 Scrum，ETC 的組成通常會格外慎重。

我們來看一下 Farm Credit Services of America（美國農場信貸服務公司）運作 ETC 的情況，這是一家服務美國中西部農民的貸款與金融服務機構。作為導入 Scrum 的一環，公司組成了一個企業轉型社群，將其稱之為「敏捷冠軍團隊」（Agile Champions Team，簡稱 ACT）。16 位上下的參與者，依據他們在組織中的角色與能夠投入的時間，參與 ACT 的時間為 6 ～ 24 個月不等。由於公司的轉型涵蓋了整個資訊服務與商業部門，因此，ACT 成員的挑選要能平等地代表了所有相關部門。每一位成員都要參與每兩週一次的兩小時 ACT 會議，以及偶爾會有較長的異地會議。

由正式領導者與非正式意見領袖組成的 ACT，經常要處理資訊服務部門與公司其他業務之間出現的問題。他們已經搞定了許多問題，像是專案中缺乏利害關係人參與、截止日期的正確使用方式與其意義，以及高階領導層對敏捷

與其效益的誤解。Quinn Jones 是 Farm Credit 的一名軟體開發人員，他在 ACT 「服役」了六個月，他說：「敏捷冠軍團隊最棒的其中一件事，是自由開放的午餐討論會，任何人都可以提出問題並分享知識。這些會議也有助於揭示敏捷方法中的根本挑戰，讓 ACT 進一步解決這些問題。」

現在試一試

❑ 召開一個 30 或 60 分鐘的會議，寫出初步的改進待辦清單。邀請你的團隊成員、一些你知道會感興趣的人，或者整個部門的人來集思廣益，討論你希望看到改進的事情。在會議的最後，詢問大家是否有足夠的熱情去進行其中的一兩個項目，然後從這些項目開始著手。

ETC 團隊的衝刺

如同 Scrum 開發團隊一樣，ETC 也是使用 Scrum 來推動導入，因此會進行衝刺來取得進展。每個 ETC 衝刺都始於規劃會議（planning meeting），並結束於審查（review）與回顧（retrospective）會議，這些會議相當類似 Scrum 開發團隊所開的會議，因而往往也有著同樣的問題。美國大型金融機構 KeyCorp 的 Thomas Seffernick 參加了其組織 ETC 的第一次衝刺審查會議，該組織稱為「敏捷賦能團隊」（Agile Enablement Team）。他回憶道，該團隊犯了一個許多新 Scrum 開發團隊都會犯的錯誤——高談計畫而非展示進展。

> 第一次敏捷賦能團隊 [ETC] 的衝刺審查會議是痛苦的，因為領導者站出來描述他們解決阻礙的計畫。這很清晰地告訴了我們，有計畫固然很好，但也要有結果才算數。從那時開始，結果就成了審查會議的重點（2007, 202）。

有些 ETC 會舉行每日站會，我認為這是一個很好的做法。但我並不像對待 Scrum 開發團隊那樣堅持一定要這樣做。ETC 成員所做的工作並不像開發團隊的工作那樣緊密交織，這使得每日站會雖然立意良善但卻非必要。同樣，ETC 成員也很少是全職的，大多數人本身都已有繁重的工作，且在許多情況下，他們留在自己的工作崗位上是有好處的，例如，一個兼任 ETC 工作的開發總監，可能比一個辭去開發總監、跳出來做全職 ETC 的人，更有能力消除更多組織內的障礙。

ETC 衝刺的時長由其成員決定。然而，依據我的經驗，為期兩週的衝刺效果最好，這也是 Ken Schwaber 推薦的衝刺期時長（2007, 10）。Elizabeth Woodward 在 IBM 是負責指導大規模採用敏捷的 ETC 成員，她描述了公司不同衝刺長度的經驗。

> 我們使用過為期兩週與四週的衝刺。而到目前為止，我們看到最大的成效是發生在以兩週為衝刺單位的團隊。我相信原因在於「可交付成果」展現了持續的動力與可見的進展。我們還將每個社群的努力記錄成一份簡短的摘要，透過電子郵件寄送給大家，讓人可以在大約 15 分鐘內讀完。

贊助者和產品負責人

大多數成功的 Scrum 導入，都是由一位身分明確的贊助者（sponsor）發起或推動的，他是組織中的高層人士，負責確保轉型成功。Salesforce 極為成功的大規模轉型，就是由公司聯合創辦人 Parker Harris 所發起的。身為技術部門的執行副總，Harris 處於一個很有利的位子可以倡導變革，而這項變革將大大改變 Salesforce 所有開發團隊成員的工作方式。

轉型的贊助者應該來自於規劃轉型的同一層級。Salesforce 之所以需要一位執行長階級的人作為贊助者，是因為它正在進行整個企業的轉型。如果你參與的是一個部門的轉型，那麼一個部門級別的領導者就是合適的選擇。

贊助者也是 ETC 的產品負責人（product owner），這也意味著有時 ETC 的產品負責人可能對 Scrum 沒有什麼直接經驗。但沒關係，就像所有的產品負責人一樣，ETC 的贊助者可以透過向其他 ETC 成員尋求協助來擔任好這個角色。身為 ETC 最資深成員的贊助者將在轉型的溝通中發揮重要作用，但願景不一定要完全由他一個人定義。

Primavera 在採用 Scrum 的時候就體認到，強而有力的贊助者是很重要的。Bob Schatz 和 Ibrahim Abdelshafi 是當時 Primavera 的技術主管，他們就提到了贊助者支持的重要。

> 採用敏捷或實施任何重大變革,都需要高階主管的真誠支持,畢竟在改變穩定下來之前,可能會經歷相當顛簸的過程。有了高階主管的支持,儘管有任何問題或失敗,也能穩當地學習(2005, 38)。

贊助者透過參與 ETC 來證明對轉型工作的承諾十分重要,好的贊助者不會在發起轉型並宣稱支持 Scrum 後就放手不管了。如果贊助者不承諾,其他人也不會承諾投入。Scrum 教練與《Collaboration Explained》一書的作者 Jean Tabaka 認為,贊助者對 Scrum 做出空頭支票的承諾,是敏捷導入失敗最可能的原因之一:「敏捷的導入需要一個熱情投入的贊助者,願意推動艱難的組織變革,來支持敏捷團隊並幫助他們成功(2007)。」

儘管將 ETC 成員描述為 Scrum 導入的領導者是合理的,但他們的領導力並非我們認知中的傳統領導力。國際知名的管理學作家 Henry Mintzberg 在《哈佛商業評論》中描述了必要的領導類型。

> 社群領導力需要更溫和的領導型式,可以稱之為「參與及分散式管理」(engaged and distributed management)。社群領袖親自參與,是為了讓其他人也願意投入,這樣每個人都可以發揮主動性(2009,141; emphasis his)。

Mintzberg 接續說,在像是導入 Scrum 的組織變革過程中,「我們需要**適度的領導**,在適當的時候介入,同時鼓勵組織中的人們繼續做事。」

反對意見

>「我們轉型專案的贊助者說他已經承諾投入,但他無法參加任何會議或投入任何時間。他給了我們需要的其他資源,但我們無法得到他的任何時間。」

那你可能找錯了贊助者。雖然他願意以其他方式支持轉型是令人欽佩的,但成功的 Scrum 轉型需要贊助者投入一些時間。你不想失去這個有能力的盟友,但你可能需要再找一個贊助者。或是,你也可以和你的贊助者協商,讓他抽出少量時間,ETC 可以優先考慮如何使用贊助者的這些時間,也許可以讓他在會議上或在其他討論會上以轉型的公開支持者身分露面。

ETC 的職責

ETC 的角色是一個工作小組，而非一個指導委員會。在進行衝刺規劃時，ETC 要承諾完成一定數量的工作，並在衝刺結束時進行展示。然而，比起完成有形任務，更重要的是引發其他人的興趣。ETC 的成員自己能做到的有限，他們需要依靠公司裡的其他人來完成導入 Scrum 的大部分工作並且變敏捷。變革管理專家 Edwin Olson 和 Glenda Eoyang 對此也表示贊同。

> 在一個自組織（self-organizing）的系統中，領導者可以發揮很重要的作用，但是富有創造性和持久性的變革，則依靠組織中許多不同層級和職位的人來推動（2001, 5）。

ETC 最重要的職責之一，是為 Scrum 的導入創造活力。當然，並非每個人都會對變革感到熱血沸騰，但 ETC 需要點燃那些願意為成功導入 Scrum 而努力的人的熱情。ETC 成員透過表現出自己的熱情並參與有建設性的對話，來推動這些變革。為了點燃組織中其他人的熱情，使他們參與到導入 Scrum 所需的創新性和持久性的變革中，ETC 要負責以下工作：

- **闡明背景**。除了傳達組織的未來敏捷願景，ETC 還必須幫助員工理解變革的必要性，並培養他們對變革的渴望。透過闡明變革的背景來回應：為什麼要改變？為什麼是現在？為什麼是 Scrum？ETC 的成員會善用他們的資歷、個人信譽等來讓其他人理解這些問題的答案。

- **激發對話**。當人們交談時，會引發各式各樣的好事。討論各種技術實踐的優缺點、分享成功的故事、探究失敗的原因以及其他討論，都會激發出許多想法。

- **提供資源**。採用 Scrum 需要時間、金錢與努力。例如，那些試圖弄清如何變得更敏捷的人（像是學習如何在複雜的程式碼上編寫自動化單元測試），可能需要被允許暫離他們的開發專案。由於 ETC 中有參與轉型最高層級的人員，ETC 有能力確保團隊能獲得足夠的時間與資金。

另見

第 21 章「看看自己的進展」中提供了關於適當衡量進展的指標建議。

- **設定適當的期望值**。如果變革的目標明確而且確實具有轉型的意義，成功的機率將會提高十倍（McKinsey & Company 2008）。ETC 負責設定並傳達適當的轉型目標，這些目標可能（也應該）隨著組織的改進而改變。ETC 可以因此調整目標更新的時程，例如從每年發布一次改為每季發布一次，或是讓產品發布後的缺陷率減少 50% 等等。
- **讓每個人都參與進來**。Scrum 的觸手很長，將會延伸到組織的許多領域。ETC 確保變革過程不會只侷限於某一個團體。對於受到影響的各個團體，會鼓勵更多人來共同參與。

額外的責任

除了鼓勵人們參與轉型，ETC 還有以下的額外責任：

- **預測並協助解決大家會遇到的挑戰**。ETC 應該嘗試預測哪些團體或個人會在 Scrum 帶來的變化中遇到最大的困難，並主動地與他們積極合作。ETC 的跨職能組成在這部分會很有幫助，因為它能夠讓 ETC 從多個角度去看待問題。
- **預測並消除障礙**。ETC 的成員有責任消除任何阻礙 Scrum 導入或讓 Scrum 運行不佳的組織障礙。除了移開那些團隊已經知道的障礙，ETC 還應該嘗試預測障礙，並在它們造成問題之前將其消除。
- **鼓勵同時關注原則與實踐**。採用 Scrum 會需要新的實踐並且重視新的原則。組織不能在沒有原則下去實踐新的做法，也不能光是重視原則而不去實踐它。一個有效的 ETC 會關注採用過程中可能出現的不平衡現象，如果其中一個接受的速度比另一個快，ETC 可以透過將對話、注意力和資源引向落後的一方來協調它們的進展，保持步調一致。

如果 ETC 做好以上提到的任務，它不僅會推動組織的發展，而且還會引起組織中其他人的興趣與熱情。為了善用這股熱情，對於某些特定方式（例如採用自動化測試）改善組織有共同興趣的人，會聚集起來形成一個社群，專注於該領域的改進，並自主執行衝刺。這些社群被稱為「改進社群」，也是下一節的主題。

> 「我無法得到組織的支持來建立 ETC。我還可以轉型到 Scrum 嗎？」 **反對意見**

可以的。從任何你能掌握的範圍開始影響起，像是讓你的團隊進行 Scrum。如果它是成功的，人們會注意到，也許另一個團隊也會想做 Scrum 並向你請教，或者是某個經理會感興趣。隨著人們感興趣，你可以開始非正式地建立社群，起初可能只是幾個人偶爾聚在一起，討論如何進行 Scrum、什麼地方可以做得更好。草根式方法是非常可行的，但需要較長的時間來傳播。

- [ ] 如果你們組織還沒有 ETC 或類似的小組，請找出幾個應該加入 ETC 的人物。如果你是其中之一，就開始組建這個小組；如果你不是，請與你組織中的其他人分享 ETC 和改進社群的想法，他們可以協助成立這些團體。 **現在試一試**

改進社群

改進社群（improvement community, IC）是一個由零星個體組成的團體，他們聯合起來協同工作，以改進組織對 Scrum 的使用。當個體注意到 ETC 改進待辦清單中的某個項目，並決定一起合作以實現該目標時，就可能形成一個改進社群。或是，一個改進社群的形成可能是某些人看見了某個還沒有被 ETC 關注的改進機會並熱衷於此。例如，IBM 有五個改進社群，分別專注於自動化測試、持續整合、測試驅動開發、產品負責人的角色以及 Scrum 本身的常態使用。

> 我所提到的企業轉型社群（Enterprise Transition Community）與改進社群，都屬於所謂「實踐社群」（community of practice）的特殊類型（Wenger, McDermott, and Synder 2002）。實踐社群是指一群志同道合或技能相近的人，因為對特定技術、方法或願景的熱情與投入，而自願聚在一塊。我們將在本書中看到其他類型的實踐社群，第 17 章中將會對此徹底討論。 **注意**

圖 4.1 顯示了一個組織中一個 ETC 和多個改進社群之間的關係。ETC 引導整個轉型過程，但它並不進行指導或管理它，ETC 的一個重要作用是培養一個環境，讓改進社群能夠自然而然地形成與解散，來追求改善組織建立產品的方式。

圖 4.1
一個企業轉型社群負責引導 Scrum 的採用，而大部分工作是由多個改進社群完成的。

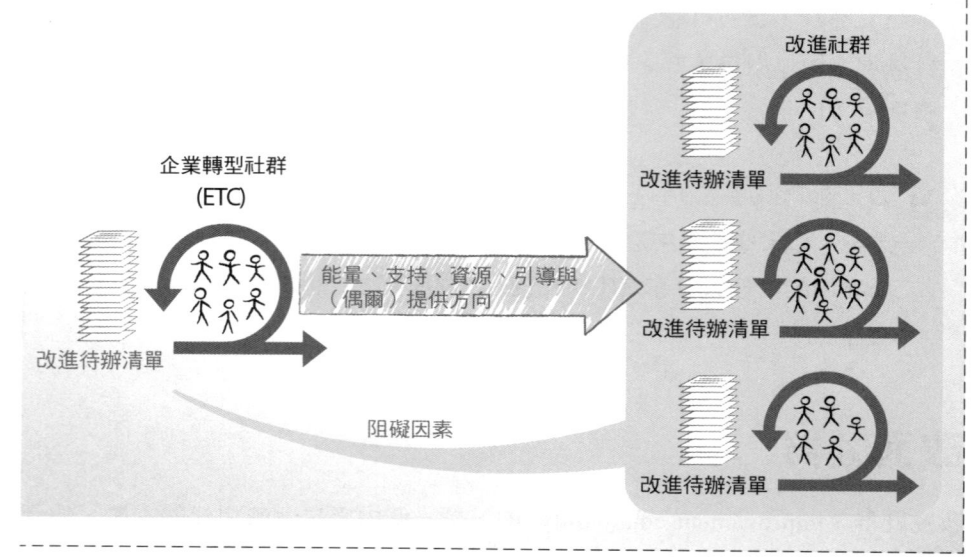

此方法應根據要轉型的組織規模來進行調整。一個 30 人的軟體開發部門轉型，可能需要一個五人組成的 ETC；一家有兩百多名開發人員的全公司轉型，可能需要一個 10 人組成的 ETC（包括來自開發部門以外的團體代表），加上隨時成立的幾個改進社群。規模可以根據需要進行擴展，例如，IBM 某些改進社群就超過 800 人。

大多數改進社群的參與者只花一小部分時間參與社群活動，他們可能會閱讀討論列表中的文章，將想法寫於 wiki 上，僅此而已。改進社群成員花在社群上的時間，是由每個人、他們的老闆或組織文化決定的。

> 「Scrum 團隊應該是自組織的。ETC 不會與此相衝突嗎？難道團隊不應該自己決定他們要改進什麼嗎？」

反對意見

自組織是一群人在面臨挑戰時所做出的回應方式。以開發專案為例，當公司直接指派一個團隊：「針對這個軟體進行開發，使其比目前的版本運行得更快、使用更少的記憶體，並且要比過去快兩個月完成。」然後這些人會圍繞著如何實現這目標而組織起來。這與 ETC 其實沒有什麼不同，只是 ETC 指出它希望看到的改善之處，而不一定會指出要如何辦到。具體實踐的細節則由改進社群或 Scrum 團隊來決定。

此外，請記住，ETC 的最大目標是創造一個環境，讓改進社群確定他們自己的目標，並自發地去達成這些目標。我們將在第 12 章「帶領自組織團隊」中詳細介紹自組織。

幫助改進的催化劑

當社群被用來協助 Scrum 的推行並熟練掌握其技能時，它們會成為改進的催化劑。以 Google 為例，其改進社群被稱為「grouplet」（小組）。Google 的 Testing Grouplet 成立的目的是「推動開發者測試的採用」（Striebeck 2007）。該社群由 Bharat Mediratta 創立，他對社群的活動進行了描述。

> 剛開始時，只是來自公司各部門的工程師每隔幾週一起開會進行腦力激盪。隨著時間的推移，我們漸漸地變成「積極行動派」，積極規劃並真正開始改善事情。我們開始建立更好的工具，並給不同的技術小組提供非正式的講座分享（2007）。

請注意，儘管這個社群最初是為了集思廣益，但他們很快就發現自己成為了實際擁有改進計畫的積極行動派，這就是為什麼他們不是叫作「先鋒部隊」、「工作小組」、「委員會」或任何其他經常讓人想到「無效團體」的名稱。如果 Google 測試小組僅僅製作了關於開發人員測試好處的簡報，或者選擇說服一位有權勢的副總來授權開發人員測試，那他們的努力可能會徒勞無功。

Google 的測試小組所做的是，找到直接且即時的方法來協助團隊。Mediratta 回憶說，除了建立工具之外，社群還找到了一種獨特的方法來提供關於測試的具體、簡短例子和建議。

> 有一天，在一個漫長的腦力激盪會議結束時，我們想出了一個點子，就是在廁所的隔間內貼上一頁的小故事，我們稱為小插曲（episode），用於討論新的與有趣的測試技術。有人立即把它取名為「廁所裡的測試」（Testing on the Toilet），這個名稱就這樣定下來了（2007）。

最有效的社群通常不是為了回應管理層的指令，而是因為公司文化或 ETC 創造了一個社群可以自然而然發展的環境。Yahoo! 在大規模推廣 Scrum 時的教練 J. F. Unson 說，這正是 Yahoo! 所發生的事。

> 在 Yahoo! 加州的 Santa Monica 分部，所有娛樂相關領域的敏捷推動者開始每月一次的 ScrumMaster 午餐聚，這是在 Scrum 開始在組織中拓展時自然而然發生的，不是敏捷小組 [ETC] 刻意推動的結果（2008）。

當然，不是所有的社群都會以此種方式自然形成。特別是在導入 Scrum 的前幾週或前幾個月，ETC 需要透過強調目標的重要，來鼓勵改進社群組成，然後期待社群會圍繞著這個目標自發組成。有時候，ETC 甚至可能需要要求某個人針對一個明確目標組織一個社群。

有效性的兩個衡量指標

Jeffrey Goldstein 教授寫道：「變革不需要強推，只要讓它自然發生即可（1994, 32）。」你可以有兩種方式來衡量 ETC 在促進變革自然發生的成效：

1. 在沒有 ETC 的直接要求下而形成之改進社群的數量。
2. 這種改進社群佔整體改進型社群的百分比。

如果自發形成的改進社群數量很多，特別是它們佔所有改進社群的大多數時，表明了人們對 Scrum 與其所創造的變革有強烈的興趣。當這兩個指標隨

著時間的推移不斷增加或保持較高的水準,那麼該組織在敏捷的道路上就會進展順利。當然,這只是我所推薦的其中兩個,你也要關注其他適合你們組織的指標。

改進社群的衝刺

正如你所猜想,改進社群也是以衝刺來運作。與 ETC 一樣,每個改進社群可以選擇自己的衝刺時長,但建議抓兩週。一個自發形成的改進社群通常會作為自己的產品負責人,社群成員會選擇將他們的時間投入到最熱衷的項目中。另一方面,一個改進社群如果是為了回應 ETC 確定的目標而成立,通常會由一名 ETC 成員擔任產品負責人去規劃衝刺。

換句話說,一個改進社群不是為了服務 ETC 而存在,它的存在是為了服務它的客戶:那些正在建構產品或系統的 Scrum 開發團隊。儘管 ETC 成員將作為一些改進社群的產品負責人,並擔任衝刺回顧的正式產品負責人,但你應該也會看到相關開發團隊的成員積極參與。此外,明智的 ETC 明白,當改進社群在實現其目標上有足夠的自由時,才能取得最好的結果。在實務上,這意味著即使是為響應 ETC 定下的目標而成立的改進社群,也需要對自己工作的優先次序負責,同時要在組織的需求和成員的熱情之間取得平衡。

在衝刺規劃會議上,每個改進社群選擇一個或多個承諾在衝刺期間完成的事項。如果改進社群是為了回應 ETC 的特定目標而成立,那麼衝刺規劃開始時,要從 ETC 的待辦清單中抽取一個項目,並將其分解成更小的細項,放在改進社群的改進待辦清單上。

表 4.1 顯示了 ETC 的改進待辦清單包括這樣一個項目:「建立一個培養 ScrumMaster 的內部計畫。」ETC 把這個項目放在改進待辦清單上,並且讓公司其他人知道這樣的計畫很有價值,一個月後,一個改進社群便成立了。一開始只有三個人,但要改進的事項很多。在他們的第一次衝刺規劃會議上,他們討論了 ETC 所定下的目標(定出一個培養 ScrumMaster 的內部計畫),並建立了他們自己的改進待辦清單,來實現這個目標,如表 4.2 所示。

在規劃衝刺的期間，社群成員也分析了表 4.2 中的一些項目，並確定了完成每個項目所需的任務。例如，對於表 4.2 中的最後一項（與當地團體合作，分擔邀請演講者的費用），社群成員確定了以下任務：

- 上網搜尋看看我們地區有哪些使用者團體。
- 列出預算。
- 向內部寄信詢問是否有人與這些團體有聯繫。
- 安排通話，介紹我們與我們正在做的事情。
- 以電話進行聯繫。看看是否有任何團體曾與其他公司一起分擔過演講者的費用，看看是否有人願意與我們合作。
- 與 Susan 討論預算並獲得她的批准。

表格 4.2
改進社群用來打造內部培訓 ScrumMaster 計畫的待辦清單。

What	Note
搞清楚如何辨識出優秀的 ScrumMaster 候選人（扣掉主動要求參加這個計畫的人）	
建立一個內部指導計畫	
開發一些內部培訓課程。要開哪些課？誰來教學？要自己設計課程，還是尋求相關授權？	
確定有哪些課可以在內部進行教學。	
為明年的外部教練爭取預算。能請多少天？每天預估的費用抓多少？	James 已經向三位教練詢問了演講費用。
看看我們可以如何和附近的使用者團體一起共同分擔邀請演講者的費用。	Savannah 與當地的 Scrum 午餐聚會團體有聯繫。

就如同開發團隊的衝刺規劃會議，社群隨後對每個項目進行估計，並決定可以在衝刺期間完成的任務。兩週後，在衝刺回顧會議上，這個團隊向其產品負責人，即 ETC 的成員，展示了一份當地使用者團體的名單，以及與其中一個團體每年合作兩次的計畫，分擔將全國知名的演講者邀請到該區的費用。

☐ 查看本書各章的小節標題，來增加你的改進待辦清單。許多章節標題在撰寫時都考慮到了這種用途。
☐ 檢視最近的衝刺回顧會議的記錄，這通常是改進待辦清單一個很好的來源。

現在試一試

專注於具有實際意義的目標

為了使改進社群創造最大的影響，其成員必須關注對使用 Scrum 的開發團隊直接關聯且具有實際意義的目標。最好的方式是讓改進社群的成員與開發團隊的成員並肩合作，共同解決開發團隊的重要問題。這也是 Google 裡面「測試傭兵」（test mercenaries）在做的事。測試傭兵是測試社群中對測試有熱情且具備專業的一群工程師，他們在三個月內花了 20% 的時間在自己專案以外的測試與重構程式碼，直接且實際地協助開發團隊。

我想，測試傭兵也可以選擇把這些時間拿來製作簡報，宣傳開發人員測試的理念，但我覺得，他們更能夠透過與團隊合作來實現他們的目標。開發團隊在測試傭兵的幫助下，最終會得到程式碼的改善以及更多的測試，團隊成員也能親眼見證到更專注在測試上所帶來的好處。就算傭兵轉移到另一個團隊，開發團隊也願意繼續努力推進這些工作。

專注於為開發團隊提供實際的幫助，也有助於防止改進社群成員養成對開發團隊說教的習慣。導入 Scrum 時的一個常見問題在於，早期採用者容易變成狂熱份子，急於改變其他人。但這些狂熱份子卻忘記了，他們自己也是花了很長的時間才適應 Scrum 的理念以及在這過程中所需要的改變，而當別人無法立即轉換時，狂熱份子時常將其視為一種抵抗。迫使他人迅速採用新想法反而會造成更多傷害，因此改進社群的成員必須明白，他們的角色是給予諮詢而不是說教（Allen-Meyer 2000c, 25）。

改進社群的成員

組織變革專家 Glenn Allen-Meyer 說，變革應是「與期望改變者一同進行，而非對人們執行（2000b）」。因此重要的是，任何對改進有熱情的人，都應該鼓勵他

參與社群，例如，成員資格不應侷限於組織中最資深的員工，讓更多人廣泛參與，將有助於組織中的每個人感受到變革是與他們一同推動的，而不是強加在他們身上。不應限制改進社群的參與人數，社群通常很容易超過百人，但每個人的參與程度會隨著時間的推移而有增減，取決於每個人其他的工作需求。

　　參加一個社群並不代表是一份全職工作，而是屬於日常工作以外的事。在IBM，改進社群的領導者被要求每週貢獻兩個小時，不過許多人都渴望看到更快的進展而投入了更多的時間。社群參與者的主管、產品負責人、ScrumMaster該負責確保熱情參與者有足夠的時間去創造想要的改變。Google 透過要求每個員工每週花 20% 的時間在感興趣的事情上來實現此目標，比方說，這些時間可以用來構思一個新的產品或參與一個社群。

　　成功導入 Scrum 的 Salesforce 有一個類似的創新方法，稱之為 PTON，發音為「pee-tee-on」，意思是「有薪工作時間」（paid time on）。Salesforce 的 PTON 計畫以許多公司常見的 PTO（pee-tee-oh）有薪假政策為模式，為員工提供專屬的工作時間，讓他們追求自己選擇的計畫。公司每位員工每一年都會有一週的 PTON 時間，他們可以利用這段時間從事社群活動、構思新產品，或者做任何他們想做的事情。

　　Google 的 20% 政策和 Salesforce 的 PTON 計畫並不是特別為了讓人們參與改進社群而設立的，組織不需要為了導入 Scrum 而做出如此巨大的改變，簡單的出發點是讓經理們承諾每週空出一些時間給那些想參與改進社群的人。

反對意見

> 「我們已經投入這個新產品一年了，預計在四週內交貨，身為產品負責人，我需要團隊在接下來的四週內投入全部的時間與精力。」

的確如此。團隊成員可能已經知道這一點，並且有計畫在這段時間內將社群的參與縮減到最低程度。一個團隊成員如果覺得自己受到重視，也能夠將時間投入社群的長期計畫，那麼在真正的緊要關頭會願意盡量減少對社群的參與，因為他知道以後可以投入更多時間參與社群活動。

> **反對意見**
>
> 「這些改進社群看起來就像我們公司為推動 CMMI 而建立的軟體工程流程小組（Software Egnineering Process Group，簡稱 SEPG），不就是新瓶舊酒嗎？」

並非如此，但我可以理解為什麼你會這樣想。改進社群和 SEPG 都專注於幫助組織改善開發軟體的方式。然而，儘管目標是相同的，但在某些細微又很重要的方面有所不同：

- SEPG 會檢視流程並回答「我們可以改進什麼？」，改進社群的成員則是檢視他們自己的專案並提出「我們可以改進什麼？」以及「我們有哪些做得很好的地方、應該讓別人知道？」這樣的問題。
- 有些 SEPG 會強制要遵守流程；改進社群則沒有強迫遵守的權力。
- 有些 SEPG 職責範圍僅限於整個開發流程的某些部分，改進社群則是被鼓勵在產品開發流程外也尋找改進機會。
- 改進社群是自我激勵且自組織的一群人；一般來說，沒有人被告知要加入改進社群（雖然開始建立新社群時偶爾會有這樣的情況）。
- 改進社群的成員更有可能採取一種實驗性的方法來進行流程改善。
- 改進社群是自然形成的，始於因熱衷於某個主題而聚在一起。SEPG 則是正式指派的，且通常不鼓勵以臨時或隨機的方式運作。

社群的解散

大多數社群最終都會散去。例如，一個為促進自動測試而成立的社群可能會存在多年，儘管成員來來去去，但只要這是一個組織仍需改善的領域，它就會存在。最終（至少我們希望如此），組織在自動化測試方面做得夠好了，那麼這些社群成員就可以把時間投入到其他改進社群去，從而做出更多的貢獻。

關於 ETC 特別要提的是：一旦組織實現了 Scrum 轉型，並進入了持續改進的階段，ETC 就該解散。ETC 只存在於轉型的這段期間，當然大型的轉型可能需要投入好幾年時間。

> **現在試一試**
>
> ❏ 找出一個你所熱衷的改善議題，找兩三個同事協助你，建立一個改進待辦清單並規劃第一次的衝刺。即使你每週只能花一個小時，也要開始進行。當你取得進展時，將改善納入團隊的工作中，或提供給其他團隊。透過告訴（展示會更好）他人你所取得的成績，來引起別人的興趣。

難以一體適用

在本章中，我介紹了一種社群驅動的 Scrum 導入方式。一個指導性的社群——企業轉型社群（ETC）——會做一些轉型的工作，但最重要的是它創造了一個鼓勵改進社群形成的環境，這些社群是一群員工選擇一起合作以改進組織對 Scrum 的使用。這兩種類型的社群都使用 Scrum 來推動組織走向敏捷。

但是，方法難以一體適用。我在本章中描述的方法，在將 Scrum 導入到一個中型或大型部門時很有效，但因應不同情況需要適當地縮小它的規模。例如，20 名技術人員的軟體部門，可能會因為一群充滿熱情的敏捷實踐者而獲益，因為這群人會協助推動變革和改進；在這種情況下，他們同時是 ETC，也是改進社群。

展望未來

到目前為止，在本書最前面的幾個章節中，我們已經討論了為什麼向 Scrum 轉型是困難的，但也是值得的。我們談到了伴隨變革而來的活動和一些你可以用來幫助人們向 Scrum 轉變的工具，最後，我們研究如何將所有這些資訊和 Scrum 過程本身結合起來，並利用它來管理任何規模的 Scrum 採用流程。在前四章中，我一直強調，與其他變革舉措不同，Scrum 沒有結束的狀態，相反地，Scrum 需要持續改進，這可以透過應用 Scrum 方法的改進社群來管理。

在下一章中，我們將討論如何選擇你的第一個專案、你的第一個團隊，並開始用 Scrum 來實現敏捷的業務。

延伸閱讀

Conner, Daryl R.1993. *Managing at the speed of change: How resilient managers succeed and prosper where others fail*. Random House.

在這本書中，Conner 描述了人們在組織變革中的八個關鍵行為模式。他提出的變革管理流程的目標之一，是促進人們和組織的復原力（resilience）。他對復原力的看法與本書對變革的論述是一致的，即變革是持續的，而敏捷是需要迭代的。

Katzenbach, Jon. R. 1997. *Real change leaders: How you can create growth and high performance at your company*（繁中版《真實英雄：企業再造的靈魂人物》）. Three Rivers Press.

Katzenbach 的這本書深入訪談組織變革的真正推動者，他們就是書名上的「真實英雄」。本書內含許多改進社群參與者的故事。

Kotter, John P. 1996. *Leading change*（繁中版《領導人的變革法則》）. Harvard Business School Press.

Kotter 這本備受尊崇的書是關於組織變革的經典之作。在書中，他提出了創造變革的八步驟流程，主張在第二步建立一個指導變革的團隊，這與 ETC 有些相似。此外，他在《哈佛商業評論》（1995）上的文章對這本書進行了簡明的總結。

Schwaber, Ken. 2007. The *enterprise and Scrum*. Microsoft Press.

在這本書中，Scrum 的共同發明者 Schwaber 描述了將整個組織轉型到 Scrum 所需的事項，包括改進待辦清單與企業轉型團隊（Enterprise Transition team）的建議，這與我所介紹的 ETC 相似。

Wenger, Etienne, Richard McDermott, and William M. Snyder. 2002. *Cultivating communities of practice*. Harvard Business School Press.

Wenger 是公認的實踐社群權威。這本可讀性很強的書描述了在組織內培育社群所需要知道的一切，其中有一章專門提供建議給社群協調者。

Woodward, E.V., R. Bowers,V.Thio, K. Johnson, M. Srihari, and C. J. Bracht. Forthcoming. Agile methods for software practice transformation. *IBMJournal of Research and Development* 54 (2).

IBM 軟體品質工程組織的成員正使用非常類似於本章所述的方法，在整個 IBM 企業內推廣敏捷。這篇優秀的論文描述了他們如何以一個企業轉型社群運作鼓勵改進社群形成，還有他們如何使用 Scrum 框架來改善 Scrum 的導入。

Chapter 5
你的第一個專案

除非你正在以隱密模式運作，否則所有人的目光都會集中在第一個嘗試 Scrum 的專案上，尤其是在前幾個衝刺期間，因此選擇合適的專案和團隊至關重要。你的第一個 Scrum 專案應該被視為重要且具有意義，這樣成果才不會被忽視，但又不應該過於龐大以至於難以操作。而團隊成員的選擇，應該考量能夠彼此合作及願意嘗試新事物的態度。

當第一個衝刺開始時，對於 Scrum 所能帶來的好處恐怕會期望過高。有時是因為一種普遍樂觀的想法，有時則可能是組織內早期敏捷實踐者的熱忱所致，他們那種熱情的態度讓其他人認為 Scrum 能解決所有問題。你必須正確設定並管理這些期待，否則，原本應該被視為極為成功的初期專案，當它未能達到大家過高的期望時，反而會被認為是慘敗。

在這一章，我們將思考選出合適的起始專案與組建理想的團隊這兩項關鍵議題，以及管理期望的藝術。

另見

關於採用隱密模式的轉型在第 3 章「導入 Scrum 的模式」中有介紹。

前導專案的選擇

「在過去的四年內，Scrum 前導專案的數量越來越少，因為 Scrum 的效益已經受到普遍認可，許多公司都選擇不透過前導專案而是直接導入。」我本來想用這段話作為本節的開頭，但我後來想想，或許應該要先查查「前導專案」的定義。也許，就像電影《公主新娘》（The Princess Bride）中 Vizzini 說「inconceivable」時的情形一樣，這個詞的意思跟我以為的有所不同。也確實，我查到「前導專案」有兩種稍微不同的含義，一個解釋是前導專案是一種「導入前的測試」，其結果用來確認是否需要進行進一步推行。這也是大多數公司選擇跳過的那一種前導專案，他們不需要「測試」來驗證是否需要導入，他們清楚知道就是想用 Scrum。

我發現的另一個定義是：前導專案是為了給後續專案提供指引，它引領著新事物執行的方向。我有興趣的是第二種定義──作為指引方向，而不是作為測試。當一個產業中已經有足夠的證據表明 Scrum 是有效的時候，該產業中的組織需要學習的是，如何讓 Scrum 在自己的組織中發揮作用。因此，這些組織常用一個或多個前導專案來進行學習。

理想前導專案的四個屬性

選擇合適的專案作為前導可能會是一項挑戰。Reed Elsevier 集團負責創新的副總裁 Jeff Honious，引領了公司的 Scrum 轉型，他和同事 Jonathan Clark 記錄了他們在選擇合適的前導專案時所面臨的掙扎：

> 尋找合適的專案是最關鍵和最具挑戰性的任務。我們需要一個有分量的專案，大家才不會把它當成特例，但我們又不希望這個專案需要解決所有挑戰，因為前導專案的成功事關重大（2004）。

不是每個專案都適合作為你的前導專案。理想的前導專案應是規模、持續時間、重要性與贊助者參與度四種屬性的交集，如圖 5.1 所示。而在現實中，或許沒辦法找到完美吻合的前導專案，沒關係，考慮你有哪些能選擇，並在四個屬性間進行適當地權衡。挑選一個最接近合適的專案並開始進行，也好過拖上個大半年或更久時間去等待完美的前導專案出現。

注意

我並沒有忘記前導專案參與成員的重要性。在本章後面的「選擇前導團隊」一節中，我們會探討這個議題。

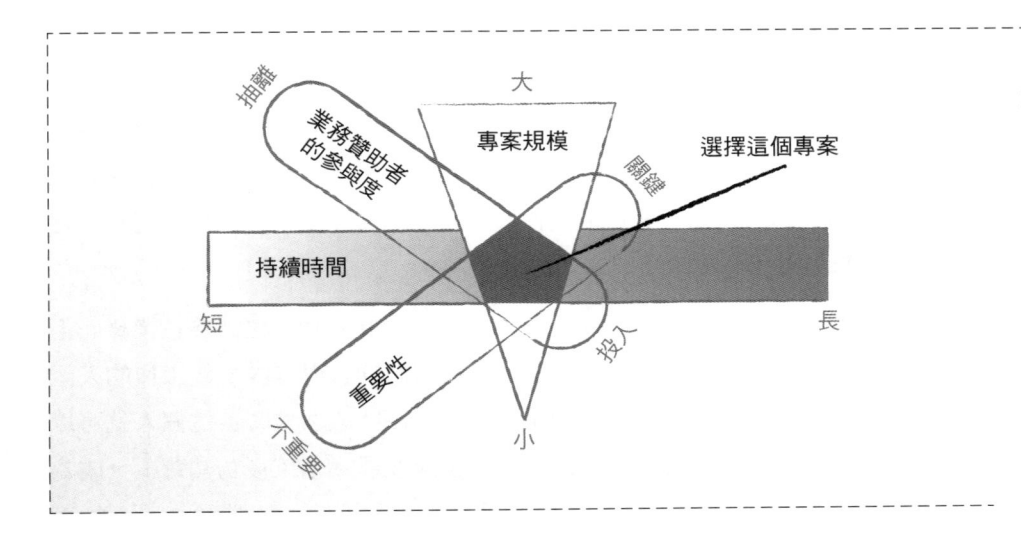

圖 5.1
理想前導專案的四個屬性。

持續時間。 如果你選的前導專案為期過短，會引來「Scrum 只能在短期專案上發揮作用」的質疑。儘管如此，如果你選擇一個為期過長的前導專案，有可能在專案結束前無法聲稱前導專案是成功的。因為許多以傳統方式管理的專案聲稱，在為期 12 個月的專案時程中，到了第 9 個月依然按計畫進行，但最後預算仍超支且有所延遲，所以在專案結束前宣稱 Scrum 有效可能不太具有說服力。

我發現最好的辦法是選擇一個對組織而言時程屬於中等程度的專案，理想通常是三到四個月，這讓團隊有足夠的時間，在衝刺階段進展順利並享受其過程，同時看到 Scrum 對團隊和產品的好處。三到四個月長度的專案，通常也足以宣稱 Scrum 在更長的專案中也會取得類似的成功。

規模。 如果可能的話，讓前導專案在剛開始時的參與成員都來自同一個團隊，並且集中在同一個地點，即使專案之後會擴展延伸到更多團隊。此外，就算你們組織很常發生專案延伸到多個團隊，在前導專案的選擇上，延伸的團隊也盡

量不超過五個。在過多的團隊中協調，不會是你在一開始就想承擔的，而且選擇一個能在三到四個月完成的專案，恐怕也沒時間擴展到超過五個團隊。

重要性。重要性低、風險也低的前導專案是很誘人的選擇，因為如果專案進展不順，也不會有什麼損失，可能甚至沒人注意到重要性低的專案失敗了。但不要屈服於這種誘惑，應挑選具有一定重要程度的專案，因為不重要的專案也不會得到其他部門的關注。此外，轉型 Scrum 的團隊會遇到一些艱難但必須執行的任務，如果專案不重要，大家可能會選擇不去完成所有的任務。資深天使投資人與自適應軟體開發（Adaptive Software Development）方法的發明者暨早期敏捷實踐者 Jim Highsmith 即建議：「不要從不重要的『學習型專案』開始，而是要從一個對你的組織有絕對重要性的專案作為起頭；否則，很難完整執行 Scrum 要求的困難任務（2002, 250）」。

> **注意**
> Scrum 專案通常會有個產品負責人，這個角色在第 7 章「新的角色」會有詳細的描述。這裡提到的商業贊助者可能是產品負責人，但也可能不是，可以確定的是，這名贊助者至少是業務端的人，他會認可專案的成功。

商業贊助者的參與度。採用 Scrum 不僅在技術面上要變動，也需要在業務面上做出改變。因此，在業務方面有一個有意願投入時間、與團隊一起工作的人至關重要。當團隊需要對抗根深蒂固的業務流程、部門或個人時，這個人就可以站出來協助團隊，當他獲得了預期的成果，也能在專案結束後為其背書，成為最有利的專案推動者。當一個贊助者跟另一位說，最近一個嘗試 Scrum 的專案，交付了比過往更多的成果時，在推動其他贊助者去要求自己的團隊也嘗試 Scrum 上也是有幫助的。

選擇正確的時間啟動

許多新的健身計畫與節食計畫都選在元旦開始，這說明了人類渴望將變化與外部因素（如日期）結合，像是我們可能覺得健身計畫應該從新一年的第一天開始，可能也會因此而認為一個新的軟體開發流程應該在新專案的第一天引入。選擇一個新的專案（或重啟一個失敗的專案）當作前導專案，感覺像新的開始，這樣做的團隊，會從關注產品的待辦清單開始，且通常會等到建立了包含當下所有已知功能的產品待辦清單，再開始第一次衝刺。敏捷專案經理 Trond Wingård 即用這種方法獲得了成功。

在我最早參與的一個敏捷專案中，我們的客戶已經花了一年時間和大約 15 萬美金，讓另一個承包商寫了一份傳統的需求文件。我說服我們的客戶，應該用使用者故事來取代這份需求文件，於是，這份 150 頁的文件被一份包含 93 個使用者故事的產品待辦清單所取代。如果不這樣做，我們就無法實踐敏捷。

在新專案的開始即導入只有一個主要的缺點：要等待一個適合 Scrum 的新專案出現——然後期待它是合適的第一個 Scrum 專案——會白白拖延了 Scrum 帶來的好處。

重啟一個失敗的專案，也可以為你帶來一種重新開始的感覺。花幾天時間建立其產品待辦清單，可以幫助專案團隊恢復注意力、重新吸引利害關係人，並爭取整個組織其他人的認同。切記，當你重新開始時，你不會想花上幾週（或幾個月）來建立初步的產品待辦清單。想想看，用兩個月的需求收集階段作為 Scrum 轉型的開端是多麼的諷刺。啟動新專案時，要有紀律、保持簡單，又要快速地完成待辦清單。

步步逼近的滅亡

有時，從專案開始就使用 Scrum 是不可能的，或者說不是正確的選擇。如果一個進行中的專案可以從 Scrum 中受益，我認為沒有理由不進行調整。我個人最喜歡的前導專案是那些目前正不斷走向滅亡，但仍有足夠的時間來進行修正並獲得成功的專案。儘管這種方法很冒險，但一個正在努力掙扎的專案，除了往上發展，沒有別的路可走。交付往往被視為一種成功，而按時交付更被視為驚人的成就。由於 Scrum 方法透過短期的衝刺來集中精力並提高任務強度，加上強調至少創造一些進展的思維，使得 Scrum 通常非常適合這些類型的專案，特別是當團隊有經驗豐富的 ScrumMaster 或顧問時。

遊戲開發商 Sammy Studios（現在的 High Moon Studios）的技術長 ClintonKeith 知道需要採取一些激烈的措施。他的團隊正在為 Sony PlayStation 與 Microsoft 的 Xbox 開發一個 3A 遊戲大作。團隊很努力地工作，但遊戲並沒有像業主所期望地迅速完成，如果再不做出改變，專案就會失敗。

所幸此時 Keith 得知了 Scrum 並決定將其引入團隊。遊戲工作室的員工有很強的個人主義，所以引入一個需要大量交談、協作、每日站會與其他相關活動的流程是很困難的，不過 Keith 聰明地選擇在團隊成員意識到現有流程和方法不可能帶來大家所期望的成品之時，導入 Scrum。

另一個可以強調滅亡風險的常見時機點是，如果繼續以目前的速度發展，公司將面臨倒閉或者（在一個多元經營的公司）取消專案的危機。每當繼續維持現狀會帶來嚴重的後果時，讓大家明白不採取行動將走向「滅亡」就會有助於推動 Scrum，畢竟，如果繼續用「老方法」做事只會導致失敗，那麼就更容易說服團隊去嘗試新的東西、實驗不同的做法、邁向原本他們會抵抗的 Scrum。

預測步步逼近的滅亡可能對推動變革是一大助力，但也帶有風險。要讓這種預測發揮警惕作用，專案或組織所面臨的危險必須是真實存在的。在我合作過的一家公司裡，執行長出了名地喜歡說公司的命運懸於每一個專案上。「狼來了」喊多了，人們就不再相信了。你也可能被誘惑去誇大危險處境；請不要這麼做。然而，如果一個專案正在走向滅亡，除非採取戲劇性的行動不然難以挽救，你就直指出來。團隊成員可能已經老早就知道，但不願意承認。此外，如果團隊成員對他們的專案與工作變得麻木不仁，我有時會指出，如果不改變，可能會出現的災難。我最近對一個團隊使用了這個方法，他們知道自己的公司正在與一個競爭對手進行併購談判，我向團隊成員問道，「所以，當併購完成後，大老闆們試圖找出哪些專案是多餘的、哪些團隊應該得到最好的新專案，你希望你們現在的專案與團隊被如何看待？」這種意識的衝擊正是一些團隊需要的。

選擇一個前導團隊

圖 5.1 中四種屬性的交集處與時機的討論，少談了可能是前導專案成功的最重要因素——參與的個人。我特意在討論選擇合適的前導專案時不將其納入，是因為我認為專案與團隊的選擇可以獨立進行；也就是說，我們可以選擇最好的專案作為 Scrum 的前導，然後為該專案組建合適的團隊。我知道這種做法在許

多組織中並不常見——專案與團隊往往是一起進行，就像 Scrum 團隊最愛的早餐裡的火腿與蛋。如果你難以分別決定理想的前導專案與理想的前導團隊，那麼在選擇最佳的可用前導專案時，就只要把所有因素放在一起考慮即可。

讓初始團隊聚在一起，關注團隊成員之間是否能相互配合、有建設性的不同觀點、學習與適應的意願和能力、技術能力、溝通能力等等。在這些面向中，選擇前導團隊最重要的考量是個人是否願意嘗試不同的東西。理想情況下，所有的人都已經經歷過第 2 章「轉型 Scrum 的 ADAPT 方法」中的「意識」與「渴望」階段了。當有機會去影響即將參與前導專案的人時，我會考慮以下幾種人：

- **Scrum 的遊說者**。專案不大可能涵蓋到所有四處遊說 Scrum 導入的人，但我會傾向盡可能多招攬這些遊說者參與專案，他們對專案的成功懷抱希望，袖手旁觀將是很痛苦的一件事。
- **有意願的樂觀主義者**。這些人明白導入新開發流程是必要的，但過去不曾積極地主張要採用 Scrum。但在了解 Scrum 以後，他們相信它所能創造的前景，也希望看到它的成功。
- **公允的懷疑者**。我不希望團隊中有人破壞前導專案或團隊合作，但這並不意味著我不會考慮所有持懷疑態度的人，只要懷疑者在過去表現出願意承認錯誤或改變觀點，那麼選擇一個受人尊敬、勇於發表意見的懷疑者是非常有幫助的。

當然，所有這些都必須搭配在一起考慮，並著眼於找出適合該專案的各種專才。如果你的前導專案的目標是開發一款動畫遊戲，你最好在團隊中加入一名動畫師。我還會尋找那些有成功合作記錄的人，有時你甚至會找到一整支現有團隊可以作為前導團隊，你也可以回想一下過去幾年的情況，把在過去專案中合作良好的人放在一塊。

> **反對意見**
>
> 「這些為了選擇合適的團隊所做的一切努力，都是在創造最有利的組合條件，讓團隊更可能成功。但是，一旦開始導入 Scrum，並不是每個專案都能找到既願意參與、又曾經共事且有默契的人來組成團隊。」

是的，這是在創造最有利的組合條件。我之前說過，進行前導並不是為了測試「Scrum 到底管不管用」，我們知道 Scrum 是有效的，有大量的口碑（甚至還有實際數據）可以證明這一點，但我們不知道的是，Scrum 如何在我的組織發揮最大的作用？前導並不是臨床或雙盲測驗，它是一種嘗試，嘗試使用一種新方法來交付一個重要的專案。所以，我們為此創造有利的條件，看能學到什麼。

如果前導專案不成功怎麼辦？

如果在做了所有的決策、規劃和努力之後，前導專案還是失敗了呢？首先，應該避免把所有的希望都寄託在一個大型前導專案上，而是要試著去運行多個前導專案，並且記住其目的是為了讓之後的 Scrum 專案在導入時可以更加順利。最成功的前導專案能夠提供兩種建議：「要做什麼」與「不要做什麼」。只要參與前導的團隊了解哪些因素可能導致 Scrum 成功或失敗、Scrum 哪些面向容易被組織採納、組織中特定阻力的類型和來源，或其他類似的資訊，那麼我就不會把前導專案稱為失敗。

但是，如果前導專案未能達到預期效果呢？

在這種情況下，我首先要評估對專案的期望是否務實。也許在專案開始之前，我們都同意這些期望是很務實的，但到了最後卻發現並非如此。如果是這樣，要把這一點清楚地傳達給所有利害關係人，不要把它當作未能實現預期交付目標的藉口。利害關係人需要知道，團隊應該對當初同意或制定這些不實際計畫的部分負責，並確保利害關係人明白，儘管前導專案未能達到所有的預期，但事後看來，它可能已經達到、甚至超過原本的期望了。

在 Scrum 前導專案結束時，我發現前導專案經常被拿來與「瀑布式」專案不切實際的假設相比較。可能出現一張舊的甘特圖，顯示專案允許進行兩個月

的分析、一個月的設計、兩個月的寫程式、一個月測試，假設會依照這個順序並結束專案。將這完美的六個月專案跟現實中第一個 Scrum 專案比較，假設它同樣是為期半年。Scrum 的反對者會說：「看吧，這沒有比較好，都花了一樣多的時間。而且，舊的流程有更好的設計，從長遠來看更容易維護。」拿一個實際執行六個月的 Scrum 專案跟一個理論上顯示能在同樣時間內完成的瀑布式專案相比，這樣的比較是不公平的。記住，要適當地管理期待，不要將現實情況與理想化的結果進行比較。

設定與管理期望

這把我們帶到了下一個話題：設定和管理期望。1994 年，我管理的團隊交付了一個專案，所有團隊成員與局外人都認為這是一個成功的專案。產品為公司帶來了重大的進展，它比原先的產品多了更多的功能，使用公司以前從未使用過的先進技術，並開發了三個資料中心，在接下來的六年裡 99.99999% 的時間正常運作。然而，該專案差一點被視為失敗。

該專案是要將系統部署到多個客服中心，讓三百多名護士使用它來接聽電話，以便取代因公司迅速成長而不敷使用的舊有系統。護士們對新系統提供的新功能有很高的期待，在與護士的每月衝刺審查會議中，我經常被他們的期望嚇到，其中一些甚至在技術上是不可行的。在這個長達一年的專案還剩下三個月左右時，我意識到必須改變我關注的重點。從那時起，我幾乎把所有的時間都花在期望的管理上。我跟客服中心的每一位護士見面，準確地描述了交付的產品能做什麼以及不能做什麼。我降低了他們對該系統影響世界和平、全球暖化、協助減重的期望。如果沒有這樣做，這個產品會被認為是失敗的。

從那個專案開始，我就敏銳地意識到了期望管理對於任何專案是否成功十分重要。在採用 Scrum 這樣的重大轉變之初，設定和管理期望更加重要。在開始向 Scrum 轉型時，我發現設定並管理以下四件事情的期望會很有幫助：進度、可預測性、態度和參與。

對進度的期望

如果說參與程度較低的利害關係人和外部人士聽過一件有關 Scrum 的事，那很可能就是「團隊會更快」。我在受邀到矽谷一家大公司演講時，親眼見證了這一點。之前曾經有一位 Scrum 顧問造訪過這家公司，他向公司高層過度宣傳 Scrum 的好處，當我向同一組人演講時，我先問他們對 Scrum 有什麼了解，而從之前的演講中他們唯一記得的就是：「團隊會走得更快，而且我們可以隨時改變我們的想法。」我當下震驚地說不出話來，回過神來後，我告訴他們，這兩件事是有可能的，但要做到這個目標需要付出很多努力，而且太常改變主意也會要付出生產力上的代價。

至於對團隊會走得更快的期望，Jim Highsmith 的建議顯得保守和實際得多。

> 在一個為期半年的專案中，目標可能是達到過往生產力的水準（開始時略低於其，結束時略高於其），同時提高品質並且更能滿足客戶的期待。過早施壓會導致團隊棄守新的做法，回到他們比較有信心的舊方法（2005）。

一個團隊是否更有效率，主要取決於該團隊在採用 Scrum 之前的表現。一個已經做得相當好的團隊（已經學會應對當前組織和流程的低效率與障礙）可能會像 Highsmith 所說的一樣，一開始導入時速度較慢。相較之下，一個正在掙扎的團隊，則可能從一開始就是更快。

不過，根據我的觀察，所有團隊剛開始導入 Scrum 時，幾乎普遍存在兩種現象：

- **大多數團隊會高估在第一個衝刺中能取得的成果**。除非一個團隊之前有過很多在時間限制下迭代的工作經驗，否則團隊成員可能會認為，他們能在幾週內就完成更多的工作。例如，一個團隊可能集體承諾在未來四週的衝刺中完成規劃好的 850 小時工作。最後團隊發現，由於一些干擾、計畫外的工作、日常任務與其他因素，讓他們只完成了 725 小時的工作量。他們跟原先規劃的一樣努力，但卻比預計完成的工作還少，是因為低估了其他事務所佔據的時間。

- **大多數團隊會更有用**。我在這裡所說的「有用」，是指可能「更有生產力」。但「生產力」意味著產出多少產品，而通常在一個軟體專案中，它會被理解為產出的程式碼行數。雖然我不完全反對以產出的行數作為衡量標準（為了某些目的我會這麼做），但我並不想讓 Scrum 團隊在一開始就注重在衝刺時要產出更多行的程式碼，尤其更多的程式碼也未必是一件好事。我想說的是，大多數團隊在採用 Scrum 後不久就開始做更有用的工作，這是因為衝刺將他們的注意力集中在「我們能在接下來這幾週內做什麼」。許多傳統專案都會陷入尋找「最好的」、「正確的」或「完整的」解決方案困境，而 Scrum 團隊則更傾向於找到一個「夠好」的解方，進行嘗試、學習，並根據需要進行調整。

對可預測性的期望

當我在管理開發團隊時並不像現在為團隊提供諮詢服務，保持團隊的生產力並非我唯一關心的事。我同樣關注的是，我是否能夠預測一個團隊完成單一專案所需的時間。我喜歡一個進度相當穩定（因此是可預測的）的團隊，勝過於一個有時快得驚人但有時也很慢的團隊。在進行組織的第一個 Scrum 前導專案時，你應該向利害關係人說明，相較於組織以往的軟體開發流程，剛開始的進度會比較不好預測。

  Scrum 團隊使用一種被稱為「速率」（velocity）的指標來衡量團隊在一個特定衝刺中完成（或計畫完成）的工作，它以故事點或理想天數等作為單位表示。團隊或組織的速率在前幾個衝刺階段特別不穩定，畢竟團隊正在學習新的工作方式，許多成員可能都是第一次學習怎麼樣相互合作。

  要與利害關係人溝通，在專案初期應用速率來計算的結果恐怕會不準確。等團隊有了一些初期數據後，就可以說：「這個團隊的平均速度是 20，可能的範圍是 15 到 25。」然後將這些數字跟專案規模的總估計值做比較，得出一個專案可能的持續時間範圍。例如，如果過去記錄的速度在 15 到 25 之間，一個由 150 個故事點組成的專案，就可能被認為需要 6 到 10 個衝刺。

另見

速率在第 15 章「規劃」有更詳細的描述。

但在團隊還沒有足夠的歷史數據之前，做這樣的預測會有很大的風險。這意味著，一個對延遲交付設有嚴重懲罰的高風險合約，恐怕不是一個理想的 Scrum 前導專案（也不適合作為任何流程變更的前導專案）。那需要多少數據才能做出像這樣的合適預測？簡單的答案是：越多越好。你可以在團隊完成第一個衝刺後即開始做預測，但應該要考慮會有較大的誤差範圍。或許這樣講對你比較有幫助：我會說大多數的團隊速率會在第三或第四個衝刺後充分穩定下來。但不要把這當成一個準則；如果專案環境中有很多其他的變化（比如新技術、團隊成員的變動等等），團隊速率的變動可能會持續很久。

對 Scrum 態度的期望

在有時間適應了新的工作方式後，大多數開發人員會更喜歡 Scrum。例如，Yahoo! 的一項調查發現，如果讓各團隊自己決定，85% 的團隊成員會持續使用他們所採用的 Scrum 方法（Deeme et al., 2008, 16），但這種態度通常不是一開始就會出現。那些發起轉型的人需要準備好一開始就有很多反對意見和抱怨。常見的抱怨包括：

- 浪費時間的每日站會
- 即使產品沒那麼頻繁發布，每次衝刺結束時都還是要浪費時間去確認產品已經過測試
- 主管無法好好地評估績效、給我寫年度考核，因為他們無法分辨哪些工作是我做的
- 系統在發布六個月後就崩潰了，因為我們沒有提供適當的維護和支援文件

一旦出現問題，就會誘使你屈服、重新回到原本的做事方式。正如《Managing at the Speed of Change》一書的作者 Daryl Conner 所寫：「讓你的員工認可變革的必要性並開始行動是相對容易的，真正難的是要讓他們在遇到困難時堅持下去（1993,116）」。防止回到舊習慣的最好方法之一是提前預測並開始談論它，同時要讓團隊成員同意當障礙出現時，儘管有不適和擔憂，他們仍會堅持採用 Scrum。

對參與的期望

早期要設定的最重要的期望之一是關於參與。許多習慣於傳統開發方式的利害關係人，認為他們在軟體開發專案中的角色類似送修汽車：你告訴別人需要做什麼，然後於指定的時間來取回這個成品。利害關係人，特別是產品負責人，需要明白這不是打造軟體密集型產品的正確方式。

一定要與產品負責人以及其他利害關係人討論期望，他們是你會在衝刺期間或衝刺回顧會議中徵求意見和回饋的人，要確保每個利害關係人都知道團隊期待與需要什麼樣的投入程度。

Scrum 並不是消除開發組織所有問題的萬靈丹。你應該從一開始就努力確保期望不會被設在不切實際的水準，期望管理也許將是你早期能做的最重要事情之一，因為如果你不這樣做，原本成功的 Scrum 轉型即有可能被視為失敗。

這只是個前導專案

獨立 Scrum 顧問 Pete Deemer 曾是 Yahoo! 的首席產品長，當時他在 Yahoo! 啟動了一個 Scrum 前導專案計畫。他認識到前導專案是個實驗，目的是為了獲得知識來幫助以後的專案取得成功。Deemer 還體認到，之所以稱為前導專案，是因為知道事情不會總是順利進行。他說，他的希望是「當出現困難時，大家更願意捲起袖子撐下去，努力找出一個解決方案。」Deemer 使用「前導」一詞，以便為流程的執行提供一些安全保障。

Deemer 認識到這種安全保障很有價值，它創造了團隊在嘗試的過程中所需的舒適區，使他們能夠成功地找到進行 Scrum 的正確方法。儘管公司的轉型已經持續了一年，而且有一百多個 Scrum 團隊，Deemer 仍然將每個專案都稱作為前導專案。我問他什麼時候可以不再叫前導專案，他告訴我，在 Yahoo! 的每個專案都採用 Scrum 前，在他們知道所有該知道的東西之前，他將繼續稱為前導專案。

無論你是否將每個專案都視為前導專案，最初的幾個衝刺都是非常重要的。你可以透過仔細選擇正確的初始專案和團隊成員，以及準確地設定和管理期望，來確保一開始衝刺就能使你的團隊走上正軌。

延伸閱讀

Karten, Naomi. 1994. *Managing expectations*. Dorset House.

這是一本容易閱讀又有中肯建議的好書。這本書的重點是客戶溝通，但幾乎所有的建議都適用於其他的職場領域關係，建議的主題包括：傾聽、核對認知、避免衝突的資訊和創造雙贏的解決方案。

Little, Todd. 2005. Context-adaptive agility: Managing complexity and uncertainty. *IEEE Software*, May–June, 28–35.

Todd Little 是 Agile Alliance 的董事會成員，也是 Agile Project Leadership Network 的創辦人之一，他提出了一個框架，根據專案內在的不確定性與複雜性，將專案分為「公牛」（Bull）、「小馬」（Colt）、「母牛」（Cow）或「臭鼬」（Skunk）等類型。這個框架可以應用於選擇最初的 Scrum 專案，在這裡你要避免選擇 Little 所說的公牛型專案（具有高度不確定性與複雜性的專案）。

PART II
個人

我們開始重視⋯
個人與互動
勝於過程與工具

——《敏捷宣言》

Chapter 6
克服抗拒

Paul Lawrence 於 1969 年在《哈佛商業評論》的一篇文章中指出,變革「既有技術層面,也有社會層面。變革的技術層面是指對工作的日常操作進行可衡量的修改,社會層面指的是受變革影響者認為變革將改變他們在組織中既定的關係」。當面對阻力時,人們傾向於強調變革技術面的好處,畢竟當我們自己被說服了,很容易認定現在需要做的事就是說服他人。我們認為,提出完美支持變革的知識論述,人們的抗拒就會消失。Lawrence 反對這種邏輯缺陷,他表示:「有時候我們會希望,只要技術層面可行,變革就能被接受。但事實上,社會層面才是決定阻力是否存在的主因(1969, 7)。」

儘管變革的社會層面會產生阻力,但所有的阻力都源自特定個體。團隊或部門不會抗拒 Scrum 轉型,但個人會,因此,本章將重點放在討論克服個人阻力的有效技巧。我們首先要了解如何預測他們的阻力並預先防範。接下來,我們探討如何針對變革進行溝通,以及為什麼不同的訊息最好由不同的人來傳達。最後,在本章中,我們會探討個人如何抗拒以及為什麼會抗拒,然後利用這些資訊來找出克服阻力的適當回應。

預測阻力

有人會抵制向 Scrum 轉型,這並不令人意外,有些人甚至會抵制所有的變革。即使你走進一家公司,宣布每個人都將獲得 20% 到 50% 的加薪,我猜還是會有人有意見。有些人會懷疑老闆別有用心——這一定有什麼附帶條件?也會有人認為加薪不公平——我比他更努力工作,為什麼他的加薪比例比我高?

就更別說大型的變革如導入 Scrum 會給組織帶來多巨大的動盪。職責擴大了、報告關係改變了、組織權力轉移了,期望也改變了。有一些人從這些變化中得到個人或職業上的好處,也有一些人失去一些好處。了解這些變化將如何影響你的組織,對於預測哪裡會出現阻力至關重要。

2007 年,一項關於人們為何抵制變革的研究證實了這一點,該研究表明,主管抵制變革的首要原因是害怕失去掌控和權威(Creasey and Hiatt)。員工和主管抵制變革的首要原因如表 6.1 所示。

表 6.1
員工和主管提出抵制變革的首要原因。

編號	員工	主管
1	缺乏意識	害怕失去掌控與權威
2	對於未知事物的恐懼	缺乏時間
3	工作缺乏安全感	安逸於現狀
4	缺乏支持	想不出「對我有什麼好處」
5		無法參與解決方案設計

誰會抵制改變?

試圖預測哪裡會出現阻力時,思考下列問題的答案可能會有所幫助:

- 如果成功轉型到 Scrum,誰會有損失(權力、聲望、影響力等等)?
- 可能會有什麼樣的結盟形成來反對轉型?

透過辨識出那些會因為變革而有損失的人以及可能形成反對變革的結盟，你就會知道，減少阻力的第一個自標在哪。

儘管有些人抵制變革，但有些人卻喜歡變革。Musselwhite 和 Ingram 根據個人對於變革的態度將他們進行分類，如圖 6.1 所示（Luecke 2003）。圖的左端是保守派，喜歡可預測性；他們注重細節和常規；他們深思熟慮，有紀律與組織；他們比較喜歡能維持組織現有結構的變化。保守者估計約佔總數的 25%。

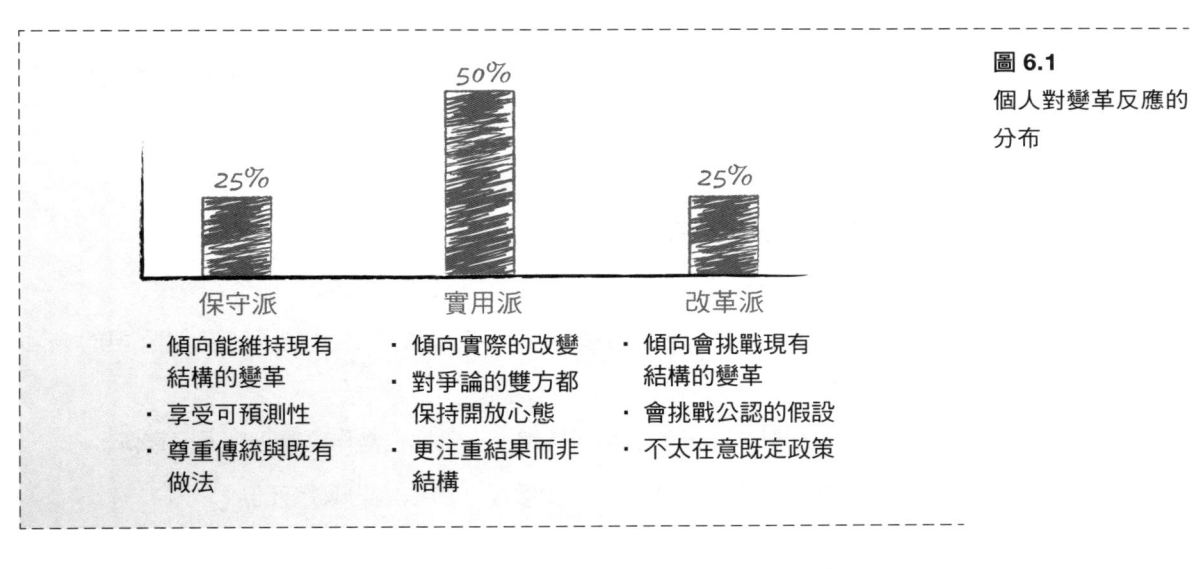

圖 6.1 個人對變革反應的分布

保守派 (25%)	實用派 (50%)	改革派 (25%)
・傾向能維持現有結構的變革	・傾向實際的改變	・傾向會挑戰現有結構的變革
・享受可預測性	・對爭論的雙方都保持開放心態	・會挑戰公認的假設
・尊重傳統與既有做法	・更注重結果而非結構	・不太在意既定政策

圖的右端是改革派，他們也佔總數約 25%。改革派可能會顯得無組織、無紀律，喜歡冒險，不太在意政策，偏好能夠挑戰現有結構的變化。介於保守派和改革派之間的是實用派，他們代表了剩下的 50%。實用派通常很務實、樂於配合他人意見並且能夠靈活應對各種變化；更注重結果而不是結構；通常比保守者或改革派更注重團隊；對爭論的雙方都持開放的態度；並且通常是保守和改革兩派間的最佳調解者。

我發現，若能意識到對於變化的這三種態度，會有助於辨識出誰可能會抵制變革。很顯然，保守派會抵制向 Scrum 轉型。Scrum 對工作方式、團隊成員的互動、期望所帶來的種種變化，是與保守者的本性相違背的。

> **注意**
>
> 將人們歸類為保守派、實用派和改革派三類型，是不完整且過於簡化的，每個人都需要被視為一個獨立個體來考慮和對待。然而，了解這三個類型的人，的確可以幫助你制定克服阻力的策略。一個人在組織中的角色可以解釋他為何產生抗拒，在第 7 章「新的角色」與第 8 章「改變角色」中，也會詳細描述這些阻力產生的原因。

然而，在抵制 Scrum 上，保守派並不孤單，因為一部分實用派也會進行抵制。因為實用派自己更願意主動去探究一個爭論的正反兩面，支持他們認為正確的一方，所以，提前為成功鋪路有助於將實用派拉攏成 Scrum 的擁護者。考慮以下活動有助於讓實用派接受 Scrum：

- 運行一個前導專案，將實用主義者納入團隊。
- 確保不在前導團隊中的實用主義者也會看到專案的結果。
- 為實用派提供培訓。
- 透過研討會、地方的敏捷小聚等方式讓實用派了解其他公司的成功經驗。
- 坦然面對 Scrum 的缺點與挑戰，不要把它當作萬靈丹來過度宣傳。
- 讓實用派參與第 4 章「逐步敏捷」所描述的改進社群。

瀑布症與敏捷恐懼症

許多你將聽到的反對 Scrum 之具體論點是可以預測的，而且在許多組織中都很常出現，當然也有一些論點只會出現在你的組織裡頭。通常可以透過思考敏捷會為組織、領域、技術、產品、文化和人員所帶來的挑戰，來預測你將聽到的論點，此時你會發現許多反對意見（包括普遍常見的與特殊論調）可以被歸類為「瀑布症」（waterfallacy）或「敏捷恐懼症」（agile phobia）。瀑布症是由於長期在瀑布專案下工作而對敏捷或 Scrum 產生的錯誤觀念或想法，例子包括：

- Scrum 團隊不做計畫，所以我們無法對客戶做出承諾。
- Scrum 要求每個人都要成為一個通才。

- 我們的團隊分布在世界各地。自組織與我們某些文化相衝突，所以我們無法做到敏捷。
- 我們的團隊分布在世界各地，而 Scrum 需要面對面的交流。
- Scrum 忽略了架構，這對我們建構的系統來說是個災難。
- Scrum 可以用在簡單的網站上，但我們的系統太複雜了。

敏捷恐懼症則是對實踐敏捷的強烈恐懼或厭惡，通常是由於變革帶來的不確定性導致。你可能會遇到以下幾種敏捷恐懼症：

- 我害怕我將無事可做。
- 我害怕如果我們做的決定不成功，我會被解僱。
- 我害怕衝突，害怕試圖達成共識。
- 我擔心別人會發現我真正做的事情很少。
- 有人確切地告訴我應該做什麼，我會輕鬆和安全得多。
- 當我能準確地告訴別人該做什麼時，就會輕鬆和安全得多。

瀑布症通常可以用理性的討論、故事和證據來反駁，但敏捷恐懼症通常是更涉及到個人情感面。有時候，人們只需要知道他們的反對意見已經被聽到。

在這本書中，我試圖盡可能地提出許多預防瀑布症和敏捷恐懼症的方法。許多章節都有「反對意見」的邊欄，其中提供了我對如何解決 Scrum 常見問題和誤解的建議。

溝通變革

如果你回顧表 6.1，你會發現，員工抵制變革的首要原因是缺乏意識。但我相信，如果我們搜尋所有參與調查者電子郵件裡的刪除信件，至少會找到一封解釋變革原因的信。然而，被告知原因不等於理解原因。我們大多數人都需要被多次告知一個訊息，而且通常是以多種方式傳達，最終才會理解它。除了多次聽取訊息之外，有些訊息需要由領導層來傳遞才比較有說服力，而有些訊息由同儕來傳達會讓人比較願意接受。

聽取領導層的意見

不出所料地，有研究表明，員工偏好透過不同的人來接收不同類型的訊息（Hiatt 2006, 12）。員工偏好從組織的高層那裡聽到關於為什麼需要改變，而他們更偏好從直屬上司口中聽到改變會對他們個人產生什麼影響。這意味著，雖然公司總裁或部門總經理或許最適合傳遞轉型 Scrum 的原因，但每個人都需要有機會與自己的直屬主管討論，這會對他們產生什麼影響。不過，也有些訊息最好是由同儕來傳達。

不論你是組織中正式的領導者還是檯面下公認的領導者，你可能會發現自己處於需要去溝通轉型的位置。在溝通不確定的未來時，你很有可能會被問到不知道如何回答的問題：會裁員嗎？我要向誰報告？誰會來寫我的年度考核？如果你不知道某個問題的答案，不要隨意猜測並回答，要始終保持誠實，畢竟，一個謊言就足以毀掉之前建立的所有信譽。

此外，在溝通轉型時，一定要仔細聆聽。身為一個正式或非正式的領導者，你的作用不僅是傳達需要被傳遞的訊息，還要傾聽並聽進正在陳述的反對意見（以及隱含的反對意見）。再回顧一下表 6.1 中列出的常見反對原因，請注意，沒有一個理由是「我不認為這個轉型是好主意」。是的，組織中當然會有一些人認為向 Scrum 轉型是個壞點子，但也會有更多的人因為其他個人原因而抵制——也就是本章開頭提到的變革的社會層面。在每一次的談話中，花更多的時間去傾聽而非談論。對於每個抵制轉型的人，看看你是否能為他們完成這個句子：「我不能做 Scrum，因為這意味著我⋯。」有無數種方式可以完成這個句子。我在最近一次與客戶的接觸中，剛好能夠為那天遇到的一些員工完成這句話。

- 我將不得不比現在更努力工作。
- 我將不得不停止做我最喜歡的那部分工作。
- 我將不得不更頻繁出差，與遠距團隊更緊密地合作。
- 我將無法掩蓋我不再是一個擅長實作的程式設計師。
- 不會有那麼多的人向我報告。

這些話都不是我那天見到的人直接說出來的，但是當我仔細聆聽的時候，卻能聽到背後這每一句話。了解每個人抵制的原因，將是幫助他們克服抵制的第一步。

聽取同儕的意見

所有成功的溝通計畫都會讓還沒被說服的員工有更多機會聽到同事的看法。麻省理工學院史隆管理報告（MIT Sloan Management Report）裡的一篇文章傳達了類似的訊息。

> 特別是在不確定的時期，影響他人最有效的途徑可能是側面著手而不是從上而下。對領導者來說，這意味著讓那些尚未接受變革的員工，聽取那些已經接受變革的人的想法，也許是透過團隊會議形式。即便只接觸一次來自同儕的正面看法，也比多次聽到主管的類似立場產生更大的影響力（Griskevicius, Cialdini, and Goldstein 2008, 86）。

關於同儕影響的力量，有一個跟 Sylvan Goldman 有關的趣事。Sylvan Goldman 在 1937 年發明了購物車，因為他注意到購物者手上的籃子變重以後就不再繼續購物。沒想到，Goldman 的購物車一開始推出時並沒有立即受到歡迎，這些購物車一直閒置著，直到 Goldman 僱用了演員在商店裡推著購物車假裝購物，購物者看到他們以為的「同類」使用購物車後，使用率隨即大增。現在的購物車已成為購物體驗中無處不在的一環。

讓我們用更貼近個人經驗的角度來思考：想一下你在一個研討會或貿易展上，看到一群人擠在某個供應商的攤位上聆聽。承認吧：你會好奇走近，想看看是什麼讓大家如此感興趣。或者，回想你經過街頭藝人表演的地方，不管是默劇演員、音樂家還是特殊才藝表演者，你會注意到當有一小群人開始開始圍觀某個街頭藝人，圍觀的群眾就會越來越多。

這些例子顯示了同儕的影響力。如果一個人的同儕宣稱某件事的好處，其他人會聽。一個有效的轉型將包含許多同儕間的討論，很多都是非正式的或自發的，例如同事們在午餐時的對話。但一個有效的轉型領導者也該設法創造更

多的討論機會，可以藉由鼓勵參與實踐社群，甚至偶爾安排更正式的同儕午餐演講來達成。如果可以的話，盡量根據聽眾來選擇合適的訊息傳遞者。以下建議來自一個同儕影響的研究。

> 為了確保支持變革的員工聲音會被聽到，主管經常選那些最能言善道的人，但他們更應該選與仍在反對的員工處境最相似的人。因此，如果對一項新措施反對聲音最強烈的是最資深員工，那麼真正接受變革的老前輩可能會比一個口才更好的新人更適合擔任推廣這項措施的倡導者（Griskevicius, Cialdini, and Goldstein 2008, 86）。

個人抵制的方式和原因

人們出於許多不同的原因抵制向 Scrum 轉型。有些出自於他們對目前的工作與同事很滿意，他們花了很多年才在組織中爬到目前的位置，在目前的團隊工作，為那位經理工作，或明確地知道每天如何做他們的工作。另外一些人則可能是因為對未知的恐懼而抵制，「寧可跟熟悉的魔鬼打交道」是他們的口號。還有一些人可能是因為真的不喜歡或不信任 Scrum 而抵制，他們可能認為在沒有大量前期設計的情況下，反覆迭代建構複雜的產品將會導致災難。

　　正如抵制有很多原因，抵制的「方式」也有很多。有一種人可以用有憑有據的邏輯和激烈的爭論來進行抵制，另一種人可能會悄悄地破壞變革的努力來抵制。「你認為沒有文件是個好主意？那我就不給你看任何文件。」這種消極的抵制者可能會想，不要寫下任何東西，甚至是團隊同意應該繼續做的缺陷記錄報告。還有一種人則可能會默默忽略這個變革來作為抵制，盡可能地用老方法工作，並等待下一個變革的來到、將 Scrum 掃地出門。

　　每一種抵制行為都透露了人們對採用 Scrum 的感受，身為組織中的變革推動者或領導者，你的目標應該是了解一個人抵制背後的根本原因，從中吸取經驗，並幫助他們克服那個障礙。有很多技巧可以派上用場，但是除非精心挑選正確的技巧，否則不太可能達到預期的效果。要能選出正確的技巧，我發現

思考一下某人是「如何」以及「為什麼」抵制是很有用的。我們可以把抵制 Scrum 的原因簡單分為兩大類：

- 他們喜歡現狀。
- 他們不喜歡 Scrum。

如果抵制的原因實際上是護航目前的做法，則屬於第一類。這類型的抵制會無視變革的種類，就算不是 Scrum 也一樣會進行抵制。如果人們抱怨敏捷某個特定做法的影響，則屬於第二類。表 6.2 和 6.3 提供了一些例子說明抵制的原因，以及如何將它們歸到上述兩個類別。

對於個人抵制「方式」的分類則更為簡單：抵制是主動的還是被動的？當有人採取具體行動企圖阻礙或破壞向 Scrum 轉型時，就屬於主動型的抵制。被動型抵制則發生在某人沒有採取具體行動，而且通常發生在他說要採取行動之後。將兩種常見的抵制原因類型與兩種抵制方式結合，即形成了一個 2×2 的矩陣，如圖 6.2 所示。

喜歡現狀的例子
我喜歡和我一起工作的人。
我喜歡我目前的角色所帶來的權力或威望。
這是我被訓練出來的做事方式，也是我知道的唯一方式。
我不喜歡任何形式的改變。
我不想啟動另一項變革計畫，因為無論如何都會失敗。

表 6.2
人們會抵制 Scrum，可能是因為他們喜歡現在做事的方式。

不喜歡 Scrum 的例子
我認為 Scrum 是一種跟風，我們得要在三年內換回來本來的工作方式。
Scrum 用在我們的產品上是行不通的。
我進入這個領域是為了可以戴上耳機工作、不用與任何人說話。
Scrum 不適合我們這樣的分散式虛擬團隊。

表 6.3
人們可能因為不喜歡 Scrum 而抵制。

圖 6.2 的每個象限都有個名字，用來表示抵抗者的類型。「懷疑者」（skeptic）是不同意 Scrum 原則或做法的人，但他只是被動地抵制轉型。這類型的人會委婉地抱怨 Scrum、常常忘記參加站會等等。我在這裡指的是那些真正試圖阻止轉型的人，而非單純抱著「這聽起來與以前做過的任何事情都不同，但我很感興趣，讓我們試一試，看看它是否有效」的健康態度。

圖 6.2 中位在懷疑者的上方是「破壞者」（saboteur）。破壞者的動機是出自於更討厭 Scrum，而非支持目前既存的任何軟體開發流程。與懷疑者不同的是，破壞者會試圖破壞轉型的努力來提供積極的抵抗，像是持續編寫冗長的前期設計文件等等。

在圖 6.2 左側是喜歡現狀的抵抗者，他們對自己目前的活動、聲望與同事都很滿意，原則上，這些人可能並不反對 Scrum，但是他們反對會置現狀於險地的任何改變。那些喜歡現狀並積極抵制改變現狀的人稱為「頑固者」（diehard），他們經常召集其他人來阻止轉型。

圖 6.2
根據他們抵制的原因和方式，分為四種不同類型的抵制者。

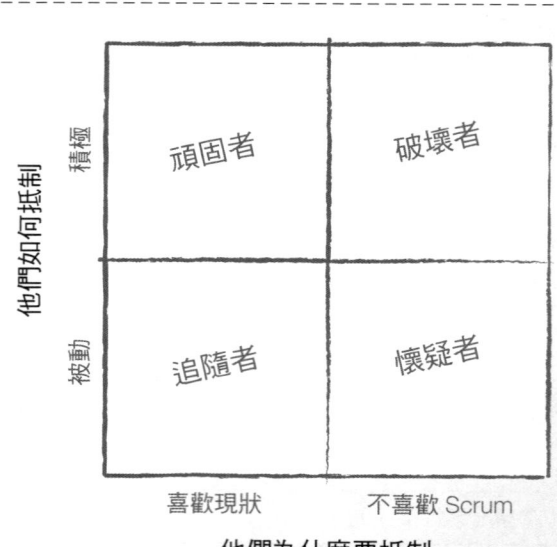

圖 6.2 的左下角是「追隨者」(follower)，他們喜歡現狀，被動地抵制現狀的改變。追隨者通常不會對「變革的前景」產生強烈的負面情緒，他們所做的只是希望變革像流行事物一樣稍縱即逝。他們需要看到 Scrum 已經成為新的現狀。

懷疑者

Thad 別無他法，只得採用 Scrum，因為他的公司被收購了，新老闆要求立即採用 Scrum。這並不是 Thad 自己評估後選的方向，他對此有很大的擔憂：每日站會能帶來什麼價值？特別是當產品負責人遠在六百英里以外？像他們這樣複雜、龐大、新穎的新產品，如果沒有一個漫長的前期設計，又怎麼可能完成？他可以看到在建構階段進行迭代的價值，但肯定還是需要一個前期設計。

Thad 屬於懷疑者，因為他願意承認 Scrum 對其他領域、科技或環境來說是好的，只是不適合他。Thad 承認 Scrum 適合用於網頁開發，但質疑它未必適用於公司嚴謹的應用程式。

作為團隊中最有經驗的成員和組織中年資最長的開發人員之一，Thad 是一個意見領袖，其他人會觀察他在採用 Scrum 的強制要求下如何表現，而 Thad 表現出了健康的懷疑態度；我們本來就不該期望員工會在沒機會提出質疑的情況下改變工作方式，也不該期望他們沒有親身體驗到 Scrum 的好處就全力支持它。然而，Thad 懷疑過頭了，以至於他用某些細微但又重要的方式表達抵制 Scrum 轉型。

因為沒有看到每日站會的好處，Thad 不斷在鼓吹跳過這些會議。在某次會議結束後，他說：「聽起來我們都在做一些至少要一天才能完成的事，不如跳過明天的站會，後天再開，反正每隔一天開站會可能就足夠了。」有時他的 ScrumMaster 可以成功地反駁這些論點，但並非總是如此順利，畢竟他們團隊的 ScrumMaster 也是 Scrum 的新手。

此外，像許多懷疑者一樣，Thad 有時會表面聲稱支持某種 Scrum 做法，但私底下又繼續按照以前的工作方式做事。例如，他嘴上說支持迭代，並聲稱理解在每個衝刺結束時有一個潛在可交付產品的價值，但事實上，Thad 並不相信

所有的產品功能都能在一個衝刺階段完成設計、寫程式與測試。因此，他習慣性地推動團隊在每個衝刺時完成超出能力範圍的工作，而過度承諾是他確保一些功能至少在兩個衝刺內完成的方法。

以下是一些有助於克服懷疑者阻力的方法，包括：

- **順其自然**。如果你能持續讓轉型進展，就會開始累積 Scrum 有成效的證據。即便只是口耳相傳，也會減少懷疑者的抵制。
- **提供培訓**。懷疑者的抵制一部分源於他們過去沒有做過這件事情，或是沒有看過別人這麼做。所以，無論是正式的課堂培訓，還是由外部教練提供給團隊的合作指導，都有助於讓持懷疑者親身體驗到 Scrum 是如何運作的。
- **徵求同行的故事**。有些事自己沒有經驗，但身邊的友人卻親身經歷，那他們的故事可能會讓你產生共鳴。如果你的組織中其他團隊已經有 Scrum 成功的案例，請確保懷疑者聽到這些故事。如果 Scrum 對你的組織來說是個新嘗試，邀請外部有經驗的敏捷實踐者加入，像是邀請當地的軟體架構師在午餐餐會介紹她們公司在 Scrum 上的成功經驗，對於說服你們組織裡抱持懷疑態度的架構師會有很大幫助。
- **指定一個人作為懷疑派的代表**。Mary Lynn Manns 和 Linda Rising 在他們的書《Fearless Change》中建議指定一個人來代表公司「懷疑派」（2004），這名代表應具有影響力、受人尊敬、人脈廣，但不應該公開反對變革。邀請這名代表參加所有會議，並給他機會來指出問題，然後真誠地回應他所提出來的問題。這樣既展現願意包容意見的開放心態，也能防止任何問題升級為危機。
- **主動出擊**。讓懷疑者負責轉型的某一個部分。假設你正在與一個懷疑 Scrum 的測試人員爭論，他不相信測試、設計和寫程式可以在同一個衝刺中完成。挑戰這位測試人員，讓他找出五種方式來幫助團隊更接近目標。這位測試人員不會想交白卷，因為會擔心其他人接手這任務的話，能夠成功找出五個可行的方法。然後，讓團隊嘗試用他提出的所有方法，或是最可能成功的一兩個方法執行看看。

- **建立意識**。假設你之所以選擇導入 Scrum 這樣一條困難的路，是因為有迫切的需要。也許是一個新的競爭對手已經進入了你的產業，也許你的上一個產品花了一年的時間才發布，或者你有許多類似的原因。那就確保那些參與轉型者，意識到成功轉型後會有更好的未來。

更多克服抵制的方法將在後面關於破壞者、頑固者與追隨者的小節中進一步描述。儘管任何方法都有可能對任何類型的抵制者有效，不過我根據自己的經驗，在此一一說明應對各類型抵抗者最有效的方法。

> **注意**

在 Thad 的案例中，我們透過主動出擊來解決問題，化解了他的懷疑。我們改用更短的衝刺，制止了他對迭代的消極抵抗。團隊一直在使用四週的衝刺，卻在每次衝刺規劃塞進約六週的工作量。我告訴他們，嘗試改成兩週的衝刺，直到他們掌握了一個衝刺中實際能完成的工作量為止。其實 Thad 不喜歡這種做法。在下一次衝刺規劃會議上，為了指出在如此短的衝刺期工作有多愚蠢，Thad 促使團隊承諾完成他認為小到可笑的工作量，結果卻弄巧成拙，發現這是剛剛好的工作量，團隊能在衝刺內完成工作。團隊成員慢慢發現了完成承諾的的價值，Thad 暗地裡強迫團隊過度承諾的做法，被團隊堅持只做衝刺內能完成的工作擋掉了。

雖然在 Thad 的案例中，主動出擊這件事是有幫助的，但打消他抵制的最大關鍵還是時間。只要時間夠（加上越來越多證明可行的例子），Thad 就會慢慢接受了。

破壞者

我們很容易把破壞者誤認為是懷疑者——畢竟，對任何變化都有一定程度的不安是件好事。我在一家搜尋引擎公司教課時曾經犯了一個錯誤，就是把破壞者和懷疑者搞混了。課堂上的參與者 Elena 問了很多具有挑戰性的好問題，我不知道她在組織中的角色，但因為很多學員都對她態度恭敬，我猜想她在某種程度上是重要人物，所以我花了很多時間來回答她的問題。如果她如我所想真的是一個意見領袖，如果我透過逐一克服她的反對意見來改變她，對這公司來說將會是一大進展。

在某天課程結束時，我見到了邀請我講課的主管。我們聊了課程的情況，我告訴她我是多麼希望幫助 Elena 看到明確的方向，但主任說：「我應該先警告你的，她超討厭 Scrum。她經營一個共享使用者體驗設計小組，完全反對有關 Scrum 的一切。從我們六個月前的課程開始，她就一直在反對它。我也很驚訝看到她報名了你的課程。」

Elena 是一位破壞者——反對 Scrum 並積極地抵制它。像大多數破壞者一樣，她一直在拉攏其他人加入她的陣營。儘管公司裡有越來越多的證據表明 Scrum 有助於更快地創造出更好的產品，但她還是繼續爭辯說它沒用。我直接問 Elena 為什麼如此強烈地反對。她說：「我有鐵達尼號上最好的位置，我不會搬走！」

除了上面這些用於克服懷疑者抵制的方法，以下是已證明對破壞者有用的方法：

> **另見**
> 第 14 章「衝刺」，特別是在描述每個衝刺結束時，產出一些潛在交付的價值。

- **成功**。只要對 Scrum 是否合適還有疑問，破壞者就會利用這些疑問來擴散抵制。「是的，它在我們的網頁專案中起到作用了，」他們可能會勉強地提出，「但是，它在我們的後端專案中不會有效的。」在許多不同類型的專案上取得成功，是削弱這些論點的一個可靠方法。

- **重申並加強承諾**。破壞者需要知道公司對轉型的承諾。有任何軟弱的跡象，破壞者就會發動猛攻，就像獅子看到秀色可餐的羚羊一樣。面對大量的破壞者，要盡可能讓更高的管理層發出一個強有力的訊息，至少可以讓他們知道抵制是徒勞無功的。

- **把他們調走**。如果可能的話，將破壞者轉調到另一個團隊、專案或部門。除非是一個小組織或者正在進行全面性的轉型，否則這名破壞者很可能還是會在其他地方繼續發揮作用，直到 Scrum 開始滲透到那個團隊、專案或部門。

- **開除他們**。這算是調走一個人的一種極端做法。但是如果有人反對公司的既定走向，並且積極抵制它，那麼這可能是適當的做法。

- **要確保有合適的人在說話**。第 4 章介紹了組成改進社群的想法，即可作為一種組織內識別和傳播良好實踐與熱情的方式。一群蓬勃發展的社

群，圍繞著特定主題進行討論，能夠累積足夠的影響力來克服阻力。聽聽實踐社群中的其他人是如何在 Scrum 中取得成功的，可以減少破壞者繼續抵制的決心。

Elena 很幸運地在一個大型組織中工作，她可以被調到另一個仍對 Scrum 保持觀望的部門。後來她漸漸調適，再次成為一名有效率的團隊成員，不過直到今日，她坦承還是希望有一天能回到過去的工作方式。

頑固者

Katherine 在一家金融數據公司的一個大型部門擔任指標與量測主管。我被告知她是該部門向 Scrum 轉型的支持者，但她有幾個問題想跟我請教，以便她能更有效地完成收集流程和產品指標的工作。我對這個議題很有興趣，這樣的討論通常是我學習的好機會。我期待與 Katherine 的會面，把這當作一個討論創造性、創新性指標的機會。

但我錯得離譜！Katherine 表面上看似支持轉型，實際上卻是想維持現狀。在我們見面的三年前，這家公司的軟體開發不但錯過了最後期限，交付的軟體還有缺陷，無法滿足客戶的期望。當時，Katherine 是新聘的測試經理，她制定了一些新的流程，大幅改善了情況，使得各團隊似乎都能在最後期限前完成任務（主要是因為專案時程內塞了多到嚇人的任務），品質也得到了改善（做法是建立一個獨立的測試小組，產品交給他們後，他們會花幾個月的時間進行測試）。

由於她幫公司解決了這些問題，Katherine 得到了提拔，現在管理一個專案管理辦公室（PMO）。當她告訴我更多她的背景，以及她以前是如何引入各種流程來幫助她的公司，那時的我確信找到了一個將她部門轉型到 Scrum 的可靠盟友，但實際上恰好相反，我發現她透過之前的成就，已經為自己打造了一個帝國。她沈迷於自己目前的地位、向她匯報工作的人數以及她的聲望，不願意考慮進一步的改變。摩西可以走出山林，把理想的流程刻在石碑上，但 Katherine 卻會抵制它。

Katherine 和其他頑固者一樣，反對 Scrum 是因為她不想放棄現有的狀態。她非常積極地抵制變革，但總聲稱自己支持變革。

頑固者常見的一個手法，也是 Katherine 所採用的，即是透過控制資源來拖延轉型。這之所以能成功，是因為頑固者經常是中上層的管理階層，有足夠的地位與權利這麼做。在 Katherine 的案例中，她控制了一個共享的測試人員團體，這使得她可以在專案之間肆意調動測試人員來拖延轉型，而且總有一些看似合理的理由：有一個關鍵專案需要一名額外的測試人員，另一個專案需要一個特定測試人員的專業知識等等。Katherine 的策略確保了自始至終沒有一個團隊能保留相同的人，而且許多 Scrum 團隊在最初的幾個衝刺都沒有測試人員。

許多適用於克服破壞者抵制的方法，也適用於頑固者。還有一些額外的方法也可以用在頑固者身上：

- **調整誘因**。頑固者之所以會執著於現狀，是因為現狀給他們帶來的好處（無論是有形的還是無形的）。如果你發現頑固者有很大阻力，請考慮組織中所有可能的誘因，並確保每個誘因都與敏捷方法相符。我指的不僅僅是金錢上的誘因，非金錢誘因如誰能得到晉升或其他方面的認可，也應該一併檢視。例如，如果在你的組織中，管很多人代表著影響力，那麼當有人得放棄底下直屬人員而產生抗拒，也就沒什麼好奇怪了。

- **製造對現狀的不滿**。頑固者喜歡現狀，他們不是因為 Scrum 而反對，他們反對只是因為他們喜歡現狀。所以，要努力創造對現狀的不滿。我並不是指要你去製造危機，但如果有迫在眉睫的危機，就指出來。如果市場占有率在下降，確保大家知道這件事。如果尋求技術支援的電話越來越多，也要讓大家看到。如果最近競爭對手的產品大受歡迎，那就把報導印出來放在每個人都能看到的地方。這與講述小團體互動的教科書作者 Stewart Tubbs 的建議是一致的：「有先見之明的經理人總是在不斷尋找組織改進的方法。他一直在尋找使組織更有效率的方法，並希望透過溝通這些想法來引起人們對現狀的不滿（2004, 352）。」

- **承認並面對恐懼**。頑固者抵制的部分原因，是他們不確定自己的工作在 Scrum 下會是什麼樣子。他們通常對自己目前的職位非常滿意，非常恐懼不確定的未來。我的角色將如何改變？我將如何被評估？我的職涯的下一步要怎麼走？這些都是頑固者腦海中經常出現的問題。如果你知道

> **另見**
>
> 第 20 章「人力資源、設備管理與 PMO」針對許多與人資有關的問題提供了建議。

如何回應，並且能夠給出答案，那就要跟他說。如果答案是未知的，那也要說出來，但承諾會與他一起尋找答案——前提是如果你能做到，而且重視這位頑固者的工作能力。你也可以透過釐清頑固者以及與他一起工作的其他人的期望，來幫助他們平息這些恐懼。

在 Katherine 的案例中，她的副總（Christine）和我試圖為她在新的組織中找到合適的角色。我們跟她說，由於她過去在指導公司進行大型流程改進經驗豐富，我們有信心她能再次擔任協助公司繼續發展的關鍵職位。副總釐清了 Katherine 在組織中的新角色，可惜 Katherine 的自我認同和自我價值感都建立在過去建立的流程上，使她無法幫助公司跨出去。最後，她離開了公司。

追隨者

和頑固者一樣，追隨者反對改變現狀，而不是特別反對採用 Scrum。然而，與頑固者不同的是，追隨者對變革表現出消極的抵抗。Dexter 是一家電子商務公司的中階程式設計師，他即屬於追隨者。他像個懷疑者一樣提問，但語氣中總是隱含著他早知道 Scrum 是個爛主意。懷疑者會問：「Scrum 在那些要求使用者體驗完美的專案中是如何運作的？」Dexter 則會問：「當完美的使用者體驗至關重要，Scrum 就派不上用場了，不是嗎？」

我記得與 Dexter 的一次談話中，他問我還會到他們公司幾次。「我預定在 7 月和 10 月各來訪一次，」我回答他。這是六月時的事。

「之後就沒有了？」他問。

「可能吧，但我們還沒有安排 10 月以後的事情。」

「很好。那麼，這將在今年年底前完成。」

我對他的熱情留下了深刻的印象，但考慮到他公司的規模，我認為他的導入 Scrum 時程安排有點過於激進。「可能不會喔，」我提醒他，「明年可能還會有其他工作，未必每個人都已經開始執行衝刺了，但你明年可能就不需要我了。」

Dexter 回答，「噢，我不是那個意思，我是指到那時我們會進入下一個新的流程。在聖誕購物季結束後，我們都會改變我們的流程。」

在我第一次拜訪這家公司之前，沒有人告訴我這件事，但是考慮到該公司過去每年一月就會採用新流程，就不難想像 Dexter 會對 Scrum 採取等待的態度了。事實上，許多追隨者都採取了這種做法，他們的理由是，既然這次的改變過後還會有其他的改變，他們還不如跳過幾次改變算了。

就 Dexter 一個人而言，他並沒有給轉型帶來重大阻礙，但是，如果你的組織中有夠多的 Dexter，他們就會阻礙一個成功的轉型。幸好追隨者通常不會進行激烈的抵抗，他們會進行輕微的、消極的抵抗，主要是希望變革能夠消失。除了前面介紹的一些方法，還有一些方法對追隨者也很有用：

- **改變團隊的組成**。有些同事能帶出我們最好的一面，有些同事則帶出最壞的一面。改變團隊的組成無疑會改變抵抗的性質。用一個懷疑者取代一個滿腹牢騷又悲觀的破壞者，可能會消除追隨者抵制的動機。

- **讚頌正確的行為**。與其專注於改變追隨者的行為，不如讚賞適當的行為，無論你觀察到的是反對者還是支持者的行為。追隨者即會注意到這些讚賞，讓一部分人減少抗拒。

- **增加他們的參與**。減少追隨者抵抗的一個好方法，是讓他參與新流程的設計。例如，你可以讓追隨者加入一個改進社群，研究如何在你那個棘手的舊應用程式上進行自動化單元測試，或者和其他人一起為業務團隊做一個簡報，說明 Scrum 如何影響合約日期的設定。

- **自己樹立正確的行為模式**。追隨者需要有人跟隨。藉由形塑自身正確的敏捷行為，會增加他們跟隨你的可能性。例如，考慮到協作是 Scrum 的一個重要部分，在你與他人的互動中，即要努力去體現這一點。

- **識別出真正的障礙**。依據第 2 章「轉型 Scrum 的 ADAPT 方法」中描述的 ADAPT 模型，判斷追隨者是否因為缺乏意識、渴望或能力而抵制 Scrum。如果他沒有足夠的意識，那可以私底下對談，分享這些原因。如果他目前缺乏敏捷的能力，找機會讓他接觸到能夠幫助她學習這些技能的人。

> 現在試一試
>
> ☐ 識別出組織中五個最激烈的抵抗者。
> ☐ 針對這五個最激烈的抵抗者，判斷他們最可能是懷疑者、破壞者、頑固者還是追隨者。
> ☐ 找出你可以採取的一個行動，以減少或對抗這五個最激烈抵抗者的阻力。試著找到一個能同時影響多人的方法。
> ☐ 評估你是否正確判斷目前轉型的所在階段，包括是否已建立意識與創造了渴望。需要的話，就重啟這些活動。

抵抗是有用的警告

當在一個大型組織中導入複雜的變革時，難免會遇到阻力，但組織領導者處理和應對這些阻力的方法是可以改變的。我們在本章開始時提到的 Paul Lawrence，即描述了一種適當的反應方式。

> 當阻力出現時，不應該把它看作是一種需要被克服的東西，反而應該視為有用的警示——警惕你什麼地方出錯了。用一個簡略的比喻來說，一個社會組織中出現抵抗是在傳遞有用的訊息，就像身體疼痛之餘是在表明某些功能正在逐漸失調；抵抗就像疼痛，它不會告訴我們問題出在哪裡，只會告訴我們有問題存在。試圖直接去克服這樣的阻力，就像是在沒有診斷的情況下直接服用止痛藥，治標不治本。因此，當抵抗出現時，仔細傾聽，找出問題所在。真正需要的不是對提案的邏輯進行長篇大論，而是針對困難之處進行仔細的探索（1969, 9）。

注意不要把處理抵抗變成「我們」對抗「他們」的氛圍。真正的目標是創造一種感覺，即向 Scrum 的轉型是不可避免的，就像《星艦迷航記》（Star Trek）中博格人教的，「不要做無謂的抵抗。」培養這種感覺，並不意味著你可以無視員工的感受和反應，也不意味著你可以強行將 Scrum 推廣到組織中。當有人抵制時，一個有效的領導者不應將他視為一個要解決的問題，而是要將他當作一個人來看待、去理解他的想法（Nicholson 2003）。

延伸閱讀

Bridges, William. 2003. *Managing transitions: Making the most of change*. 2nd ed. Da Capo Press.

作者是一位轉型管理專家，講述通用的轉型，並不特別具備軟體開發的背景。他的書是有關個人處理轉型議題的標準，包含了大量有關「如何放下過去」的訊息。書中還大幅介紹了如何度過作者所說的「中立區」（neutral zone），即在舊方法被拋棄但新方法還沒有建立的那段期間。

Emery, Dale H. 2001. Resistance as a resource. *Cutter IT Journal*, October.

Emery 提出的觀點是，一個人的抵抗可以看作是對變革計畫的反應，而且這種反應帶有重要訊息，可以用來了解這個人，同時希望能讓這個人參與變革流程。文章中列出了一個清單，指出影響個人抗拒的四個重要因素。

Manns, Mary Lynn, and Linda Rising. 2004. *Fearless change: Patterns for introducing new ideas*. Addison-Wesley.

書中介紹了 48 種可以應用於任何變革計畫的模式。從眾所周知的模式（如「do food」）到鮮為人知的模式，例如指定一個人作為「懷疑者」代表的好處，以及其他許多可以幫助克服阻力的模式。

Reale, Richard C. 2005. *Making change stick:Twelve principles for transforming organizations*. Positive Impact Associates, Inc.

這本書中提出 12 條建議，有一些可以用來幫助克服抵抗，其中，「發現別人做對的事」與「面對恐懼」特別有用。其他建議如「調整你的文化」，由於篇幅太大，在短短的幾頁中無法充分說明。

Chapter 7
新的角色

正如我們在上一章所討論的,團隊和組織會由於許多不同的原因而抵制 Scrum。反對採用 Scrum 的一個原因,是對 Scrum 專案中的新角色感到困惑,也就是說,對於 ScrumMaster 和產品負責人這兩個角色,難以在轉型前的組織中找到可以對應的職位。對於一個剛開始使用 Scrum 的組織來說,常常會掙扎於如何找出適當的人擔任這些角色。在人們弄清楚這些新角色需要承擔什麼職責以及哪些人具備這些技能之前,很難將合適的人安排到位。

在本章中,我將描述 ScrumMaster 和產品負責人這兩個新角色。且對於每一個角色,我們都會仔細探討該角色的職責、該角色人選的理想特質,以及如何克服這兩種角色的一些常見問題。

ScrumMaster 的角色

有關 ScrumMaster 如何消除影響團隊進展的障礙,市面上已經有許多人寫過(Schwaberand Beedle 2001, Schwaber2004),大多數 ScrumMaster 很快就掌握了這一部分。而許多人失敗的地方是他們與團隊的關係——尤其是在導

入 Scrum 的關鍵前 6-12 個月間，這也是為什麼我們將在這裡集中探討這個話題。

許多剛擔任 ScrumMaster 的人常因為其沒有實權的僕人式領導（servant-leader）角色所產生的明顯矛盾而掙扎。但當我們意識到儘管 ScrumMaster 對 Scrum 團隊成員沒有實質權力但對過程有權力時，這種看似矛盾的現象就會消失了。ScrumMaster 可能沒有權力說「你被解雇了」，但可以說「我決定在下個月嘗試以兩週為單位的衝刺[1]」。

ScrumMaster 的作用是幫助團隊好好運用 Scrum。可以把 ScrumMaster 看作是類似於一個私人健身教練，他幫助你堅持鍛鍊，並以正確的方式去執行。一個好的教練會激勵你，同時確保你不會因為想跳過某個困難的訓練而投機取巧。然而，教練的權威是有限的，他無法強迫你做你不願意做的訓練，因此教練會提醒你注意目標，以及你要怎麼選擇來實現這些目標。ScrumMaster 也是如此：他們是有權力，但這種權力是由團隊授予的。

另見

關於潛在可交付的含義，詳見第 14 章「衝刺」中的「每個衝刺都交付可運作的軟體」一節。

ScrumMaster 可以對團隊說：「聽著，我們應該在每個衝刺結束時做出潛在可交付的軟體。我們這次沒有做到這一點。怎麼做才能確保我們在下一個衝刺階段做得更好？」這是 ScrumMaster 在掌控流程；如果團隊未能產出潛在可交付物，那表示這個流程出了些問題。但是，由於 ScrumMaster 的權力並沒有延伸到流程之外，他不應該說這樣的話：「因為我們在上一個衝刺階段沒有產出潛在可交付物，所以我希望 Tod 在所有的程式碼提交之前進行審查。」讓 Tod 審查程式碼或許是個好主意，但這個決定不是 ScrumMaster 可以做的，這樣已經超出了對流程的管控，介入了團隊的工作方式。

由於權力僅限於確保團隊遵循流程，ScrumMaster 的角色可能比傳統的專案經理更難擔任。專案經理通常有「我說做，你就做」這條路可走，但 ScrumMaster 可以這麼說的時機是有限的，僅限於確保大家遵循敏捷方法。

---

[1] 理想情況下，ScrumMaster 試圖讓團隊成員自己來決定。但是，如果他們自己不做出決定，被授權管理過程的 ScrumMaster 此時會做決定。

好的 ScrumMaster 的特質

現今的外科醫生都是訓練有素、技術嫻熟的人，他們接受了多年的正規教育以及擁有大量的實習經驗。但最一開始時並非如此，Pete Moore 即寫到：「第一批外科醫生沒有什麼解剖學知識，但是因為他們有鋒利的工具和強壯的手臂而得以從事外科工作。他們經常在業餘時間動手術，同時擔任當地的理髮師或鐵匠（2005, 143）。」

許多組織以同樣的邏輯選擇他們的第一個 ScrumMaster；但他們不是尋求鋒利的工具和強壯的手臂，而是尋找擁有管理或領導經驗的人。隨著他們對 Scrum 的經驗越來越豐富，組織最終意識到在選擇 ScrumMaster 時還有許多因素需要考慮。

承擔責任

一個好的 ScrumMaster 能夠並且願意承擔責任。這並不是說 ScrumMaster 要對專案的成敗負全責；這是由整個團隊共同承擔的。然而，ScrumMaster 負責最大化團隊的產出（throughput），並協助團隊成員採用和使用 Scrum。如前所述，ScrumMaster 承擔了這個責任，但卻沒有承擔任何可能有助於實現此目標的權力。

可以把 ScrumMaster 想像成類似於管弦樂隊的指揮，因為這兩種身分都必須為一群才華橫溢的人提供即時指導和領導，這些人聚集在一起是為了創造出他們任何一個人都無法單獨創造的東西。波士頓交響樂團 Boston Pops 指揮 Keith Lockhart 在談到他的角色時說道：「人們認為當你成為一個指揮家時，你就如同拿破崙一樣，想要站上舞台揮舞你的權力。但實際上，我並非對權力成癮，而是對責任上癮（Mangurian 2006, 30）。」同樣地，一個好的 ScrumMaster 能在負起的責任中茁壯成長——那種不涉及權力的特殊責任。

保持謙虛

一個好的 ScrumMaster 不是為了自己而做。儘管他可能會對自己的成就感到驕傲（且通常是無比的驕傲），但這種感覺是「看看我協助團隊完成了什麼」，

> **另見**
> 關於整個團隊責任，請參見第十一章。

而不是更自我中心的「看看我完成了什麼」。一個謙虛的 ScrumMaster 會意識到，這份任務並不會給你一輛公司車或靠近大樓入口的停車位。謙遜的 ScrumMaster 不是把自己的需求放在第一位，而是願意做任何必要的事情來幫助團隊實現其目標。謙遜的 ScrumMaster 會看出所有團隊成員的價值，並以身作則，引導其他人產生同樣的看法。

良好協作

一個好的 ScrumMaster 會努力確保團隊中存在一種合作文化。ScrumMaster 需要確保團隊成員能夠提出問題且公開討論，並在這樣做的時候覺得得到了支持。對的 ScrumMaster 會透過語言與行動為團隊創造一種合作的氛圍，當爭議出現時，ScrumMaster 會鼓勵團隊從有利於所有參與者的角度來考慮解決方案，而不是從輸贏的觀點來考慮。一個好的 ScrumMaster 會與組織中其他 ScrumMaster 合作，來為這種類型的行為做出示範。然而，除了示範良好的合作態度外，一個好的 ScrumMaster 還會讓合作成為一種團隊文化，並會指出不適當的行為（如果其他團隊成員自己不這樣做的話）。

高度承諾

雖然擔任 ScrumMaster 不一定是個全職工作，但它確實需要一個全力投入的人。ScrumMaster 必須像團隊成員一樣，對專案與當前衝刺的目標有相同程度的承諾。且作為這種承諾的一部分，一個好的 ScrumMaster 會確保在一天結束時解決掉阻礙。當然，有時候很難做到，因為不是所有的障礙都能在一天內消除。例如，說服一個經理到團隊提供全職支援，可能需要為期好幾天的一系列討論。然而，如果一個團隊發現障礙不能迅速清除，團隊成員就應該提醒他們的 ScrumMaster 要保持對團隊的承諾。

　　ScrumMaster 展示承諾的一種方式，是在整個專案時程中持續擔任這角色。在專案中更換 ScrumMaster，對團隊來說是一種傷害。

有影響力

一個成功的 ScrumMaster 會影響其他人，不管是對團隊內部還是外部。起初，團隊成員可能需要被說服給 Scrum 一個公平的試驗機會，或者彼此間有更多的合作；而到後來，ScrumMaster 可能需要說服團隊嘗試新的技術實踐，比如測試驅動開發或結對程式設計。ScrumMaster 應該知道如何影響他人，而不是採用「因為我這麼說」的獨裁風格。

大多數 ScrumMaster 也會被要求去影響團隊以外的人。例如，可能需要去說服一個傳統團隊為 Scrum 團隊提供支援，或是 ScrumMaster 可能需要說服 QA 主管為某專案提供全職的測試工程師。

儘管所有的 ScrumMaster 都應該知道如何利用他們的個人影響力，但理想的 ScrumMaster 會有一定程度的政治手腕。雖然「企業政治」一詞經常遭到貶低，然而，一個知道誰在組織中負責做決定、如何做決定、存在哪些聯盟等等的 ScrumMaster，可以成為團隊寶貴的資源。

知識淵博

除了對 Scrum 有紮實的了解與經驗外，最好的 ScrumMaster 還擁有技術、市場或其他專業知識來幫助團隊實現其目標。LaFasto 與 Larson 研究了成功的團隊和他們的領導者，並得出結論：「對某件事情如何運作有深入和詳細的了解，能夠讓領導者更有機會協助團隊解決更微妙但必要的技術問題（2001, 133）。」儘管 ScrumMaster 不一定要成為行銷大師或技術專家，但他們應該對這兩方面有足夠的了解，以便有效地領導團隊。

由技術負責人擔任 ScrumMaster

我們希望 ScrumMaster 擁有紮實的技術知識，但這並不代表將每個團隊的技術負責人（tech lead）指派為 ScrumMaster 這麼簡單。事實上，因為 Scrum 團隊常常是自組織的，所以不應該有公司指定的角色，像是技術負責人。然而，在採用 Scrum 時，很容易會想找以前的技術負責人擔任能對團隊和產品繼續發揮類似影響力的角色，這通常會導致技術負責人被指派為 ScrumMaster。儘管有

些技術負責人在 ScrumMaster 的位置做得很好，但千萬不要僅僅因為這原因或任何過去的角色而選擇某人擔任 ScrumMaster。

幾年前，我為一家公司提供了一些初步的培訓，目的是幫助公司的領導層決定是否採用 Scrum。兩週後，其中一位領導者給我打電話說，我的培訓已經說服了他們，他們決定開始實施 Scrum。事實上，她和其他幾個人正在開會，討論誰來擔任最初的 ScrumMaster，他們希望得到我的建議。她接著說：「我們沒有時間在這個問題上進行大量的討論，我們只有一個問題：每個團隊的技術負責人能否成為該團隊的 ScrumMaster？只要回答是或不是。」當我開始回答：「是的，他們可以，但是⋯」並正要準備解釋其中的風險時，她感謝我的回答並掛斷了電話。

兩個月後，當我拜訪這位客戶時，我被問到：「為什麼你說我們應該讓我們的技術負責人成為 ScrumMaster？」呃，我沒有。顯然，他們遇到了一些我曾試圖想警告他們的問題，並且後來發現，擁有紮實的技術知識只是 ScrumMaster 的理想特質之一。

讓一名前技術負責人來擔任 ScrumMaster 的風險之一是，技術負責人習慣於為團隊伙伴提供指導，更糟糕的是，團隊成員也習慣向他們的技術負責人尋求決定。一個好的 ScrumMaster 不會為團隊做決定，因此前技術負責人過去做決策的習慣可能會不利於轉型。

將技術負責人轉為 ScrumMaster 的第二個風險是，他們往往不具備必要的人際技巧與手腕。雖說技術負責人必須有一些人際關係的技能，但 ScrumMaster 在對自組織團隊沒有任何權力的情況下，必須要有能力指導和領導團隊。《Collaboration Explained》一書作者 Jean Tabaka 對此也有同樣的看法。

> 我主要是與 Scrum 團隊合作，那些最辛苦的團隊裡，通常有一個喜歡發號施令的專案經理，或一個主導決策的技術負責人擔任 ScrumMaster。如果沒有一個引導或僕人式領導的團隊指導模式，敏捷將只會是未被賦能、士氣低落的團隊上覆蓋的一層薄薄外衣（2007, 7）。

這一切並不是說技術負責人不應該被視為可能的 ScrumMaster 人選，關鍵是要意識到這些問題，不要輕率地斷定你的組織中所有的技術負責人都會成為優秀的 ScrumMaster。也許評估一個技術負責人是否能成為 ScrumMaster 人選的最好方法，是看這個人如何使用技術負責人這個稱號所帶來的領導權。那些過去可以直接發號施令、採取強硬態度的技術負責人，將不適合擔任 ScrumMaster，反之，本來可以強硬決策但卻努力爭取支持者來支持他們觀點的技術負責人，反而可能會做得很好。

內部或外部的 ScrumMaster

一個常見的問題是，團隊是否應該在公司內部擁有 ScrumMaster，或者是否應該引入外部專家。就長遠來看，答案很簡單：擁有熟練的 ScrumMaster 是一個關鍵的必要條件，因此他們應該在組織內。也因此，你不應該長期使用簽約的 ScrumMaster。

但是，除非你看過別人示範怎麼做，否則很難學會一項新的技能。學習如何在沒有權威的情況下進行領導，何時以及如何鼓勵團隊採用新的工程實踐，何時可以介入等等都是很困難的，因此，許多組織是從最初引入外部顧問作為 ScrumMaster 中受益的。這個外部人員可以作為團隊的 ScrumMaster，但他也應該作為培訓團隊未來 ScrumMaster 的導師，這樣組織就可以發展自己的 ScrumMaster 核心成員。

輪流擔任 ScrumMaster

一些團隊若在選擇最好的 ScrumMaster 上遇到困難，就會讓所有團隊成員輪流擔任。我不建議這樣做，因為我認為這並不尊重此角色的挑戰與其意義。在我家，擦桌子和洗碗是輪流的，家中任何人都可以做，但是我們不會輪流煮菜。我妻子的廚藝比家裡其他人都要好得多，我們希望做出最好吃的食物，所以不輪替這項工作。如果你希望你的 Scrum 團隊是最好的，我不建議養成輪流擔任 ScrumMaster 的習慣。

然而，在某些情況下，你可能會想要讓不同的人輪流擔任，最常見的理由是為了創造學習機會。例如，如果團隊成員正在努力理解 ScrumMaster 的職責，可能就會考慮讓每個團隊成員輪流擔任這個角色。這或許能讓每個人真正理解 ScrumMaster 的意義。同樣地，如果一個團隊在其成員中發現了四、五位優秀的 ScrumMaster 人選，可能想在他們之間進行輪換，讓每個人都有機會嘗試這個角色，最後考慮每個人的表現，將有機會選出最合適的 ScrumMaster。

Primavera Systems 的 Bob Schatz 和 Ibrahim Abdelshafi 指出了輪流擔任可能有用的另一個原因。

> 久而久之，團隊可能開始把這個職位當作他們的主管，因為擔任 ScrumMaster 的人通常會發現這種需求並盡責地滿足它。其結果是團隊可能會疏於自我管理。透過在每個衝刺開始時輪替此角色，也分散了原本的重責大任，變為讓團隊共同承擔，因而建立權力的平衡（2006, 145）。

因此，儘管輪替 ScrumMaster 可能行得通，但我建議只在特定的原因下進行，比如上述的分散責任等，而且這輪替要是暫時的。輪替不應該是常態性的做法，它衍生的問題實在是太多了，包括以下幾點：

- 輪流擔任此角色的人，在衝刺期間常常會有其他非 ScrumMaster 的任務要執行，而這些任務往往是更優先的。
- 很難訓練足夠多的人去做好這個角色。
- 有些人會利用他們擔任 ScrumMaster 的期間，試圖推動流程的改變。
- 將某人指定為一兩個衝刺的 ScrumMaster 並不會使他自發地重視這項工作，反而可能會產生一位認為 Scrum 是錯的 ScrumMaster。

克服常見的問題

在確保每個團隊都有合適的 ScrumMaster 時，你可能會面臨一些常見問題，以及你可以如何解決這些問題，包括：

不適任者。有時，誰應該成為 ScrumMaster 是別人來替你做決定：有人站出來說「我來做」，就擔起了這個角色。一般來說這是好事——畢竟，好的 ScrumMaster 通常是那些沒人要求就主動承擔額外責任的人。但是如果自願者並不適合這個角色呢？你的應對，取決於你在組織中的職位。

如果你對不適任的 ScrumMaster、團隊或 Scrum 的採用有一定的影響力，那就和自願者解釋清楚，為什麼你需要另一個人擔任這個角色。如果可以，給自願者一些你希望他做的具體事情，作為日後考慮 ScrumMaster 人選時的依據。如果這個不適任者已經坐在 ScrumMaster 的位置上了呢？這會比較困難，但如果你確信這個人確實不合適，我仍然建議把他換下來。無論是哪種情況，都要迅速採取行動。不合適的 ScrumMaster 應該盡快換掉；我還沒有遇過有團隊會覺得不適任的 ScrumMaster 太早被撤換掉了。

如果你對 ScrumMaster、團隊或流程沒有影響力，我仍然建議你與 ScrumMaster 的不適任者談一談。從為團隊最佳利益著想的角度來進行討論，試著強調他的強項，並建議他如果跳脫 ScrumMaster 的角色，也許能找到更好的方法將這些強項應用到專案中。

ScrumMaster 同時也是團隊中的一員，擔任程式設計師、測試人員或其他專業。當為一個團隊配一個專屬的 ScrumMaster 不太符合實際狀況時，就必須做出決定，看是要讓 ScrumMaster 同時指導多個團隊，或是讓 ScrumMaster 也同時擔任團隊中程式設計師、測試人員或其他專業的角色。這兩種方法各有成效，但我更傾向於在必要時將 ScrumMaster 的時間分給兩個團隊。讓一個 ScrumMaster 同時擔任團隊中的獨立貢獻者有很多風險。

一個風險是，這個人可能沒有足夠的時間投入到兩個角色中。另一個風險是，身兼二職的人需要遠離關鍵任務，因為這個人的工作可能隨時會被 ScrumMaster 的職責所打斷。另一個不太容易察覺的風險是，其他團隊成員無法輕易分辨他們是在跟 ScrumMaster 交談、還是在跟另一個團隊成員交談。還有一個風險是，ScrumMaster 在保護團隊免受外界干擾時，可能會缺乏說服力。一個專職的 ScrumMaster 對外說「我們幫不上忙，因為團隊很忙」，會比兼

任團隊成員的 ScrumMaster 有更大的可信度，因為同樣的訊息，後者可以被解讀為「我們幫不上忙，因為我很忙」。

儘管某人同時身兼 ScrumMaster 與專案的成員之一是有風險的，但這是一種滿常見的情況。察覺到這些問題並願意在問題出現時解決它們，往往是最好的解決辦法。

ScrumMaster 在替團隊做決定。這個問題的出現有兩個完全不同的原因：一是因為 ScrumMaster 對這個新角色有所誤解或還不習慣，二則可能是因為團隊習慣於由別人來做決定。無論哪種情況，解決方案都是一樣的。應該把 ScrumMaster 拉到一旁，提醒他作為 ScrumMaster 是要提供引導，而不是給出答案。

作為一個新任 ScrumMaster，首先要學會的是如何數數。當我們在開會時，遇到一些令人困惑的問題，團隊會期待我告訴他們解決方案。由於我以前是團隊的領導者，我很想大聲說出「答案」，但我需要讓團隊學會如何自己找到正確的答案，所以我坐在那裡，心裡默默地數著一、二、三⋯有幾次我一路數到了好幾百，不過這讓我學會了閉上嘴巴。這不僅讓團隊學會如何做出這些決定，也讓他們知道我不會替他們做這些決定。

產品負責人

我認為 ScrumMaster 是要確保團隊良好合作、確保妨礙進展的障礙被迅速消除、確保團隊正有效率地朝著目標前進，而產品負責人（product owner）是要確保團隊正朝著正確目標前進。一個好的團隊需要這兩個角色才能成功：產品負責人將團隊指向正確的目標，ScrumMaster 則幫助團隊盡可能高效地達成目標。

《Scrum 敏捷產品管理：打造客戶喜愛的產品》（Agile Product Management with Scrum: Creating Products that Customers Love）的作者 Roman Pichler，即強調了產品負責人的重要性：「產品負責人有權設定目標和塑造願景。產品負責人不僅僅是一個專案經理，他現在還要負責釐清需求，並處理一些較為優先的工作。」想要更理解產品負責人的職責，可以將其視為團隊目標的提供者，像是

負責定義產品待辦清單中的任務，並確保目標任務有被優先處理。同樣地，產品負責人也要負責確保專案的投入有獲得良好的回報。

產品負責人的職責

要寫一份涵蓋產品負責人職責的詳細清單是很困難的。每個應用程式都有獨特的背景，包括公司文化、個人和團隊的能力、競爭優勢等等。這種背景強烈地影響著產品負責人在不同公司間的任務執行方式。因此，與其提供一份產品負責人職責的清單（像是「必須參加衝刺規劃會議」），我認為從產品負責人為團隊提供的兩件事來考慮更有幫助：願景和邊界。

> **另見**
>
> Roman Pichler 在《Scrum 敏捷產品管理：打造客戶喜愛的產品》中對產品負責人這個角色有詳盡的介紹。

提供願景

產品負責人的許多職責涉及到建立和溝通產品的願景。最好的團隊是那些被產品負責人分享的美好願景點燃了熱情的團隊。我們的產品要賣給誰？我們的產品有什麼獨到之處？我們的競爭對手在做什麼？我們的產品將會如何隨著時間而演變？當然，對於一個向公司內部提供服務的應用程式或服務來說，問題就不一樣了。但是擁有一個共同的願景，對於激勵團隊並維持開發人員與使用者間的長期連結是很重要的。

除了有一個清晰的願景之外，產品負責人還必須為團隊闡明這個願景，藉由建立、維護產品待辦清單並進行優先排序來做到這一點。ScrumMaster 和團隊對於產品負責人是否需要去撰寫產品待辦清單，存在著很多分歧意見。我堅定地站在「我不在乎」那一派。對我來說，誰來寫產品待辦清單並不重要，重要的是，產品負責人需確保這項工作會完成。如果產品負責人把這項工作委託給商業分析師，而分析師卻被其他事情耽擱、沒有寫出核對目標的產品待辦清單，那麼該負責的仍是產品負責人。

除了確保產品待辦清單存在，產品負責人還要透過回應團隊成員的問題來描繪願景的細節：你想讓它以這種方式運作嗎？當你這麼說的時候，是想表達什麼？雖然回答問題的工作可以委託或分派給別人來做，但產品負責人還是要承擔問題確實得到回答的責任。產品負責人可以說：「如果你有關於購物車和結

> **另見**
>
> 產品待辦清單是一個按優先順序新增功能到產品中的清單，在第 13 章「產品待辦清單」有完整的介紹。

帳功能應該如何運作的問題，請找 Nirav 聊聊。」但如果 Nirav 沒有回應或幫不上忙，一個好的產品負責人會介入並親自回應，找出 Nirav 無法協助的原因並指定另一個人回應，或是找出一些其他的解決方案。

提供邊界

可以把願景和邊界當作專案中相互競爭的兩個面向。願景顯示了產品可以成為什麼，邊界則描述了實踐願景需考慮的現實條件。邊界是由產品負責人提供的，且通常是以限制條件的形式出現，比方說：

- 我需要在六月前完成。
- 我們需要將單位成本降低一半。
- 它需要以兩倍的速度運行。
- 它只能使用當前版本一半的記憶體。

通常，當我告訴團隊產品負責人可以決定這樣的事情──特別是時程時──我就會得到憤怒的回應。他們告訴我，「不該是這樣，任務的估計時間是由團隊決定的，產品負責人所做的只是確定工作的優先次序。」雖然這說法是對的，但產品負責人也有責任定義將會決定產品成功的邊界。

大多數有經驗的 Scrum 團隊成員都會欣然同意，產品負責人有權說：「我們至少需要開發這麼多的產品功能，不然產品就不值得出貨。」但是當類似的說法涉及截止日期時，很多人就會抵制。

不過，讓我們來看看 Takeuchi 和 Nonaka 在他們的研究中是怎麼說的，這項研究探討了六個團隊，這些團隊構成了 Scrum 的基礎，也是 1986 年第一篇 Scrum 論文的主題。

> Fuji-Xerox 的高階管理層要求生產一種完全不同的影印機，並給 FX-3500 專案團隊兩年的時間，同時要求其生產成本只能有其高端生產線的一半，且效能仍要維持（139）。

在這裡，我們清楚地看見團隊被賦予了一項挑戰──效能要與公司目前最好的影印機相當，但成本減少一半，還有一個明確的期限。這並沒有錯。產

品負責人的錯誤在於不該過度限制問題，或者把解決方案設得難以實現。如果 Fuji-Xerox 的管理層給該團隊同樣的挑戰，但只給了一個月的時間，該團隊會知道這是辦不到的，甚至不會嘗試去解決。這個問題以這樣的方式交給團隊，想必他們應該有足夠的空間去尋找解決方案。產品負責人的工作之一，與其說是科學，不如說是種藝術——替專案設下剛剛好的邊界，使團隊有動力解決擺在眼前的難題，但又不能設下太多邊界，使問題變得不可能解決。

在為一項挑戰集思廣益時，常見的建議是「跳脫框架」（outside the box）去思考。然而，有證據指出，只要框架是正確的，更好的解方就更容易在框架內的思考中產生（Coyne, Clifford, and Dye 2007）。他們認為，當我們被告知要跳脫框架思考，完全沒有約束的情況會使人不安。

> 想像一下，在一個典型的 brainstorming 會議中，你正試圖改進一個隨機的產品。框架外的可能性包括使產品更大或更小，更輕或更重，更漂亮或更堅固（或以任何一百種方式改變其外觀）。進一步的想法，則可能涉及到使產品更貴或更便宜，或者將它拆成若干部分，抑或是與其他產品搭配在一起。這些點子可能涉及到改變產品的功能、耐用度、易用性，或與其他產品的組合方式，或者考慮是否容易購買、價格是否親民、是否容易維修。你要如何知道探索哪些方向會是最有成效的？如果沒有一些指引，人們無法判斷他們是否應該繼續沿著他們第一個想到的方向思考，或者要完全換個方向思考。他們無法處理這種不確定性，因而選擇放棄了（2007, 71）。

產品負責人的工作是建立一個新的框架——也就是邊界——作為團隊思考的框架。這個新框架可以防止團隊迷失在無邊無際的解方汪洋之中，並為團隊成員提供一個選擇和比較的基礎。這個新盒子的邊界是由企業最重要的限制條件所決定的，可能包括諸如最低限度的保證功能、大幅提高效能、減少資源消耗，以及在某些情況下的時程安排。

另見

時程即為惡名昭彰的專案管理鐵三角其中一角，第 15 章「規劃」有更詳細的介紹。

每個團隊需要正好一位產品負責人

另見

自組織在第 12 章「帶領自組織團隊」中會詳細討論。

一個剛接觸 Scrum 的團隊，ScrumMaster 的工作可能非常耗時。ScrumMaster 將忙於培訓團隊成員了解 Scrum 本身，鼓勵他們以不同的方式思考他們遇到的問題，消除團隊進展所遇到的障礙等等。在早期，這甚至可能是一項全職工作，取決於團隊的程度和團隊成員面臨的障礙類型。然而，隨著時間的推移，情況將會有所改善。最終，ScrumMaster 已經消除了許多反覆出現的障礙，而團隊本身也開始掌握 Scrum 並自主運作和改進。隨著這些變化的發生，團隊需要 ScrumMaster 的時間將越來越少。如果我們把一個團隊對其 ScrumMaster 的時間需求畫成圖表，它看起來就像圖 7.1。

圖 7.1
隨著時間發展，一個團隊對其產品負責人和 **ScrumMaster** 有不同程度的需要。

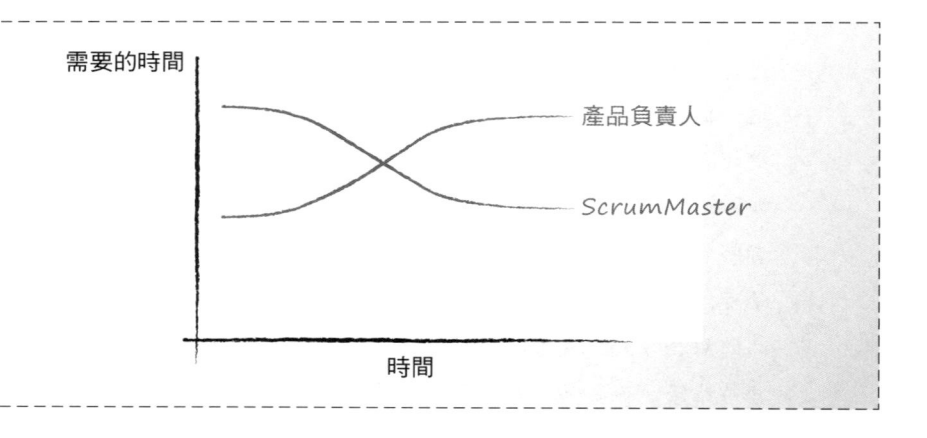

把這跟團隊對產品負責人的需求對比一下。當團隊第一次採用 Scrum 時並不擅長怎麼做，在如何為產品待辦清單添加細節、每個衝刺可以完成多少工作、如何在衝刺中合作順暢等方面都會遇到困難，因此團隊成員會花時間學習新的實踐方法與新的合作方式。團隊起初的速度不會到很快——至少與它精通 Scrum 後的速度相比是如此。隨著每人的持續改進和 ScrumMaster 逐漸消除障礙，團隊速度會變快，將在每個衝刺內完成更多工作，這也意味著會有更多的問題要問產品負責人。因此，隨著團隊效率提升，它對產品負責人的需要也會提高，即便在團隊成員已熟悉該領域並承擔更多的責任後，情況可能也會是如此。

圖 7.1 顯示了團隊對產品負責人和 ScrumMaster 時間的需求呈現反比。圖中的線表示，儘管讓一個有經驗的 ScrumMaster 為兩個甚至三個團隊工作是可

以接受的（取決於每個團隊當時需要多少幫助），但不建議將一個產品負責人分配給兩個以上的團隊。相反的，每個團隊最好都有自己專屬的產品負責人。產品負責人的工作是非常具有挑戰性的，部分工作是對外的：與客戶交談，追蹤市場趨勢；另一部分工作則是對內的：與團隊一起建構產品。當一項工作涉及到對外與對內的職責時，對外、面向客戶的職責似乎總是更受重視；任何一個同時負責產品開發與客戶聯繫的開發人員都可以證實這一點。

就像一個產品負責人應該只跟一個團隊合作，每個團隊也應該只與一個產品負責人配合。我曾見過一個團隊有兩個產品負責人也能運作的情況，但這通常是由於組織中有人不想做出艱難的決定，說出「去找你的產品負責人」這種話。找出能夠做艱難決定的人，並指定他作為團隊的產品負責人，然後鼓勵他向那些可能成為產品負責人的人徵求各種有用意見和回饋。

有兩個產品負責人的團隊難免會陷入「媽媽說不行，我們去問爸爸」的困境中。當然，只有最混亂的（或許是最絕望的）團隊才會在從一個產品負責人那裡得到「錯誤」的答案後，又跑去問另一個產品負責人同樣的問題，即便他們也知道最後一定會被發現並受責問。然而，大多數有兩個產品負責人的團隊，在決定要問哪個產品負責人之前，會先考慮誰會給出最令人滿意的答案。

產品負責人團隊

在某些情況下，產品負責人的角色對一個人來說可能太過沉重。研究人員 Angela Martin、Robert Biddle 與 JamesNoble 即發現，產品負責人的角色「始終比開發人員和專案中其他參與者承受著更大的壓力（2004, 51）」。極限程式設計（XP）流程的發明者之一兼 Scrum 培訓師 Ron Jeffries 即同意說：「在一兩本關於 XP 的書出現後，我們才完全能夠理解一個極限程式設計客戶/Scrum 產品負責人所承擔的壓力。很明顯地，需要一群人來共同承擔這個重任。」

一個常見的解決方案是組一個「產品負責人團隊」（product owner team）。將產品負責人的職責分給產品負責人團隊所有人，只要團隊中有一個人可以被挑選出來作為負起最後責任與擁有最後決定權，一位責無旁貸的產品負責人。即使有了產品負責人團隊，每個開發團隊也需要有一位明確的負責人，團隊成

另見

有關在大型專案中擴展產品負責人角色的議題，詳閱第 17 章「擴展 Scrum」。

員可以向他尋求有關產品的回答。正如 Ken Schwaber 和 Mike Beedle 所寫的，「產品負責人是一個人，而不是一整個委員會（2001, 34）」。一個好的 Scrum 團隊的動作要快，那就不能等待委員會式的集體討論來回答所有問題。當然，產品負責人永遠不可能立即回答出團隊的所有問題，但偶爾告訴團隊「我需要和同事討論一下這個問題」是可以的。產品負責人可以有更周全的考量，但不應該由團體協商來做出決策。

優秀產品負責人的特性

跟在描述怎樣挑選與聘請一位好的 ScrumMaster 時一樣，這裡我把理想產品負責人特質的一長串清單，刪減到必備的五個特質。

> **注意**
>
> 這五個特性很好記，每項的第一個字母組在一起即是「ABCDE」。

有時間（Available）。到目前為止，我最常從團隊中聽到對產品負責人的抱怨是，需要他們的時候，他們偏偏沒有時間。當一個快速發展的團隊需要一個問題的答案時，三天後才得到的答案會徹底破壞它所建立的節奏。有空為團隊提供服務，可以證明產品負責人對專案的承諾。最出色的產品負責人會竭盡所能完成必要的工作來建立最好的產品，以此展示他們的承諾。在一些專案中，這包括協助測試規劃、執行手動測試，並積極與其他團隊成員接觸。

精通商業（Business-savvy）。產品負責人必須了解商業端。作為產品的決策者，產品負責人必須對其業務、市場狀況、客戶和使用者有深刻的理解，通常，這種理解是在該領域工作多年後建立起來的，也可能過去是開發中這類產品的使用者。這就是為什麼許多成功的產品負責人來自產品經理、銷售或商業分析師的角色。

善溝通（Communicative）。產品負責人必須是一位很好的溝通者，必須能夠與不同的利害關係人好好合作。產品負責人應經常與使用者、客戶、組織內的管理層、合作夥伴以及團隊中的其他人進行交流，熟練的產品負責人將能夠把相同的訊息傳遞給這些不同的受眾，同時又能針對每個對象調整表達方式以切合個別的需求。

一個好的產品負責人還必須傾聽使用者、客戶以及可能最重要的團隊的意見，特別是當團隊成員對產品和市場有了更多的了解後（隨著時間的推移，

尤其在 Scrum 專案中，他們應該會有更多的了解），他們將能夠提供對產品更有價值的建議。此外，所有的團隊成員會向產品負責人提出很多關於專案技術風險和挑戰方面的意見。雖然產品負責人確實為團隊確定了所有工作的優先順序，但明智的產品負責人會在團隊提出技術相關的建議時，聽取這些建議並調整優先順序。

果斷（Decisive）。團隊對產品負責人的另一個常見抱怨是不夠果決。當團隊成員帶著問題去找產品負責人時，他們希望能得到解決。Scrum 給團隊帶來了很大的壓力，要求他們盡可能快速地產出功能，因此當產品負責人對一個問題的回答是「讓我召開一個會議或召集一個工作小組來解決這個問題」時，團隊會感到很沮喪。一個好團隊會理解這種做法有時是必要的，但團隊也會非常敏銳地意識到，其實產品負責人想避免做出一個艱難的決定。與不做決定的產品負責人一樣糟糕的是，產品負責人面對同樣的問題但每一次卻有不同的答案。一個好的產品負責人不會在沒有充分理由的情況下推翻自己之前的答案。

被賦權（Empowered）。一個好的產品負責人必須是一個被賦權的人，他有權力做出決定，並且對這些決定負責。產品負責人必須在組織中地位夠高，才能被賦予這種級別的責任。如果產品負責人的決定一直被組織中的其他人否決，團隊成員就會找其他人提問重要問題。

ScrumMaster 作為產品負責人

一個常見的考量是，ScrumMaster 和產品負責人的角色是否應該合併。答案是否定的。在我所見過的案例中，合併的結果多半不太理想。合併這兩個角色不僅會將大量的權力放在同一個人的手中，而且還會給團隊成員和與擔任雙重角色者帶來混亂。這兩個角色之間存在著一定程度的緊張關係：產品負責人會不斷地想要創造更多功能；而 ScrumMaster 則保護團隊，當他覺得團隊被逼得更緊會帶來不利影響的時候，就會抗制產品負責人的要求。因此當這兩個角色結合在一起，這種緊張關係就會消失。

為了充分披露整個情況，我不得不補充說明。在我參與或見證過最成功的 Scrum 專案中，有兩個是由 ScrumMaster 與產品負責人的組合角色所引領的。

一個人對市場有深刻理解，同時也擁有ScrumMaster的技術和協作能力，而且能在兩者之間取得平衡，這確實是一個巨大的優勢。Toyota的首席工程師毫無疑問是一名工程師，能夠設計新車的任何零件，也對市場和新車的潛在購買者有深刻的理解。

所以，結合ScrumMaster與產品負責人的模式是可以成功的。然而，我很懷疑會有多少人能同時勝任這兩項工作。即使你認為自己就是其中之一，或者能於Scrum轉型之初在你的組織中找到這樣的人，我仍會建議至少在剛開始時要讓不同的人分別擔任這兩個角色。

克服常見的問題

在選擇最初的產品負責人時，有許多潛在的陷阱。一些早期最常見的問題以及如何解決，說明如下：

> **另見**
>
> 建立產品負責人的層級制（hierarchy），是一種常見的擴展技巧，這在第17章中有更多的描述。

產品負責人授權他人決策，但又推翻其決策。為了將產品負責人的新職責納入時間表，有些產品負責人會將產品某些部分的決策權下放，也有一些產品負責人會邀請商業分析師擔任系統某個部分的「功能負責人」（feature owner）。這種做法可能會很有效，因為產品負責人有更多的時間處理那些不容易把工作分派出去的領域。

當產品負責人說決策權已經下放、但接著又去批准或推翻決策時，問題就出現了。在授權給他人決定之前，產品負責人應該確定他們是真的願意授權，且不會在事後批評決策結果。由於短時間衝刺的壓力，Scrum團隊的行動往往比轉型前快得多，因而產品負責人委派出去的一些決策結果難免有錯，應該要重新檢討。然而，我們要避免產品負責人先說「去Dave那裡找答案，他負責系統的這一部分」、之後又一直推翻Dave答案的情況發生。

我對負荷過重的新手產品負責人的建議是，把自己感到有壓力不舒適的工作委派出去，來空出一些時間。你可能會驚訝地發現，沒有需要推翻的重要決定。但你偶爾也會發現你對於一些決定有不同的決策方向，在這種情況下，最好的辦法是學開車時被教的那一套：如果汽車在行進中開始打滑，就趕緊把方向盤往打滑的方向打，來即時擺正車身。換句話說，與其反對這個決定（假設

它不是一個可怕的決定），不如讓這個決定一直持續到衝刺結束，然後再決定是否應該改變它。

產品負責人把團隊逼得太緊。產品負責人往往面臨著向公司交付財務業績的壓力，而更快交付更多的功能是他們實現這目標的方法之一。正如我說過的，我不反對產品負責人在專案開始時宣布：「我們需要建立一個比競爭對手產品更小、效能更好、價格更低的產品，而且我們需要在三個月內完成，比上一個產品花費更少時間。」只要有這樣一個具有挑戰性的目標，並在如何實現目標方面有適當的自由度，團隊就會盡其所能做到最好。可是當團隊在衝刺階段一直處於不斷變化的壓力之下，問題就出現了。「在六個月內完成這件了不起的工作」這種困難目標，在許多層面上會比連續 13 個兩週衝刺要求「我還需要更多、更多，還要更多！」的壓力來得小。如果你的產品負責人這樣逼迫團隊，那麼 ScrumMaster 應該擋回去，並與產品負責人合作，為團隊設定長期目標，同時確保團隊在如何實現這些目標上有相應的自由度。

產品負責人想要刪減品質。當試圖在一個有困難的日期前交付一組具有挑戰性的功能時，很容易做出犧牲品質的決定，這樣可以在短期內達到專案開始時所設定的目標。然而，犧牲品質的代價終究是會突顯出來，因為發布後回報的缺陷數會比平時來得多，團隊的開發速度因而變慢，客戶也會吵著要求當初設定的產品水準。

Ken Schwaber 稱品質為「企業資產」（2006）。因此，除了執行長之外，沒有人有權犧牲品質來換取實現如發布日期的短期目標。降低品質的決定可能是適當的，但如果不了解情況的完整背景，我無法肯定告訴你這決定是否合適。但是，這需要由組織中地位夠高的人來做這個決定，而且決定要公開，讓所有人都了解可能帶來的負面影響。

在那些一直關注當季業績的組織中，選出能理解這一點的產品負責人有時是很困難的。反對犧牲品質的做法是 ScrumMaster 的工作，ScrumMaster 不需要在這些早期的分歧中取得勝利，但必須讓這些決定透明可見。

時間是站在 ScrumMaster 這邊的。如果 ScrumMaster 能成功讓降低品質的決策被攤在陽光下，那麼他最終應該能在後續反對降低品質的爭論中獲勝。

ScrumMaster 可以說：「還記得在 Gouda 專案中我是如何告訴你，在第一版降低品質、會在第二版對我們造成傷害嗎？這是兩個專案的速度圖。請注意，儘管我們增加了兩個有經驗的人，但第二版的開發速度明顯降低。這是因為我們在第一版中留下了 bug，也因為團隊覺得沒有時間做好程式碼的清理工作，我們甚至跳過了幾個模組的自動化單元測試。下面是發布後六個月內發現的缺陷數的比較，按照模組是否有自動化單元測試來區分。我們是否要在這個專案上持續這樣犧牲品質，你們自己判斷，但我想你們知道我的意見。」

我們的產品負責人和開發團隊在不同的城市。隨著越來越多的專案由遠距團隊開發，這種情況越來越常見。在這種情況下，團隊和產品負責人都應該承擔一些與對方過度溝通的壓力。我曾與許多遠距產品負責人合作，只要產品負責人做到以下幾點，通常就能運作得很成功。

> **另見**
>
> 關於分散式開發的更多挑戰，請參見第 18 章「分散式團隊」。

- 持續參與專案
- 與團隊建立融洽的關係
- 履行該角色的所有常規職責
- 每天至少有時間可以讓團隊打電話聯繫，即使是在產品負責人的正常工時之後
- 在無法親自出席的情況下，透過電子郵件或電話回應

新角色，舊職責

產品負責人和 ScrumMaster 的角色對於成為一個高效 Scrum 團隊至關重要。在這一章中，我們探討了從事這些工作的角色職責、希望產品負責人和 ScrumMaster 擁有的特質，以及如何克服將這些角色引入組織時出現的常見問題。

儘管產品負責人和 ScrumMaster 這兩個角色是新的，但其職責卻不是。高效的團隊一直都知道他們需要做本章所描述的事情。在 Scrum 團隊中，每個成員不應該侷限於自己被分配的角色，應該要主動為團隊目標貢獻一己之力。在下一章中，我們將看看這種對團隊合作和共享資源的強調，對組織內部的現有角色有何影響。

延伸閱讀

Davies, Rachel, and Liz Sedley. 2009. *Agile coaching*. The Pragmatic Bookshelf.

這本書對任何 ScrumMaster 來說都充滿了實用且立即派得上用場的建議。它涵蓋了從如何幫助團隊改進到如何幫助自己改進的所有內容。

Fisher, Kimball. 1999. *Leading self-directed work teams*. McGraw-Hill.

Fisher 書中所指的「自我指導的工作團隊」即是敏捷專案的自組織團隊，他的書提供了適合給 ScrumMaster 的指導。

James, Michael. 2007. A ScrumMaster's checklist, August 13. MichaelJames' blog on Danube's website. http://danube.com/blog/michaeljames/a_scrummasters_checklist.

作者 MichaelJames 提出，一個偉大的團隊需要一個全職的 ScrumMaster，而不是讓多個團隊一起共享一位 ScrumMaster，他列出了 ScrumMaster 要完成的詳盡工作清單。

Kelly, James, and Scott Nadler. 2007. Leading from below. *MIT Sloan Management Review*, March 3. http://sloanreview.mit.edu/business-insight/articles/2007/1/4917/leading-from-below.

這篇文章為那些不在權威位置但意識到自己仍然可以影響組織方向的人提供了有用的資訊。

Pichler, Roman. Forthcoming. *Agile product management with Scrum: Creating products that customers love*. Addison-Wesley Professional.

本書提供了有關產品負責人角色的最完整敘述。Pichler 釐清了傳統產品管理和敏捷產品管理之間的關鍵差異，同時為產品負責人的角色提供了有用的指引。

Spann, David. 2006. *Agile manager behaviors*: What to look for and develop. Cutter Consortium Executive Report, September.

Schwaber 的第二本書富含團隊使用 Scrum 成功和不成功的故事。除了專門討論產品負責人和 ScrumMaster 角色的章節外，書中還充滿了有關履行這些角色的其他寶貴建議。

Spann, David. 2006. Agile manager behaviors: *What to look for and develop. Cutter Consortium Executive* Report, September.

在這份延伸性的報告中，Cutter 的顧問 David Spann 討論了他所謂的「敏捷經理」該有什麼特質的問題，這與本章的 ScrumMaster 角色緊密相關。他首先列出了 22 種潛在的行為模式，然後將其縮減為八種首選的行為，以便在招募敏捷經理時有所依據。

Chapter 8
改變的角色

上一章重點式地介紹了 Scrum 專案中的兩個新角色——ScrumMaster 和產品負責人。但是在 Scrum 專案中，團隊成員的變化不僅止於引入這兩個新角色。例如，Scrum 團隊的自組織特性消除了技術負責人角色，成員被要求超越他們本身的專長，以任何可能的方式幫助團隊，重點從寫需求轉移到討論需求，而且團隊必須在每個衝刺結束時產出具體成果。由於這些變化改變了團隊和組織中的角色和關係，常導致組織在採用 Scrum 時面臨一些挑戰。

本章將說明個人在從傳統角色轉型到 Scrum 時必須做出的主要調整，重點在這些角色將如何變化，而不是對每個角色的徹底描述。例如，我不會描述一個測試人員在測試應用程式時所做的一切，而是會關注測試人員在 Scrum 專案中工作方式的變化。我將討論分析師、專案經理、架構師、部門經理、程式設計師、資料庫管理者、測試人員和使用者經驗設計師的角色。

> **注意**
>
> 在閱讀這些角色的相關敘述時，請記住，任何參與開發產品或軟體系統的團隊成員，首先都屬於開發人員（developer）。當我使用「測試人員」（tester）這樣的術語時，我指的是具有特定技能或對測試感興趣的開發人員。同樣，「分析師」（analyst）指的是喜歡從事分析工作的開發人員，但他也會從事團隊需要的任何高優先度的工作。

分析師

> **另見**
>
> 第 17 章「擴展 Scrum」中討論了產品負責人角色的延伸。

憑藉對產品的深入了解和強大的溝通能力，一些分析師（analyst）會傾向於轉變為產品負責人的角色，這在採用產品負責人層級架構的大型專案中特別常見。例如，一個名片上職稱寫著產品經理的人，可以作為首席產品負責人，將大部分的時間用在關注使用者與市場，而一個名片上職稱寫著分析師的人，可以作為各個團隊的產品負責人，與首席產品負責人合作，把她的願景轉化為團隊的產品待辦清單。

許多團隊發現，團隊擁有一個分析師非常有幫助，儘管分析師的工作方式會和以往有所不同。在傳統方式管理的專案中，分析師的任務似乎是盡可能地超前團隊、準備大量資料，但在 Scrum 專案中，即時分析成了分析師的任務。分析師的新工作目標是略微領先團隊一步，同時仍然能夠向團隊提供關於當前和近期功能的有用資訊。

> **另見**
>
> 第 13 章「產品待辦清單」中描述了將重點從文件轉移到討論的過程。

在將團隊工作重點從「寫需求」轉變為「討論需求」的過程中，分析師扮演了很重要的角色。因為分析師的工作並不像過去那樣需要遙遙領先團隊，他們需要更自在地與團隊分享資訊，不拘泥於形式，不是靠正式的大型文件來傳遞相關資訊，盡可能多多透過口頭討論來分享資訊。但是分析師仍然需要記錄一些要求，特別是在分散式團隊中工作時。不過，分析師寫的東西往往不那麼正式，更多時候是使用 wiki，而不是一個需要簽名負責的正式文件。

在傳統專案中，分析師經常成為中間負責溝通的人，其他團隊成員和產品負責人透過他們進行溝通。在 Scrum 專案中，分析師應該成為團隊與產品負責人討論的引導者（facilitator），而不是充當中間人（intermediary）。團隊成員和

產品負責人需要交流。優秀的敏捷分析師不應該成為所有對話的渠道，而應該專注於確保團隊或產品負責人之間，在有限的時間內盡量有效對話。這可能意味著分析師會引導產品負責人和團隊討論某一個使用者故事，因為他知道這時候走入歧途的風險更大；或者也可能意味著，分析師在讓團隊和產品負責人一起討論細節之前，會讓團隊了解新功能的大致情況。

在一個傳統專案中，分析師可能會對團隊說：「我已經和關鍵的利害關係人談過了，我了解他們想要什麼，並寫了這份文件，詳細描述了他們的需求。」相比之下，在 Scrum 專案中，分析師反而該說：「我已經和我們的產品負責人談過了，理解他所追求的方向。我寫了這六個使用者故事來讓團隊有個開始，我還有一大堆問題要問產品負責人。但我想確保在我們進行這些討論時，帶上團隊中的幾個人。」

但上述的討論，很容易讓我們認為分析師工作比團隊提前一個衝刺期，但事實並非如此。Farm Credit Services of America 的分析師 Gregory Topp 描述了 Scrum 是如何讓他專注在當前的衝刺：「在導入 Scrum 之前，我不得不專注於在未來幾週或幾個月內不會開發的需求。而現在，我專注於當前的衝刺（對我們來說是兩週），所以可以把更多的時間花在使用者故事的細節、開發和測試上。」分析師的首要任務是達成當前衝刺的目標。Scrum 團隊中的分析師會協助測試，會回答關於開發中功能的相關問題（或追蹤問題的答案），並充分參與所有定期的衝刺會議等等。

不過，這些活動很可能不會完全佔據分析師的時間。完成當前衝刺工作的以外時間則可以用來展望未來，關注接下來的衝刺。然而，花時間在這個衝刺階段以及花一些時間展望未來，並不等同於提前一個衝刺階段工作。Topp 解釋了過度超前部署實際上卻致使他落後的情況：「我試著提前一兩個衝刺階段工作，定義使用者故事細節，卻發現這影響到了當前的衝刺。我還發現，很多時候當團隊真正開始工作的時候，使用者故事的細節已經改變了。」

分析師的提前分析工作是否該被列在衝刺的待辦清單中，是很常見的問題，我的建議是將任何在衝刺規劃中可以被辨識出的具體分析任務列入待辦清單。例如，假設團隊正在開發一個應用程式，用於接受或拒絕貸款的申請，而

另見

使用者故事是一種描述功能的敏捷方式，我們在第 13 章中會有更多的介紹。

如果產品負責人和團隊同意下一個衝刺將包括計算申請人的信用分數，那麼與此相關的初步分析任務應該被確認、估計並包含在衝刺待辦清單中。另一方面，如果下一個衝刺的工作仍是未知的，那麼與下一個衝刺相關的具體任務，就不用包含在待辦清單中。

整體來說，許多分析師喜歡 Scrum 帶來的轉變，儘管他們不再是唯一解讀客戶需求的人。在採用 Scrum 的兩年後，Topp 評論了他與團隊中其他人的關係是如何改變的。

> 因為我們都在同一個團隊中，而且都在同一時間處理同一個使用者故事，所以團隊似乎更加團結。在使用 Scrum 之前，似乎每個功能（分析師、程式設計師、測試人員、DBA）都是在各自獨立的孤島上完成，但以這種模式工作，會有更多的溝通不良與相互責備情況出現。現在採用了 Scrum 後，團隊會專注在一小部分的使用者故事上。相互責備的情況在「我們是一個團隊」的心態下已經不復存在。

專案經理

在遵照順序開發流程的專案中，專案經理（project manager）的艱鉅任務是確保開發出客戶想要的產品。要做到這一點，專案經理必須努力管理專案的一切，包括範圍、成本、品質、人力、溝通、風險與採購等等，其中的某些責任確實是在其他人身上，例如，範圍控制則理所當然地屬於客戶。沒有人能夠在產品開發過程中做出所有必要的權衡，因為優先順序、團隊速度和市場條件都會不斷改變。優先順序從不是一個靜態的、一次性的、在專案一開始就完成，無法僅由專案經理一人管控，然而，這種傳統專案卻一再地要求專案經理做出有根據的「合理猜測」，以交付正確的產品。

在 Scrum 專案中，我們認知到專案經理的角色行不通，因此將它替換掉。不過，排除這個角色並不意味著我們可以取消其本來的工作與職責。你可能已經猜到了，由於自組織團隊是 Scrum 的核心概念，以前由專案經理承擔的大量

責任會被轉移到 Scrum 團隊。例如，在沒有專案經理分配任務的情況下，團隊成員承擔了自己選擇任務的責任，其他責任則轉移到 ScrumMaster 或產品負責人身上。

以前擔任專案經理者，通常會擔任他們過去職責某個部分的角色──根據經驗、技能、知識和興趣，他可能成為 ScrumMaster、產品負責人，也可能作為團隊成員。

有些人成為專案經理是因為他們把它當成理想職涯的其中一個階段，然而他們並不喜歡專案管理。這些人懷念擔任程式設計師、測試人員、資料庫工程師、設計師、分析師、架構師等工作時的技術挑戰，因此，其中許多人利用專案經理這角色被取消的機會，回到他們更滿意的工作上。

另外有一些專案經理則利用自己的職責來加深對公司和客戶的了解。在這種情況下，專案經理會將這些知識轉化為產品負責人的角色。這可能是一種很好的轉換，特別是對於那些很難完全放棄指示團隊該做什麼的專案經理。產品負責人的一部分角色是可以稍微向團隊說明「該做什麼」，只要不直接告訴他們如何做；這對於那些天性喜歡指導的前專案經理來說，可以稍稍得到滿足感。

如果專案經理能夠克服指揮團隊並替他們做決定的舊習慣，那麼這樣的專案經理很可能會成為一名優秀的 ScrumMaster。這是採用 Scrum 的組織中，專案經理最常見的新角色。新角色一開始對前專案經理來說可能會很困難，因為要學會忍住不說，讓團隊自己學習解決問題並做出決定。通常來說，新的 ScrumMaster 會被置於一個具有挑戰性的位置，即指導團隊做他們不擅長的事情──敏捷。在這種情況下，ScrumMaster 的最佳策略包括以下幾點：

- **盡可能地堅持按書上的要求做 Scrum**。一開始要嚴格遵循 Scrum 書上的建議，或是聘請一位現場指導的培訓師或教練，並嚴格遵循她的建議。唯有當你有了真正的實踐經驗之後，才能開始客製化這個過程。
- **盡可能多與其他 ScrumMaster 交流**。如果你的組織中有多位 ScrumMaster，那麼與其他 ScrumMaster 組成一個實踐社群，並分享好與壞的經驗。從這些經驗的共同點中，提取教訓並從中學習。如果你的

> 另見
>
> 實踐社群將在第 17 章進一步描述。

組織中只有你一個 ScrumMaster，那就找一些外部的 ScrumMaster，可以和他們分享故事，比較彼此的方法。

- **盡可能大量學習，快速吸收知識**。閱讀書籍、文章、部落格和網站相關資訊。研究當地的敏捷團體並參加他們的會議。嘗試參加一個或多個主流的敏捷或 Scrum 研討會。

Doris Ford 是 Motorola 公司的一名軟體工程經理，她是受過傳統訓練的專案經理和專案管理師（Project Management Professional, PMP）。儘管擁有傳統的專案管理背景，但 Doris 所採取的做法一直都是支持與賦能她的團隊。正因為如此，她能夠輕鬆地從專案經理轉為 ScrumMaster。她寫到了她的工作是如何隨著 Scrum 而改變的。

> 在管理敏捷開發的這些年，我學會了不要花太多時間在任務的細節上。作為一個傳統的專案經理，我總是需要時刻關注誰在做哪些任務、任務彼此有什麼關聯以及是否能按時完成。我花了無數的時間去追這些問題得到答案，以滿足範圍、時間、預算與品質等限制條件，並向上報告進展情況（有時使用實獲值 earned value 來進行報告）。在敏捷的環境中，我必須學會信任團隊成員，相信他們會確定並完成每個衝刺中所需的任務。一開始很難放手，但我很快就知道團隊可以做到這一點。現在，我把大部分時間花在支持團隊成員上，解決他們遇到的障礙，避免外部干擾分散了他們的注意力。

為什麼要改變職稱？

如果一個專案經理有可能成為團隊的 ScrumMaster 或產品負責人，為什麼我們需要改變這個人的頭銜呢？讓我們思考一下 ScrumMaster 這個詞。幾年前，當我剛開始執行 Scrum 專案時，「ScrumMaster」一詞還不存在，而且我也只想到把這個角色稱為「專案經理」。當時的做法效果已經夠好了。但我在招聘新員工擔任這些角色時，清楚地傳達了我對他們與團隊互動的期望，也避開那些作風專橫、喜歡命令控制別人的人。另外，也要求這些新的專案經理向我匯報，這使我能夠影響他們與團隊的互動方式。稱他們為「專案經理」沒什麼問題。

隨著公司不斷成功和發展，我們開始併購其他公司。我們在這些公司中接收了一些專案經理，他們有時確實對專案經理的角色有非常傳統的思維，我要幫助他們轉換這種思維，調整為更符合敏捷開發的思維。我發現這比直接雇用適合自組織團隊協作能力的專案經理要難得多。

幾年後，在與 Ken Schwaber 的討論中，他幫助我理解了為什麼改變既有的專案經理比我預期的還要困難。Schwaber 告訴我，允許專案經理保留他們的頭銜，會讓他們認為這些變化並不像他們想像的那樣複雜。他在 1997 年發明了「ScrumMaster」一詞，部分原因是可以提醒大家，這不僅僅只是去掉或增加了一些額外責任的專案經理。Schwaber 告訴我，「Scrum 的詞彙本身就代表著變革。Scrum 的某些用詞是有意為之的不好聽——例如 burndown（燃盡圖）、backlog（待辦清單）、ScrumMaster——因為它們提醒我們變化正在發生。」

儘管我這樣建議，你也不一定要捨棄「專案經理」這個頭銜。如果你或你的組織對它情有獨鍾，就繼續使用它。但要注意 Ken Schwaber 的建議和我的經驗：用舊的術語會拖慢新方法採用的速度。保留一個舊的職稱，會阻礙人們以新的方式思考。此外，如果連工作頭銜這種微不足道的東西都不願意放棄，可能也不會願意為採用 Scrum 做出更艱難的改變吧。

架構師

許多架構師經過多年的努力，終於配得上「架構師」（architect）這個莊嚴的頭銜。他們有理由為自己的知識、經驗以及為技術和商業挑戰提出優雅解決方案的能力感到驕傲。我發現，架構師在採用 Scrum 時提出的許多擔憂可以歸納為以下兩種類型：

- 人們還會執行我告訴他們的架構嗎？
- 在沒有前期架構階段的情況下，我怎樣才能確保我們建立一個架構合理的產品？

針對第一種擔憂的回答，完全取決於架構師本身。許多架構師可能會發現，他們的工作幾乎沒有變化，這些架構師推薦的解決方案仍被採納，因為其

他開發人員尊重他們，知道他們的建議可能是好的。例如，如果我的一個同事因過往做出合理的架構決策而富有聲譽，我也觀察到她在目前專案上做出了良好的架構決策，我就會傾向於向她提出架構上的問題。即便我們是一個自組織的團隊，沒有人強迫我去徵求第二個意見，我也會這樣做。

第二種擔憂多半是沒有根據的。我們在第 14 章的「在整個衝刺中協作」這一節和第 9 章的「設計：有意圖但逐步湧現」這一節中會提到，產品的架構需求與業務目標是一起被用來驅動產品待辦清單的最優先事項，這使架構師能將注意力與精力放在應用程式中架構不確定性較高之處。在架構複雜或有風險的產品上，架構師需要與產品負責人緊密合作，讓產品負責人了解產品待辦清單中各個項目對架構的影響。所有產品負責人都覺察到，他們必須聆聽市場、使用者、顧客的意見來做出產品決策。優秀的產品負責人也知道要徵求技術團隊對優先順序的意見，雖然最終的決定在產品負責人身上，但優秀的產品負責人在確定工作優先次序時要考慮所有的觀點。

AgileArchitect.org 的 Andrew Johnston 寫道：「在敏捷開發中，架構師的主要責任是考慮變化和復雜性，而其他開發人員則專注於下一次交付（2009）。」對工作進行明智的排序，可以幫助團隊更快獲得關鍵的知識，避免風險或在發現風險時有足夠的時間做出反應，使開發的總成本最小化。

No-Code 架構師

對於不寫程式的 no-code 架構師（non-coding architect）來說，他們的工作內容可能會發生最大的變化。這些人被 Scott Ambler 稱為「象牙塔架構師」（2008b）。no-code 架構師的存在是眾所周知麻煩的預兆，Scrum 專案正好可以擺脫這個困擾。一些 no-code 架構師會把 Scrum 看作是一個機會，讓他們重拾職業生涯早期所熱愛的寫程式工作，這些架構師會成為 Scrum 團隊受歡迎的貢獻者，他們憑藉深厚的知識和經驗以及捲起袖子寫程式碼的能力，將會得到團隊的尊重。

但要小心那些反對更動角色、不願親自參與專案貢獻的架構師。在許多情況下，這些 no-code 架構師把他們的職涯目標放在「擺脫動手寫程式」。Tom

就是一個這樣的架構師，我第一次見到他的時候很困惑。他總是說得很好聽，聽起來也很了解所有正確的技術，然而，他是我見過第一個喜歡開會的開發人員，他總是希望能安排更多的會議。隨著我對 Tom 有更進一步了解，我意識到他的技術知識是非常膚淺的——他並不像我想像的那樣優秀。我很快就明白了他為什麼喜歡團隊花那麼多時間開會：在一個不必要的會議中，所有與會者看起來有同樣的生產力和價值。當團隊成員回到他們的辦公桌前開始做真正的工作時，開發人員之間的巨大差異才開始顯現出來。Tom 對不必要的會議的偏愛，是一種自我保護技巧——團隊花在開會的時間越多，大家就得花更多的時間才能發現 Tom 不夠優秀。

要成為一個有價值的貢獻者，名片上寫著「架構師」的人並不需要將全部時間投入寫程式。事實上，很有可能一兩個衝刺期過去了，架構師也不需產出任何程式碼。我想區分的是，仍然具備寫程式功力的架構師，和已經沒有寫程式實力的架構師。軟體架構師 Johannes Brodwall 說：「我作為一名架構師的角色最大的變化是，架構師不再有檯面上支配技術解決方案的權力了，相反，架構師必須扮演顧問和協調者的角色。作為一個顧問，我最好還是能夠勝任我所提供建議的工作。」

部門經理

習慣以矩陣架構運作的部門經理（functional manager），如開發經理、QA 主管等，將持續以此種形式在 Scrum 專案中工作。典型的部門經理在轉型後可能會面臨某些權力的削減，但這要取決於轉型前組織對該角色的定位。

部門經理通常仍會負責指派底下人員參與各專案的工作。公司希望部門經理繼續依據不同專案的需求、專案地點、個人的發展需求和職業抱負等來做出這些決定。在一些組織中，部門經理不只指派人員參與各專案，還會親自參與分配團隊任務的工作。在轉型到 Scrum 之後，他們不會再做這樣的事了。個人主動選擇任務是自組織的基本架構，必須由團隊成員自主完成。

部門經理的領導角色

部門經理一直都是領導者,這些年領導作風的趨勢發展也影響了他們的個人風格。像是在我的成長過程中,我的父親管理著西爾斯(Sears)的門市,當時西爾斯百貨是全球最大的零售商。我父親的管理風格是典型的由上而下高層管理方式。他會建立目標、配額和其他衡量指標,將它們傳達給商店的員工,然後依據這些目標來衡量每個員工的績效。這個時代的普遍看法是一個好的經理可以管理任何事情,我父親理應能夠將他管理零售商店的經驗,運用到管理銀行或製造業,發揮他的長才。我的父親是屬於圖 8.1 左下方的象限,該圖出自 Jeffrey Liker 的《豐田之道》一書(2003, 181)。

圖 8.1
根據專業技能和管理風格的不同,所劃分出不同類型的部門經理。改編自《The Toyota Way》,Jeffrey Liker 著,版權歸 McGraw-Hill 公司所有。

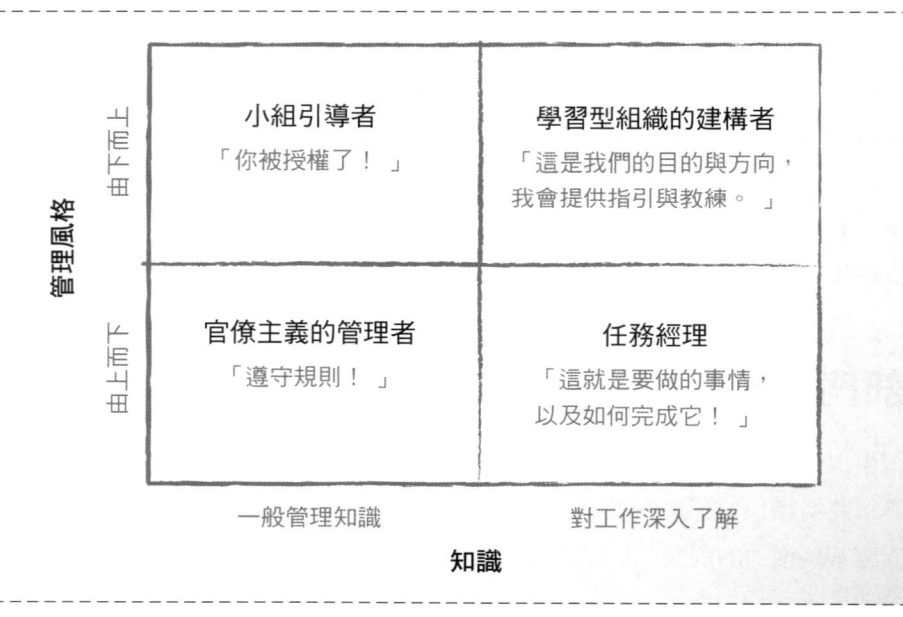

	一般管理知識	對工作深入了解
由下而上	小組引導者 「你被授權了!」	學習型組織的建構者 「這是我們的目的與方向,我會提供指引與教練。」
由上而下	官僚主義的管理者 「遵守規則!」	任務經理 「這就是要做的事情,以及如何完成它!」

管理風格(縱軸) / 知識(橫軸)

另一類的經理,或者不同於我父親所處時代的經理,可能會採取由下而上的方式來發揮通用管理技能,這種部門經理會出現在圖 8.1 的左上象限。而在該圖的右下象限,我們可以想像一個對工作有深刻理解的經理,擁有由上而下的管理風格,這種經理——在軟體專案中很常見——會直接告訴團隊該做什麼和怎麼做。

在一個使用 Scrum 的組織中，部門經理應該處在右上象限，他們將結合對工作的深刻理解與由下而上的管理風格，負責為團隊成員提供指導和教練。當然，ScrumMaster 和產品負責人也會提供指導和教練，但他們的觀點主要專注在單一專案或產品。部門經理會有更廣泛的視角，包括建立跨專案標準的能力，以及設定對品質、可維護性、可重用性和其他許多實用或非功能性要求的期望。

部門經理一樣有責任讓他們的成員順利發展。框出預算和時間讓他們參加研討會，用適當的專案來挑戰他們，鼓勵他們加入或形成實踐社群，這些都是部門經理的職責。

> **另見**
> 關於改進社群與實踐社群更詳盡的介紹，請見第 4 章「逐步敏捷」與第 17 章「擴展 Scrum」。

人事責任

在大多數組織中，部門經理將保留對其部門人員定期審查的責任。儘管部門經理本來就會希望能在審查時，將每個員工的同事和客戶的意見納入，但在 Scrum 的環境中更有必要如此，因為員工很可能在日常工作中與部門經理不太有密切的關係。

在許多組織中，部門經理還保留著做出僱用和解僱決定的責任。ScrumMaster 和產品負責人對產品開發團隊中的個別成員都沒有這種級別的權力。

在組織採用 Scrum 後，大多數部門經理發現他們比以前多出更多的時間，這些時間最常被用來與他們的直屬下屬保持更密切的聯繫，更了解每個人正在進行的每個專案（透過參加各種衝刺回顧會議等活動），以及更關注跨專案標準與未來發展方向。

> **另見**
> 第 20 章「人力資源、設備管理與專案管理辦公室（PMO）」中討論了定期的績效評估。

程式設計師

程式設計師（programmer）在 Scrum 團隊中做什麼？他們既寫程式、也測試、也做分析，還進行設計，他們做所有必要的事情來幫助團隊完成衝刺內的工作。雖然在 Scrum 團隊中是可以擁有專家的，但專家們需要在必要時願意為了團隊的整體利益而去做專業之外的工作。然而，Scrum 團隊中大多數的程式設

> **另見**
> 第 11 章「團隊合作」中詳細探討了專家存在於團隊中的這個議題。

計師應該願意以任何方式來優化整個團隊的產量，這意味著他們會在必要時進行測試、有時用非首選語言來寫程式等等。

對於 Scrum 團隊中的程式設計師來說，最引人注目的其中一個變化是，他們不能再坐在自己的小房間裡，等著別人告訴他們到底要設計什麼程式，他們必須積極參與了解產品需求的過程。令人驚訝的是，有很多人只想被告知要做什麼。我聽到過這樣的說法：「如果他們告訴我做什麼，我就去做，那麼我就不會被解僱。」Scrum 團隊中的程式設計師──和團隊中所有其他人一樣──應該要共同分擔產品成功的責任。當一個人充分感受到這種責任時，就會更容易去做那些超出自己正常工作範圍的事情。

程式設計師也會被要求與客戶和使用者交談，而這部分的工作量，則可根據程式設計師、組織、其他團隊成員的優勢和專案的性質來調整。程式設計師不需要養成如銷售人員那麼擅長交際、八面玲瓏的性格，但他們確實偶爾要能自在地與使用者或客戶交談，即便只是透過電話。

> **另見**
> 結對程式設計需要兩個工程師共享一台電腦，這在第 9 章中會有更多的討論。

同樣，程式設計師需要花更多的時間與他們的同事互動。所以程式設計師可能不能夠在 11 點才進公司，戴著耳機工作到晚上 7 點然後靜悄悄地下班。相反，我們期望程式設計師能和團隊坐在同一個空間裡，參與討論，幫助別人解決問題，並參與結對程式設計。

這些變化可能會讓許多程式設計師（包括我自己）感到不安，很多人進入這個領域是因為認為程式設計師可以整天坐在個人的小房間裡獨自工作。在我第一份程式設計工作之前，我的工作是沖洗照片，需要整天獨自一人在一個六乘四呎大的密閉小暗房中工作。我會在固定休息時間與午餐時間出來走走；剩下的時間，我會獨自在黑暗中工作，我喜歡這樣。搬到明亮的隔間辦公室是一個很大的改變，從安靜的隔間轉到一個充滿活力、熱鬧的工作環境更是一大挑戰。Scrum 團隊中的程式設計師被期待進行這種轉型，幸好，這種變化對我們大多數人來說並沒有那麼難。我們或許喜歡獨處，但我們也發現，參與結構化的對話（如 Scrum 專案中的會議與決策相關的討論）要比雞尾酒會上的毫無章法的交談要容易多了。

除了在溝通和互動上的轉變，程式設計師必然也會經歷工作方式上的改變，第 9 章中描述的許多技術實踐，對他們來說都是新體驗。團隊可能不會在一開始就採用所有的實踐方法（在某些情況下甚至永遠不會全導入），但我建議所有的實踐都要經過考慮和嘗試。

資料庫管理師

對於資料專業人員，不管是稱為資料庫管理師（database administrator）、資料庫工程師（database engineer）或是別的稱謂，他們可能是最抗拒 Scrum 導入的人。前面提到的關於程式設計師的大部分描述，也適用於資料庫管理師。除此之外，資料專業人員還將面臨著要去學習如何逐步完成傳統上被視為專案前期工作的部分任務。

對於資料庫設計的標準建議，往往是對系統做一個完整的需求分析，創造一個邏輯或概念性的資料庫設計，然後將這些概念對應實體資料庫的限制條件，進行實體資料庫設計。這一系列步驟的成功，是以在前期能全面且準確的分析為前提的。傳統資料專業人員的觀點，我在飛機上遇到的一個人對此下了最精闢的註解，他是一家大型醫療公司的資料庫開發副總，他對世界的看法是「應用程式不斷在變化，但資料永遠不會」。

這種類型的思維，導致了過度專注在一開始進行完整的分析。這理論上是件好事，但當我們花時間做完整的分析，世界卻在不斷地改變。使用者的需求一直在變化，競爭者也不斷發布產品，資料庫需要持續改進，以應對不斷演變的應用程式。

在第 14 章中，我將提出這樣一個觀點：使用者經驗設計、架構和資料庫設計都會面臨相同挑戰：學會逐步進行需全盤考慮的任務。DBA 的大部分日常工作不會有明顯的變化，但是 DBA 如何處理和安排這些工作會有很大的變化，這將在第 14 章的「在整個衝刺中協作」小節中討論。

測試人員

多年來，常見的測試方法是基於 Philip Crosby 對品質的定義：符合要求（1979, 16）。如果品質是符合需求，那麼這些需求最好寫下來。這導致許多測試人員（tester）過度追求完美的需求文件，他們可以根據這些文件確認系統是否符合要求。符合需求雖是件好事，但符合使用者的需求則更好。在使用 Scrum 時，我們承認不可能完全預測所有的使用者需求。

就像程式設計師不能再說：「給我一個完美的規格，然後請先離開，我會讓系統完全按照你的要求去做。」測試人員也不能說：「給我一個完美的需求文件，我保證系統能做到裡面提到的一切。」這些態度（在傳統管理的專案中很普遍）都會導致放棄應有的職責。彷彿在說，「只要告訴我要做什麼，我就會去做。」但實際上，每個人都需要思考自己的產品，對每個功能提出問題，去了解每個功能是如何讓產品的整體價值加分（或減分）。

由於 Scrum 團隊在需求收集過程中，把重點從寫需求轉移到討論需求上，與產品負責人的對話則成為測試人員得以發現新功能應該如何運作的主要途徑。測試人員可能會與產品負責人討論一個功能應該如何展現，該功能效能的要求，必須達到怎麼樣的驗收標準等等。測試人員並不是只能從產品負責人那裡獲得這些資訊，他也可以在適當的時候與使用者、客戶和其他利害關係人交談。

與程式設計師一樣，在需要互動的環境中工作對於正在轉型到 Scrum 的測試人員來說，可能會感到不自在。許多測試人員，就跟他們的同事一樣，進入軟體開發業時，期待著可以坐在一個小隔間裡獨立作業，每天不用花太多時間與人交流。但現在不同了。Scrum 團隊中的測試人員將需要習慣與他們的同事以及團隊外的人進行更頻繁且有意義的對話。

除了要丟棄提前寫出完美規範的迷思，測試人員面臨的最大變化之一是學習如何迭代工作。從概念上講，這不應該是一件難事。如果我們把每個衝刺看作是專案，那麼每個專案（衝刺）的測試就該在那個衝刺中完成。但這並不像宣布將每個衝刺的最後一週保留給測試那麼簡單，而且這樣也行不通，反而會

另見

從寫需求到討論需求的轉變，在第 13 章的「從寫文件轉變為口頭討論」一節中有詳細說明。

在每個衝刺中創造了小型瀑布。在最初的幾個衝刺階段，測試人員將面臨巨大的挑戰。在那段時間裡，程式設計師也在學習如何迭代工作，而且可能也不太擅長。團隊可能會過度承諾在一個衝刺內可以完成的工作，而程式設計師可能到衝刺快結束時才會將規劃中的功能完全寫好，因此他們會在一個 20 天衝刺的第 18 天才把程式碼交給測試人員。等到這些角色學會如何以敏捷方法工作，就不會再發生這種最後一刻才交完成任務的情況。

對測試自動化的重視成為 Scrum 團隊的一大特點，即使是那些多年來一直努力在自動化測試方面取得進展的團隊，也會發現 Scrum 的短期衝刺使測試自動化變得不可或缺。隨著時間進展，這減少了對測試人員手動測試的依賴——也就是閱讀腳本、按下按鈕並記錄結果的人；這些測試人員經常被要求學習團隊使用的測試自動化工具。雖然一些測試自動化工具是需要透過寫程式來進行測試，但並非所有工具都是如此。在我見過的手動測試人員中，只有少數無法對團隊的測試自動化工作做出重大貢獻。另一方面，我也遇到過很多害怕這種改變的人，但在時間、實踐、培訓和結對程式設計（包括與程式設計師）的推動下，應該足以克服這種恐懼。

與 Janet Gregory 合著《Agile Testing》一書的作者 Lisa Crispin 即回憶說，當她轉換到敏捷團隊工作時，她注意到的第一件事就是：她需要變得更積極與主動。

> 不要坐在那裡等著事情來找你。要主動出擊！我們測試人員不能等著測試任務來找我們，我們必須站起來主動參與，並想清楚要做什麼。與程式設計師直接合作對很多測試人員來說是件新鮮事（雖然對我來說不是這樣，我總是在每個專案開始的時候，不管我們所用的流程是什麼，我都會親自去碰一下）。與客戶合作對很多測試人員來說也是新鮮事，甚至對很多人來說已經超出了他們的舒適圈。程式設計師通常很忙，有時候也讓人感到有些害怕。當我在一個有八名程式設計師的團隊中擔任唯一的測試人員時，儘管他們大多數都是我在另一家公司一起共事過多年的夥伴，我仍需要很大的勇氣來向他們尋求協助。

另見

關於測試人員、程式設計師和其他人應該如何合作的建議，請參見第 11 章中的「每件事都做一點」一節。

另見

關於為什麼一個團隊可以使用一個以上的測試自動化工具，詳見第 16 章「在不同層次進行自動化」。

| 反對意見 | 「如果我與團隊中的其他人工作太密切，我就會漸漸練成「開發人員視角」，讓我從他們的角度去看事情，而不再從測試人員的視角去看待了。」|

很難想像，與程式設計師更緊密的合作會導致測試人員失去既有視角，讓他們不能再以正確的方式測試軟體。資料庫專業人員已經與程式設計師緊密合作了多年，也沒有變得如此。幾十年來，測試人員一直堅持白盒測試（他們可以看到系統的內部結構）和黑盒測試（他們不能看到系統的內部結構）都要做。如果與程式設計師一起工作會導致形成「程式設計師視角」，那麼似乎有理由相信，做了白盒測試的測試人員也會失去測試人員該有的視野，而不能做黑盒測試。很幸運，情況並非如此。

雖然 Scrum 帶來的許多變化一開始會讓人不舒服，但大多數測試人員在習慣了新的工作方式後會喜歡上它們。Jyri Partanen 是 Sulake 的 QA 經理，Sulake 是 Habbo 的開發商，Habbo 是一個平均每月有超過八百萬不重複訪客的虛擬社交平台。Partanen 描述了測試人員所需的轉變。

> 測試是一個傾向於維持既有慣性的職業。在向敏捷轉型時，堅持舊的做事方式可能會導致半途而廢。一般來說，測試工程師苦惱的會與工作的穩定性以及轉型對日常工作帶來的改變有關。然而，這是不必要的擔憂。從我個人以及其他已經完成敏捷轉型之測試人員的經驗看來，我可以肯定地說，接受這些變化是明智之舉。這些變化讓測試工程師在敏捷團隊中對開發過程有更大的影響，更重要的是，對最終產品有更大的影響。

使用者體驗設計師

使用者體驗設計師（user experience designer, UED）通常對採用 Scrum 的擔心是合理的。儘管他們習慣於迭代工作，但他們更喜歡在專案的其他部分開始之前完成自己的迭代流程。然而，在 Scrum 專案中，我們並不覺得在開始開發之前，需要完成 UED 所有的工作。

我最喜歡的敏捷設計師工作方式，來自於多倫多的 Autodesk 公司。Lynn Miller（2005）和 Desirée Sy（2007）寫出了他們將設計融入敏捷流程的方法。我曾參與過的幾十個與敏捷有關的專案，其中的團隊和設計師都欣然接受他們提出的建議。

根據 Miller 和 Sy 的說法，專案中應該有兩條平行的軌道：一條是開發，另一條是互動設計。圖 8.2 描述了這兩條軌道和它們之間的互動關係。其中的核心想法是，讓 UED 永遠比開發提早至少一個衝刺。UED 藉由結合剛開始的第零次衝刺和第一次衝刺中專注在不太影響到使用者介面的功能，於專案中得以搶先一步。

這種做法可以很有效，但也帶來了風險，讓 UED 認為自己是一個獨立的團隊。Lynn Miller 繪製了這張圖的第一個版本，他同意不能將其解釋為兩個獨立的團隊。

> 每當我在教這個概念時，我總是強調設計師不應該把自己當成一個獨立的團隊，緊密且頻繁的溝通是使這個建議成功的關鍵。這張圖不適當之處在於它似乎暗示開發與設計是分離的，而這並非我的本意。

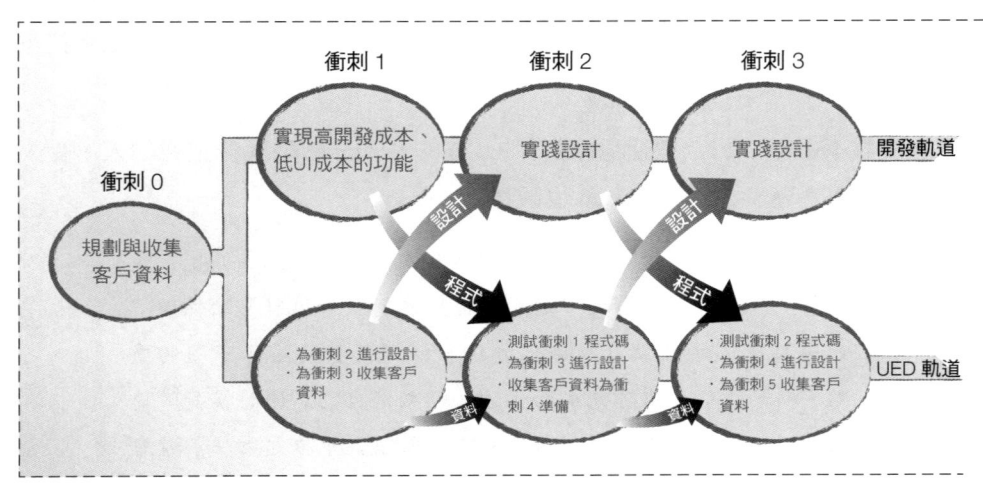

圖 8.2
UED 與開發可以平行運作（改編自 Lynn Miller 的圖）。

UED必須將自己視為團隊的一部分，這一點是極其重要的。擁有跨職能團隊的概念是Scrum的基礎；團隊需要涵蓋從發想到實踐所需的每一個人。那麼，為什麼測試團隊不能準備一個像圖8.2那樣的圖表，展示程式設計與測試衝刺的並行進行呢？

如果我在貴公司走廊上遇到一個UED，問他：「你是做什麼的？」我可能會得到這樣的回答：「我是一名使用者體驗設計師，我比開發人員提前一個衝刺階段工作。我的工作是確保當他們開始一個衝刺的時候，我可以給他們一個能參照的設計，讓他們在那個衝刺中開發。」這個答案與圖8.2相吻合，但這不是我喜歡的答案。相反，我更希望聽到的是：「我是一個使用者體驗設計師，我是開發團隊的一員，我的主要工作是確保我們完成所有承諾在衝刺中要完成的工作。但這並不會佔去我所有的時間，所以我花了大量的時間關注下一個或兩個衝刺階段要做的事情。然後我收集數據，打樣設計，並竭盡我所能讓我們在未來的衝刺階段開發某個功能時，能夠在那個衝刺階段將它完成。」

這兩段虛構的引述描述的是完全相同的工作。在這兩種情況下，UED都是在衝刺期間與團隊一起工作，解決有關該衝刺的問題，但他們也看向未來。然而，這兩個不同的答案呈現出對工作的不同心態。首先，我希望UED感到自己是團隊的一部分，他們的首要任務是完成當前衝刺的承諾。除此之外，他們的工作還包括跟產品負責人一樣放眼未來，看看競爭對手在做什麼、使用者接下來會需要什麼等等。

另見

在第14章中，我們將更詳細地研究使用者體驗設計師如何將自己的工作與團隊中其他人的工作有效地重疊起來。

我並不是唯一認為敏捷思維對於UED的Scrum轉型至關重要的人。受人尊敬的可用性專家Jakob Nielsen也同意這一點。

> 對於支援敏捷團隊的使用者體驗專業人員來說，主要的變化是心態上的。擁有良好的、通用的使用者體驗知識將幫助你理解如何改變傳統的設計和評估方法，以滿足敏捷團隊不同的重點。然而最終如果你想成功，你必須相信自己，同時接受敏捷開發的理念。如果你準備好改變你的做法並承擔起責任，就會有很大的機會提高你在團隊中的效率和影響力（2008）。

三個共通的主題

在這一章中,我們考慮了分析師、專案經理、架構師、部門經理、程式設計師、資料庫管理師、測試人員和使用者體驗設計師的角色變化。在這樣做的過程中,有必要再重申以下三個重點:

- **漸進工作。**努力在衝刺中漸進式地產出一個潛在可交付的產品。
- **迭代工作。**功能可以在隨後的衝刺中重新審視並進行調整。
- **走出專業領域工作。**為了在衝刺結束時創造出一些潛在可交付的產品,個人必須願意偶爾跨出自己的專業領域工作。

當你往前行的時候,你會發現,把這三個重點牢記在心,作為個人在 Scrum 團隊中工作的指導原則,會對你很有幫助。

延伸閱讀

Ambler, Scott. n. d. Agile Data Home Page. http://www.agiledata.org.
  一個有用的網站,收集了多產作者 Scott Ambler 有關在資料密集型環境下敏捷開發的一些文章。

Crispin, Lisa, and Janet Gregory. 2009. *Agile testing: A practical guide for testers and agile teams*. Addison-Wesley Professional.
  本書是敏捷專案測試的綜合指南,以敏捷測試的十個原則開始,描述了測試或 QA 小組將感受到的組織變化。本書的核心是描述所有測試都會有的四象限觀點,許多團隊都認為很有用。

Highsmith, Jim. 2009. *Agile project management: Creating innovative products*. 2nd ed. Addison-Wesley Professional.
  敏捷專案管理方面最受歡迎的書。第二版在已經很完整的目錄中增加了關於發布計劃、擴展、治理和措施的章節。

Jeffries, Ron. 2004. *Extreme programming adventures in C#*. Microsoft Press.

這是一本有趣的書，我們在書中會看到 Ron Jeffries 藉由與 Chet Hendrickson 結對程式設計來自己學習 C#。這本書並非 C# 程式設計專書，它是對 Scrum 團隊中實行之快速程式回饋（fast-feedback programming）做了一個好介紹。

Johnston, Andrew. 2009. The role of the agile architect, June 20. Content from Agile Architect website. http://www.agilearchitect.org/agile/role.htm.

這整個網站資訊是專門提供給敏捷架構師參考。我發現這篇是該網站上最有用的文章，它描述了敏捷架構師的五個關鍵目標和七個黃金原則。

Krug, Steve. 2005. *Don't make me think: A common sense approach to web usability* （繁中版：《點石成金：訪客至上的網頁設計秘笈》）. 2nd ed. New Riders Press.

這是介紹以折中方式進行可用性設計（discount approach to usability）主題的書籍中寫得最好的一本。有經驗的使用者體驗設計師可能會覺得它太簡單了，而且它走了太多的研究捷徑，但很多團隊都覺得它很有幫助。

Marick, Brian. 2007. *Everyday scripting with Ruby: For teams, testers, and you*. Pragmatic Bookshelf.

這本好書是針對需要學習 Ruby 基本腳本技能的測試人員，可能是作為在敏捷團隊工作的一部分，但本書也適合需要一本 Ruby 入門好書的所有人。

Sliger, Michele, and Stacia Broderick. 2008. *The software project manager's bridge to agility*. Addison-Wesley Professional.

Sliger 和 Broderick 都是 Scrum 培訓師，同時也是專案管理師（PMP）。他們把這本書設計為針對像他們一樣正在朝 Scrum 或任何敏捷流程轉型的 PMP。

Subramaniam, Venkat, and Andy Hunt. 2006. *Practices of an agile developer: Working in the real world*. Pragmatic Bookshelf.

這本簡短的書籍收集了近 50 個可以用於任何敏捷專案的程式設計師小技巧。每個小技巧（如「讓設計指導，而非發號施令」）都描述了該如何去實踐，以及做得好的時候應該有什麼感覺。

Chapter 9
技術實踐

新的頭銜、角色和職責並不是 Scrum 團隊被要求做出的唯一改變。一個 Scrum 團隊要想真正成功，就不僅需要採用 Scrum 基本且顯而易見的部分，還要致力於真正改變創造產品的工作方式。我觀察過一些執行衝刺的團隊，他們有良好的衝刺規劃和審查會議，且從不錯過每日站會，並在每個衝刺結束時開回顧會議。他們看到了實實在在的改進，生產力可能比在使用 Scrum 前高出一倍。但他們還可以做得更好。

這些團隊所缺少的——也是阻止他們實現更大幅度改進的原因——是缺乏技術實踐上的改變。Scrum 並沒有規定具體的實踐方式，因為這樣做與 Scrum 的基本理念不一致：Scrum 相信團隊能解決問題。例如，Scrum 並沒有明確說你需要測試，它沒有說你需要以測試驅動的方式、結對地寫出所有的程式碼，它所做的是要求團隊在每個衝刺結束時交付高品質、潛在可發布的程式碼。如果團隊可以在不改變技術實踐的情況下做到這一點，那就這樣做吧，然而大多數團隊會採用新的技術實踐，是因為這使得他們更容易實現目標。

在這一章中，我們會研究五種常見敏捷技術實踐，這些實踐因《極限程式設計》而廣為人知，進而被許多表現最好的 Scrum 團隊所採用，我們將看到這

些實踐是如何從對卓越的追求中所產生。最後，我們來看看 Scrum 團隊的技術實踐是如何做到刻意引導軟體系統的浮現式設計（emergent design）。

追求技術上的卓越

像大多數孩子一樣，當我的女兒們畫了一幅特別令人驚嘆的傑作時，她們會把它從學校帶回家，並希望把它展示在一個顯眼的地方──也就是冰箱上。在某一天工作時，我在 C++ 的程式碼中寫出了一個特別令人滿意的策略模式。我認為冰箱門適合於展示我們特別自豪的東西，於是就也把它貼到了冰箱上。如果我們總能對自己的工作品質感到非常滿意，自豪地把它和孩子們的作品一起貼在冰箱上，這樣不是很好嗎？雖然你可能不會真的把你的程式碼、測試或資料庫架構貼在你的冰箱上，但產出值得展示的成果，是許多 Scrum 團隊的共同目標。

在這一節中，我們將看看 Scrum 團隊用來提高工作品質的常見技術實踐：測試驅動開發、重構、集體共有、持續整合和結對程式設計。雖然我把這些稱為常見的實踐，但實際上它們並不是那麼地常見。這些實踐有很好的評價，能帶來更高的品質，但由於它們很難付諸實踐，所以使用頻率未達到應有的程度。然而，每一種都是 Scrum 團隊該考慮採用的實踐。因為關於這些實踐的好書和文章有很多，所以我只會簡單地介紹每一種實踐，並將大部分重點放在如何引入這些方法，以及如何克服在導入時常遇到的反對意見。

> **另見**
>
> 有關能助你進一步了解技術實踐本身的推薦閱讀，請參見本章末尾「延伸閱讀」小節。

> **另見**
>
> 這種對程式碼的清理稱為重構（refactoring），本章的下一節將詳細討論它。

測試驅動開發

如果你去看傳統開發團隊的程式設計師是如何寫程式的，你會發現他們通常會選擇程式的一部分來處理、寫程式碼、嘗試編譯、修復所有的編譯錯誤、在除錯工具中瀏覽程式碼，並重複這個循環。如圖 9.1 所示。圖中顯示的測試驅動開發（test-driven development, TDD）與傳統開發截然不同，一個工程師在進行測試驅動開發時，會在很短的週期內找出並完成一個失敗的自動化測試，再編寫足夠的程式碼來通過這個測試，然後在重新開始之前以任何必要的方式清理程式碼。這個週期每幾分鐘就重複一次，而非每幾個小時。

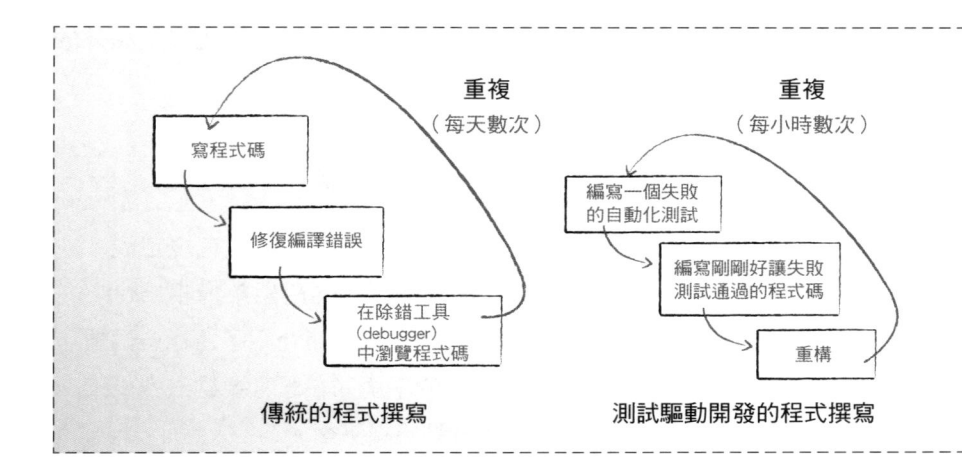

圖 9.1
傳統開發和測試驅動開發的微循環（microcyclic）特徵。

我發現測試驅動開發（TDD）是非常寶貴的。其中一個最大的原因是，它能確保沒有未經測試的程式碼進入系統。如果所有的程式碼都必須先撰寫失敗的測試案例，那麼就算我們不做其他事，至少可以透過 TDD 實現完全的程式碼覆蓋率。你可能會認為「寫完程式後再測試」的方法也能達到相同的效果，然而，我發現，儘管程式設計師承諾在完成一個功能後立即寫單元測試，但他們通常不會這樣做。程式設計師傾向於只為新功能一個小部分寫測試，或者把測試放在以後要做的待辦事項上，然後這個「以後」永遠不會到來。

TDD 除了是程式上的實踐，也可以被視為一種設計實踐。畢竟，測試的撰寫與撰寫時的順序，將指引功能的設計與開發。程式設計師不會列一份有 50 個小型單元測試的清單，然後隨機選擇哪些測試要先實作。相反，每個測試都是經過仔細挑選和排序的，以便儘早解決功能中的不確定因素。透過這種方式，測試的選擇和實作，實實在在地推動了開發過程，導致程式的設計至少在某種程度上會是從系統的需求中產生的。

關於 TDD 是否會帶來更穩健或更好的設計，存在著一些爭論[1]。但毫無疑問的是，TDD 在幫助程式設計師思考他們的設計上是有幫助的。我的建議是例如，一個難以測試的設計可能代表程式碼結構不良。我建議進行測試驅動開發

另見

測試驅動開發的想法也被擴大到所謂的驗收測試驅動開發，這部分在第 16 章「品質」中會提到。

---

1 關於這個例子，請看 Abby Fichtner 的部落格：http://haxrchick.blogspot.com/2008/07/TDD-smackdown.html，其中包括 Jim Coplien 和 Robert Martin 之間的辯論影片。

（TDD），主要是因為它的測試優勢；其所帶來的任何可能設計改進是額外的好處。

反對意見

> 「我正在研究一個複雜的系統，我需要先進行一些架構的工作。」

是的，在一個複雜或大型的系統中，你可能會這樣做。並沒有規定說，TDD 作為一種聚焦在細節層面的實踐，不能與少量的前期架構相結合。事實上，在本章的後面「設計：有意但逐步湧現」一節介紹了這樣一個觀點：敏捷就是要在預測和調適之間找到正確的平衡。在思考要納入多少架構思維（如果有的話）的問題時，最好考慮到這種平衡。

> 「總是先寫一個測試，必然會花更多的時間；我沒有時間可以浪費。」

有證據表明，做 TDD 比不做 TDD 要多花 15% 的時間（George and Williams 2003）。但也有證據表明 TDD 可以減少缺陷的產生。Microsoft 的兩項研究發現，使用 TDD 後，發現的錯誤數量減少了 24% 和 38%（Sanchez, Williams, and Maximilien 2007, 6）。所以，是的，TDD 最初可能需要更長的時間，但這些時間最終會以減少除錯和維護時間的形式回饋給團隊。

現在試一試

- 承諾在未來一週內至少花一整天時間進行測試驅動開發。如果你以前沒有做過 TDD，你可能需要和另一個程式設計師一起工作來掌握它。就算你的伙伴也沒有 TDD 經驗，一起學習還是容易多了。

- 要適應在寫實作之前先寫一個失敗的測試，可能會很困難，因為這是一種非常不同的工作方式。一種更好的理解方法是，嘗試進行「分組編程」（gang programming）。把四到八個程式設計師聚集在一個配備有筆電和投影機的會議室裡，挑選一位程式設計師開始寫程式，其他人則看投影出的程式碼。找到一個你可以寫的失敗測試，然後讓該程式設計師寫出程式碼使測試通過。大約 15 分鐘後，把筆電傳給另一個程式設計師。繼續寫程式碼和傳遞筆電，直到任務完成。

❏ 如果現在嘗試把 TDD 應用在你的應用程式上太困難了，那就找一個輔助型的專案來試試。像是，大家一直在拖延的資料轉換程式如何？或是上個月某個系統管理者要求的獨立程式？

重構

想一下 Fred Brooks 在《人月神話》（The Mythical Man Month）中，對軟體系統隨著時間修改會發生什麼事的經典定義。

> 所有的修復往往都會破壞原有結構、增加系統的混亂（entropy）和無序性（disorder）。花在修復原始設計缺陷上的努力越來越少，卻要花越來越多的時間在修復早期修復所帶來的缺陷。隨著時間過去，系統變得越來越沒有秩序。修復工作遲早無法再帶來任何進展。每向前走一步，就會後退一步。雖然原則上系統可以永久使用，但如果要作為進步的基礎，該系統已經不堪負荷（1995）。

幸運的是，自 1975 年 Brooks 首次寫下這篇文章以來，我們的產業已經學會了修改系統的方法，使系統不會因為每次修改而進一步衰敗。修改而不導致衰減的能力對 Scrum 來說是至關重要的，因為 Scrum 團隊是以遞增的方式建構產品。正如 Ron Jeffries 所說：「在敏捷中，設計必須從簡單的開始，然後不斷成長，要做到這一點的方法就是重構。」

重構是指改變程式碼的結構而非行為。讓我舉個例子，假設一個程式設計師有兩個方法，兩者都包含三個相同的陳述式（statement），將這三個共同的陳述式從兩個方法中提取出來，放到一個新的方法中，而原本的兩個方法則會於原本的位置呼叫這個新方法。這種重構──正式名稱為「提取法」（extract method）──稍微改善了程式的可讀性和可維護性，因為明顯看出一些程式碼被重複使用、重複的程式碼被移到某處。它改變了程式碼的結構，卻沒有改變其行為。

重構不僅對 TDD 的成功至關重要，而且還有助於防止程式碼腐敗（code rot）。程式碼腐敗是一種常見的現象，即一個產品發布後，其程式碼幾年內逐

漸衰退，然後會需要整個進行重寫。透過不斷地重構，在小問題變大之前修復它們，可以保持應用程式免於腐敗。Robert C. Martin 稱這為「童子軍規則」（Boy Scout Rule）。

> 美國童子軍有一個簡單的規則，可以應用到我們的專業當中：離開營地時要比你剛到時更乾淨。如果每次 check-in 程式碼時都能比 check-out 時保持得更乾淨一點，那程式碼就根本不可能腐敗（2008, 14）。

反對意見

「如果他們第一次就寫對了，現在就不需要重構了。」

這有點像說：「如果 Toyota 做出了更好的汽車，他們就不需要換機油、新輪胎或進行任何維修保養。」應用程式需要維護；而重構是選擇在維護成本較低時，逐步改進。我見過大多數採取「不准重構」立場的經理或產品負責人，都是因為團隊在過去濫用了重構的能力。一個典型的例子是，有的團隊在每一次為期十天的衝刺，最後三天都會保留來進行重構；另一個例子是團隊告訴產品負責人：「不行，我們不能在這個衝刺階段做那個重要的功能，因為我們需要重構上一個衝刺所寫的程式碼。」如果整個團隊每次衝刺都需要三天時間來進行重構，就代表有問題了。如果團隊規劃的重構工作量太大，以至於得拒絕產品負責人所希望涵蓋的功能，那麼重構可能就應該列在產品待辦清單上。

現在試一試

❏ 開始建立一個重構待辦清單，將所有想清理的程式碼列入。

如果團隊在同一個地點工作，那麼只需將它寫在一張大紙上掛在某處。如果沒有在一起，就用電子版的重構待辦清單。你會希望這個清單盡可能地不要那麼正式，因為目標是修復所有的問題，然後銷毀這個清單。如果把這份重構清單制式化，放進專用資料庫，還做一個客製化的網頁介面、RSS 訂閱，甚至支援 iPhone 閱讀，那這張清單就會永遠存在了。

❏ 了解可由 IDE 自動執行的重構。

- 當有明確的重構機會時，讓團隊成員把它寫在索引卡（index card）上。把卡片貼在團隊房間牆上一個劃定的小區域。隨著這個區域貼滿了卡片，就會感受到要完成重構的壓力。
- 在下一次長達兩小時的寫程式環節結束時，花 20 ～ 30 分鐘清理你在接觸現有程式碼時注意到的東西。
- 在你的下一次回顧會議上，與你的團隊成員，包括產品負責人，一起討論重構的問題。什麼時候重構應該從個人決定轉為整個團隊的決定？很明顯，我可以不經團隊討論就把一個命名不佳的變數重新命名。如果開發人員遇到了一個需要兩天的修改，他們是可以選擇直接動手更動，還是會需要產品負責人先批准這項工作呢？

集體共有

集體共有（collective ownership）是指所有開發人員對開發過程中的全部工件都擁有主人翁精神（ownership），特別是對程式碼與自動測試這兩個部分。由於 Scrum 專案的節奏很快，團隊要避免陷入「那是 Ted 的程式碼，我們不能碰它」的陷阱。集體共有鼓勵每個團隊成員對所有的程式碼負責，這樣任何程式設計師都可以在程式任何的模組上工作。當修改某個模組時，程式設計師就會與該模組最初的撰寫者共同承擔其品質上的責任。

集體共有的目的不是為了造成搶奪程式碼的混戰。程式設計師仍傾向有某些他們擅長和喜歡的工作領域，但團隊中的每個人都要共同分擔以下責任：

- 確保沒有一個開發人員變得過於專精，而只能在某個特定領域做出貢獻。
- 確保沒有一個領域變得太複雜，以至於只有一個開發人員能夠理解和處理。

培養集體共有的感覺有一個好處，它鼓勵開發人員學習系統不同的部分。在這樣做的時候，他們通常也會學習新的做事方法。應用程式某個部分所套用的好想法，也會隨著程式設計師在應用程式不同部分進進出出工作而迅速地傳播，就像花粉一樣四處播種。

反對意見

「這是我的程式碼；我不希望必須修復別人的錯誤。」

這不怪你，但要記住他人也在修復你的錯誤。事實上，根據我的經驗，一個實踐集體共有的團隊會寫出更乾淨的程式碼（因此可以推測有更少的錯誤），因為沒有人願意在同事面前出醜。如果有些程式碼是「我的」，沒有人會看到它，我可能會寫得有點馬虎；但如果任何人都可以隨時看到我的程式碼，就不會這樣了。要證明這一點，看看你會給客人用的浴室。你會讓哪一間浴室保持得更乾淨：是只有你自己使用的浴室，還是客人可能會看到的浴室？

「我不希望別人看我的程式碼，評斷我的技能、性格與家庭教育等。」

會有這種會擔心害怕是很自然的，而克服這種恐懼的最好辦法是寫出更好的程式碼。如果你總是盡力寫出高品質的程式碼，那麼別人的任何評判都會是正向的。如果你對自己寫出高品質程式碼的能力沒有信心，盡可能多與其他程式設計師進行結對程式設計來改進。

「如果每個人擁有一部分的系統，開發會更快。」

這完全取決於我們量測的時間範圍。如果你和我在接下來的兩週內要建立一個一次性的系統，各自負責應用程式的一個部分確實會更快；但如果是一個更大規模的任務，並且需要長期維護這個系統，那麼集體共有所帶來的學習、交互培訓和其他好處，會讓它成為一個更加有利的選項。

現在試一試

- 假設任何關鍵領域的負責人休假去了，幾乎無法聯繫上。在接下來幾個衝刺中，故意不讓「明顯人選」承擔與該專業領域有關的任務。如果真的需要該領域的專家，只能透過電話聯繫——實際上，是給坐在兩個隔間外的人打電話。
- 下次你在工作中遇到難以處理的程式碼時，請修復它——即使程式碼是由其他人寫的。如果你覺得這樣做超越了你的權限，請寫出原程式碼的程式設計師與你合作，讓程式碼更容易使用。

持續整合

至少從 1990 年代初起，建立產品的官方每夜建構（official nightly build）就被視為業界最佳實踐。如果每夜建構是一個好主意，那麼持續建構就是更好的做法。持續整合是指盡快將新的或改過的程式碼整合到應用程式中，並進行測試以確保沒有程式任何破損。不是隔幾天甚至幾週才檢查一次程式碼，運行持續整合的 Scrum 團隊的每一位程式設計師都應該每天 check in 幾次程式碼，並在整個應用程式上執行一套回歸測試（regression test）。

持續整合通常是在工具或腳本的輔助下完成，這些工具或腳本會關注被輸入到版本控制系統的程式碼。Cruise Control 是第一個在自動化持續整合上得到普及的產品，它可以建構一個產品，根據需要對其進行測試，然後可以自動向破壞建構的開發人員（或整個團隊）發送通知。Cruise Control 還可以將建構的結果發送給其他回饋設備，如熔岩燈、月亮燈、備用螢幕、LED 顯示器等。

有些團隊選擇以手動的方式，由開發人員觸發建構，並對每個 check-in 進行測試。我強烈建議不要這麼做。儘管手動進行持續整合是可能成功，但我的經驗是，開發人員偶爾會跳過建構和測試，「我只不過是改了兩行 code，而且在我的電腦上順利運作」，這想法實在太誘人了。當你打算在一天結束時 check in 程式碼，很可能會想放棄建構和測試：「哎呀，都快六點了，」開發人員可能會這樣想。「我確定這樣做可以，我不想等 15 分鐘，等測試完成後才下班。」有鑑於持續整合工具可以輕鬆設定，它幾乎是我指導團隊的其中一個首要步驟。

對於大多數開發人員來說，第一次接觸到自動化持續整合是大開眼界的，至少對我來說是這樣的。過往，我已經非常習慣每夜建構的好處，但不知何故，我從來沒有想過，如果一天一次是好做法，那麼一天多次不就更好了。在連續整合的環境中工作了一天後，我被其深深吸引。我們不僅可以排除專案結束時出現重大整合問題的風險，而且整個開發團隊也會收到關於產品狀態近乎即時的回饋。

反對意見

> 「維護一個 build server 和所有這些測試需要佔用其他工作的時間。」

一個 Scrum 團隊將需要一個合適的自動化測試環境，不管它是否也是在進行持續整合。因此，唯一的額外開銷是建立和維護 build server 環境。對於大多數應用程式來說，這項投資將在第一個月內因為解決整合問題而節省的時間得到回報。

> 「我們的系統太複雜了；運行一個完整的整合測試需要幾個小時——我們不能持續建構。」

近來，一個 Scrum 團隊的測試套件需要花費數小時才能運行完畢的情況並不罕見。解決方案通常是對測試套件進行分區，而不是放棄持續整合的想法。Stephen Marsh 和 Stelios Pantazopoulos 在 TransCanada pipeline 專案中工作，他們正是這樣做的。

> 專案進行了幾個月後，很明顯的，要在 15 分鐘內運行完整的回歸測試是不可能的。因此，回歸測試被分成了兩個部分：冒煙測試（smoke test）和完整測試（full test）。第一個測試在每次 check-in 後進行，包括當前 [sprint] 交付里程碑的所有測試腳本和過去里程碑的腳本子集。第二個測試每小時進行一次，包括所有里程碑的所有測試腳本。事實證明，第一種方法在大多數時候都夠有效，第二種測試只有在極少數情況下才會失敗（2008, 241）。

現在試一試

- 正式的每夜建構是任何 Scrum 團隊的必備條件。如果你還沒有進行持續整合的話，那麼至少要把這些東西準備好，這應該是你首先要做的事情之一。為建立每夜建構所做的努力，最多可以在一個月內得到回報，所以沒有任何藉口可以不去做。把它納入你的下一個衝刺。
- 如果你已經有了一個每夜建構，那就進行下一步，開始持續建構。
- 如果你有一個持續建構，但其中沒有包含測試，那就增加一些測試。第 16 章介紹了測試自動化金字塔，從這個金字塔中為每種類型建立第一個測試是一個挑戰，但在第一個測試被整合後，其餘的就容易得多了。

結對程式設計

結對程式設計是讓兩個開發人員一起工作，來編寫程式碼的一種做法。它源自於一個想法：如果偶爾檢查程式碼是好做法，那麼持續地檢查程式碼則會更好。透過結對程式設計，剛才描述的許多實踐都會變得更容易。在一起工作時，學習如何進行測試驅動的開發會變得更加容易。當程式碼是以結對方式共同撰寫，也會創造出集體共有的感覺。當有另一個開發人員坐在你身邊，有紀律且留下比你接手時更乾淨的程式碼會變得更加容易。

很明顯，結對程式設計有一些好處，這就是為什麼我發明了它。好吧，我並沒有真正發明它，但我喜歡想成是我發明的。我確實是出於真正的需要而碰上了它，畢竟需求是發明之母。1986 年，我被 Andersen Consulting 的洛杉磯辦事處聘用，工作第一天，我填寫了一份技能調查表，把自己標記為「精通」C 語言，儘管當時我只是個初學者。但我的理由是，我每天晚上下班後都在學習它，當他們閱讀這份技能調查表時，我就會熟練掌握了。不幸的是，他們隔天就看了這份調查表，而第二天我就坐上了從洛杉磯到紐約辦公室的飛機，去參加一個急需 C 語言程式設計師的專案。

到了紐約後，我遇到了另一個程式設計師，他也被調來，因為他懂 C 語言。我知道我不能欺騙他，所以我坦白承認了我在技能調查表上誇大其詞。沒想到他說：「唉，我也撒謊了。」我們的解決辦法是一起工作——進行結對程式設計，雖然當時並沒有這樣稱呼它。我們想，兩個人加起來，應該能達到一個「精通」C 語言的程式設計師水準，而且我們推斷，如果我們什麼都一起做，他們就不知道該解僱我們兩人當中的哪一個。

而這方法完美地奏效了。在接下來的八年裡，我和他在三家不同的公司一起工作，我們盡可能地結對，尤其是在困難的任務上。我們寫了一些令人驚訝和難以置信的複雜產品，而且缺陷率很低。儘管操作鍵盤的雙手背後有兩種思維，但我們發現這樣的合作方式讓我們的工作效率非常高。

自從這些早期結對程式設計帶給我相當正面的經驗，我就此迷上了它。我知道這是一種寫程式碼的好方法。另一方面，我們這行許多人（包括我自己）最初選擇這份工作方式，是因為我們可以坐在隔間裡戴著 SONY Walkman 聽音

樂（是的，那是很久以前的事了），整天都不必與人交談。即使是現在，也有些日子，我最喜歡的是戴上耳機聽著大聲的音樂，讓程式碼從我的手指竄流出來。因為我仍然很珍惜那種日子，所以很難規定一個團隊必須百分之百地進行結對程式設計。

幸運的是，大多數團隊已經意識到，即使不是每天都做，絕大多數結對的好處也可以被實現。因此，在指導團隊時，我總是大力推動只用部分時間採用結對程式設計，將其用於應用程式中風險最大的部分。我鼓勵團隊找出能幫助他們順利結對的準則，同時強調「足夠」指的是應用率大於零，但我可以理解他們希望小於 100% 的原因。

結對程式設計有很多優點，即便是沒有百分之百做到的團隊也都能看出成效。儘管大多數研究表明，結對時使用的總人時數（person-hour）會略微增加，但這會被工作總時間的減少所抵消。也就是說，雖然結對需要更多的人時，但時間卻更少（Dybå et. al 2007）。儘管專案總是處於財務壓力之下，但最重要的問題並不是投入了多少人力工時，而是上市的時間。結對程式設計也被證明可以提高品質；在一項研究調查中，Dybå 和他的同事發現，每項研究都顯示了結對程式設計的品質有所提高。此外，結對程式設計促進了知識的傳遞，是讓新的開發人員盡快掌握應用程式的理想方式。它也是在未知領域工作或解決系統中已知難題的有效做法。

反對意見

「它的成本更高；我不想用兩個工程師來做一個人的工作。」

結對程式設計在短期內會有更多成本沒錯。然而，這些額外的初始成本，很可能會在更緊湊的時程與更高的品質上得到回報，從而降低未來的維運成本。與其把業界研究作為你的證明，不如自己證明一下。在最困難的模組上結對，看看它們是否缺陷更少、更容易維護，也許可以與其他沒有結對程式設計的程式中的類似模組比較一下。

> 「我們很急。我們不能讓兩個工程師負責一項任務。」

反對意見

實際上,如果你很趕時間,那這正是你最需要結對程式設計的時候。我已經提到過,結對可以縮短專案的總時程(但同時會增加總工時,或人時)。此外,甚至有一些證據(Williams, Shukla, and Anton 2004)表明,結對是對抗 Brooks 定律的有效方法(「為一個延誤的軟體專案增加人力會使它更延後」)。換句話說,如果你有一個很緊迫的截止期限,或者在專案已經延遲的情況下考慮要在專案中增加人手,這些都是納入結對程式設計的理想時機。

> 「在處理一個棘手的問題時,我需要一些安靜的時間來思考這個問題。」

與你的結對夥伴討論,同意分開一個小時或任何你需要的時間來思考問題。當你們恢復結對時,先分享你們其中一人的任何見解。

現在試一試

☐ 在你的下一次衝刺規劃會議上,承諾做一些結對工作。透過在衝刺待辦清單中添加任務來明確表達承諾,像是「Mike 和 Bob 結對兩小時」、「Mike 和 Mehta 結對一下午」。這是一個很好的方法,至少可以讓我們對結對感到自在,不然我們太容易含糊承諾來拖延結對合作,口口聲聲說在不久的將來會嘗試。但把它列在衝刺待辦清單中就可以作為持續提醒,因而更有可能促使我們行動。

設計:有意圖但逐步湧現

Scrum 專案沒有前期分析或設計階段;所有的工作都是在重複的衝刺中進行的。然而,這並不意味著 Scrum 專案的設計不是有意圖的。有意圖的設計過程是一個經過深思熟慮、有意識的決策來指導設計的過程。Scrum 團隊承認,儘管事先做出所有的設計決定是件好事,但實際上這是不可能的。這意味著在 Scrum 專案中,設計既是有意而為(intentional),也是逐步湧現的(emergent)。

一個組織變敏捷的一個重要部分,是在預測和調適之間找到適當的平衡(Highsmith 2002)。圖 9.2 顯示了這種平衡以及影響這種平衡的活動和物件。當進行前期分析或設計時,我們試圖「預測」使用者的需求,而由於我們不能完美地預測這些需求,所以會犯一些錯誤;某些工作便需要重做。當我們放棄分析和設計而直接寫程式與測試,完全沒有預先考慮,我們就在試圖「適應」使用者的需求。所有受關注的專案都會根據其自身的獨特特點,而被定位在預測和調適之間某個位置;沒有一個應用程式會持續處在兩端的極端位置上。生命危險相關的醫療安全應用程式會較偏向於「預測」這一端,而一家建立皮划艇比賽資訊網站的三人新創公司,可能會傾向於「適應」那一側。

1990 年,演講者暨作者 Do-WhileJones 預言了敏捷對簡潔的偏好。

> 我並不反對對未來進行規劃,我們確實應該考慮到未來要擴充的部分。但是,當整個設計過程因試圖滿足可能永遠不會實現的未來需求而陷入困境時,就應該停下來,看看是否有更簡單的方法來解決眼前的問題[2]。

Scrum 團隊若能意識到並非所有的未來需求都需要現在擔心,就能避免「陷入困境」(dogging down)。許多未來的需求,最好是等它們出現時再進行調適。

圖 9.2
要達到預測與調適間的平衡,涉及到平衡兩側的活動和物件的影響。

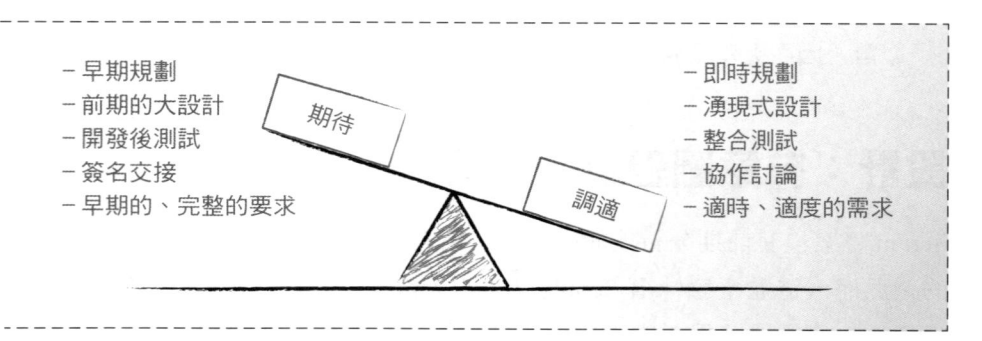

期待
- 早期規劃
- 前期的大設計
- 開發後測試
- 簽名交接
- 早期的、完整的要求

調適
- 即時規劃
- 湧現式設計
- 整合測試
- 協作討論
- 適時、適度的需求

2　Jones 在 1990 年發表的文章「The Breakfast Food Cooker」至今仍然是一個經典寓言故事,說明當軟體開發人員過度設計一個解決方案時可能會出問題。我強烈推薦你閱讀這篇文章:http://www.ridgecrest.ca.us/~do_while/toaster.htm。

適應沒有大設計的生活

隨著 Scrum 團隊開始熟練掌握本章所描述的技術實踐，他們自然會開始從預測使用者的需求轉向更去適應使用者的需求，這將導致敏捷架構師或設計師需要習慣於一些變化。由這改變所導致的現實情況包括以下幾點：

- **更難去規劃**。估算、規劃和承諾要交付的成果已經很困難了；如果沒有前期設計，就會變得更加困難。在建立一個前期設計時，需要進行大量的思考，這些思考有助於估算工作所需的時間，以及將各項估算整合成計畫。然而，放棄大型前期設計的好處是，需要估算的工作通常比較簡單，因此可以更快、更容易地估算單個功能。

- **在團隊或個人之間劃分工作比較困難**。有一個大的、前期的設計在手，就很容易看出哪些功能應該同時開發，哪些應該依序開發。這樣就更容易把工作分配給團隊或個人。

- **不做設計是不舒服的**。儘管我們一直都知道，沒有一個前期設計是百分之百完美的，但我們還是對它的存在感到安心。我們推斷，「當然，我們已經考慮到了所有的重大情況，所以任何改變都是小事。」

- **重做將是不可避免的**。如果沒有一個大的前期設計，團隊肯定會遇到需要取消某些部分的設計。迭代開發這種「前進兩步後退一步」的情況，可能會讓受過訓練的專業人士感到不安，因為他們要在前期確定所有的需求並做出所有的設計決定。所幸，重構和 TDD 過程中建立的自動測試可以防止大多數重做的工作變得過於龐大。

做一個大型的前期設計變得很流行，因為人們相信這樣做可以節省時間和金錢。前期設計的成本加上調整的成本，被認為比湧現式設計所需的許多小改動要便宜。

圖 9.3
大量的前期設計和分析加上偶發的昂貴變化的成本，與改變頻繁但微小的 Scrum 專案相權衡。

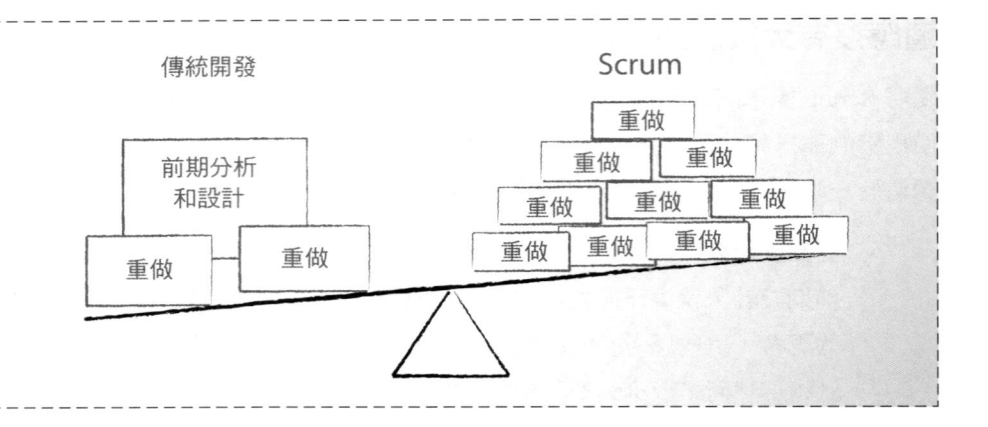

在過去，進行大量的前期設計是完全有可能節省時間和金錢的，畢竟，Barry Boehm 在《Software Engineering Economics》（1981）中證明，在開發過程中越晚發現缺陷，修復的成本就越高。但優秀的 Scrum 團隊所採用的技術實踐可以大幅改變這個等式。當一個團隊採用良好的技術實踐——測試驅動開發、對自動化單元測試的高度依賴、重構和結對程式設計等——它可能會發現自己處於這樣一種情況：藉由經常重做應用程式來適應使用者需求，比預測這些需求但只是偶爾重做要來得便宜。

圖 9.3 顯示，在傳統的開發中，前期的分析和設計需要花費很大的成本。這種投資可以降低後期的變化數量，但是每當需要改變時，它所需要的成本就相對較高，因為這種改變違反了主要假設——即經過早期設計後，改變基本上是不必要的。相比之下，Scrum 允許更多的變化，但每一點重做的規模都比較小，這是因為其預測到需要改變，儘管不知道具體情況。正因如此，Scrum 團隊在技術上追求卓越，始終保持程式碼完整建構，設計上盡可能地簡單，並有一套自動測試來儘早發現回歸問題。因此，雖然重做的次數較多，但每一次的阻礙都較小。

引導設計

當我聽到對 Scrum 專案缺乏設計的攻擊時，這些攻擊通常是團隊中技術成員沒有辦法影響「功能被添加到系統中的順序」所產生的立場。這是一個錯誤的前

提。事實上，Scrum 團隊能做的最棒的一件事，就是影響專案的項目順序，以確保能向圖 9.3 中的正確方向傾斜。

然而，我們在第 7 章「新角色」中讀到，確定產品待辦清單的優先順序是產品負責人的職責。雖然這是事實，但該章也指出，一個好的產品負責人會聽取團隊的建議。標準 Scrum 的指引是，產品負責人根據一些「商業價值」的模糊概念來定出優先次序。雖然這樣講好像沒錯，但稍嫌簡單了點。產品負責人的真正工作，是在一段時間內交付最多的功能；這可能意味著現在暫時犧牲一部分「商業價值」，在未來換取更大的收益。換句話說，一個好的產品負責人仍然專注於確保產品在發布時盡可能具備商業價值，同時讓團隊適當地投資在產品的技術方面上，因為這樣做未來也會給產品帶來好處。

特別是在新專案的早期，團隊應該鼓勵產品負責人在選擇產品待辦清單中的項目時，選那些能最大化學習效果，並消除技術不確定性或風險。這正是我先前提到的，Scrum 專案中的設計既是有意為之（intentional）又是逐步浮現（emergent）。設計之所以逐步浮現，是因為在 Scrum 專案中沒有前期設計階段（雖然衝刺中會進行設計活動）。設計是有意為之，則是因為產品待辦清單中項目的選擇是經過深思熟慮的，目的是在不同的時間將設計推向不同的方向。

一個案例

舉個例子來講述如何排序產品待辦清單的項目來影響系統架構，請看我曾參與的一個工作流系統。該系統支援了一家生產特殊 T-Shirt 與相似產品的募資公司。由學齡兒童挨家挨戶地銷售這些產品，銷售收入會由公司和孩子們所代表的組織（如學校、運動隊或其他團體）共享。對於每筆銷售，孩子們會填寫一份表格並將它寄給公司，在那裡進行掃描，透過光學字元識別（OCR）程序發送，並轉化為訂單。為了降低運輸成本，來自同一組織的訂單會放在一起並寄回該組織，之後孩子們將親手送出這些商品。

我們的軟體處理整個過程——從公司收到表格到貨物運出門外。孩子們的書寫和拼字能力普遍較差，所以我們的系統該做的不僅僅是掃描表格和準備包裝清單。根據我們認為每張訂單的準確程度，會有不同程度的驗證程序。一些

表格轉交給人工審查，他們在螢幕的一側看到了經過掃描的表格，系統的解釋則顯示在右側，還有一個額外的空間可以讓他們進行修改。

最繁忙的時候有數千件襯衫要處理，這個過程需要盡可能的自動化。我和產品負責人 Steve 一起編寫了產品待辦清單。之後，我和開發團隊開會討論了系統中哪些地方風險最高，或者我們對於哪些部分最不確定要如何開發。我們決定，第一個衝刺將專注於讓一個高品質的文件從頭到尾透過系統運行，它會被掃描，經過 OCR 處理，並生成包裝清單。我們將繞過一些可有可無的步驟，如把頁面調正、去除頁面的雜點等，但要證明工作流程可以從頭到尾完成。這做法不是很有價值，但卻是需要做的事情，而且能夠讓開發人員測試出通用的架構。在我們完成這些工作後，我們有了一個基本的資料庫，可以將文件從一個狀態移動到另一個狀態，觸發正確的工作流程步驟。

接下來，開發人員問產品負責人，他們是否可以著手開發系統的一個功能，也就是將掃描後的文件顯示給使用者，讓使用者能夠覆寫系統掃描和解釋的結果。這功能被選為專案的第二個架構目標，有三個原因：

- 這是一個手動步驟，不同於已經處理的工作流程步驟。
- 正確設計使用者介面十分重要。由於文件流量很大，因此每一秒鐘的節省都極為重要。我們希望盡早得到使用者的回饋，以便有時間對可用性進行迭代。
- 增加這一功能後，使用者可以開始處理 T-Shirt 訂單。

該專案以這種方式持續了幾個月，並最終取得了巨大的成功，達成了所有的預發布目標，兼顧可靠性和生產量。成功的一個關鍵是產品負責人和技術人員共同合作來安排工作。團隊最接近設計階段的時候是在會議室的第一個下午，當時我們確定了有風險和不確定的部分，並決定我們要先解決哪一個問題。從那時起，設計就開始每個衝刺中浮現，但被有意地引導去選擇哪些產品待辦清單中的項目，來釐清專案中不確定的部分與風險。

> - 引導團隊和產品負責人之間的討論，討論「技術因素」對產品負責人如何確定產品待辦清單的優先次序應該有多大影響。
> - 在下一次衝刺規劃會議開始之前，確定專案的五大技術不確定性，以及與每個不確定性相關的風險。看看是否有一些產品待辦清單的優先順序可以稍微提高，透過學習過程來消除那些風險。

現在試一試

改進技術實踐並非可有可無的

本章所描述的技術實踐是我希望看到的頂級團隊所使用的實踐。當然你也可以說，這些實踐在你的應用程式中可能不是百分之百必要的，不過，所有的實踐都是優秀的 Scrum 團隊成員應該具有的經驗。持續整合僅僅是每夜建構的自然延伸，這對於一個團隊來說是最基本的敏捷。隨著時間的推移，任何團隊都可以建立起重構的技能和集體共有的心態，諸如結對程式設計和測試驅動開發等做法會帶來更高的程式碼品質，而這也是每個 Scrum 團隊的目標。

這些實踐結合起來使用，就會產生高品質、低缺陷的產品。第一章「為什麼敏捷很難（卻很值得）」提到了敏捷團隊在品質和缺陷率方面的改進指標，這些改進是團隊刻意提高他們的技術能力和納入更好的實踐所帶來的結果。

由於這些改進，優秀的 Scrum 團隊能夠將預期和調適之間的平衡漸漸傾向於調適。將前期的分析和設計活動降到最低，在某些情況下甚至取消，既節省了時間又節省了金錢。負責早期 Eclipse 開發的 Object Technology International 的創始人 Dave Thomas 在一篇題為「Design to Accommodate Change」（適應變化的設計）的文章中，恰當地總結了達成這種平衡有助於減輕變更所帶來的困難。

> 敏捷開發是為變化而設計的…它的目標是設計出能夠接受變化的程式，實際上是期待變化。理想情況下，敏捷開發讓變化簡單且小範圍地發生，以避免或大幅減少重大的重構、重新測試和系統建構（2005, 14）。

延伸閱讀

Ambler, Scott W., and Pramod J. Sadalage. 2006. *Refactoring databases: Evolutionary database design*. Addison-Wesley.

　　本書的前五章闡明了資料專業人士在敏捷組織中的角色，隨後的章節是經過深思熟慮的資料庫設計進化方式的整理。每一個重構都包括為什麼要做這個改變的描述、在做這個改變之前要考慮的權衡、如何更新模式、如何遷移資料，以及取用資料的應用程式需要如何改變。

Bain, Scott L. 2008. Emergent design:*The evolutionary nature of professional software development*. Addison-Wesley Professional.

　　我一直在等待有人寫一本書，證明有效的設計是如何在不經過完整事先考慮的情況下產出的。從書名來看，我希望這就是那本書。雖然它不是我想像中那本，但它對於在一個敏捷專案中應該如何開發描述得很好。書中包括了關於本章所描述多項技術實踐的精彩章節。

Beck, Kent. 2002. *Test-driven development: By example*. Addison-Wesley Professional.

　　這本薄薄的書不會教你關於測試驅動開發的所有知識（關於這個主題，請看 Lasse Koskela 的 Test Driven: TDD and Acceptance TDD forJavaDevelopers）。Beck 這本書最出色的地方是展示了 TDD 如何運作，以及為什麼你可能想要嘗試它。

Duvall, Paul, Steve Matyas, and Andrew Glover. 2007. *Continuous integration: Improving software quality and reducing risk*.Addison-Wesley Professional.

　　本書涵蓋了所有你需要知道關於持續整合的一切，包括如何開始、納入測試、使用程式碼分析工具，甚至評估持續整合工具。

Elssamadisy, Amr. 2007. *Patterns of agile practice adoption: The technical cluster*. C4Media.

　　這本書涵蓋了這裡推薦的所有技術實踐（甚至更多），如果你想找一本更詳盡地涵蓋所有技術實踐的書，這本書就是一個很好的選擇。雖然有很多好的

建議，但這本書的寫法是典型的模式風格（pattern style），每個實踐都是以固定方式描述的，我發現過一段時間後就難以集中注意力。

Feathers, Michael. 2004. *Working effectively with legacy code*. Prentice Hall PTR.

引入新的技術實踐並致力於實現卓越的技術，對於一個新的專案來說已經很有挑戰性了；對於一個遺留的應用程式（legacy application）來說，這就更難了。Michael Feathers 這本出色的書對此提出了實用且立即有效的建議。

Fowler, Martin. 1999. *Refactoring: Improving the design of existing code*. With contributions by Kent Beck, John Brant, William Opdyke, and Don Roberts. Addison-Wesley Professional.

本書是重構聖經。今天的 IDE 可以為我們做很多重構，但回到原始資料看看本書介紹的重構目錄還是很有用的。我最喜歡的其中一章是關於「大的重構」（Big Refactoring），這往往是最具挑戰性的重構。

Koskela, Lasse. 2007. *Test driven: TDD and acceptance TDD for Java developers*. Manning.

這是一本最全面介紹 TDD 的書，適合那些剛接觸 TDD 的人和有很多經驗的人。Koskela 沒有迴避困難的話題，並對多執行緒程式碼和使用者介面的 TDD 等常被忽視的話題提出了建議。這本書對 TDD 採取了全面的方法，甚至包括近 150 頁關於驗收測試驅動開發（acceptance test-driven development）的內容。

> **另見**
>
> 第 16 章介紹了驗收測試驅動開發。

Martin, Robert C. 2008. *Clean code: A handbook of agile software craftsmanship*. Prentice Hall.

這本書上寫著能代表本書的一句話：「沒有任何正當理由可以讓自己做得不夠好。」本書介紹了編寫乾淨程式碼的實踐綱要，主題從普通的（有意義的名字）到新穎的（TDD 的架構和湧現），是所有程式設計師的必讀書籍。

Meszaros, Gerard. 2007. *xUnit test patterns: Refactoring test code*. Addison-Wesley.

這本百科全書涵蓋了程式設計師可能會想了解，關於流行的 xUnit 系列單元測試工具的一切。這本書從基礎知識開始談，但很快就進入了進階主題。

Wake, William C. 2003. *Refactoring workbook*. Addison-Wesley Professional.

本書用條理清晰、易於理解的方式介紹重構。書中有豐富的 Java 重構程式碼實例，並且結合了重構入門指南和練習來加深理解。書的最後三分之一是由四個程式範例組成的，供你練習重構。

PART III
團隊

> 大多數團隊根本不是團隊，
> 只是個別成員與上司關係的集合。
> 每個人都在爭奪權力、聲望和位置。
>
> —— Douglas McGregor

Chapter 10
團隊結構

有句話說，寵物像主人。這也許是一種迷思，但卻是一個存在已久的迷思。同樣的說法也可以套用於產品與建立它們的團隊。

> 正在生產的系統結構常反映出開發該系統的團體結構，無論這是否是有意的。我們應該利用這一點，然後刻意設計團體結構，以達成我們期望的系統結構（Conway 1968；通常稱為「康威定律 Conway's Law」）。

如果一個產品真的反映了建造團隊的結構，那麼對於任何 Scrum 專案來說，如何將個人組織到團隊中就是一個重要決定。這項決策的考量點有：團隊規模、對領域的熟悉程度、溝通管道、系統技術上的設計、個人經驗水準、所涉及的技術、這些技術的新穎性、團隊成員的所在位置、競爭與市場壓力、對專案進度的期望等等。

在這一章中，我們研究了在決定建構 Scrum 團隊時需要考慮的兩個關鍵因素與其重要性：分別是「保持團隊規模小」以及「團隊組織應考慮交付使用者可見到的完整功能來進行設計」。我們還研究了每個團隊擁有適任者的重要性，

以及避免讓這些人的時間被分散到太多團隊而負荷過重（overloading）。我們將用啟動多團隊專案時要問的九個問題，來總結這一章。

兩個披薩

我在為一家生物資訊公司做一個專案，當時執行長要求我估計專案所需的時間。這個應用程式規模很大、領域很複雜，而且團隊大多是新人。由於涉及領域相當複雜，我們的團隊是由一些頂尖科學家（他們只知道一點寫程式的知識）和一些非常優異的程式設計師（大多數人只上過一兩堂生物學或遺傳學的課）所組成的，團隊中沒有一個人在這兩種領域都很出色。

在研究過團隊成員的背景後，我回到執行長那裡，提出了一個類似於 100 人年（person-year）的估計；換句話說，如果我們使用團隊全部的 40 人，可以在大約兩年半的時間內完成這個專案。我認為她並不會對這個數字感到太過意外，但這是一個很大的數字，所以她問我：「我們可以用什麼最便宜的方法來完成它？」我的回答是：「把對程式設計有最好理解和能力的科學家 Steve 派去一家厲害的軟體公司工作十年，什麼都不做，只學習如何成為一個優秀的軟體程式設計師，然後把他叫回來，獨自花 30 年寫完這程式。這總共需要 40 年，但這是你最便宜的選擇。」她應該對我的回答感到非常滿意——畢竟，我採用了 100 人年的初步估計，並為她提供了一個可以減少一半估計以上的方法。可惜的是，40 年對她來說實在是太久了。

正如這個故事所闡述的，團隊提供了比一個人更快完成工作的優勢，但這種優勢也帶來了大量的潛在溝通成本。既然如此，那麼 Scrum 專案的理想團隊規模是多大呢？普遍接受的建議是，理想的 Scrum 團隊規模是五到九人。雖然我同意這一點，但給它加上一個數字讓我很緊張。如果你現在正在考慮建構十人團隊，你可能會想退書並放棄 Scrum 了。

別這麼做。

不要把五到九人的準則看得太重，我比較喜歡 Amazon.com 對其團隊的看法。Amazon 把他們稱為「雙披薩團隊」，意思是一個團隊可以用兩個披薩餵飽

（Deutschman 2007）。這很幽默，實際上也很有用。如果偶爾為團隊訂購午餐會是一件很麻煩的事，可能這就是一個很好的指標，表明團隊已經變得太大。

我合作過的 Scrum 團隊，我放心讓他們自己運作的人數最多是 14 人。團隊的人包括 ScrumMaster 和我都研究過把他們分開的可能做法，但我們想出的解決方案似乎都不如讓他們保持一個完整團隊。我也曾與一個 25 人的團隊合作過，他們堅持認為應該以單一完整的團隊運作、而不是分成更多的小團隊。但他們錯了；那麼大的一個團隊有太多的溝通成本。

另見

Scrum 專案透過使用團隊的團隊（teams of teams）來擴大規模。關於大型 Scrum 專案的資訊，請參閱第 17 章「擴展 Scrum」。

為什麼兩個披薩就夠了

公平地說，大型團隊也有一些優勢。大團隊可能包括具有更多不同技能、經驗和方法的成員。大團隊比較沒有失去關鍵人物的風險，也可以為個人提供更多的機會來專門研究一項技術或應用。

另一方面，小團隊還有更多優勢，包括了以下幾點：

- **較少的社會性懈怠（social loafing）**。社會性懈怠是指當人們認為有其他人會接替他們的工作時，就會有減少努力的傾向，但小團隊的成員不太容易出現社會性懈怠。心理學家 Max Ringelmann 在 1920 年代首次證明了社會性懈怠，當時他測量了個人和團隊拉動繩子時所施加的力量。三個人的小組施發揮了個人平均 2.5 倍（不是三倍）的力量，八人小組表現則不到個人平均水準的四倍。Ringelmann 的研究和相關研究表明，個人努力與團隊規模成反比（Stangor 2004, 220）。

- **建設性的互動更可能發生在一個小團隊中**。Stephen Robbins 是最暢銷組織行為學教科書《Essentials of Organizational Behavior》的作者，他認為 10-12 人以上的團隊很難建立信任感、相互問責和凝聚力。沒有這些，建設性的互動就很難實現（2005）。

- **花較少時間在協調工作上**。小團隊花在協調團隊成員工作上的時間較少，無論從總體上還是從佔專案總時間的百分比上看都是如此。舉一個簡單的例子，我們都知道，光是為一個大團隊規劃一次會議的工作就相當困難了。

- **沒有人可以淡出**。在大型團隊中，團體活動和討論的參與度比較低；同樣地，團隊成員投入程度的差距也會拉大。這些問題會阻礙一群人融合成一個有凝聚力、高績效的團隊。

- **小團隊對其成員來說更令人滿意**。在小團隊中，一個人的貢獻更明顯、更有意義。這也許是為何研究顯示出，參與大團隊的團隊成員滿意度較低（Steiner 1972）。

- **有害的過度專精不太可能發生**。在一個大型專案中，小團隊中的個體更有可能承擔不同的角色（Shaw 1960）。例如，某個大團隊中的開發人員能選擇只做使用者介面的任務，這造成了團隊成員間不必要的交接（hand-off）工作浪費，也減少了跨專業學習的機會，但在小團隊中，個人會更願意也更有可能參與工作職責以外的任務。

> **另見**
> 交接的問題將在第11章「團隊合作」中進行探討。

一項關於團隊規模的有趣研究調查了 109 個不同的團隊。小團隊有 4-9 個成員，而大團隊有 14-18 個。研究人員得出了幾個結論。

> 小團隊的成員更積極地參與他們的團隊；對他們的團隊更投入；更了解團隊的目標；更熟悉其他團隊成員的個性、工作角色和溝通方式；報告顯示人際關係更融洽。數據還顯示，與小團隊相比，大團隊會更認真準備會議議程（Bradner, Mark, and Hertel 2003, 7）。

嗯，有了一個小團隊，我可以有許多令人信服的優勢。或者我可以配備一個更大的團隊，獲得更好的會議議程。

小團隊的生產力

有鑑於小團隊的這些優勢，我們會期望小團隊比大團隊更有生產力。QSM 的 Doug Putnam 研究了團隊規模在 1-20 人之間的 491 個專案後發現了這一點。自 1978 年以來，QSM 一直在收集關於軟體生產力和估算的資料，該公司有著軟體開發產業最完整的指標資料庫，包括應用程式規模、工作量、產業等相關資料，因此，QSM 資料庫對於比較不同類型的專案具有獨特的價值。

Putnam 從 QSM 資料庫 7000 多個專案中,將資料集範圍縮小到 2003-2005 年間完成的 491 個專案,這些專案交付了 35,000 到 90,000 行的新程式碼或修改的程式碼[1]。專案規模從 1 到 20 名團隊成員均勻分布。如圖 10.1 所示,Putnam 發現,團隊規模越小、每位成員的生產力越高,不過規模 1.5 ～ 7 人間的團隊差異非常小。

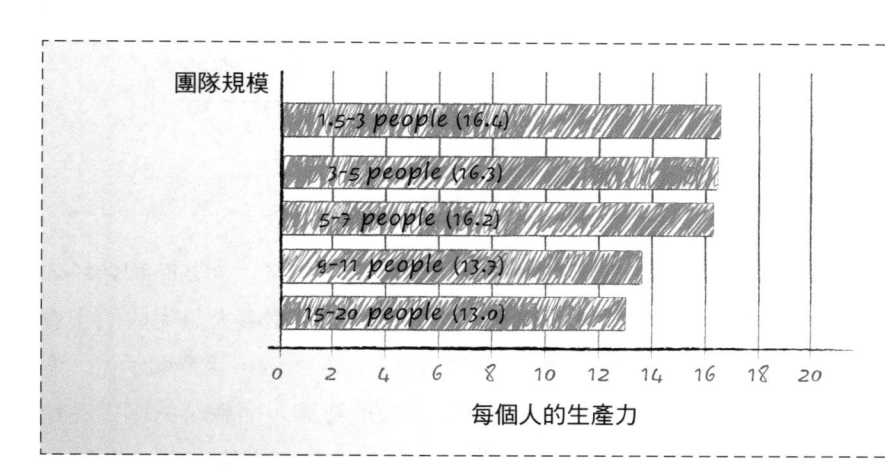

團隊規模

- 1.5-3 people (16.4)
- 3-5 people (16.3)
- 5-7 people (16.2)
- 9-11 people (13.3)
- 15-20 people (13.0)

每個人的生產力

圖 10.1
不同規模團隊的平均每人生產力。經 QSM, Inc. 授權使用,QSMInc. 保留所有權利。

Putnam 還研究了專案的總開發量。一點都不意外,他發現較小的團隊以較少的總工作量完成專案。Putnam 的結論是:「更大的團隊轉化為更多的工作量和成本。這個趨勢似乎呈現出指數型增長的趨勢。最具成本效益的策略是最小的團隊;然而,在團隊規模接近九人或更多時,極端的非線性工作量增長似乎才開始出現。」這些結果可以在圖 10.2 中看到。

---

[1] 當然,程式碼行數是一個飽受詬病的指標,在很多情況下確實如此。然而,在這種規模的資料庫中,我相信它是一個專案規模的合理代表,可以用於計算生產力。

圖 10.2
較小的團隊可以用較少的總工作量來交付相同規模的專案。經 QSM, Inc. 授權使用，QSMInc. 保留所有權利。

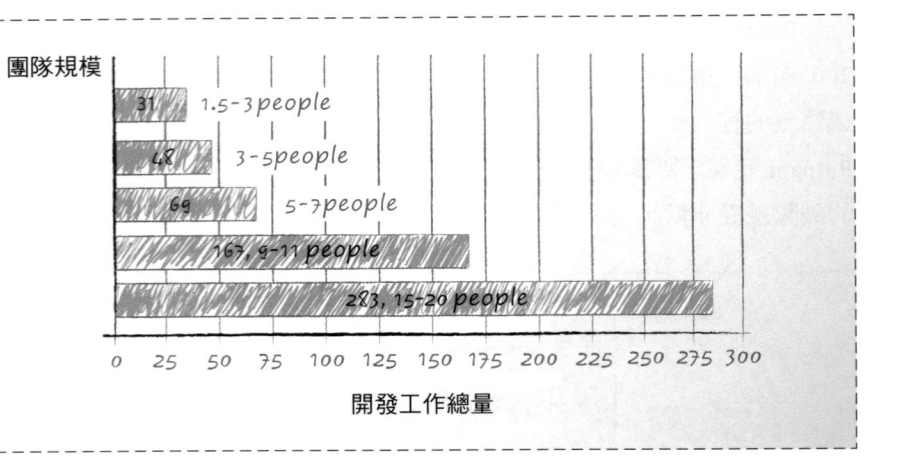

```
團隊規模
  31     1.5-3 people
  48     3-5 people
  69     5-7 people
 163,    9-11 people
 283,    15-20 people
  0  25 50 75 100 125 150 175 200 225 250 275 300
              開發工作總量
```

另見

當然，也有一些專案是無法用一個「兩塊披薩團隊」完成的。Scrum 團隊透過擁有團隊的團隊（teams of teams），而非一個巨大的團隊來增加規模。更多關於擴展規模的說明，請參見第 17 章。

然而，在大多數情況下，我們並不在意減少開發工作量；因為時程始終才是最主要的考量。畢竟，我們沒有很多個 40 年來等一名開發人員完成明年春天就需要的東西。團隊規模對總體進度的影響如圖 10.3 所示。該圖顯示，一個 5-7 人的團隊會在最短的時間內完成一個同等規模的專案，而較小的團隊花費的時間稍微多一點。再次提醒，9-11 人團隊總工作量會急劇增加。

刊登在《Communications of the ACM》期刊的另一項研究比較了大型和小型團隊的生產力。長年待在業界的 Phillip Armour 談到了這份研究。

> 大團隊（29 人）產生的缺陷大約是小團隊（3 人）的六倍，而且顯然燒掉了更多的錢。然而，大團隊完成相同工作的時間卻只比小團隊少了 12 天。這是一個令人驚訝的發現，它符合我個人 35 年來的專案經驗（2006, 16）。

有了這些強而有力支持小團隊的理由，我想我很快就不用再幫團隊訂三個披薩了。

圖 10.3

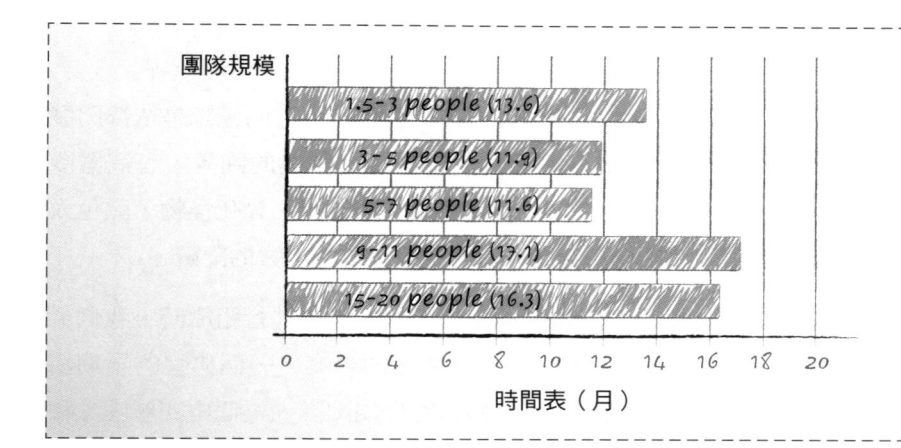

5-7 人的團隊在最短的時間內完成了同等規模的專案。經 QSM, Inc. 授權使用，QSMInc. 保留所有權利。

團隊規模：
- 1.5-3 people (13.6)
- 3-5 people (11.9)
- 5-7 people (11.6)
- 9-11 people (13.1)
- 15-20 people (16.3)

時間表（月）

> 「我的專案上有太多不同的專業領域，有分析師、程式設計師、資料庫開發人員、客戶端程式設計師、中間層程式設計師、測試人員、測試自動化工程師等等。我不可能組成一個 5-9 人的團隊。」

反對意見

雖然一個專案可能需要很多不同的專業，但幾乎可以肯定，不需要每個領域都有一個專精的專家。在一個九人團隊中，如果每個人只各負責一個領域，就很難或不可能平衡每個團隊成員的工作負擔。少數人只專注在一個專業領域，但其他人可以在兩個或更多專業領域之間移動，這種團隊結構，能使團隊更容易平衡不同領域的工作量。至少讓一些人跨領域工作，還可以培養對整體產品的責任感，而非高談「我只顧自己專業部分。」

- ❑ 如果你的團隊有九個人或更多，試著在當前衝刺後分成兩個團隊。在討論這樣做是否更好之前，至少要以這種方式工作兩個衝刺。
- ❑ 對於每個有 5-9 人的團隊，考慮分成兩個團隊。

現在試一試

偏好功能團隊

我第一次開始為某家位於加州的遊戲工作室提供諮詢時，它的團隊是依據開發中遊戲的具體元素和物件而打造。每個角色都有一個單獨的團隊，有武器團隊、車輛團隊等。這產生了一些問題，像是武器太弱而無法殺死怪物、顏色太暗而無法顯示秘密通道，以及會讓最有耐心的玩家也感到沮喪的障礙。

在更傳統的企業專案中，當團隊根據應用程式的層來進行組織時，我們會看到類似的問題。例如，對於架構如圖 10.4 所示的專案，一個典型的早期錯誤是有四個團隊：一個客戶端團隊，一個網路客戶端團隊，一個中間層團隊和一個資料庫團隊。建立這樣以軟體架構之組件為主的團隊會導致各種問題，包括——

- 減少了各層之間的溝通
- 認為滿足合約上要的設計就已經足夠
- 在沒有產出潛在可交付產品增量（product increment）的情況下結束衝刺

圖 10.4
一個典型的三層架構。

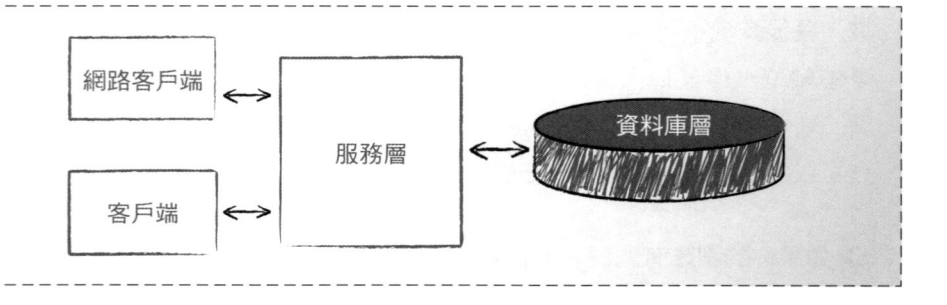

另見
第 14 章「衝刺」將進一步討論交付 end-to-end 功能的重要性。

如果根據架構的各層來組織團隊不是正確的方式，那要怎麼做才好呢？例如，一個負責圖 10.4 所示應用程式的功能團隊（feature team），將得以在架構上的所有層工作，而非以組件為基礎來進行組織，專案中的每個團隊最好能負責完整 end-to-end（且經過完整測試）的功能交付。這樣的團隊可能會開發一個

涉及資料庫層、服務層和客戶端使用者介面的功能。在同一個或下一個衝刺階段，它將開發一個跨越網路客戶端、服務層和資料庫層的功能。

將多團隊專案依據功能組織成團隊有很多好處：

- **功能團隊更能夠好好評估設計決策的影響**。在一個衝刺結束之際，功能團隊將建立起 end-to-end 的功能，貫穿整個應用程式的所有技術層。這樣可以充分提升成員對他們所做的產品設計決策（使用者是否喜歡所開發的功能？）和技術設計決策（這種實作方法對我們來說效果如何？）的學習。

- **功能團隊減少了因交接而產生的浪費**。將工作從一個小組或一個人身上移交給另一個小組或另一個人是一種浪費。而對組件團隊（component team）來說，會有開發了過多或過少的功能、開發了錯誤的功能、某些功能不再需要等等的風險。

- **它能確保正確的人在說話**。因為一個功能團隊需要從產生想法到實際運行、建立測試功能等所有技能，它能確保擁有這些技能的人至少每天進行交流。

- **組件團隊會給進度帶來風險**。組件團隊的工作只有在被功能團隊整合到產品後才有價值。功能團隊必須對整合組件團隊的工作量進行估計，無論是在開發的同一衝刺中（最好是）還是在後面的衝刺階段。估算這種類型的工作是很困難的，因為功能團隊必須在不知道組件品質的情況下估算整合工作。

- **它將重點放在交付功能上**。團隊很容易回到採用 Scrum 之前的工作習慣。圍繞著功能的交付而非圍繞著架構或技術來組織團隊，可以不斷提醒人們 Scrum 的重點是在每個衝刺交付功能。

另見

第 11 章介紹了更多關於交接的問題。

> **反對意見**
>
> 「我的應用程式太複雜了;我不可能在一次衝刺中交付 end-to-end 的功能。」

對於一個新的 Scrum 團隊來說,學習如何識別小塊的功能是一開始會面臨的巨大障礙之一。我還記得我的第一個 Scrum 專案,起初,我們有好幾次都在努力尋找可以在六週內交付的功能。許多年後回顧那個系統,我發現其實有很多方法可以拆解那些工作。事實上,我現在看了夠多的分工方式,如果當時我們想的話,可以做一天的衝刺。

隨著經驗的累積,團隊成員會找到更多的方法來分割功能,同時在每個衝刺仍然交付 end-to-end 的功能。當這樣做看起來不可能時,通常是因為團隊的結構不合適。在你放棄之前,重新考慮一下團隊中每個人的技能。

謹慎使用組件團隊

雖然你應該優先採用功能團隊,但在某些情況下,創建組件團隊是合適的。我這邊指的「組件團隊」是一個開發中間軟體的團隊,將其成果交付給專案中的另一個團隊,而不是直接交付給使用者。組件團隊的例子有:開發應用程式和資料庫之間的物件關聯對映層(object-relational mapping layer),或是可重複使用之使用者介面工具的團隊。

重要的是,組件團隊在每個衝刺結束時,仍然會產生高品質的、經過測試的、可能會被交付的程式碼。然而,在我定義下的組件團隊,其所創造的產出通常對團隊本身毫無意義。回想一下我剛才舉的例子。其中一個組件團隊開發的物件關聯對映層,只有在功能團隊使用它的情況下才會被終端使用者所關注。但是,開發可重複使用的使用者介面之工具(如自定義的下拉列表、表格控制元件等)的團隊呢?這些當然是終端使用者會感興趣的,對嗎?是的,但也只是在其他功能的範圍內。直到它被嵌入到某個頁面或呈現到螢幕之前,終端使用者並不會對一個新的表格控制元件感興趣。

只根據功能團隊的要求建立組件

因為一個組件團隊的工作成果要交付給另一個團隊，所以通常是這些要接收交付成果的團隊來擔任組件團隊的產品負責人。如果你的團隊需要我的團隊的交付物，那麼你將作為我的團隊的產品負責人，因此，你將承擔產品負責人的所有責任。在衝刺開始時，你需要協助我確定工作內容的優先次序。在衝刺結束時，你將接受或拒絕我的交付物，並對於所產出的內容進行回饋。

如果組建團隊過早開發，功能團隊就很難對組建團隊的工作進行優先排序並提供適當的回饋。因此，組件團隊不應該在功能團隊準備好之前開發新的功能。當一個組件團隊在功能團隊需要之前就過早進行開發的話，就只能猜測接下來需要什麼功能，這樣會導致組件或框架無法被功能團隊使用。所有新的功能，包括組件團隊開發的功能，都應該基於可被最終使用者或外部系統看到的功能來進行開發。

Rob 是組件團隊中開發物件關聯對映層的資深開發人員，專案 15 個功能團隊中有許多人都會使用這個對映層。Rob 團隊最初的任務是在內部開發這項技術或使用商業或開源產品之間做出選擇，成員們做出了一個值得商榷的決定：他們選擇自己開發。由於急於證明這個決定正確，Rob 和他的團隊積極地試圖搶先滿足各功能團隊的需求。Rob 的組件團隊沒有與功能團隊緊密合作，而是對總體設計做了許多大膽的猜測。在這兩個月（兩個衝刺）中，成員們沒有向功能團隊交付任何東西。第三個月後，當他們終於交付了一個初始版本時，它並沒有滿足功能團隊的需求或期望。

Rob 的團隊應該做的是與功能團隊緊密合作，在功能團隊交付的功能脈絡下增加新的功能。例如，Rob 的團隊可以在第一個衝刺結束後，只提供向資料庫寫入固定長度的字串的能力。獲得這種能力的功能團隊將無法向資料庫寫入數字與日期等。他們也不能讀取任何數據。但是，功能團隊可以做一件事－寫固定長度的字串數值——並由此向 Rob 和他的團隊提供關於該組件可用性的回饋。

要確保組件組能聽到建立有用功能所需的回饋，最好的辦法也許是在組件團隊中暫時調來功能團隊的成員。一個被分配到組件團隊的開發人員如果知道他很快就會被調回功能團隊，那麼他將更有可能確保組件團隊的工作是可用的。

決定什麼時候適合成立一個組件團隊

只要有可能，就要組建功能團隊而不是組件團隊。我喜歡一開始就假設一個多團隊專案的所有團隊都是功能團隊。我願意放棄這個假設，但只想在有證據表明組建一個或多個組件團隊對產品最有利時才這麼做。我建議，只有在以下大部分陳述都是真的情況下，再考慮組建組件團隊：

- **組件團隊所建構的東西將被多個功能團隊所使用**。如果一個組件只被一個功能團隊使用，那麼就該由功能團隊來建構它。這可以確保新的功能是依據該團隊的需求和期望範圍內所打造的，這使得產出更容易被使用。即使一個組件團隊要打造對多個團隊有用的東西，更好的策略通常是先為一個功能團隊打造它所需要的功能，然後在後續團隊的需求出現時重構使其可以被廣泛應用。

- **使用一個組件團隊將減少專家資源的共享**。在一些多團隊專案中，一些高度專業的專家會被許多團隊共享。雖然一些專家的共享通常是必要的，但過多的共享可能帶來負面影響，因為專家的時間變得過於分散。如果建立一個組件團隊能夠更有效管理專家在多團隊間的共享，或許就值得考慮。

- **多種方法的風險超過了組件團隊的缺點**。如果我們選擇讓多個功能團隊自行打造一個共享組件或服務，有兩個相關的風險需要注意。首先是每個功能團隊對同一問題會有不同解決方案的風險，其次是每個功能團隊都在前一個功能團隊的基礎上進行建構，但卻沒有一個統一的願景。這些風險可大可小，取決於所建構的共享功能。當多種方法的風險很高時，組件團隊會是一個有效的選擇。

- **這將使那些可能不想說話的人開口**。人們傾向於跟團隊的人對話勝過於團隊外的人，即便是在 Scrum 專案中也是如此。事實上，在 Scrum 專案中更加如此，因為 Scrum 專案中的團隊成員對他們的團隊有強烈的認同感。你可以利用這一點，從那些需要一起工作但可能不會自然交談的人中建立團隊。如果過去的經驗證實，一個專案的 AI 程式設計師不常說出想法，只要還有其他理由支持，短期內組建一個組件團隊能夠改善這種情況讓他開口與其他人溝通。

另見

更多關於多工處理的弊端，詳見本章後面的「把人集中在一個專案上」一節。

- **你可以看到對組件團隊需求的結束**。一個組件團隊不應該永遠存在，像假期過後那些還賴著不走的親戚。這個團隊應該在開發完所需一起創建的組件後就盡快解散。當第一次組建一個組件團隊時，不一定馬上就知道什麼時候會解散；但是，你應該對它會存在多長時間、或者在這個團隊完成其目的時會交付什麼東西有一些初步想法。因為組件團隊會使你偏離「全功能團隊」這種理想結構，不要去建立一個看起來可能永遠存在的組件團隊。

在承認使用組件團隊偶爾有好處的同時，我想再次強調，大型專案中的絕大多數團隊都應該是功能團隊。Wes Williams 和 Mike Stout 描述了在 Sabre 航空解決方案公司開始使用組件團隊時的情況。

> 從使用者的角度來看，故事並不完整。團隊在不同的時間為不同的功能工作，有不同的驗收標準，且有很多重做的部分。團隊為不完整的功能、失敗的建構、測試等相互指責。事後看來，團隊應該按照功能或特徵線進行組織（2008, 359）。

誰做出了這些決定？

理想情況下，團隊會自行決定自己的結構。如果讓團隊負責解決打造產品時遇到的問題，那麼讓它來決定如何打造自己的團隊結構會是合適的。然而，儘管團隊成員很習慣做技術面的決策，但他們通常沒有太多組織架構上的決策經驗。因此，團隊在一開始時可能不太適合設計自身的結構。

我已經向數百個團隊介紹了 Scrum。我注意到一件事，人們一開始接觸 Scrum 時常常會產生這樣的看法：「Scrum 對我們公司來說似乎很好，它可以幫助其他團隊，但對我的團隊並不適用。」架構師補充說：「有了前期的架構後，我可以真正看到這對程式設計師和測試人員有什麼幫助。」設計師則會說：「有了前期的可用性研究後，我也真的可以看到這對架構師、程式設計師和測試人員有直接幫助。」測試人員起初的想法則是：「讓每個人都如此緊密地合作，然後交給我們進行一輪大的整合測試，會是非常棒的一件事。」

如果我們直接讓團隊成員帶著他們初始想法設計他們多團隊專案的團隊架構，他們回報給我們「一個架構師團隊、一個軟體工程團隊、一個使用者體驗團隊和一個測試團隊」，我想也不意外。當然，我有點以偏概全，但會這樣思考是很常見的，也會令人忍不住想要按照這種方式來組織。

那麼，最初可能是由部門經理、專案經理、ScrumMaster 或那些推動 Scrum 轉型的人決定如何組織團隊。這些決策者應該從他們的團隊中徵求開放的意見，特別是向過去有 Scrum 或其他敏捷方法經驗的團隊成員詢問。

今天正確的做法，可能到了明天就是錯的

在選擇合適的團隊結構時，要記住一件重要的事情，那就是沒有一個團隊結構是永久的。如果當前的團隊結構阻礙了團隊或專案使用 Scrum 的能力，那麼這個問題應該在衝刺後的回顧會議上提出來。你不會想一次又一次改變團隊結構，因為團隊成員需要時間來磨合，但如果當前的結構顯然是錯的，那就要改。

隨著團隊成員獲得更多的 Scrum 經驗，他們應該參與更多團隊結構的決策，包括需要哪些團隊、每個團隊是功能團隊還是組件團隊，以及每個團隊的成員有哪些人。

現在試一試

❑ 列出你當前專案中所有的團隊，辨識每個團隊是功能團隊還是組件團隊。對於每個組件團隊，回顧「決定什麼時候適合成立一個組件團隊」一節中的敘述。如果不是所有敘述都成立的話，就考慮重組這個團隊。

自組織不等於可以隨機組成

一個團隊圍繞著它被賦予的目標進行自組織的能力，是所有敏捷方法論的基礎，包括 Scrum。事實上，《敏捷宣言》將自組織團隊作為一項關鍵原則，認為「最好的架構、需求和設計來自於自組織團隊（Beck et al. 2007）。」為決定如何最好地達成給定目標，一些團隊將所有的關鍵技術決策交由團隊中的一個人。另外則有團隊會決定按照技術領域來劃分技術決策的責任：我們的資料庫

專家做資料庫相關的決定，我們最有經驗的 C# 程式設計師負責做 C# 方面的決策。還有一些團隊可能會決定，在做這個功能的人要做出決定，但有責任與團隊共同承擔結果。

這裡有兩個關鍵點：首先，不是每個團隊都會選擇同樣的方式來組織自己，這沒問題；第二，利用團隊的集體智慧，通常會比僅僅依靠某個經理帶來更好的工作組織架構。然而，允許團隊自組織的好處，並不是說團隊會因此找到了管理者可能忽略的最佳工作方式，而是透過自組織，團隊會自發地承擔責任並解決問題。

對自組織團隊的一個常見的批評是：「我們不能只是隨機把八個人放在一起，告訴他們自組織，並期望有什麼好的結果。」好吧，我不知道這是不是真的，但是當我們組建一個兩塊披薩 Scrum 團隊時，我們絕對不是隨機選擇八個人。事實上，組織中負責啟動 Scrum 專案的人應該花很多精力來選擇團隊的成員。

在描述 Scrum 的原始論文中，Takeuchi 和 Nonaka 將「微妙的控制」（subtle control）視為其六項原則之一，他們把人員配置的決策列為管理的關鍵職責。

> 為專案團隊選擇合適的人，同時監測小組動態的變化，並在必要時增加或減少成員（會是管理的關鍵職責）。Honda 的一位高階管理人就說：「如果團隊過於偏向激進，我們會在團隊中增加一名年齡較大、較為保守的成員。我們會經過長時間的斟酌，仔細挑選專案成員。我們分析不同的性格，來看看他們是否能相處得融洽（1986, 144）。」

另見

第 12 章「帶領自組織團隊」描述了領導者如何微妙地施加積極影響。

讓正確的人加入團隊

如果你是人事經理，或者在組織中對團隊組成有影響力，你需要考慮的一些因素如下：

- **涵蓋所有需要的專業**。一個跨職能的團隊重要的是，團隊中擁有從想法到實踐所需的所有專業技術。起初，這可能意味著團隊規模要比預期的來得大一點。但是隨著時間發展，Scrum 團隊中的個體會學習同事擁有的技能。這是在 Scrum 團隊中很自然的一個結果。隨著一些團隊成員發展出更廣的技能，其他成員可以被轉移到需要特定專業的其他團隊。

- **平衡團隊中成員的技術能力**。在考慮完團隊規模後，你應該努力平衡團隊中的技術能力。如果一個團隊有三個資深程式設計師，卻沒有資淺的程式設計師，這些資深程式設計師就需要自己編寫一些不太重要的功能，可能會讓他們覺得很無聊。較為資淺的程式設計師覺得這樣的功能做起來很開心，而且也會透過與資深工程師的交流學習而有所受益。

- **平衡各領域的知識**。正如要去平衡技術能力，我們也該平均地打散對要解決的問題有深刻了解的人。比起一個完全由領域專家組成的團隊，我們更應該考慮組織的長期目標。如果組織的其中一個目標是在整個組織內建立起特定領域知識的基礎，那麼當你把所有的領域專家都放在一個團隊裡，將難以達成這個目標。

- **尋求多樣性**。多樣性可以指許多不同的面向——性別、種族與文化就是其中的三種面向。還有一點也同樣重要：一個人如何思考問題、如何做決定、在做決定前需要多少資訊等等。同質性較高的團隊比多樣化的團隊更快達成共識，但這是由於他們沒有考慮到所有的選項（Mello and Ruckes 2006）。

- **考慮到持續性**。團隊成員需要時間來學習如何良好地合作。因此，要努力保留以往有良好合作經驗的成員。同時，在組建一個新的團隊時，要考慮成員被分配到其他任務之前，能夠在一起工作多久。

反對意見

> 「我們不能自組織,因為我們有一個前技術負責人(technical lead)主導性很強,他甚至在我們有機會討論問題之前就做出了所有決定。」

如果可能的話,把那位擁有強烈主見的人帶到一旁,告訴她這個問題,讓她知道,即便在她認為是「正確」的情況下,有時也應該先讓其他人有機會表達他們的想法,然後再發表自己的意見。去問問她,如果當她的想法僅作為意見之一,而非作為一個不可質疑的決定時,是否認為團隊仍能做出正確的決定。請她擔任其他人的導師,提供協助──她的工作不應該只是確保做出正確的決定,更應該幫助團隊成員成長,使他們在未來的專案中能夠自行做出正確的決定,因為到時她可能無法從旁協助。

> 「我的團隊不會自組織,因為團隊成員都太被動,期待我帶領他們。」

當面臨決定時,如果他們總是看向你,也請直接回頭看他們。如果你是團隊的 ScrumMaster,要確保他們知道你的工作是支持,而不是為他們做決定。如果你是一個團隊成員,你不需要委屈自己,一直保持沉默;不過你也應該尋找方法讓別人參與,而不是所有情況都站出來自己做決定。例如,在發表意見之前,試著向他人提問。

> 「團隊的資歷太淺;成員沒有足夠的經驗來自組織。」

如果他們有建立一個完整軟體產品的經驗,他們可能就有足夠的經驗來弄清楚如何自我組織與動員自己。如果沒有,就為他們提供培訓或教練。通常,這種反對意見是為了掩蓋背後更深的聲音:「我不相信團隊能以我想要的方式進行自組織。」這很不妥。對團隊進行「微妙的控制」指的是,你把哪些人放在一起組成團隊、為這個團隊設定目標,而非掌控其每日的工作。

一個人一個專案

被指派去做多個專案的人,難免完成的工作量會減少。多工處理——試圖同時處理兩個專案或兩件事情——是耗損專案團隊績效最大因素之一,很不幸的是,這卻成為忙碌管理者最常使用的手段之一。之所以會如此,我個人相信是因為多工處理創造了「有進展」的假象,並讓管理者認為問題已經被解決了。但實際上在許多情況下,問題只是變得更糟。

來看一下 Jon 的案例,他是一名資料工程總監,管理著一批資料庫管理人員(DBA),他們的人數遠遠低於公司裡的程式設計師、測試人員和其他類型的開發人員。Jon 面臨著一個情況,要將自己和他的五名員工分派到超過他們所能處理的專案數當中。他的解決方案是建立一個類似圖 10.5 所示的電子試算表,讓他將 DBA 分配到各個專案中,他將時間分派細分到了以 5% 為單位,一天 8 小時的 5% 是 24 分鐘。藉由這個線上表格,Jon 告訴 Bill 他可以在 Napa 和 PMT 專案上各花 24 分鐘、Ahmed 可以在 PMT 和 Spinwheel 上花同樣的時間,以此類推。

圖 10.5
Jon 的專案人員配置表的一部分。

	Napa	Connect	SpongeBob	Dodge City	D82 Mitigation	Enigma	PMT	Spin Wheel
Bill	5%		15%	50%		25%	5%	
Ahmed		90%					5%	5%
Siv	25%			25%	25%	25%		
Tor	25%		50%		10%		15%	
Robert		20%					5%	75%
Jon	5%	10%	10%	10%		5%	10%	

Jon 是真的認為 Bill 每天會在 Napa 專案工作上花了 24 分鐘後就立馬停止嗎?當然不是。但他可能確實認為 Bill 能夠控制進度,可以在一周內分配 120

分鐘給 Napa 專案（24 × 5 = 120）。在這種情況下，Jon 實際上在做的是，把一個他無法解決的問題（資源的正確分配）推給他的團隊成員，但 Jon 真正該做的，是把這個問題推給他自己的上司。

把問題推給團隊通常是一個很好的策略。事實上，將問題委託給團隊處理是 Scrum 的核心所在。然而，當一個問題被推向團隊的時候，團隊需要被賦予解決問題的權力。在這個案例中，很明顯要考慮的解決方案是減少並行任務（concurrent task）的數量。如果沒有被賦能執行這項「解決方案」，他們就等同於落入「無法解決」的境地。

他們的解決方法沒有比 Jon 的做法好。他們引用了自古流傳的老方法：「在慘叫聲最大的專案上工作。」

任務太多，時間就會變少

Kim Clark 和 StevenWheelwright 研究了多工處理（multitask）對生產力的影響。他們的研究結果（如圖 10.6 所示）表明，當一個人有兩項任務要做時，總投入時間會增加。然而，Clark 和 Wheelwright 發現，在這之後，總投入時間反而會減少。事實上，在有三項任務的情況下，任務時間減少很多，比一個人只處理一項任務的時間還要少（1992, 242）。

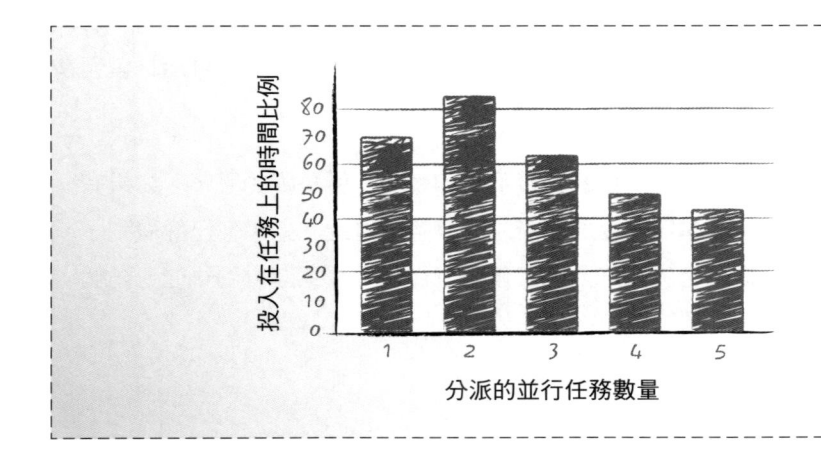

圖 10.6
花在有價值的任務上的時間，會隨著三個或更多並行任務的出現而減少。

如果你只有一項任務要做，幾乎可以肯定的是，你偶爾會無法完成這項任務；你會因為等待別人回電話、回覆電子郵件、批准設計方案等而被耽擱。因此，Clark 和 Wheelwright 的研究顯示，同時有兩項任務的人比只有單一任務的人花更多時間在工作上是有道理的。然而，也要考慮到 Clark 和 Wheelwright 是在 1990 年代初進行這項研究的。

從那時起，有什麼變化呢？首先，電子郵件、通訊軟體、行動電話的普及，以及各種通訊方式的出現。我的理論是，圖 10.6 中的長條圖需要向左移動一格，以反映今天更快的節奏。我清楚地記得，1992 年 Clark 和 Wheelwright 發表他們的成果時，那時我在辦公桌前想：「我已經跟上進度了，我現在沒有什麼任務可做。」當然，自 1992 年以來，我就不曾有機會再這樣想過。

世界的步調已經急遽地加快。在這個時代，光是做好企業的公民角色就比 1992 年要花更多的時間。有更多資訊要看、要消化，每個人要做的也更多。善盡一名員工的責任，就應該被視為我們每個人的第一項任務。我們參與的第一個專案則算作第二項任務，此時我們已經是達到最佳的生產力了，更多的任務指派只會降低我們的生產力。

多工處理如此可怕的主要原因之一，是涉及切換任務的成本。開始處理一項任務，切換到另一項任務，然後再切換到第一項任務，這其中存在著巨大的成本。一項針對軟體開發團隊成員的研究發現，團隊成員每 11 分鐘就會被打斷一次（Gonzales and Mark 2004）。如果你是在辦公室閱讀本章，可能你就至少被打斷過一次。

現在試一試

☐ 如果你是一名經理，列出你的直接下屬和每個人所負責的專案。如果有人負責兩個以上的專案，立即想辦法改變這種情況。如果你已經做到了這一點，看看你是否能將某人的工作分配從兩個專案減少到一個。兩個衝刺後再評估情況。

可以多工處理的情況

以上這些，並不是在說我們永遠不允許在專案上多工處理，有時候多工處理也有好處。關鍵是要記住，一個人如果在多個專案中進行多工處理，所完成的工作總量很可能比她只專注於其中一個專案要少。

讓我們再次考慮 Jon 和他的 DBA 們。假設在沒有干擾下，每個 DBA 每天可以完成 20 個資料庫相關的任務——假設所有的資料庫任務都是一樣大的。一個有幸只在一個專案上工作的 DBA 可以維持這個水準，然而，負責兩個專案的 DBA 可能每天只完成 16 個資料庫任務，而負責三個專案的 DBA 可能每天只完成 14 個資料庫任務。

雖然降低生產力看起來很糟，但可能未必如此。假設我們的一個 DBA 被分配到兩個專案中，並在這兩個專案中平均分配她的時間。如果兩個專案都不需要在一天內完成 20 個資料庫任務，或甚至如果兩個專案都不需要她每天完成八個以上的資料庫任務，那麼在兩個專案之間平均分配時間可能是對她時間的最佳利用。由此，我們可以得出以下準則：

- 通常來說，一個專案的大多數成員應該避免多工。
- 如果一個人在一個專案上無法完全或充分運用時間，那麼多工處理是可以接受的。如果我們回顧一下圖 10.5 和 Jon 的 DBA 例子，我們會發現 Connect 專案被分配了三個人力，總分配量大於百分之百。更好的解決方案可能是分配給一個人，但他可運用的時間為百分之百。
- 與其讓每個人都多工處理，不如讓少數幾個人負責更多的多工處理任務。圖 10.6 顯示了一個人承擔了過多任務，平均完成任務的效率會下降。在 Jon 的案例中，更好的解決辦法是盡一切可能讓兩到三個 DBA 不必進行多工任務，即使這意味著其他人必須多承擔一點多工處理。

公司層級的多工處理

個人之所以感到有必要進行多工處理，是因為他們的組織也在進行多工處理。所謂的「組織層級的多工處理」，指的是同時進行太多的專案。當一個組織同時承擔了太多專案，就會把人放在多個專案中去分擔任務，這就導致了個人會需

要多工處理。多工處理又導致這些專案需要更長的時間，也導致了專案接近尾聲、要開始下一個專案之時有更多的多工任務。

在《哈佛商業評論》上發表的一項研究，針對十幾家公司的專案進行為期八年的探討後得出結論：「如果組織每次承擔的專案較少，專案會完成得更快（Adler et al. 1996）。」公司的多工處理——試圖在太多並行專案上取得進展——即是造成前面 Jon 所面臨處境的原因，因此透過將人員的時間分配細分到了以 5% 為單位的地步來試圖解決問題。

Mary 和 Tom Poppendieck 督促組織要將工作限制在能力範圍內。一個組織如果有過多並行專案而沒有足夠的人力，即是試圖超出能力範圍。正如他們所寫：「如果你期望團隊能夠滿足很趕的截止日期，**你必須將工作限制在能力範圍內**（2006, 134, emphasis is theirs）。」

停止使用跑步機

作為一名顧問，我一生中最快樂的日子之一即是，我向某家大公司一位大部門的總經理解釋了個人與公司多工處理會造成的影響，我可以肯定這個訊息引起了她的共鳴。她站起來，讓我跟著走到附近的會議室去，指著貼在會議室最寬的牆上的大量便條紙說：「我們剛剛制定了明年的計畫，就在那裡。你認為我們做太多了嗎？」

她所在的部門有遠超過一百名開發人員，但牆是滿的。我們談到了計畫、並行專案數量，以及如果一個專案明顯延遲會產生的連鎖反應。她隨即知道他們計劃做得太多了，我也向她證實了這一點。她在第二天召集制定計畫的副總裁和董事開會，指示他們開始把預計在董事會提出的提案再次審視與刪減，在場的每個人臉上都流露出一種解脫（和驚訝）的表情。他們都知道一週前制定的計畫過於貪心，根本不會實現，只是沒有人願意說出口。

一年後，我向這位總經理了解情況，聽到她的部門剛剛達成了有史以來最成功的一年，我很高興，但並不感到驚訝。其中一部分歸功於 Scrum 的導入和它給整個部門帶來的改進，但這也要歸功於減少同時進行的專案，才能夠將更多的注意力和資源集中在每個專案上。

正如這則案例所顯示的，停止多工處理的最好方法往往是改掉多工處理這壞習慣。然而，我對這位總經理印象深刻的原因是，她是我見過少數有勇氣這樣做的人。如果你不能立即停止，或者你在組織內沒有地位做出如此影響深遠的決定，你可以嘗試其他做法。

在人員齊備前，不要啟動一個新專案。避免屈從於只用幾個分析師和一個程式設計師來啟動一個新專案的誘惑。試著讓每個人都同意，只有在所有專業都配備足夠人員的情況下，才會啟動新專案。這並不是說，需要等到 50 名開發人員都齊了才啟動一個大型專案；在至少有一個完整的團隊配備了充足且適當的人員時才去啟動新專案，將有助於調整新專案的啟動速度，讓它更接近專案的開發速度。

在企業規劃中涵蓋專案啟動和結束的時間。如果像本節故事中的總經理一樣，你的組織把大型年度計畫放在一起規劃的話，一定要涵蓋啟動和停止各專案的時間。很常看到一個團隊提供了六個月的時程估計，而我們在行事曆上就真的寫六個月。然而，即使是一個 Scrum 專案（尤其是由一個新的 Scrum 團隊負責），也可能有一兩個月的收尾工作。在這段時間裡，團隊中至少有一部分人需要進行高優先度的錯誤修復，或者去實作發布時才發現的重要新想法。如果不對這些進行規劃，就會造成預料之外的專案重疊期。

制定簡單規則。制定簡單的規則來取得一致的共識，有助於推動正確的組織行為。簡單的規則如「任何人都不能被分配到兩個以上的專案」就可以產生奇蹟。挪威 Steria 公司的首席科學家 Johannes Brodwall 即提出了一個簡單的規則。

> 團隊中每一個人都必須至少要有 60% 的時間分配給團隊。60% 似乎是一個神奇的數字，它在對人們說：「這是最重要的事情。」有了這 60%，當一項任務受到影響時，通常是那些 10% 或 20% 的任務。因此，這種時間分配結構能夠引導人們更加專注於他們的主要團隊。

可以慢慢來，但要持續走。我完全可以尊重對這種信念的懷疑，人們一開始很難相信減少同時進行的專案會導致更多的專案完成。即使他們相信更快地完成

專案將最終能提高生產力,也會對推遲或取消大型專案感到不舒服。所以,從小事做起。從第一季度的計畫中刪除一個專案,觀察看看結果如何。

良好團隊結構的準則

本節介紹了一套在設計適當的團隊結構時需要考慮的準則,每條準則都是以問題的形式呈現,這些問題是要反覆問的。向當前或建議的團隊提出每個問題,根據答案適當地改變結構。隨著結構的改變,重新提出問題,直到你能對每個問題回答「是」。

這種結構是否突顯了優勢、彌補了劣勢,並支持團隊成員的動機? 人們不喜歡待在一個不能發揮其優勢的團隊中,或不斷被要求做他們不擅長的事情。好的團隊成員願意為專案的成功做任何必要的事情,但這並不代表我們可以忽略這個目標:努力找到一個盡量突顯每位成員優勢的團隊結構。

該結構是否將兩個團隊的必要人數降到最低(並避免有人加入三個團隊)? 對於一個不打算同時進行太多專案的組織來說,一個精心建構的團隊結構會把多工處理減少到一個可被容忍的水準。如果組織沒有試圖做太多的並行專案,但所有的團隊成員卻有超過 10-20% 的人隸屬於一個以上的團隊,那麼就要考慮採用其他的團隊設計或推遲一些專案。

該結構是否最大化團隊一起工作的時間? 如果其他條件都相同,你應該設計能讓團隊成員長時間一起工作的結構。由於一個人需要時間來學習與他人合作,因此盡可能地延長團隊在一起的時間,最好是找到一個團隊結構,可以超過當前專案、在未來專案中持續發揮作用,從而在更長的時間軸內分攤學習的成本。

組件團隊是否只在有限的且原因合理的情況下使用? 大多數團隊應該圍繞著端到端交付可運作的功能來建立。在某些情況下,讓組件團隊開發可重用的使用者介面組件、提供對資料庫的存取或類似的功能都是可以接受的,但這些應該是例外情況。

你能用兩個披薩養活大多數團隊嗎? 考慮到小團隊的生產力和品質具備明顯優勢,在一個好的團隊設計中,大多數團隊應該維持五到九個成員。

該結構是否將團隊之間的溝通管道降至最低？一個設計不良的團隊結構會導致團隊之間有無限個溝通管道。團隊會發現自己如果不先與其他的團隊協調，就無法完成任何工作。儘管某些團隊間的協調工作是必要的，但如果一個團隊只是想要在表單上添加一個新欄位就需要與另外三個團隊進行協調，那麼溝通的成本就太高了。

團隊結構是否鼓勵那些本來不願意交流的團隊進行交流？有些團隊會自然地相互交流，而一個有效的團隊設計則能鼓勵那些應該交流但可能不會主動的團隊或個人這樣做。事實上，把某人放在兩個團隊中的一個正當理由是，這樣做會增加這兩個團隊之間的交流。如果兩個團隊之間缺乏溝通是一個問題，那麼把某個人的時間分給這兩個團隊是很合理的。

設計是否明確支援背後的當責？一個精心設計的團隊結構會加強所有團隊對專案整體成功有共同責任的概念，同時為每個團隊提供個別責任的明確指標。

團隊成員有參與團隊的設計嗎？在向 Scrum 轉型的早期階段，這不太可能。個體可能還沒有足夠的經驗在每個衝刺結束時交付經過測試且可使用的產品。同樣，有些人可能一開始很抗拒 Scrum，無法對團隊結構規劃提出有建設性的看法。在這種情況下，由團隊以外的經理來設計最初的團隊結構是可以接受的。然而，在這樣做的同時，他們應該記住，這是一個最終需要移交給整個團隊的責任。

繼續往前走

在這一章中，我們已經研究了為什麼 Scrum 團隊應該保持小規模，並使用了能夠為每個團隊提供兩個比薩的比喻來說明。為了進一步提高團隊快速、正確、有效開發軟體產品的能力，我們還考慮了團隊應該圍繞功能還是組件來設計其結構。我們的結論是，在建構多個團隊時，我們應該設法組成功能團隊，盡量避免使用組件團隊，但也同時承認組建團隊偶爾會很有用。

接下來，我們破除了自組織是隨機個體組織的迷思；它與任何團隊一樣，應該仔細且謹慎選擇團隊成員。我們還詳細研究了團隊結構的必要性，以盡量減少個人分配到一個以上團隊的需求。最後，我們總結了建構團隊的九條準則。

在下一章中，我們會將注意力轉向「團隊合作」這個主題。我們具體研究了一個兩塊披薩團隊的成員，在衝刺期間可以做些什麼來構成更好的合作。

延伸閱讀

DeMarco, Tom, and Timothy Lister. 1999. *Peopleware: Productive projects and teams*（《腦力密集產業的人才管理之道》）. 2nd ed. Dorset House.

  這本書的優點怎麼講都講不完。我記得 1989 年的某天，我們執行長告訴我：「在這個週末讀完《Peopleware》後，我將徹底改變我們的開發小組。」她確實這麼做了，而且這個小組也因此而表現出色。這本書充滿了幫助團隊實現其最大潛力的建議。

Goldberg, Adele, and Kenneth S. Rubin. 1995. *Succeeding with objects: Decision frameworks for project management*. Addison-Wesley Professional.

  這本書的誕生早於敏捷，但仍然包含了關於各種團隊結構的一些最佳建議。有兩章包括各種團隊結構選擇的總結、如何從中進行選擇，以及六個團隊如何選擇團隊結構的案例研究。

Hackman, J. Richard. 2002. *Leading Teams: Setting the stage for great performances*. Harvard Business School Press.

  本書的前提是，領導者的工作是設計和支援能夠自我管理的團隊。書中有一個很棒的章節（「Enabling Structure」）介紹了如何建構團隊。

Chapter 11
團隊合作

團隊合作是所有敏捷流程的核心。《敏捷宣言》主張我們應該重視「個人與互動勝過流程與工具（Beck et al. 2001）」，這意味著偉大的軟體來自於偉大的團隊。Scrum 的名字即來自此觀點：產品開發團隊應該像橄欖球隊——一群人形成一個「整體」在球場上移動把球推進。考慮到團隊對於成功的敏捷開發如此重要，因此有必要針對「團隊合作」寫成一個章節。

Scrum 團隊一起成功，一起失敗。在 Scrum 團隊中沒有分「我的工作」和「你的工作」，只有「我們的工作」。這對大多數人來說是一種完全不同的工作方式，尤其是那些習慣於在專屬的孤島中工作的人，或那些已養成只做他們被要求做的事的人。擺脫了這種心態的團隊，會獲得一種滿足與成就感。然而，有太多的團隊在開始進行整體運作時就停止改進，因而錯過了 Scrum 所能帶來的許多優勢。要成為一個真正高績效的 Scrum 團隊，需要齊心協力地不斷學習和改進。

在接下來的小節中，我們探討了整個團隊的責任、協作以及專家在 Scrum 團隊中的作用。我們還研究了 Scrum 團隊如何在衝刺期間透過一直做一點點任

務來有效地工作。本章最後提出了如何促進團隊學習、去除那些無效的資訊以及促使團隊承諾持續改進，來推動團隊不只具備「基本功能」。

擁抱整個團隊的責任感

成為一個功能性 Scrum 團隊的第一步是接納整個團隊的責任。我在授課時，我最喜歡的問題是那些以「誰負責⋯」為開頭的問題；不管別人如何結束這個問題，我的答案總是一樣的：團隊。

我不想迴避這樣的問題，反倒將問題進一步展開。假設問題是：「誰負責產品待辦清單？」我會回答說，雖然整個團隊都有責任，但我要去和產品負責人談談如何實現它。整個團隊應該對產品各個層面負責；品質是團隊的責任，擁有一個良好的產品待辦清單也是整個團隊的責任。

正如暢銷書《The Wisdom of Teams》的作者 Jon Katzenbach 和 Douglas Smith 所寫的那樣：「唯有當一個團體能夠共同承擔起團隊的集體責任時，才能真正算是一個團隊（1993, 60）。」是的，會有一些特定的人應該額外承擔一些任務，但是這並不能免除團隊共同承擔整個產品和團隊發展的責任。

儘管擁有乾淨的、寫得很好的程式碼看似只有程式設計師才能做到，但事實並非如此。假設一個測試人員注意到，在應用程式的某個部分出現了一些 bug，曾被修復，之後又重新出現，就可以判斷這是特定程式碼變得難以維護的證據，而他可以如何處理這項資訊，則取決於測試人員的做法和團隊的文化。例如，測試人員可以直接針對該部分與程式設計師溝通，或是於每日站會或回顧會議上與整個團隊或產品負責人分享這個觀察。測試人員選擇哪種方法並不重要，重要的是測試人員是出於一種寫出良好程式碼的責任感而採取行動。

長期從事敏捷測試的 Lisa Crispin 與 Janet Gregory，在他們合著的《Agile Testing》中，回憶起她第一次知道，在敏捷團隊中，品質並不是她一個人的責任。

在我加入第一個敏捷團隊之前的工作頭銜是「品質主管」，我也認為自己是負責管理品質的。我對軟體釋出的決策會有很多意見。事實上，我掌握了關鍵的權力：我是唯一可以允許軟體釋出的人。而我在新加入的 XP 團隊第一次迭代中，我們的軟體如果有兩個人同時登入應用程式，伺服器就會崩潰。我很震驚，認為這是不可接受的。我們的教練不得不找我談，解釋說我並不負責管理品質，事實上，我們的客戶才是負責品質把關。客戶的客戶為一家新創公司，他們希望有一些可以展示給潛在客戶看的小功能。他們不需要兩個使用者同時登入──這不是他們優先考慮的──所以程式設計師沒有寫這部分的程式碼來支援這項功能。對我來說，這是巨大的思維轉變。

> 「如果每個人都有責任，那麼就沒有人會負責任。對於需要做的每一件事，都需要有一個可以問責的對象。」

反對意見

從管理者的角度來看，總是能夠指著一個人說「如果出了問題就可以怪他」或許是件好事，但是，「一個可以問責的對象」的論點是錯的。綜觀歷史，可能會有某個人在事情出錯時要承擔責任，但這並不意味著這個人要對失敗負責。以球隊為例，在一個新賽季開始時，誰要為贏得冠軍負責？教練？老闆？明星球員？贏得冠軍的球隊無論如何會想辦法贏得比賽。如果比賽策略不奏效，教練和球員會進行調整；如果明星球員今天表現不好，其他人就會站出來，全隊都覺得有責任一定要設法贏得比賽。如果球隊輸了，可能很想責備某個人，但團隊成員知道，他們每個人都要對輸球負責，這絕不是一個人的錯。現實中也是如此，並不存在一個該責備的對象。

我們再來看一個非關運動的比方。如果父母雙方都參與撫養孩子（並假設其中一方沒有虐待行為或明顯的疏忽），如果孩子長大後成為一個重刑犯，哪一個家長要負責？我們稱之為「父母」是有原因的，養育一個孩子是一種團隊式的共同努力。

創造一個共同擁有和共同責任的環境,唯一方法是放下該有一個人負責的想法。這並不意味著沒有人扛起責任,在一個成功的團隊中,團隊成員必須盡到自己的責任,甚至超越他擔任的角色工作,以確保團隊達到目標。

> 「但我的年度審查是針對我的工作,而不是我的團隊的工作。」

確實,它很可能是針對你團隊的工作。如果不加以改變,這將不利於你的組織成功地長期採用 Scrum。我們不需要完全放棄針對個人的評估,但定期的績效評估應該包括一個重要的部分來衡量團隊的目標實現。這個主題將在第 20 章「人力資源、設備管理與專案管理辦公室」中詳細討論。

培養整個團隊的承諾

共同的責任必須有對應之共同的承諾,也就是實踐團隊認可的目標。我聽過衝刺結束時一種最糟糕的情況,當產品負責人抱怨衝刺待辦清單上有項目未完成,一個程式設計師卻說:「但我完成了我的任務。」這個程式設計師可能確實完成了他的任務,但他的任務只是他的團隊承諾要完成的一部分,只是推進產品所需工作中的一小部分。

另見
由於向全團隊負責任,個人將經常被要求執行超出自己專業領域的任務。第 8 章「改變的角色」中描述了不同個體日常工作的變化。

在衝刺規劃期間,團隊會規劃未來衝刺的工作。雖然我不建議規劃時可以讓個人自由選擇任務(「我做這個,你做那個⋯」),但這種早期的工作分配在剛接觸 Scrum 的團隊中很常見。在這些早期衝刺中,我提醒我指導的團隊,這些分配只是暫時的。團隊的目標是完成該衝刺所有待辦清單上的任務。這是整個團隊的承諾,而不是每個人對於完成自己任務的承諾。

在一些組織中,要從「我負責並承諾完成我自己的任務」的文化,轉變為整個團隊共同負責的文化是很困難的。然而,在這種轉變發生之前,團隊會發現很難完成衝刺選定的產品待辦清單項目。但有了整個團隊的承諾,進度超前的團隊成員會幫助進度落後的成員,讓每個人都能按時完成任務;如果沒有整個團隊的承諾,幾乎可以肯定,產品待辦清單上很多項目在衝刺結束時會處於「完成 90%」的狀態,等著那位進度落後的成員完成最後的工作。

- 在下一次規劃衝刺時，不要讓個人選擇特定任務。先確定誰有可能處理哪些任務，讓每個人都同意要完成的產品待辦清單項目。但是，不要在任何任務旁邊寫上任何名字，讓任務分配在衝刺過程中自然湧現並隨時討論。衝刺結束後，討論這次衝刺執行的情況。
- 集中火力，一次完成一個待辦清單項目。讓整個團隊承諾一起處理同一個產品待辦項目，等該項目完成後再轉到下一個項目。這是一個讓團隊成員學會合作的好方法，即使要作為常態性的做法可能會有過多的限制。

現在試一試

專家可以依靠，但要適量

一個常見的誤解是，Scrum 團隊中的每個人都必須是通才——同樣擅長所有的技術和專業——而不是某個領域的專家。

　　這是不對的。我感到驚訝的是，世界上的每一家三明治店都已經想出如何管理有專業技能的人，但我們軟體業仍然在為這個問題苦苦掙扎。

　　我最喜歡的三明治店是加州佛森市的 Beach Hut Deli 熟食店。我很常在那裡吃午餐，因而注意到他們有三種類型的員工：點餐人員、製做三明治的人和機動員工。點餐人員在櫃檯工作，把每個三明治訂單寫在紙條上，然後再傳給做三明治的人。做三明治的人在點餐人員後方作業，按照訂單準備每個三明治。點餐人員和製做三明治的人就是熟食領域的專家，機動員工則是通才——前兩份工作都可以做，但可能沒有前兩種專家那麼到位。這並不是說他們做的三明治比較難吃，而是指機動員工做三明治的速度會比較慢一些。我年少時曾在速食餐廳工作過，那時的我就是屬於機動員工。我在包墨西哥捲餅和做玉米餅時手腳不如廚師 Mark 快；每當收銀機需要一卷新發票時，我就得去請我的經理 Nikki 幫忙，因為我總是記不住要怎麼裝。但我跟他們不同，這兩份工作我都可以做。

　　我猜想，世界上每家三明治店都有一些專才——只做料理或只站櫃檯。但這些企業也了解到通才帶來的價值，在午餐高峰期有一些通才幫手，將有助於解決點餐和製做三明治的人力需求。

這對 Scrum 團隊來說意味著 —— 是的，我們應該要有通才。正是這些通才使專家們能夠專心致志。總有一些團隊需要嵌入式系統程式設計師、精通 Windows 內部的 C++ 程式設計師、AI 程式設計師、效能測試工程師、生物資訊學家與藝術家等等。但是，每次在團隊中增加一個專家，就相當於在你店內增添一位三明治製做人員。在你的團隊放太多專家，你就會增加某人花費較多時間來等待工作交接的機率，而這就是下一節要談的主題。

現在試一試

❑ 在下一次衝刺規劃時，同意團隊中的一位專家在衝刺期間刻意不去進行其專業的任務。該專家可以為其他要執行該任務的人提供建議，但不能親自下去做。這樣做的目的不是為了擴大專家的技能組合，而是為了培養其他團隊成員的技能。請在回顧會議中討論如何進行。考慮在同一個人身上重複這種做法，也考慮嘗試換不同的專家。

每件事都做一點

習慣依序開發的團隊，通常也已經習慣了專家之間的交接。分析師把他們的工作交給設計師，設計師把工作交給程式設計師，接著再把工作交給測試人員。每一次交接都會帶來額外的負擔，包括一些會議、閱讀文件和簽署文件等形式的時間成本。部分原因是，這種交接的內容通常相對大量，甚至在最純粹的瀑布流程中，整個應用程式會從一個小組交接給另一個小組。

剛接觸 Scrum 的團隊往往在減少這些交接上做得不夠好。他們經常假設程式設計師應該在完成產品待辦項目的程式碼後再將其交給測試人員，這導致在衝刺開始時，測試人員只能坐等第一個產品待辦清單項目送達，導致不必要的長時間延誤。在 Scrum 專案中，各專業之間的交接量應該小於產品待辦清單上的任務。也就是說，儘管總是有一些任務要交接（不是每個人都能一直處理所有的任務），但從一個人交接給下一個人的工作量應該越少越好。

舉一個例子，假設一個團隊正在開發一個新的電子商務應用程式。該團隊選擇了這個使用者故事：「身為購物者，我可以依據實際運費來選擇我想要的運送方式，這樣我就可以做出最好的決定。」對這功能感興趣或將參與開發的人應該進行討論，假設有產品負責人、商業分析師、測試人員和程式設計師。他們

最初的討論是圍繞著這個功能所隱含的一般需求——比如我們支援哪些運輸公司（FedEx、DHL 或其他），我們支援隔夜運送、雙日送達或是三天內送達嗎？

當這些討論發生時，參與的人自然會考慮如何開始。在一個傳統的專案中，每個人都可以隨心所欲地開始（在工作交接後），然而在 Scrum 團隊中，如何開始應該是由負責該功能的那些人一起共同討論。在這個例子中，我們假設程式設計師提出從 FedEx 開始會更容易，測試人員也同意，分析師此時應去調查 DHL，並了解更多影響 DHL 運輸成本的參數，其目標是在程式設計師和測試人員完成 FedEx 的工作時，可以得到這些資訊。

當程式設計師有足夠的資訊可以開始寫程式時，才會開始動手。產品負責人、分析師和測試人員討論概略的測試方向（我們的網站是否會運送像滑雪板這種特殊尺寸商品？）在討論之後，測試人員將概略的測試方向列成具體的測試項目（這個尺寸和重量的箱子會送到那個目的地）。測試人員建立測試資料並將測試自動化，有一些自動化測試可能不需要程式設計師的階段性交付物就能進行。而完整的自動化測試可能需要從程式設計師那裡得到一個早期版本後才能動工。當測試人員在考慮具體的測試時，他也應該告知程式設計師在寫程式時可能沒有考慮的測試案例。當程式設計師和測試人員都完成工作後，他們加入了 FedEx 運費計算功能，並加入自動化測試。上述的流程可以參考圖 11.1。

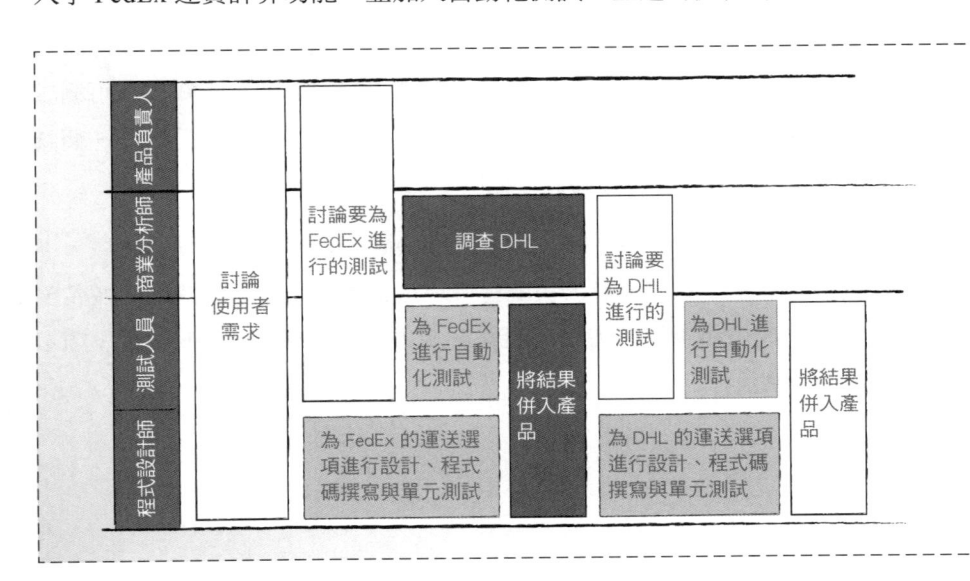

圖 11.1
這四個人在一個任務上緊密合作，而不是把它交給別人。

接下來，程式設計師、測試人員一起與商業分析師溝通，希望了解更多關於計算 DHL 運費的資訊。這個過程不斷重複，當寫程式和測試完成後，計算 DHL 運費的功能被添加到應用程式中。與其先進行分析階段（在沒有程式設計師和測試人員的情況下完成），接著進行寫程式階段、測試階段，不如將這些活動融合在一起，讓每個階段的工作能夠一直持續進行。

圖 11.2
繪製衝刺中每天完成（產品待辦清單上）的任務數，可以突顯出交接大量工作的問題。

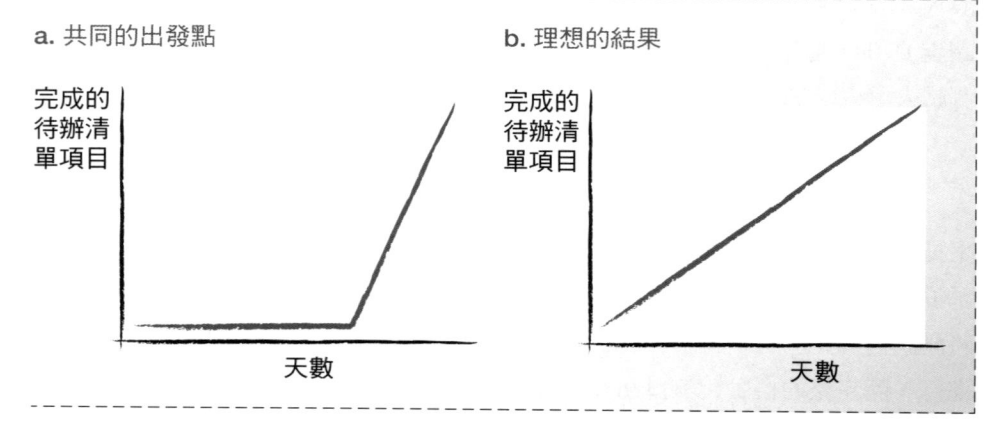

a. 共同的出發點

完成的待辦清單項目

天數

b. 理想的結果

完成的待辦清單項目

天數

不要等到衝刺結束時才完成所有工作

繼續大規模地交接工作會有一個趨勢是，到衝刺的最後幾天才會完成待辦任務。如此運作的團隊中，測試人員常抱怨衝刺結束前兩天才被告知沒有可測試的功能，或是要盡快測試所有功能。要揭露這個問題最好的方式是建立一個圖表，顯示在衝刺中每天完成的任務數，如圖 11.2a 所示。

我擔任團隊的 ScrumMaster 時，經常把這張圖表直接張貼在團隊區域，不做過多的宣傳或解釋。團隊成員很快就會發現這張圖表所揭示的問題，並希望開始找到更早完成待辦項目的方法。最終，結果通常會像圖 11.2b 所示，顯示出更加順暢的衝刺流程。

混合不同大小的產品待辦清單項目

在規劃衝刺的時候，注意你所承諾要完成的任務大小。有些產品待辦清單上的項目比本節中給出的 FedEx / DHL 案例更複雜。有些清單需要一週或更多的時間來寫程式，然後程式設計師才能提供一些可以測試的產出給測試人員。這也可行，不是所有的任務都能像我們期待的那樣可以分割得很小。

你要避免在同一個衝刺處理一堆不容易分割的專案。這樣做會把太多的測試任務集中在衝刺的最後。與其在一個衝刺中規劃三個不能部分實作的大項目，不如把一兩個大項目加上兩三個小任務一起帶入衝刺。一些程式設計師可以執行大型任務，盡早轉交給測試人員；其餘的程式設計師可以進行小型任務，確保測試人員在衝刺初期即有任務可執行。

> **現在試一試**
> - ❏ 承諾在衝刺的中期，完成至少三分之一規劃的任務。
> - ❏ 貼出一張如圖 11.2 所示的圖表。
> - ❏ 在接下來的三個衝刺階段，先讓程式設計師和測試人員找到每個任務大致的「中間點」。承諾一旦達到這個中間點，就將成果添加到每晚的交付中，而不是在該任務完成後才交付。

培養團隊學習

如果你的團隊已經接受了對全隊承諾的概念，減少了對專家的依賴，並且一直在推進每項任務，那麼你可能已經大大改善了你們的合作方式，這時大多數團隊會變得自滿。請謹而慎行，永遠都有需要改進的地方。要想成為一個真正的高績效團隊，並實現 Scrum 帶來的所有好處，你的團隊必須積極主動地尋求學習和知識共享的新方式。

有些學習是自然發生的——使用者告訴產品負責人她喜歡某個功能，或者程式設計師發現使用某個特定的技術無法滿足可擴展性的需求；其他的學習則是刻意的，這也是我們現在感興趣的部分。最有效的團隊和他們的領導者不會被動等待學習發生，而是非常主動積極地優化學習的速度和意義。

確保學習條件存在

要讓團隊主動學習成為專案目標，有五個條件是團隊學習會發生的必要條件：

- 團隊必須為學習而設計。
- 個人必須有分享知識的具體方法。
- 領導者必須強調學習的重要性。
- 需要有可激勵團隊的挑戰。
- 必須有一個支持性的學習環境。

這些將在以下小節中描述說明。

> **另見**
>
> 在第 12 章「帶領自組織團隊」，我們將看到管理者和其他領導者應該如何運用這種影響力和責任。

設計會學習的團隊

正如我們在上一章中所討論的，經理和其他關係人對團隊的組成通常有很大的影響力，他們應該好好利用這種職責來建立團隊，讓這些人一起合作時，可以發揮一加一大於二的功效。這些人應該要有一定的多樣性，以產生新穎、有創造性的想法，但也不能有太多的差異，使團隊無法融合。

對於一個新成立的功能團隊，經理最好能讓大家盡量長時間一起工作。一個團隊需要時間來學習如何好好協作，不斷改變成員結構會迫使團隊在每次人員變動時就得重新學習協作。哈佛大學教授、團隊合作的權威 Richard Hackman 引用了一項研究，指出「研發團隊確實需要新人才的湧入，以保持創造力和新鮮感，但只能每三到四年加一個人（Hackman and Coutu 2009）。」

找出分享知識的具體方法

HP 公司前執行長 Lew Platt 曾經說過：「如果公司能清楚知道它已知的一切，它的盈利能力會提高三倍。」公司要想獲得成功，團隊必須有具體的方法來分享他們所學到的東西，不僅是相互之間的分享，而且還要與組織的其他人分享。Scrum 團隊的方法之一，是嘗試透過 Scrum 設計的許多溝通會議來進行。

像是，每日站會除了是團隊成員之間的訊息交流，可能還有其他人參與；衝刺審查會議通常會將知識傳播得更遠，特別是有利害關係人和其他團隊成員在場時；在大型組織中，Scrum of Scrum 會議允許團隊與所有其他 Scrum 團隊的代表相互分享資訊。Scrum 也有些幫助他們分享知識的工具，像是 wiki 和公開的圖表，能夠讓任何人對衝刺與專案的當前狀態一目了然。

除了這些交流方法，高績效的 Scrum 團隊還會設法與其他團隊直接進行交流，像是資料庫開發人員或是使用者介面設計師會去跟其他團隊的資料庫開發人員或是使用者介面設計師交流。在許多環境中，這些對話完全是非正式、沒有事先計劃，但有時也未必是這樣。大型的 Scrum 專案和部門通常會形成實踐社群，在那裡，志同道合或專業相近的人可以定期聚會，不僅討論和分享共同的問題，而且還分享他們發現的解決方案。實踐社群是在團隊之間分享知識的絕佳手段。

另見

實踐社群在第 17 章「擴展 Scrum」中有所描述。

展現強化學習的行為

團隊成員會根據他們認可的領導者所示範的方式來進行互動，包括產品負責人、任何部門經理或直屬主管，以及組織裡其他的主管或經理。為了培養正確的行為，這些領導者應該示範他們希望看到的學習行為。

例如，我最近參加了一個會議，其中一個團隊和它的產品負責人 Michael 正在向一個執行委員會介紹一個新的產品理念。委員會中的一位成員，名叫 Sean 的副總，特別擅長向 Michael 和開發人員提問，他問的問題很尖銳，目的是想幫助團隊（和其他委員會成員）找出產品計畫中的漏洞。Sean 並不是在拷問 Michael 讓他難看或要打擊他的想法。他的問題（你能給我三個理由，說明為什麼一個潛在客戶會購買我們的產品而不是競爭對手的產品嗎？這些理由是否足夠？）是為了啟動一個對話，他扮演的是一個積極的參與者。因為 Sean──公司的資深領導者──在這次對話中願意誠心學習，他的行為在那些見證者中產生並強化了類似的學習促進行為。

除了提出能導致真誠並以學習為中心的對話的問題，Edmondson、Bohmer 和 Pisano 等人還指出了領導者應該展示的另外三種加強學習的行為：

- **保持可接觸**。領導者應該讓團隊成員能夠隨時找到他們，而不是待在樓上關著門的辦公室裡。
- **徵求意見**。向團隊成員徵求意見，是讓他們知道他們的意見受到重視和歡迎。如果你要求他們為你需要做的決定提供意見，他們就更可能為彼此提供意見。如果你向團隊徵求意見，之後一定要向他們展示這些意見是如何被採納，或者為什麼不能作為行動的依據。
- **做「犯錯示範」**。承認自己的錯誤來向別人證明，錯誤、不良決策和問題是可以被討論的，不會產生負面影響（2001）。

提供可激勵團隊的挑戰

向團隊提出挑戰的方式，會影響到團隊成員對它的反應。想像一下，一個產品負責人需要在一個看起來不可能完成的最後期限前交付一組功能，產品負責人可以把這個挑戰作為既成事實呈現給團隊：「我需要在那個日期前完成這些功能，而且沒有任何彈性。請完成它。」

但產品負責人 Curt 並不是這樣向他的團隊提出類似挑戰的。相反，Curt 首先承認了他給團隊的任務很困難，然後概述了需要什麼、什麼時候要完成，以不帶任何聳動語氣或懲罰威脅的方式，解釋了達成目標的重要性。他最後強調了每個人對於達成目標的重要性。五個月後，團隊交付了足夠的功能，避掉了最初的危機，為他們贏得了另外六個月的時間來交付完整的版本。

在第一種情況下，產品負責人把問題拋給了團隊；在第二種情況下，Curt 承認挑戰的難度，但對團隊應對挑戰的能力保持積極樂觀的態度。然後，他與團隊合作，找到了一個合適的初始版本——剛好能讓公司最大的客戶滿意，而且是團隊能做到的。這有助於在專案中建立一個積極的環境，從而導致了學習所需的對話和討論。

創造一個支持性的學習環境

我還記得，我帶女兒 Delaney 去上幼稚園的第一天，印象很深刻，幼稚園亂糟糟的，沒有用大書架來放所有的課本，而是在大房間裡擺放很多零散的小書架，我女兒一星期要在這裡待兩個上午。座椅沒有依序圍成一圈或排成一排，小椅子、坐墊或小沙發到處亂放。牆壁上都貼滿了海報、大型剪紙字母、地圖之類的東西。我的妻子解釋說，雖然這個地方在我看來很亂，但它實際上是一個經過良好設計的空間，方便 Delaney 這樣的四、五歲兒童學習。

同樣地，有抱負的 Scrum 組織中，領導者和管理者也應該為他們的團隊創造支持性的學習環境。為幼童創造的學習環境主要包括安排房間內的物品陳設（確保可以很容易拿到書），而為 Scrum 團隊創造一個學習環境則涉及組織、社會和心理的變化。具有支持性學習環境的組織有以下幾項特點：

- **心理安全感**。最好的學習方法之一就是嘗試並犯錯，然後用更好的方法再做一次；其他學習方法包括提問和參與辯論。如果有人在做這些事情時沒有安全感，他們就不會做。產品負責人、ScrumMaster、部門經理和其他人必須找到方法，創造這些活動的安全感，否則，團隊成員就不會冒險嘗試新事物，因為他們害怕失敗、看起來很愚蠢，或者遭受類似的不好影響。在轉型到 Scrum 的過程中，創造心理安全感尤為重要，因為會發生專業知識的轉變。某些人很可能習慣於被視為專家，也許是技術、程式或特定領域的專家，向 Scrum 轉型打亂了現有的專業知識範疇，並引入了對新專業的需求。組織領導者（事實上，所有的團隊成員也是）需要創造心理上的安全感，例如，公司的 Java 專家願意問一些關於自動單元測試的基本問題。如果不這樣做，通常會導致專家抵制轉型。

- **欣賞差異**。團隊成員應該學會欣賞彼此的差異，而非互相攻擊。當每個人都有相同的背景、相同的技能、以相同的做事風格處理問題，結果可能是缺乏創造力。正如哈佛大學教授、《Leading Teams》一書的作者 Richard Hackman 所說：「每個團隊都需要一個反叛份子，一個能夠透過挑戰大多數類似想法來幫助團隊的人，來幫助創造與學習。反叛份子

會站出來質疑：『等一下，我們為什麼要這樣做？如果我們把事情反過來看呢？』（Hackman and Coutu 2009）」

- **對新想法持開放態度**。Scrum 團隊經常被要求接受困難的挑戰：要比以前做類似專案的速度更快、用更少的資源做這個專案等等。為了迎接這些挑戰，團隊成員不得不常常看得更遠。對新的想法抱持開放態度（偶爾也對由此產生的暫時失敗和挫折持開放的態度）十分重要。

- **反思的時間**。團隊需要在快速的迭代開發中抽出時間來反思他們在做什麼以及如何做。在行動中即時學習是團隊學習的最好方式，而這一點可以透過每日站會來達成。但大多數團隊發現，在每個衝刺中用半小時到半天的時間來尋找改進的方法是很合適的長度。

> **現在試一試**
>
> ❏ 如果一個團隊中的成員在當前工作方式中是專家，但他們對 Scrum 引起之技術實踐轉變會感到被威脅，此時就是引入外部教練的絕佳時機。對於為測試驅動開發和 mock object 苦惱的開發人員來說，向團隊以外的人學習這種新技能，往往會比向她平時指導的團隊成員學習來得自在些。

消除知識浪費

在建立一個有利於團隊學習的環境時，我們必須同時努力消除造成知識浪費的組織障礙。「知識浪費」指的是失去了學習的機會，或者在某種情境中學到的東西少於本來可以學到的。精實開發（lean development）專家 Allen Ward 將知識浪費分為三類：散亂、交接和一廂情願的想法（2007）。

當任何事情破壞了工作的流程時，就會發生「散亂」（scatter）。對個人來說，散亂指的是會分散我們注意力的事情，或者將我們的一天切割成零碎的時段，使我們難以進行實質的工作。從專案層級來看，當團隊工作流程被打斷時，就會發生散亂，像是被要求停止正在做的事情、去做另一個功能，或是團隊成員有變動，又或者當團隊突然被要求進行一項緊急任務。

造成散亂的原因主要有兩個──溝通的障礙和糟糕的工具。溝通的障礙可能是實體因素，比如團隊成員相隔 5000 英里或兩層樓遠。然而，溝通的障礙也

可能是起因於內部政策（「所有的資料庫變更的請求必須以書面形式提出」）或能力不足的結果，例如兩個小組因為缺乏共同的語言而無法溝通。Pixar（皮克斯）動畫工作室的聯合創辦人 Ed Catmull，同時也是《玩具總動員》、《海底總動員》、《超人特攻隊》、《怪物電力公司》及其他電影的製作者，承認這些障礙。

> 讓不同專業領域的人把彼此當作同行，與讓同一個專業領域內的人彼此這樣看待同等重要，但相對要難得多。障礙包括組織中出現的自然階級結構：似乎總有個部門認為自己是組織中最受重視的單位、也是公認最有價值的單位。還有，不同專業使用的不同語言，甚至於辦公室之間的實體距離（2008, 70）。

Ward 所說的糟糕工具，並不是特指那些已經成為我們日常生活一部分的軟體產品，導致散亂的糟糕工具指的是傳統開發流程中相當常見的標準化做法。例如，我經服務過的一家公司，因為沒有預料到更動多個程式共享的資料庫所帶來的影響，因此制定了一個新規則：每一個新功能都必須附上一份「資料庫影響報告」。當然，絕大多數應用程式的修改都不會對資料庫產生影響，但仍然要提交這份標準化的報告。與其強制要求所有的專案完成同一份統一的表格，更合適的做法應該是明確所有專案團隊的責任，確保他們考慮並溝通對資料庫的影響。我們應該對結果負責，而不是盲目遵循流程，我們應該要看清目標。

❑ 在你的下一個衝刺回顧會議中，找出至少十幾個造成團隊散亂的原因。選出兩個，在下個月努力消除。分別找出會在一天內以及會在整個專案中造成散亂的原因。

現在試一試

Ward 將「交接」（hand-off）定義為知識、責任、行動和回饋的分離。在一個序列式軟體開發過程中，隨處可見到「交接」的存在。分析的結果被交給架構師，架構師再將架構交給程式設計師，然後程式設計師把程式碼交給測試人員。專案中大多數書面文件都是為了交接工作而產生的，然而，並不是所有的交接都是實體形式。舉例來說，讓一位傳統的專案經理對她未參與制定的專案規範和截止日期負責，是一種責任的交接。

跨職能團隊越來越流行，至少某部分是為了應對傳統開發專案中交接帶來的麻煩。回想一下本章前面的小節「擁抱整個團隊的責任感」，該小節主要的

觀點是，雖然有時候我們可能會指定某個人負責完成某些特定任務，但幾乎所有的事情都是整個團隊的責任。整個團隊參與得越多，越能感受到這種共同責任，那麼交接的次數就會減少。消除交接，也等同於消除了因為等待和需要知識轉移而產生的問題。

Ward 提到的第三類知識浪費，即「一廂情願的想法」（wishful thinking），並不是單純指樂觀主義。一廂情願的想法在這裡指的是，在沒有足夠資訊支持這些決定的情況下做出決定，而專案延遲就是最明顯的結果。選擇一個日期、建立一些規範、希望專案能完全按計畫運行、沒有意外變化，這就是最天真的一廂情願的想法。「被拋棄的知識」是第二種一廂情願的想法，指的是團隊未能將所獲得的知識以實用的形式保存下來。當一個團隊發現一個罕見的錯誤並將它修復好，但卻沒有添加一個自動測試來防止這個錯誤在以後再度出現被偵測到，這就是拋棄了知識。團隊認為這個錯誤永遠不會再出現，這就是一廂情願的想法。

團隊學習的重要性怎麼強調都不為過。我遇到過太多團隊在採用 Scrum 之後，比起從前有了很大的改進，但自那以後卻沒再進步。持續改進是 Scrum 的重點，不學習和浪費已獲得的知識是嚴重的缺失。

透過承諾來鼓勵協作

長期擔任洛杉磯道奇隊總教練的 Tommy Lasorda 曾說過，「我的責任是讓我的 25 名隊員為繡在他們衣服前面的球隊打球，而不是繡在背後的名字（LaFasto and Larson 2001, 100）。」團隊學習只能幫你達到成為一個高績效、敏捷的團隊，要使你的自組織團隊以整體而不是個體的集合來運作，你必須不斷地鼓勵，並將重點放在共同的目標上。為了做到這一點，你必須找到方法重新激發團隊成員對目標和彼此的承諾。這裡有一些方法可以幫助你建立並培養這種承諾。

廣泛參與。我聽到最常見的抱怨之一，特別是來自程式設計師，他們不希望被當作「程式猿」（code monkey）來對待；這個詞用來形容那些被準確告知要寫什麼程式碼、被剝奪了工作中所有創造力（和樂趣）的人。你可以讓開發人員

盡可能多參與專案活動，來避免把他們當成程式猿。例如，我主張讓所有的開發人員都參與產品待辦清單的故事編寫工作坊。團隊成員看到專案與產品的願景越寬廣，他們就越能充分地參與到專案中，並因此更投入。

找到一個點燃熱情的目標。 倫敦商學院教授 Lynda Gratton 用「熱點」（hot spot）一詞形容「與其他人一起工作從未如此激動和興奮，你內心深處知道共同實現的目標很重要而且有意義」的那個時刻（2007, 1）。為了形成一個熱點，你需要一個她所說的「點燃熱情的目標」──也就是「人們感到興奮、有興趣並值得參與的東西（13）。」

1990 年代中期，我所屬公司的點燃目標，是改變病人與醫療服務提供者的互動方式來革新健康醫療。這家公司是以呼叫中心的護士為基礎而建立，開發人員開發軟體系統來支援他們的工作。每週，護士長都會發送一封電子郵件，總結這一週的重要資訊，大部分都是一些瑣碎內容：增加了多少新客戶、接聽了多少電話、接聽電話的平均時間等等。

但有一次，信的內容激起了公司點燃目標：我們所拯救的病人的故事。我記得，護士長接到了一通特別的電話，來電者是一個男人，主訴左上背疼痛，他想知道他是應該去看醫生還是吃止痛藥（Ibuprofen）就好。詢問他幾個問題後，在我們軟體的專家系統指引下，護士長研判來電者是心臟病發作。他還沒掛斷電話，護士長就派了一輛救護車到他家，因而挽救了他的性命。點燃目標不一定要像拯救人命高大上，只要能讓團隊成員感到振奮、有興趣，就能使他們渴望參與其中。

挖掘現有的內在動機。 除了尋找整個團隊的點燃目標，你還應該去滿足團隊成員現有的動機。動機是因人而異的，但如果專案的結構能讓每個人的個人目標與專案目標一致，就能激發出我們渴望看到的承諾。像是，也許一個 Java 開發人員想獲得一些 C# 的經驗，在這個專案中是否有這樣的機會？或者，一個測試人員想獲得一些領導經驗，能否讓他負責主導挑選外包元件的開發供應商？

慎防最不積極的團隊成員。 一個十分積極、技能強的人，往往能讓他的每個隊友都變得更好；反之，一個缺乏動力的團隊成員，卻會把整個團隊拖垮。Christopher Avery 描述了「一顆壞蘋果」的破壞性影響。

另見

關於辦理故事撰寫工作坊，請參閱《Mike Cohn 的使用者故事：敏捷軟體開發應用之道》（User Stories Applied: For Agile Software Development）（Cohn 2004）。

根據我的經驗，當一個不付出努力的成員進入一個團隊，並且因為種種官僚政策而不能拒絕他加入時，團隊中其他努力工作的成員會立即大幅降低他們對工作的投入程度，並將注意力和承諾轉移到生活中的其他部分去（Avery, Walker, and O'Toole 2001, 97）。

幫助每個人了解他們對目標的重要性。沒有人願意覺得自己是多餘的，或者覺得自己的貢獻對專案是不重要的。如果團隊成員不覺得他們的貢獻是重要的，他們就很難完全參與並致力於實現專案的目標。而產品負責人顯然是幫助每個人感覺到自己重要性、並認同與任務目標有相關的最佳人選，但是讓大家感覺自己很重要的話，任何人都可以表達。

建立信心。雖然知道擺在他們面前的挑戰很不容易，但團隊成員確實希望有信心實現這目標。信心不是來自於讓目標更容易，而是來自於對自己和隊友的信念。人們喜歡與那些增強他們信心的人一起工作，一個有自信的團隊會致力於實現幾乎所有的目標。

記住，培養承諾並不是一次性的努力。團隊需要定期重新接受激勵，以重新喚起他們對專案和彼此的承諾。在《Teamwork Is an Individual Skill》一書中，Christopher Avery 建議，雖然每年和每季開始時是重新激勵的好時機，但「調整團隊方向的最佳時機，是當你注意到共同方向感已經喪失或能量已經減少的時候（107）」。

現在試一試

- ❏ 你的團隊有一個點燃目標嗎？所有的團隊成員都能清楚地表達它嗎？每個人都能用大致相同的話來陳述嗎？如果沒有，請產品負責人按照第 12 章「為系統注入活力」一節中所描述的那樣，促成一次專案啟動會議。
- ❏ 你是否了解你團隊中每個人的動機是什麼？如果不了解，那就找出來。如何了解？主動詢問吧。
- ❏ 別人是否理解你的動機？如果沒有，請告訴他們。

現在一起齊心向前

創造正確的團隊合作意識可能是一種挑戰。ScrumMaster 會確保團隊接受「全隊責任」和「全隊承諾」的概念，來幫助他們在每個衝刺結束時交付可運作的軟體。團隊一開始可能會在打破長期以來的專業分隔和交接習慣上遇到困難。要從傳統的依序開發轉變為團隊合作，關鍵就在於盡量減少個別任務分配並在衝刺中同時處理各種工作。在一個團隊合作良好並能在每個衝刺交付它所承諾的東西之後，團隊應該感到自豪與成就感。但是，不要滿足於成為一個功能性的 Scrum 團隊。要成為一個高績效的敏捷團隊，需要不斷地學習和改進。促進團隊學習、消除知識浪費的源頭、透過激發團隊的承諾來保持團隊的合作精神，並在整個專案中找到重新激發承諾的方法。

下一章將探討領導者如何進一步影響自組織團隊，帶領他們向高績效與最佳生產力邁進。

延伸閱讀

Avery, Christopher M., Meri Aaron Walker, and Erin O'Toole. 2001. *Teamwork is an individual skill: Getting your work done when sharing responsibility*. Berrett-Koehler Publishers.

本書的前提是，每個人都需要為團隊的表現承擔責任。Avery 提供了有關團隊成員如何提高團隊整體績效的細節和故事。

Katzenbach, Jon R., and Douglas K. Smith. 1993. *The wisdom of teams: Creating the highperformance organization*.

這是一本以團隊合作為主題的早期經典著作，經得起時間的考驗。它涵蓋了團隊的各個層面，包括團隊經歷的各個階段、誰應該加入團隊，誰應該領導團隊、管理層如何與團隊協作等等。

Larson, Carl E., and Frank M. J. LaFasto. 1989. *Teamwork: What must go right/what can go wrong*. SAGE Publications.

作者花了三年時間研究和採訪了 32 個高度成功的團隊，涉及範圍很廣。其中包括心臟外科團隊、攀登聖母峰的團隊、運動冠軍隊伍、飛機設計團隊，甚至包括麥當勞發明麥克雞塊的團隊。他們從中歸納出高績效團隊的八個特徵。

Chapter 12
帶領自組織團隊

最早的組織變革模型之一是由 Kurt Lewin 在 1940 年代提出的。在 Lewin 的模型中,變革是一個三步驟的過程:「解凍」(unfreezing)當前狀況以便讓變革發生,過渡到新的狀態,再「重新結凍」(refreezing)新的狀態使其持續下去。許多後來的組織變革模型都與 Lewin 的模型類似,描述了長期的相對穩定時期和短暫的過渡時期。

雖然這可能是 Lewin 在 20 世紀初所描述的世界,但今天的世界已經大不相同。變革不再是會打斷長期相對穩定期的小波瀾,相反地,21 世紀的組織不再是從一種平衡狀態走向另一種平衡狀態,而是一直在非平衡的條件下運作。儘管會導致激烈的動盪,但這樣也有好處:一個處於平衡狀態的組織,當被推離平衡時會尋求回到平衡狀態,這樣的組織會抵制變革(Goldstein 1994, 15);而遠離平衡的組織更能適應持續的變革,因此,組織的領導者和變革推動者有責任使組織處於遠離平衡的狀態。

領導者會定期擾動組織來讓組織遠離平衡。領導者能夠藉由攪動、鼓舞、平息、推動、搖晃、刺激或重組等手段,使組織達到平衡狀態,以避免發生組

織抗拒變動。這使組織保持警覺，更有能力去應對變化或創造變化。持續擾動組織，已成為領導者和變革推動者推動組織變得越來越靈活的基礎。

那麼，誰是這些領導者和變革推動者？如果不了解一個特定組織的具體情況，很難回答這個問題。不過，我在說領導者時，是指對團隊有影響力或權力的任何人：包括經理，他們可以聘請及解僱團隊成員；包括產品負責人，他決定要開發的產品或系統的範圍；包括 ScrumMaster，他可以對流程進行微小但重要的改變；還包括致力於引入或推廣 Scrum 的組織變革推動者。

在下面的小節中，我們將探討這些領導者、管理者和變革推動者如何影響團隊或公司自組織之路。你將了解到自組織的三個必要條件，以及領導者如何改變這些條件；你還將了解到組織是如何演變的，你將遇到領導者、管理者和變革推動者對其組織的演變施加影響的七種方式。

影響自組織

自組織是敏捷軟體開發的一個基本概念。敏捷宣言中包括這樣一條原則：「最好的架構、需求和設計來自自組織的團隊（Beck et al. 2001）。」然而，一個常見的誤解是，由於依賴自組織團隊，敏捷團隊的領導者幾乎沒有任何實質作用。我想沒有比這更離譜的誤解了。在《Biology of Business》中，作者 Philip Anderson 駁斥了這種錯誤的假設。

> 自組織不代表組織設計是由工作者（worker）而非管理者（manager）來推進，也不代表人們可以做任何想做的事。它意味著管理部門致力於從互動中來指引個體行為的演變，而不是事先規定什麼是有效的行為（1999, 120）。

自組織團隊並沒有擺脫管理層的控制。管理層為他們選擇製造什麼樣的產品，或者經常選擇誰來為他們的專案工作，但他們仍然是自組織性質。他們也不是不受影響的，Scrum 的早期文獻對此有明確的說明。在 1986 年的「The New New Product Development Game」中，Takeuchi 與 Nonaka 寫道：「微妙的控制也與專案團隊的自組織特性相符。」然後在 1990 年的「Then in Wicked

Problems, Righteous Solutions」中，DeGrace 和 Stahl 描述了管理者如何對自組織的團隊進行間接控制。

> 可以肯定的是，雖然控制仍然「存在」；但是，這些控制是微妙且間接的。控制的方式包括選擇合適的人、創造一個開放的工作環境、鼓勵來自現場的回饋、建立一個以小組表現為基礎的評估和獎勵制度、管理早期容易走偏的方向並於後期整合資訊與努力、容忍甚至預測錯誤，鼓勵供應商早期參與而不控制他們（159）。

Scrum 團隊的工作是圍繞著挑戰，並且在管理層設定的邊界和約束條件下進行自組織；管理層的工作則是提出適當的挑戰並消除自組織的障礙。

也就是說，對一個團隊的約束或控制越少越好。如果領導者過度限制團隊解決問題的方式，團隊自組織就不會發生。團隊將無法正常運作，因為它已經被告知了太多要做的事情，不會再主動尋找解決方案或進行必要的行動。

那麼，敏捷的領導者如何在指揮和影響之間取得微妙的平衡呢？一種方法是了解三個與團隊有關的條件，並思考對這些條件進行微小的調整會如何對團隊的組織方式產生巨大的影響，從而影響他們的表現。這些條件分別是容器（container）、差異（difference）和交流（exchange）。

容器、差異和交流

Glenda Eoyang 在她的博士論文中描述了三個條件，一旦被改變就會影響團隊的自組織方式：容器、差異和交流（2001）。

容器（container）是自組織的邊界。想像一下，你在一個沒有預先分配座位的電影院裡，電影院的物理邊界形成了一個容器，你和其他電影觀眾在這個容器裡自組織地坐到座位上。另一組觀眾在相鄰的電影廳內，在他們的物理容器裡自組織。這兩個容器（電影廳）是不同的，所以這個電影廳的觀眾不能與另一個電影廳的觀眾自組織。容器不需要是物理的。如下面的例子所示，容器也可以是行為上、組織上和概念上的邊界。

- 在 San Jose 校園工作的每個人
- 在 A-3 大樓工作的每個人
- 在軟體開發部門工作的每個人
- 每個用 Ruby 寫程式的人
- 每個挪威人
- 每個屬於 Agile Alliance 的人
- Capricorn 專案團隊中的每個人

容器內個體之間的差異（difference）也會影響他們如何自組織。如果我們的 Scrum 團隊成員之間沒有差異，那麼誰做哪項工作或者成員之間有無互動就不重要了；因為每個人在各方面的技能都是相等的，團隊中的每個成員就會獨立工作。所幸軟體開發團隊中的每一個人都存在著差異性，這些差異包括技術專長、領域知識、權力、性別、種族、教育、與公司中其他人的人脈關係、解決問題的方法等等；這些差異的類型和程度，影響著一個團隊的自組織方式。

最後，轉變性的交流（trnasforming exchange）影響著團隊如何組織起來以應對挑戰。轉變性的交流是指一個容器內成員之間的互動，會使一方或多方受到改變或影響。例如，我和我專案的產品負責人見面，他回答了我關於一個功能應該如何運作的問題，這即是一個轉變性的交流，因為我帶著新的知識離開。在轉變性的交流中，個人之間傳遞的不一定是資訊，也可能是金錢、權力、能量或其他資源。在與產品負責人談話後被激勵的團隊，就是經歷了一種轉變性的交流：創造出能量並傳遞給團隊。

這三個條件對領導者和變革推動者意味著什麼？透過調整容器、放大或縮小差異、改變交流方式，領導者可以影響一個或多個團隊如何自組織，而這就是本章開頭提到的「微妙控制」（subtle control）的一種形式。例如，假設團隊成員 Jeff 很霸道，沒有人願意站出來反對他；這個團隊已經自組織了，它選擇讓 Jeff 做所有關鍵的決定。身為團隊 ScrumMaster 的你，意識到這將阻礙團隊的改進，於是你考慮與 Jeff 私下進行談話，但這不太可能改變什麼。你考慮介入並否決他的一些決定，但如果你做了一次，團隊就會期望你繼續這樣做，那就不妙了。

困惑之餘，你開始思考影響這個團隊在自組織時的容器、差異和交流。你意識到，你可以透過調整團隊成員之間的差異來影響這種情況。因此，你決定在團隊中增加一個人，這個人有時會站出來反對 Jeff。或者你可以決定透過改變交流來對團隊進行微妙的控制。為此，你向企業架構團隊建議，由該團隊的人參加關鍵會議。不管是什麼具體問題，如果你看到團隊的自組織方式阻礙了它的發展，你就有責任找到一種方法來擾動、攪動或以其他方式擾亂現狀，從而使團隊進行調整，希望能以更有效的方式進行重組。

在《Facilitating Organization Change》一書中，作者 Eoyang 與 Edwin Olson 所倡導的正是這種類型的方法。

> 變革推動者的作用是利用對演變模式的理解，調整容器、差異或交流來影響自組織的途徑，觀察系統的反應，並設計下一步的介入措施。這種以行動為導向的實驗，其目的是預期（anticipate）、調適與影響，而非預測（predict）或控制系統的行為（2001, 16）。

「這聽起來不太對。如果某個老闆或變革推動者在幕後控制，團隊怎麼可能是自組織的？」

反對意見

自組織並不是指一群人可以隨心所欲地做任何想做的事，而是指一群人會進行自組織，以便解決一個組織向他們提出的問題（「我們想要開發一個具備這種功能的產品」）。組織所設置的容器、差異和交流會影響團隊的自組織方式，但不會完全決定一個團隊如何組織運作。

請記住，變革推動者並非出於私慾去調整團隊或專案的容器、差異或交流，而是為了幫助團隊發揮最大潛力，達到最佳狀態。

調整容器

Colin 是一家醫療軟體公司的開發總監，他對一個團隊無法在衝刺結束時生產出有效的軟體而感到沮喪。他對每個衝刺的工作量並不感到失望，團隊每次的工

> **另見**
>
> 在第 14 章「衝刺」中討論了以可運作軟體來完成每個衝刺的重要性。

作量似乎都很合理。他感到沮喪的是，團隊沒有選擇在衝刺結束時完成五項任務，反而是十項任務都只完成了一半，他知道這不是一個 Scrum 團隊應該有的表現。

Colin 與我討論了這種情況，我即提出了這個 CDE（容器、差異、交換）模型。Colin 考慮到目前已經有合適的人在進行溝通，他不需要改變目前的交流方式或引入新的交流方式。我們討論了團隊成員之間的差異，並同意一個可能的補救措施：將一個有經驗的敏捷開發人員調到團隊中來。這樣的開發人員能夠幫助團隊了解其工作方式存在的問題。不幸的是，這個組織沒有其他有經驗的敏捷開發人員能夠加入團隊。

> **另見**
>
> 第 10 章「團隊結構」中介紹了功能團隊和組件團隊的優點。

在討論這個團隊的容器時，Colin 意識到一個可能的解決方案：擴大這個團隊的責任。他認為，造成團隊無法完成工作，是因為這個團隊依賴另一個團隊正在開發的 low-level 功能。Colin 決定將這兩個團隊合併，透過合併團隊，讓他們為原本跨越兩個團隊的工作負起全責，如此一來，就不會再有衝刺結束時無法完成某件事的藉口了。在後來給我的電子郵件中，Colin 描述了他的思考過程。

> 他們的問題當中，只有一部分是因為等待其他團隊的延誤所造成，但他們已經習慣待辦清單任務只完成一半。透過增加團隊的責任和新成員，這將是一個機會，讓我重新強調我對團隊的期望：在衝刺結束時完成幾件事，會比留下一堆已經開始但都沒完成的事來得好。

Colin 透過擴大責任來調整容器，這只是以容器影響團隊的其中一種方法。還有其他的一些方法，一併列於表 12.1 中。

表 12.1
使用容器來影響團隊自組織的方法。

改變團隊中的人數。
改變團隊中的成員。
引入一個新的容器，如實踐社群。
賦予團隊更多或更少的責任。
改變團隊的物理空間。給予團隊成員更多或更少的空間。拆除或降低隔間牆。將所有人移到同一樓層。

> ❑ 列出工作團隊的所有容器。這些容器的大小和範圍是否合適？是否太多？太少？
> ❑ 對於每個容器，決定它對團隊成效的影響是屬於正面、負面還是中立的。
> ❑ 找出你認為目前對團隊影響最大的容器。是否應該對該容器做出改變？

現在試一試

擴大或減少差異

Carey 是一位開發總監，她發起了公司內 Scrum 的導入，但因為其中一個團隊最近開發速度持續下降而感到困擾；工作品質依然維持在高水準，但團隊現在完成的工作量比幾個月前少了。在定期與員工舉行的 30 分鐘的一對一中，她問這個團隊的一些成員，他們認為為什麼會發生這種情況；隨後，她參加了該團隊的下一次衝刺回顧會議。

Carey 了解到的情況是，這個團隊在六到九個月前做出了一些考慮不周的架構決定。她把她從回顧會議、每月團隊成員會議上了解到的情況以及她對團隊成員性格的了解結合起來，Carey 的結論是，雖然某些錯誤的決定是不可避免的，但有一些錯誤決定是由於團隊成員沒有提出充分質疑的結果。

我以前曾向 Carey 介紹過思考容器、差異和交流的方法，用一種輕鬆、非強制的方式來引導團隊。她後來告訴我，她在此時使用了 CDE 模型。Carey 透過思考 CDE 模型，意識到團隊成員之間差異不足，因此她決定，幫助團隊的最好方法是放大這些差異。她運用了我最喜歡的一種技巧：提出很多深入的問題。

Carey 一向採取不干涉的管理作風，給團隊更多自主權，但她認為這個團隊需要她更多的關注，便決定更積極地給予指導。她看到團隊舉行即興會議時就開始親自參與；在這些會議上，她提出了一些問題，目的是為了引導出不同的意見。她提出類似以下的問題：

- 在接受這個方法之前，你考慮並拒絕了哪些替代方案？
- 這個方法可能出什麼問題？
- 這個方法要想成功，需要哪些條件才能達成？
- 什麼會使我們對這個決定感到後悔？

- 有什麼資訊是我們沒有的,但可以幫助我們決定?

即使 Carey 同意大部分人的意見,她也會提出尖銳的問題,刻意戳其缺陷,並希望其他人能提出更好的意見。

另一個放大差異的好方法是改變團隊的決策方式。例如,如果一個團隊目前是以多數票來做決定,請成員在接下來的兩個衝刺時要求達成共識。如果他們目前要求達成共識,就反其道而行之。這些以及其他減少或擴大差異的方法,參見表 12.2。

表 12.2
放大或減少差異以影響團隊自組織的方法。

加入一個權力、經驗、知識或其他方面明顯更強的新成員到團隊中。
向團隊提出尖銳的問題,以確保不同的觀點被聽到。
改變團隊的決策風格。
鼓勵不同的觀點。

現在試一試

- ☐ 對團隊成員的每一種差異(如技術知識、領域知識、產業經驗、在公司的任期、受敬重度、解決問題的風格)程度進行評分,評分範圍為 1 到 10 分。由此判斷團隊成員過於不同或過於相似?
- ☐ 找出一個如果擴大了就會提高團隊績效的差異。能否在團隊中加入一個能擴大這種差異的人?
- ☐ 找出一個如果減少了就會提高團隊績效的差異。能否從團隊中刪除一個會減少這種差異的人?

改變交流的方式

組織中的領導者或變革推動者也可以藉由改變團隊成員參與的交流形式來影響一個團隊。Alejandro 是一家遊戲開發工作室的技術負責人,在參加當天的第三次衝刺審查會議時,他注意到一個問題。每個團隊都有一個 AI 程式設計師,負責設計遊戲中會攻擊玩家的反派行為。Alejandro 在衝刺審查會議中發現,每個團隊對 AI 的程式編寫方式都有些不同;這不僅會導致遊戲玩法不一致,還會造成某些工作重複執行。

我是在 Alejandro 遇到這個問題並解決了問題之後見到他的，他的解決方案是引入一個新的交流。因為 AI 程式設計師之間的交流不夠頻繁，Alejandro 決定讓 AI 程式設計師每週見面一次，且沒有其他人在場。雖然 Alejandro 本身不是 AI 程式設計師，但他在組織中擁有足夠的個人影響力，成功說服他們接受了這個提議。在為期兩週的衝刺中，AI 程式設計師在衝刺規劃的第二天舉行會議，這樣每個人都會知道其他人承諾了什麼，以及將要進行什麼工作。第二次會議在第二週開始的時候舉行，讓他們有機會比較進展和期望。

Alejandro 介紹了實踐社群，一個由志同道合或技能相同的人組成的團體。我們在第 4 章「逐步敏捷」中看到了實踐社群的應用，它是組織的企業轉型社群和改進社群的基礎，這些社群成功幫助了組織採用 Scrum，我們將在第 17 章「擴展 Scrum」更詳細地了解它們。除了引入實踐社群外，改變交流的其他方法請參見表 12.3。

| 添加或移除交流中的成員。 |
| 使交流正式化或非正式化。 |
| 改變交流的形式（面對面的交談、文件）。 |
| 改變交流的頻率。 |

表 12.3
改變交流方式以影響團隊自組織的方法。

現在，我們看到了影響團隊進行自組織的三個因素，讓我們看看領導者如何使團隊或公司隨著時間不斷發展。

❑ 你希望團隊能與團隊外的哪些人更常交談？有什麼方法可以鼓勵這種交流？

❑ 劃出團隊成員之間互動的強度。為每個人畫一個圓圈，然後在兩兩互動的團隊成員之間劃線，用顏色或粗細來表示強度或頻率。你有看到什麼問題嗎？

❑ 仔細觀察團隊的衝刺。是否所有交流都有正確的參與者？有些交流應該有更多（或更少）的人參與嗎？

現在試一試

影響組織的演化

許多年前，我為一位資訊長（CIO）Jim 工作，他在公司裡因為經常重組他的部門而十分出名。有一個笑話流傳：如果你不喜歡 Jim 目前的組織，你就等一天吧。他並不是每天都在重組我們，但有時確實有這種感覺。Jim 的重組只是一個例子，說明今天的公司和上週的公司是不一樣的。公司會演化，而組織的演化是對環境因素、競爭力量、員工的優勢和劣勢以及其他影響因素的反應。

演化是三個要素的結果：變異、選擇和保留。美國物理學家 Phillip Anderson 用長頸鹿的例子解釋了這三個要素的關聯。因為隨機突變，一隻長脖子的長頸鹿誕生了，這即是「變異」（variation）。較長的脖子有助於這隻特殊的長頸鹿取得其他長頸鹿無法取得的食物，使得這隻長頸鹿更有可能成功繁殖，這就是所謂的「選擇」（selection）。最後，這種長頸鹿將長頸的基因傳給牠的後代，這就是所謂的「保留」（retention）（1999, 120-1）。

組織也是透過變異、選擇和保留來演化的。一個組織需要在員工、團隊、流程等方面有足夠的變異，才能達成各種結果。還必須對成功有足夠的定義，這樣員工才能區分出哪些變異能帶來理想的結果、哪些不能。實際上，變異和選擇會導致組織中有人注意到「當我們做更多這樣的事時，會導致更好的結果」。最後，必須有足夠的機制來強化以更好的新方式行事。如果公司文化或人資政策與新的行事方式背道而馳，新的做法就不會被保留。

領導者和變革推動者不會對他們組織的演化袖手旁觀，反之，他們會透過變異、選擇和保留來幫助引導組織演化。

> 自組織的前提是，有效的組織是透過演進而不是設計產生的。它的目標是創造一個環境，在這個環境中，成功的分工和常規不但會自然浮現，而且會根據環境變化進行自我調整。這是因為管理層建立了一個環境，並鼓勵快速朝向更高的適應能力演化，而不是因為過度依賴規劃和監控工作流程的技巧（Anderson 1999, 119）。

Anderson 提出了七個槓桿（lever）理論，領導者可以用它們來指導不斷發展的組織。這些建議統整於表 12.4 中。我們在前面討論 CDE 模型的時候，已經有講到「選擇成員」（類似於改變容器或擴大差異）和「重新配置網路」（類似於交流），其餘的槓桿內容則構成了後面小節的基礎。

選擇外部環境。
定義績效。
管理意義。
選擇成員。
重新配置網路。
引入代理選擇系統。
為系統注入活力。

表 12.4
領導者可用來影響組織演化的技巧

選擇外部環境

自組織和演化皆是對團隊工作環境的回應，而領導者可以對這個環境產生很大的影響。我所說的「環境」，不僅僅是指一個團隊的物理工作空間，還有許多更重要的環境因素都在領導者的影響範圍內。例如，領導者控制或影響組織所處的業務領域。他們決定組織的創新方法：公司是屬於創新者還是快速追隨者？領導者還控制著專案的類型以及新專案引入組織的速度。這些因素每一個都會影響一個組織的演化發展與調適。

Julie 是一家軟體公司當中大型部門的總經理，她負責公司一半的開發人員（公司總共有 500 名開發人員）。Scrum 在她的部門中以草根方式開始實施。當早期結果證明了有希望，她啟動了一項計畫，要在一年內將 Scrum 推廣到所有團隊。計畫的一部分是，Julie 減緩了新專案進入公司的速度。這並不是因為 Scrum 團隊開發速度變慢，事實上，他們發展很快。但她早期的 Scrum 經驗讓她意識到，該組織試圖在同一時間做太多的專案了，而她初期帶領 Scrum 團隊的經驗證明了讓成員專注於一兩個團隊的好處。為了達成這個目標，她需要讓新專案進入組織的速度，與專案完成的速度更加一致。

另見

關於同時做太多專案，在第 10 章的「一個人一個專案」有更多的討論。

定義績效

組織和生物的演化是為了調整並適應其環境。根據選擇原則，讓那些最有可能幫助個人或團體在組織中生存的特質會被保留下來。在組織中定義哪些特質有助於團體或個體生存的人，正是領導者和管理者。如果敏捷的價值觀，像是公開性和透明度，能夠帶來升遷和公開表揚，那麼這些行為將成為個人為了生存而刻意選擇的行為。

領導者和管理者可以在如何定義成功績效方面發揮很大的影響力。例如，他們可以定義組織對短期和長期績效之間的權衡。一個傾向於長期成功的組織將更有可能投資培訓、支持以可持續的速度工作、願意給員工時間去探索新的想法，並且不會用滿足近期的截止日期來換取不可維護的程式碼。

管理意義

自組織系統中的個體是根據他們收到的訊息而演化。訊息可以從系統內部產生，也可以從系統外部輸入，管理者和領導者透過提供相關背景（context）來管理這些訊息的意義，幫助員工解釋這些訊息，而這種背景多半來自於領導者重複講述的故事、傳說和儀式。領導者選擇講述的故事，是他們希望員工用來解釋當前情況的故事。

我記得我與一個新客戶合作的第一天（也是最後一天），開發總監試圖給我留下深刻印象，他說：「每天傍晚五點，總經理都會去外面數停車場裡的汽車數量，看看有沒有減少。只要有問題，他每天晚上都會這樣做。」

這個故事很快地成為公司傳說。這個故事被講出來，好讓人們知道新任總經理期望和接受什麼樣的行為。

我知道的是，如果總經理有這種態度，公司的 Scrum 導入就注定要失敗。我忍不住想重新詮釋這個故事，以支持我希望看到的行為：「那真是太好了，」我說，「我等不及要見他。任何願意在下午五點去停車場數一數還有多少人在那裡、以便能送他們回家的人，就是我想見到的人。」我的企圖落空了，而我後來與總經理的會面更讓人失望。甚至在我指出了抑制公司導入 Scrum 的環境問題後，總經理也沒有想要傳達不同的訊息。

引入代理選擇系統

指引組織演化的主要選擇系統應該是長期的市場成功。能產生利潤的產品應該取代不能產生利潤的產品；能帶來利潤的團隊結構應該取代不能帶來利潤的團隊結構；能帶來獲利產品的做法應該取代不獲利產品的做法。當然，這需要很多年才做得到。此外，由於組織中同時發生了許多變化，不可能完全隔離單一變數的影響。因此，為了加快和提高演化的速度，管理者可以引入代理選擇系統。

代理選擇系統是選擇理想專案、產品或行為的過程，它不同於由市場需求決定的選擇系統，不需要經過長時間的回饋。Google 允許開發人員將 20% 的時間花在他們自己選擇的專案上，這個政策就是一個代理選擇系統。Google 允許開發人員在團隊和專案之間自由流動的政策也是如此，「任何時候都可以，不會過問（Yegge 2006）」。因為開發人員希望在那些成功、有突破性或其他 Google 所渴望的專案上工作，這即是精心設計的代理選擇系統；它們在短期內選擇了市場在長期也會同等渴望的專案、產品或行為。未能引起注意的新專案更有可能消逝；或者，從演化的角度來看，它們不會被選擇和保留。

代理選擇系統在組織中很常見。許多組織都有一種機制，允許員工提名同事獲得小額的現金獎勵。如果這種獎勵不是用來鼓勵個人表現勝過於團隊成效的話，就可以用來傳達組織希望員工展現的行為。

不幸的是，並不是所有的代理選擇系統都能妥善預測市場會選擇的行為，管理者在建立代理選擇系統時必須謹慎。開發部門的副總 James 就沒有仔細考慮他組織內使用的代理選擇系統：讚美機制。James 喜歡混亂，總是需要處理緊急情況。如果沒有緊急情況，他也能夠挑起一個緊急情況。他很擅長處理緊急情況，也會表揚有類似技能的人。James 的員工了解到，他們的老闆更看重解決危機的能力，而不是預防危機的能力。

為系統注入活力

團隊和組織依靠的是能量。如果缺乏能量注入，團隊或組織將逐漸喪失效率和動力而陷入停滯狀態。管理者和領導者透過激勵和挑戰員工，來提供維持自組

織和演化的能量。挑戰能夠在產品的當前狀態和理想狀態之間，或在團隊現有表現與理想表現之間創造出差距，當一群人被激勵接受挑戰時，就會圍繞如何達成目標而自組織起來。

在 Larson 和 LaFasto 所著的《Teamwork》一書中，強調了向團隊提出一個「明確、有啟發性的目標」帶來的力量（1989, 27）。在《Hot Spots》一書中，Lynda Gratton 得出了類似的結論，表示高績效的團隊需要一個「點燃熱情的目標（2007, 3）」。1995 年 5 月，Bill Gates 著名的「網路浪潮」（Internet Tidal Wave）備忘錄在整個 Microsoft 內部建立了一個點燃熱情的目標。在描述了網際網路將改變 Microsoft 的產品和業務的一些方式之後，Bill Gates 提出了一個明確且具啟發性的目標，說 Microsoft 必須「先擁抱網際網路然後擴展它」，最後再用一句激勵的話作為結尾。

> 網路是一個浪潮。它改變了規則，它是一個不可思議的機會，也是一個不可思議的挑戰。我期待著你們提出想法，來改進我們的策略以延續我們難以置信的成功。

在《Agile Project Management》中，Jim Highsmith 強調了以章程開始每個專案的重要性——一個簡短而且容易記住的願景，說明為什麼要開展這個專案或它要交付什麼。一個合適的章程可以為團隊成員提供一個清晰且振奮人心的目標，並成為一個令人難忘的點燃目標。Highsmith 提供了三種訂定專案章程的技巧：

- 對專案或產品寫一兩句話總結，也就是一個「電梯聲明」（elevator statement）。
- 設計產品的包裝盒（即使產品永遠不會被放在包裝盒裡）。
- 撰寫一份一頁的產品描述（2009）。

除了以上這些工具外，我偶爾也會使用另外兩個工具：

- 寫下你希望伴隨產品發布的假想新聞稿。
- 寫出你希望雜誌上出現的產品評論。

我的一個客戶使用了雜誌評論，效果很好。這個客戶開發了防毒軟體，最近被一家雜誌選為年度產品獎的「亞軍」。對於許多產品來說，成為同類產品中的第二名已經相當理想。年度排名第二的電影，可能在票房上表現良好，但是對於多數使用者只會購買一樣的產品來說，排名第二是一個問題。

　　我建議團隊的 ScrumMaster，Erin，讓所有成員都參與規劃產品的下一個版本，寫出他們自己希望看到的評論。他們這樣做了。然後，設想中的評論被掛在團隊工作空間的各種醒目位置。六個月後，新版本的產品發布了，再次被同一本雜誌評論，這一次，產品獲編輯嚴選為「最佳防毒軟體產品」。團隊的成就部分歸功於 ScrumMaster 以明確、具啟發性的目標向系統注入能量，進而創造了一個點燃情熱的目的。

> **現在試一試**
>
> - 列出你的組織中所有的代理選擇系統。哪些正式和非正式的機制會影響或決定哪些專案、行為類型、方法會成功並被傳播到未來？其中是否有與採用 Scrum 不一致的地方？你能做什麼，你需要誰的幫助來消除它們？
> - 團隊是否有足夠的動力？如果沒有，請使用上述的一種技巧來建立專案章程。
> - 辨別團隊以外的所有個人，以及他們向團隊傳遞的訊息。團隊是否有正確的背景來解釋這些訊息？你能否防止團隊收到不一致的訊息，特別是關於品質、範圍和進度等衝突的專案目標？

自組織的領導不只是買披薩

在觀看網球比賽時，你可能會注意到，接發球的球員會用腳尖站著，而不是腳掌整個踩平，這種姿勢能夠讓球員做好萬全準備，無論發球是從左還是右、發得深還是短。參與組織轉型 Scrum 的領導者和變革推動者，希望組織能夠始終保持腳尖踮起的姿勢，準備好向左、向右或任何方向前進。一個踮起腳尖的組織已經準備好迎接它所面臨的任何變化，而這樣的組織習慣於持續的漸進式變化，很少對變化感到驚訝，並且能夠更快吸收變化。

領導者、管理者和變革推動者藉由改變組織的容器、差異和轉變性的交流，使組織保持警惕，領導者則透過拉動 Anderson 的七個槓桿來影響組織的演化方向。

自組織不僅僅是購買披薩和給予團隊自由，領導者有許多微妙和間接的方式可以影響團隊。領導者不可能準確地預測一個團隊將如何應對一個變化，無論這個變化是一個改變的容器、新的績效標準、一個代理選擇系統還是其他。領導者沒有所有的答案，他們所擁有的，是促使組織變得更加靈活的能力。

延伸閱讀

Anderson, Philip. 1999. Seven levers for guiding the evolving enterprise. In *The biology of business: Decoding the natural laws of enterprise, ed.* John Henry Clippinger III, 113–152. Jossey-Bass.

這是這本優秀的書裡頭比較好的其中一個章節。在這一章中，Anderson 闡述了組織演化的原則，並提出了本節「影響演化」所描述的七個槓桿。

Goldstein, Jeffrey. 1994. *The unshackled organization: Facing the challenge of unpredictability through spontaneous reorganization.* Productivity Press.

這是最早談到關於企業內部自組織的其中一本書。亮點包括許多公司的自組織上，多個真實和匿名的案例探討。

Olson, Edwin E., and Glenda H. Eoyang. 2001. *Facilitating organization change: Lessons from complexity science.* Pfeiffer.

這本優秀的書建立在 Eoyang 博士論文中關於自組織的觀點上，並將其具體應用於組織變革。它提出了這樣一個模型：組織變革可以藉由組織中變革推動者所設置或鼓勵的容器、差異和交流來影響。

Chapter 13
產品待辦清單

  在專案開始時，最大的問題是，我們到底要建立什麼？我們知道要建立的系統的大致形狀。例如，我們可能知道我們正在建立一個文字處理器，但總有一些黑暗的角落有待探索，或者關於具體功能如何運作的問題有待解決。我們的文字處理器將包括一個互動式表格設計功能，還是在螢幕中輸入數值來設計表格？

  當使用依序開發的流程時，我們試圖從一個漫長、前期需求收集階段開始，在這個階段，產品可能是完全被指定。這個想法是，藉由在專案開始時想得更多、更難、更好，在專案的主要開發階段就不會遇到不確定的部分。

  Scrum 團隊放棄了冗長的前期需求階段，而採用了及時處理的方法。雖然可能會在早期收集概略的功能描述，但當時的敘述通常很簡略，隨著專案的進展會逐步完善。這些描述記錄在「產品待辦清單」（product backlog）中，列出了所有尚未實現的功能需求。它由產品負責人維護，並按照優先順序排列，這就是為什麼產品待辦清單有時被稱為「優先功能列表」（prioritized feature list）。與傳統的需求文件不同，產品待辦清單是高度動態的；隨著對產品、使

用者、團隊等情況的了解不斷加深，每個衝刺結束後，都會對待辦清單中的任務進行新增、刪除或重新確定優先順序。

在這一章中，我們將探討有效利用產品待辦清單來工作，組織需要做出的三個改變。首先，我們要討論從撰寫產品功能轉向討論產品功能的必要性。第二，我們要了解為什麼要逐步增加細節，而不是把所有的細節都寫在前面。第三，我們要明白為什麼用案例來定義規格是一個團隊記錄產品功能的首選方法。本章最後用一個縮寫來記住產品待辦清單的關鍵屬性。

從寫文件轉變為口頭討論

關於需求的一大迷思是——如果你把它們寫下來，使用者就會得到他們想要的東西。這是不正確的。在最好的情況下，使用者會得到寫下來的東西，而這可能是、也可能不是他們真正想要的東西。書面文字具有誤導性——看起來比實際上更精確。例如，最近我想舉辦一個為期三天的公開培訓課程。我的助理和我討論過這個問題，所以我給她發了一封郵件：「請預訂丹佛的凱悅酒店」，並提醒她日期。第二天，她給我發了郵件：「The hotel is booked（酒店已訂）。」我回了一封電子郵件「謝謝」，然後把我的注意力轉向其他事情。

大約一週後，她發電子郵件給我：「酒店在你希望的日期已被訂了。你想讓我做什麼？你想試試丹佛的另一家酒店嗎？換一個星期？不同的城市？」當她告訴我「酒店已訂」時，她的意思是，「我們通常在凱悅酒店使用的房間已經被別人訂走了。」她和我對「已訂」（booked）的理解完全不一樣：當她告訴我「酒店已訂」，她的意思是「我們常住的那間 Hyatt 房間已經被訂走了」；但是當我讀到「酒店已訂」時，卻把這當作她已按我的要求預訂了酒店的一種確認。在這次交流中，我們兩人都沒有做錯什麼。這反倒是一個好例子，說明了誤解有多麼容易發生，特別是使用書面語言溝通時。如果我們是在交談而不是發電子郵件，當她告訴我「酒店已訂了」時，我會向她表示感謝，我高興的語氣會讓她感到困惑，這時候就會發現我們誤解對方的意思了。

除了這個問題之外，還有其他的理由讓我們傾向於討論而不是用文件記錄。

書面文件可以使你暫停判斷。寫出來的東西看起來很正式、正規、完備，特別是加上了很炫的格式。不久前，一個我曾多次拜訪過的客戶決定在公司的辦公室附近舉行一次外地會議。客戶傳來了非常詳細的路線指示，從我住的酒店到我們要開會的鄉村俱樂部：

- 從酒店出來左轉上 North Commerce Parkway 後走約 0.4 英里
- 在 SW 106th Avenue 左轉，並直行 0.2 英里
- 在 Royal Palm Boulevard 上右轉，行駛 1.1 英里
- 左轉進入 Town Center

但我無法向左轉入 Town Center！在 Royal Palm 上行駛了 1.1 英里後，發現自己在一個十字路口，但 Town Center 只能右轉。我被客戶告知要左轉，但那條路叫 Weston Hills Boulevard。我可以看到左邊的鄉村俱樂部（Country Club），看來我應該在那裡轉彎，但指示非常詳細，而且到目前為止都正確，所以我選擇跟隨指示繼續往前。我又走了兩英里，看著左邊的鄉村俱樂部漸漸從我身邊消失。最後，很明顯那個指示是錯的，所以我掉頭，在 Weston Hills 而不是指示中寫的 Town Center 轉了過去。假設我的客戶沒有給這些路線指示，而只是說：「按照你平常的路線朝我們的辦公室走。但是當你看到鄉村俱樂部的時候就左轉；我不知道那條街的名字，但你不會錯過鄉村俱樂部。」

有了書面文件，我們就不會像在談話中那樣反覆推敲意思了。幾年前，我讀過一份需求文件，描述了一個類似 Windows Explorer 的介面，用於管理資料夾。一個需求說：「資料夾的名稱可以是 127 個字元。」我相當肯定，這個需求應該是說資料夾名稱「最多」為 127 個字元，但這是一個生物資訊系統的應用程式，有一些不尋常的要求，如文字欄位只能包含字母 A、C、G、T。一個正好是 127 個字元的資料夾名稱有點驚人，但對於這個特殊的應用程式來說，這並不是不可能。

給出了一個特定的長度，我推測一定是有充分的理由。不過，也可能並沒有什麼特別的原因。但因為是從需求文件中看到的，所以我不太可能去質疑

「127 個」這樣的規定。如果我當時是和分析師直接討論的話，或許比較容易提出疑問。如果我們當時在對話，我們的談話可能會有這樣的交流：「那麼你的意思是⋯」，「如果我理解正確的話，這意味著⋯」，「這是不是代表⋯」。這些問題的目的是確保我們充分理解了彼此，我能夠理解你所說的。這種反覆確認意圖與理解的過程，在文件中是不存在的。

書面文件減少了整個團隊的責任。轉型 Scrum 的其中一個目標，是讓整個團隊一起努力實現「交付一個優秀的產品」。為此，我們希望在開發過程中消除不利於這目標的壞習慣。書面文件會造成依序交接，這使團隊失去了共同目標。一個人（或小組）定義產品，另一個小組負責建立產品，這樣的做法並不鼓勵雙向溝通。透過書面文件，彷彿一個團隊成員在交待「這是要做的事」，而其他人則只是按照指示去執行。這種「主僕關係」不太可能使「僕人」產生強烈的參與感，他們不會覺得自己要對產品的成功負責任，而只是覺得有責任做文件中描述的事情而已。相反地，討論能產生完全不同的效果：整個團隊一起討論會讓所有團隊成員更加投入而有認同感。

> **另見**
> 整個團隊的責任和交接的問題在第 11 章「團隊合作」中有所討論。

反對意見

「我不可能擺脫掉所有文件 —— 我的專案有 ISO 9001（或其他類似）的要求，所有的東西都必須有文件記錄且可追朔。」

正如我將在下一節所說的，你不需要捨棄所有文件，但可以刪除那些不必要的文件，保留必要的文件時也要盡量簡化，並考慮自動生成。同等重要的是要意識到，你可以為後人留下記錄，但在專案中，人需要靠對話來溝通。

不要因為文件有缺點就全盤否定它

這些書面溝通的缺點，並不是說我們應該完全放棄書面需求文件 —— 絕對不是。相反，我們應該在適當的時候使用文件。因為《敏捷宣言》提到，我們重視「可運作的軟體勝於詳盡的文件」（Beck et al. 2001），因此敏捷常被誤解為反對文件。敏捷開發的目標是在文件記錄與討論之間找到正確的平衡，因為在過往，我們常常過於偏向於文件那一方。

我們也應該意識到，需求文件只是專案中可能存在的一種文件形式，也存在著其他工件：測試計畫、可執行的測試案例，甚至程式碼會記錄系統的行為（或預期行為）。

由於程式碼和自動化測試案例是交付產品的關鍵，有經驗的 Scrum 團隊會大量依賴這些產物，也會根據需要依賴這些文件來輔助整理需求，只要這些文件對專案有幫助，或是因為法規、合約或法律上的要求，團隊會補充書面需求文件。書面需求文件在許多專案中仍然是有價值的。精實軟體開發書籍的共同作者 Tom Poppendieck 曾說過：「當文件主要是為了進行交接，它們是有害的；但當它們記錄了一段不應該遺忘的對話記錄時，它們就是有價值的。」

另見

本章稍後的「學會在沒有規範的情況下開始」一節，將展示透過測試案例來規範行為的強大威力。

在產品待辦清單中撰寫使用者故事

使用者故事是將重點從撰寫功能轉移到談論功能的最好方法。一個使用者故事是對一個功能的簡短描述，它從需要新功能的人的角度出發，通常是系統的使用者或消費者。使用者故事通常寫在索引卡或便條紙上，存放在盒子中，並排列在牆上或桌上，以方便規劃和討論。因此，使用者故事的重點是強調團隊之間的討論，而不是單純的書面描述。使用者故事通常遵循一個簡單的模板：

身為一個 < 使用者類型 >，我想要 < 某個目標 >，就可以 < 某個原因 >。

當然，也可能有其他模板，例如，下面的模板將使用者故事的價值放在前面而備受推崇：

為了 < 實現價值 >，身為 < 使用者類型 >，我想要 < 某個目標 >

注意

在使用過這兩種格式後，我還是比較喜歡以「身為 < 使用者類型 >」開始，原因請見 http://blog.mountaingoatsoftware.com/advantages-of-the-as-auser-i-want-user-story-template。不過，比使用者故事的書面格式更重要的是，圍繞故事的對話會發生。

使用者故事可以用一些軟體工具寫出（有很多理由可以選擇這樣做），但只要可以，我更喜歡寫在簡單的 3×5 吋索引卡上。儘管使用者故事經常被寫在索引卡或便條上，但寫在那裡的文字僅僅是個開始。故事卡不代表一個完整的

功能描述，就像我們看待軟體需求規格中的「系統應…」（The system shall...）句子一樣；相反，故事卡是開發團隊和產品負責人之間的一種雙向承諾。團隊成員承諾在開始工作之前會與產品負責人進行交談；產品負責人則承諾隨時待命，等著團隊準備好一起討論。

團隊承諾在開始工作前與產品負責人交談是很重要的，因為這樣產品負責人就不必將每一個細節都寫在卡片上。事實上，這也是使用索引卡這種輕便、看似不重要的媒介的原因之一。它們不斷提醒我們，卡片不需要放進所有細節，細節會在產品負責人和團隊交流後顯現出來。

產品負責人承諾隨時提供支援也很重要，因為這能讓團隊在沒有考慮所有細節的情況下接受工作進入衝刺──本來就不可能完全確定所有的細節。產品負責人不需要一直為團隊提供服務，儘管這很有幫助，而且能提高生產力；產品負責人所承諾的是會隨時保持可以聯繫；例如，不會花兩個星期的時間來安排一次電話會議。

反對意見

「我不可能把我的需求寫在索引卡上。」

沒關係。專案有分散式團隊、非常大的團隊、可追溯性需求或類似需求，通常需要使用軟體工具來協作。一個好的工具有益於高層次產品規劃、假設情境討論和廣泛的溝通，然而，使用軟體工具而不是紙筆的團隊，更有可能在 Scrum 要求從文件轉變為討論的過程中遭遇一些困難。使用工具的團隊更有可能落入一些危險的陷阱，包括：

- 編寫過長的功能描述。
- 團隊中只有一小部分人（商業分析師）致力於了解使用者的需求。
- 抵制拆分使用者故事的需要，以便在一個衝刺中就能交付完整的故事。
- 保留不再需要的故事，因為保留比從工具中刪除來得容易。

我絕不會說，使用工具來管理產品待辦清單時就不能做到敏捷，我要說的是，用紙筆比用工具更敏捷。只要有這個低技術性的選項，就使用它。

> **反對意見**
>
> 「我已經很擅長使用案例（use case）了；我真的需要改用使用者故事嗎？」

使用案例是表達系統功能的一種替代方法。如果你──和團隊的其他成員，包括產品負責人──擅長使用案例，那麼可能就沒有理由轉換。然而，使用案例通常比一般的使用者故事大得多。

《UML Distilled》的作者 Martin Fowler 在書中提到，使用案例的發起人 Ivar Jacobsen 預計一個 10 人年的專案會有大約 20 個使用案例；這意味著每個使用案例需要 6 人月的時間。Fowler 接著說，他喜歡更小的使用案例，也許 10 人年的專案有 100 個使用案例。假設兩個星期的衝刺，一個六人團隊將為每個 Jacobsen 的使用案例花兩個衝刺以上的時間；同樣的團隊可以在每個衝刺完成兩個以上 Fowler 大小的使用案例。

這與我從幾十個 Scrum 團隊以及幾百個衝刺中收集到的資料有所衝突，這些資料顯示，六人團隊每兩週衝刺平均有六到九個使用者故事；這表示 Scrum 團隊的工作單位比典型使用案例小的時候效果最好。因此，儘管你可以在你的產品待辦清單上有使用案例，但要注意，你可能想寫的使用案例要比其發起人期待的還要小得多。

> 「我們寫的後端軟體沒有使用者看到，所以使用者故事對我們沒有意義。」

「使用者故事」中的「使用者」一詞，聽起來比實際應用範圍更受限。使用者故事已經成功地應用於各種領域，一個這樣寫的故事「作為貸款授權系統，我希望以有效、格式良好的 XML 來接收所有資料，這樣我就不用擔心語法檢查了」是完全有效的。此外，儘管我發現用「身為一個 < 使用者類型 >，我想要 < 某種目標 >，以便 < 某種原因 >」的格式寫故事是最好的，但它不一定適合所有的專案。如果這種語法不適合你正在開發的東西，就用另一種格式來寫產品待辦清單。我已經成功地使用了功能驅動開發（Feature-Driven Development）的功能語法，即：

< 動作 > < 結果 > < 對象 >

使用這種語法的例子包括以下內容：
- 評估一筆貸款的風險。
- 授權從一個帳戶中提取現金。
- 啟動儀表板上「立即服務」的指示燈。
- 計算單倍體（haploytype）的頻率。

現在試一試

❑ 如果產品待辦清單還不存在或不完善，試著去寫。邀請所有專案參與者參加會議，在索引卡上合作完成清單。提醒與會者，故事卡上的文字是對未來討論的承諾；並非每個細節都需要包括在內。

❑ 印出上一個專案或一個典型專案的所有文件。在每個人都在場時，討論每個人花了多長時間編寫和維護、後來是否被使用，以及如果沒有寫下來會發生什麼事（好的或壞的）。在這樣做的同時，把你們認為對目前專案有幫助的文件歸類在一起，可以省略的文件則另外歸為一疊。

❑ 如果你目前正在使用某個工具來管理你的產品和衝刺待辦清單，那麼至少在兩個衝刺階段先別使用它。在規劃的衝刺次數結束時，利用回顧會議來討論它是如何進行的，看看你是否可以完全摒棄這個工具，或減少對它的依賴、轉而使用對話或紙張。

❑ 在你的下一個衝刺回顧會議中，請團隊成員寫下他們最想停止使用的軟體工具。每個人都完成後，分享答案。如果有一兩個工具一直被點名，就討論取消該工具的利弊，然後考慮甩掉它。

逐步完善需求

當開始一個新的專案時，對前一個專案的種種挑戰尚且記憶猶新。在反思這些挑戰時，我們常得出一個結論：要是我們更努力地嘗試或做更多事情，或許會做得更好。雖然這種想法有時成立，但在需求收集的情況下，往往並不是這樣。無論我們在專案開始時工作多久或多努力來識別所有需要的功能，我們都無法做到百分之百，總有一些東西是不能指望使用者和開發人員在看到系統成形之前就能先想到的。

湧現的需求

這些我們無法提前識別的功能稱為「湧現需求」(emergent requirement)。當有人發現一個緊急的需求時，通常會向其他團隊成員和使用者宣布：「看到這個讓我想到了這個⋯」或者「這給了我一個想法⋯」甚至偶爾會說：「天哪，我們從來沒有想過⋯」總會有一些東西是我們在看到軟體之後才想到的。Scrum 如此強調在每個衝刺結束時要有可運作程式碼的原因之一，即是為了創造一個可以儘早發現湧現需求的環境。

湧現需求存在於每一個重要專案中，它們可能會造成一些問題，例如，湧現需求使我們不可能完美地預測時程。同樣地，前期設計階段總是不完美的，因為設計者不可能考慮到湧現需求，直到它們真正出現。

當遵循依序開發流程時，專案經理藉由在計畫中增加應急緩衝（contingency buffer），並將大量精力投入到主動的風險管理中來處理湧現需求；當一個湧現需求出現時，會被視為計畫失敗。Scrum 團隊則是認同需求會自然湧現，不管團隊成員再怎麼仔細規劃。與其將湧現需求視為規劃失敗，不如將其視為太早或太詳細規劃的結果。

處理湧現需求的第一步，是承認我們不可能考慮到所有事情。在承認了某些需求會在我們建立系統的過程中出現之後，我們就更容易接受這樣的觀點：我們不需要（事實上也不可能）在前面有一個完美的需求文件，來指定要建立的系統的所有細節。事實上，與其努力追求這種程度的完整性，我們還不如根據功能的開發時機、不同的精確程度來詳細描述功能。

> 「我知道事情會發生變化——需求會出現。但我需要在專案開始時指定所有的需求，因為這些需求會成為合約的一部分。」 **反對意見**

儘管我們很想在合約中將需求確認下來，但我們做不到。我們可以假裝需求被鎖定、不會改變，但有些需求總是會改變。最好的合約反映了這一點，或者至少承認了變化會發生。Trond Pedersen 這樣描述：「抱怨需求變化就像抱怨天氣。你不能真正改變世界運作的方式，但你可以找到方法來應對。不要向雷神索爾獻祭來讓雨停；你該做的是拿把傘。」

產品待辦清單冰山

所幸,寫一個包含了不同層次功能細節的產品待辦清單是很容易的。一個團隊即將要進行的產品待辦清單項目必須有足夠的細節,每個項目都可以在一次衝刺中完成程式編寫、測試和整合。這導致產品待辦清單頂部的使用者故事很小、但很容易理解。再往下的使用者故事就比較大,而且可被理解的細節也比較少。這些「史詩」(Epic)級的使用者故事規模較大,通常只有大概的細節,每個故事都可以大致估計,然後進行優先排序。這導致產品待辦清單呈現出冰山的形狀,如圖 13.1 所示。

圖 13.1
產品待辦清單冰山。

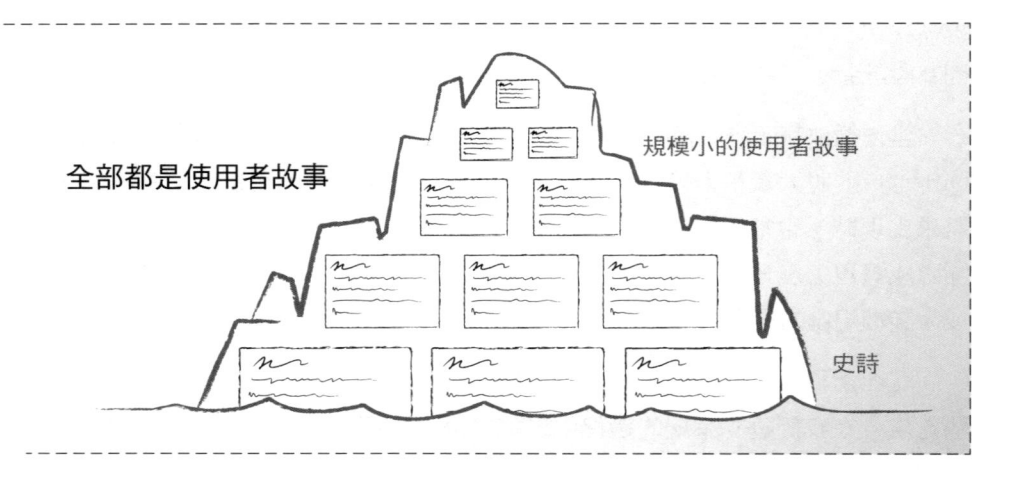

全部都是使用者故事
規模小的使用者故事
史詩

在產品待辦清單冰山的頂部,是團隊可以在一個衝刺中完全實現的小功能。當我們沿著產品待辦清單冰山再往下看(也就是看向未來),待辦清單的項目會越來越大,直到我們到達水平面。團隊不知道冰山下還有些什麼;那些是都還沒有討論過的功能。

梳理產品待辦清單

隨著項目被開發、從待辦清單頂部被移除,冰山頂部便形成了一塊平坦的區域,失去了它原有的形狀。為了解決這個問題,必須偶爾花時間來「梳理產品待辦清單」(grooming the product backlog)。梳理產品待辦清單並不是指梳它的頭髮;大多數產品待辦清單像我一樣,是沒有頭髮的。我在這裡使用「梳理」

一詞，意思跟今天早上滑雪報告說當地的山有「梳理過、有上粉」一樣；而《牛津美國詞典》的定義則是「照料」。一個團隊需要梳理其待辦清單的產品，或者要去照料。

一個不錯的經驗法則是，在每個衝刺中大約有百分之十的精力應該用來梳理待辦清單，為未來的衝刺做好準備。這個時間可能來自於一個人（也許是商業分析師），他在團隊中的角色主要集中在待辦清單的工作上；或者可能是來自每個團隊成員的努力。

關於產品待辦清單的對話並不局限於單一時間或會議；它們可以在任何時間和任何團隊成員之間發生。

> 關於使用者故事的對話，使開發人員能夠理解需要建立什麼。「ScrumMaster 需要鼓勵關於使用者故事的對話不斷發生——在規劃會議前、規劃會議中和規劃會議後（Davies and Sedley 2009, 75）。」

你的目標不應該是在每個衝刺開始時，對衝刺中將要開發的產品待辦清單項目有一個完美的理解。一個好的 Scrum 團隊不需要在開始工作前對一個功能百分之百理解。反之，在衝刺開始時，只需要充分了解該功能，使團隊在衝刺中有相當大的機會完成它。我們不需要努力在前期了解所有的功能，而是要用一種及時（just-time）與剛剛好（just-enough）的方法來了解產品待辦清單的功能。大的功能被分割，並及時在待辦清單中生成較小的功能及相應的細節，以便團隊能夠在衝刺期間完成。

這並不是說一個團隊不能花時間去理解產品待辦清單冰山上的項目；事實上，這種做法往往是必要的。如果團隊認為，產品待辦清單中較遠的一個項目可能會對其較近的項目產生影響的話，就可以設法進一步了解該項目，這通常會導致該項目被分割成多個較小的產品待辦項目。然而，我們過去總傾向於對所有功能都進行前期理解，團隊此時該小心謹慎，確保在投入更多早期努力之前，有考慮到該項目在產品待辦清單中的位置，確實有必要更深入理解這個項目。

另見

分析師、UX 設計師和其他具有類似技能的人，通常會負責總覽產品待辦清單。關於如何進行這些工作，將在第 14 章「衝刺」中的「在這個衝刺中為下一個衝刺做準備」和「在整個衝刺中協作」兩個小節中進一步探討。

反對意見　「我們永遠找不到時間來梳理產品待辦清單。我們幾乎跟不上我們的寫程式任務。」

記住，Scrum 要求你為變化做計劃。必須預留梳理產品待辦清單的時間，也許不是每個衝刺都需要這樣做，但你需要經常這樣做，以保持產品待辦清單頂部的項目夠小，並且可在衝刺中完成，同時把未來才需要處理的項目暫時擱置一旁、延後處理。

為什麼要逐步細化需求？

透過確定「所有」的需求來開始一個新的專案，會讓人感到安心。然而，由於每個專案都有一些湧現需求，因此這是不可能做到的。幸好逐步細化需求有以下好處：

- **事情總會發生變化**。在一個專案的過程中，優先順序會發生變化。隨著系統被展示給潛在的使用者和客戶，一些最初被認為是重要的功能將變得不那麼重要；同時其他的需求會出現，必須被適當地進行優先排序處理。如果我們承認變化是不可避免的，那麼像冰山一樣的產品待辦清單架構所帶來的優勢就更加明顯了。最可能發生變化的功能，是那些在未來才會處理的功能；考慮到變化的可能性較高，這些功能只會在高層次上描述。

- **沒有這個必要**。小說家 E.L. Doctorow 曾寫道：「寫小說就像晚上在霧中開車。雖然你只能看到你的車燈那麼遠，但你可以這樣子完成整個旅程。」軟體開發也是如此；我的車頭燈不會照亮我和地平線之間的所有東西，它也不需要做到如此，只要照得夠遠，使我能夠在車輛安全行駛的速度下看清前方並做出反應就好。冰山狀的產品待辦清單也是同樣的道理，對即將到來的項目提供足夠的可見度，使團隊能夠看到夠遠的未來，以避免大多數問題。團隊走得越快，就需要在產品待辦清單中看得越遠。

- **時間是很珍貴的**。幾乎所有的專案都有時間限制，而我們想要完成的事情常常超出了所分配的可用時間。把所有的需求都當作同等重要是一種浪費。由於專案中最關鍵的資源之一（時間）是有限的，所以我們需要保護它。如果現在在高層次上描述一個未來的功能就足夠了，那麼這就是應該做的一切。當這個未來的功能需要進一步去理解時——不管是因為它已經被移到了產品待辦清單的頂端，還是因為我們期望它能影響另一個功能的實作時——我們再對它進行更細部的描述。

逐步完善的使用者故事

敏捷需求流程必須能夠支援在產品待辦清單冰山的各個層次上建立需求，如圖13.1。團隊成員必須能夠輕鬆建立位於產品待辦清單冰山底部的大型需求，然後將其分解為中等規模的項目，最終再分成夠小的項目，以便團隊能夠在單一衝刺中完成交付任務。正如使用者故事能將重點從撰寫需求轉移到討論需求，它們也很適合放在產品待辦清單冰山中，這是因為我們可以輕易地在大大小小的使用者故事之間切換。

一個大的使用者故事通常被稱為「史詩」。雖然沒有什麼神奇的量尺可以讓我們丈量一個使用者故事將它定義為史詩，但一般來說，史詩是指一個需要超過一到兩個衝刺來開發和測試的使用者故事。因為一個團隊必須要能夠在它開始的衝刺中完成一個使用者故事，這意味著在開始進行之前，史詩會被分割成較小的使用者故事。讓我們來看看一個史詩，以及它如何被分割成較小的故事。考慮以下情境：

- 身為一個使用者，我需要登入系統，以便只有我才能看到我自己的資訊。

這可能看起來不是一個史詩，也可能不是在所有情況下是一個史詩。但是為了我們的目的，讓我們假設產品負責人澄清，這個簡單的故事是為了涵蓋與登入有關的一切——要求一個新的密碼、改變密碼等。這不僅僅是在一個螢幕上按下「登入」按鈕。在此基礎上，團隊決定這個故事可能需要兩到三個衝刺來開發和測試，這就讓它成為了一個史詩。也正因它是一個史詩，所以它要被

分割成更小的故事（story），每一個故事都可以在一個衝刺中完成。下面是一組可能的小型使用者故事：

- 身為一個已註冊的使用者，我可以用我的使用者名稱和密碼登入，這樣我就可以信任這個系統。
- 身為一個新使用者，我想新建一組使用者名稱和密碼來進行註冊，這樣系統就能記住我的個人資訊。
- 身為一個已註冊的使用者，我可以改變我的密碼，這樣我就可以保證它安全或更容易記住密碼。
- 身為一個已註冊的使用者，我希望系統在我的密碼容易被猜中時向我發出警告，這樣我的帳戶就更不容易被盜用。
- 身為一個健忘的使用者，我希望能夠申請一個新的密碼，這樣我就不會在忘記密碼時被永久鎖住。
- 身為一個已註冊的使用者，我不希望在登入失敗時得知是使用者名稱、密碼還是兩者都錯了，這樣就更難盜用我的身分。
- 身為一個已註冊的使用者，如果連續三次登入失敗，我會收到通知，這樣我就能知道有人試圖登入我的帳號。

一個史詩被分割成較小的故事後，我建議你把史詩拿掉。從你使用的工具中刪除它，或者撕掉索引卡。當然你可以選擇保留史詩，以便有必要時可以追溯；或者，你選擇保留的理由可能是因為它可以為從中拆分出來的小故事提供背景。在許多情況下，小的使用者故事的背景是明確的，因為如前所述，史詩應該及時折分成小故事；也就是說，在團隊準備開始處理前不久折分故事，會比較容易理解並記住這些小故事的背景。

有些史詩是如此之大，以至於分割成多個史詩

遇到比上面密碼範例大很多的史詩時，分割可能會有好幾個步驟：首先分成幾個中等規模的故事（也許本身是史詩），然後再分成更小的故事。作為一個大型史詩的案例，參考以下使用者故事，它來自開發軟體給大型零售商店使用的一家公司。

- 身為行銷部副總，我想回顧過往廣告活動的表現，這樣我就可以確定哪些廣告是值得重複下的。

這個想法是，副總能夠瀏覽過去各種廣告活動的統計數據，並選擇最好的廣告來重複。例如，以下哪一個效果最好：《慾望師奶》時段的電視廣告、每天兩次的廣播廣告、週四報紙中的插頁，還是電子郵件廣告？

所有參與這個專案的人都清楚，最初的故事太大，無法在兩週的衝刺內完成。因此，這個故事被一分為二：

- 身為行銷部副總，我想在回顧過往廣告活動的成效時，選擇不同時段，好讓我可以辨識出能獲利的廣告。
- 身為行銷部副總，我想在回顧過往廣告活動的成效時，選擇不同類型的廣告活動（實體郵件、電視、電子郵件、廣播⋯等）。

團隊認為，這些故事雖然相對一開始較小，但可能仍然太大，無法在一個衝刺階段完成，因此它們被進一步分割。關於選擇使用時段的故事，分成了三個更小的故事：

- 身為行銷部副總，我想設定簡單的日期範圍，以便回顧過去廣告的成效，這樣我就可以挑選準確的日期。
- 身為行銷部副總，我想選擇多個季度（春、夏、冬、秋）來查看過去下廣告的績效，這樣我就可以比較好幾年的趨勢。
- 身為行銷部副總，我想選擇某個特定的假期（復活節、聖誕節等）來回顧過往的廣告成效，這樣我就可以查看多年來在這個假期的趨勢。

經過最後的拆分，團隊認為這些故事夠小了，皆可以在一個衝刺內完成，於是停在這裡不再繼續分割。不過請注意，即使是這些故事，也未必容易實作。選擇節日範圍如「從復活節前的星期五到復活節」或從「感恩節到聖誕節」是很困難的，因為這些日期每年都不一樣。有些團隊可能會認為這些故事太大。

在許多情況下，可以直接將冰山水平面位置附近的大型史詩（epic）拆解成小的、可執行的故事。至於是否需要先將大型史詩拆分成多個較小的史詩，

再進一步細化成使用者故事，就是你個人的選擇，主要是視乎專案的背景來決定。

疊加滿足的條件

最終，故事會小到進一步拆分也沒有任何幫助。在這種情況下，仍然有可能在使用者故事中新增「滿足條件」（conditions of satisfaction）來逐步細化需求。滿足條件只是一種高層次的驗收測試，檢驗使用者故事開發完成後是否符合預期。讓我們來用下面的使用者故事來看看這樣的情境。

- 作為行銷部的副總，我想選擇一個節日，在回顧過去廣告活動的成效時使用，這樣我就可以辨別出能獲利的廣告。

我們已經確定，這對團隊來說是小事，可以在一個衝刺內完成。因此，讓我們與產品負責人合作、增加其滿足條件，繼續逐步完善這個需求。要做到這一點，我們把索引卡翻過來（如果你使用的是產品待辦清單管理工具或 wiki 也行，索引卡只是個比喻），寫下以下滿足條件：

- 確保系統能在主要的促銷節日運作：聖誕節、復活節、總統日、母親節、父親節、勞動節與元旦。
- 支持橫跨兩個日曆年度的假期（沒有假期會橫跨三個日曆年）。
- 節慶檔期可以設定從一個節日到下一個節日（例如：從感恩節到聖誕節）。
- 節慶檔期可以設在節日的前幾天。

藉由增加滿足條件來逐步完善要開發的內容，可以讓團隊成員理解產品負責人對該功能的期望。這些期望可以是關於什麼會被包含在功能內、或是什麼不會被包含在內。例如，考慮到這個故事的滿足條件，我們不需要支援中國新年；雖然我抓住每一個機會享受辛辣的中國餐，但在美國，這並不是一個大的購物節日。當然，產品負責人可以明確指出「不需要支援中國新年」來使這一點更加明顯。但這樣做也可能沒必要，因為跟這部分需求的相關討論應該會自然而然地帶到這類細節。

- 將你現有的產品待辦清單轉換成使用者故事。將當前的每個產品待辦清單項目印在一張索引卡上，把類似的卡片放在一張大桌子或平坦的表面上。對於高優先等級的卡片，寫出單獨的使用者故事；請注意，舊的產品待辦清單項目和新的使用者故事之間可能不是一對一的關係。對於低優先等級的卡片，用一個單一的史詩來取代每組卡片。把舊的卡片夾在或釘在新的史詩後面，這樣當你把史詩分割成衝刺大小的使用者故事時，可以參考這些舊卡片的內容。
- 在下一次衝刺規劃會議中，確保你要帶入衝刺的每個使用者故事都有明確的滿足條件。並在隨後的衝刺回顧會議中，討論這些條件的確定是否有幫助。

學會在沒有規格的情況下開始

由於 Scrum 團隊將重點從寫需求轉移到討論需求，然後在專案過程中逐步完善這些需求，所以團隊無法像傳統開發方式一樣，依賴一份完整的需求規格文件開始工作，許多團隊會對此感到很不安——特別是品質保證和技術撰寫相關領域。轉型到 Scrum 並取得長期成功的其中一個部分是，要學會如何在沒有「完整」規格文件的情況下舒適地展開一個專案。

　　首先，我應該清楚我們的目標不是要扔掉可能有用的文件。我們想要的是適當地使用規格文件。除了滿足監控並合乎需求外，規格文件最主要且適當的用途是傳達最適合以書面形式表達的資訊，像是科學和數學應用中可能出現的複雜或詳細計算就是很好的例子，但也有許多其他的例子。

　　規格文件的其中一項風險是，它們很少持續更新。在你寫一個文件之前，問問自己是否願意承諾更新該文件。如果不願意，要嘛三思而後行，要嘛考慮在文件上寫個失效日期，類似於牛奶盒上的「最佳賞味期限」。

需求規格實例化（specification by example）

你可能想做的另一件事是改變寫規格的方式。考慮藉由實例來定義產品規格。實例是傳達系統期望行為的一個好方法，特別是搭配對話和一些書面資料來補充時。《Bridging the Communication Gap》一書的作者 Gojko Adzic 描述了使用實例來解釋行為的價值。

> 使用真實範例有助於我們更有效地溝通，因為人們能夠更容易與這些實例產生共鳴，也更容易發現實例之間不一致之處。開發人員、銷售人員和測試人員都需要參與實例的討論：開發人員學習特定領域的知識，以便能夠順利進行實作；測試人員獲得他們需要的第一手資訊，藉由提出重要的測試案例來影響開發過程（2009, 32）。

為了了解這一點，假設我們正在建立一個供公司內部使用的系統，該系統將用於自動批准或拒絕休假的申請。首先，我們的產品負責人希望該系統能夠自動批准請假天數比可用假數少的員工假單，她寫了一個使用者故事來描述這一點：「身為一名員工，我希望能自動批准我的休假申請，只要請假的天數不超過我累積可用的假數，這樣我就不需要等待人員手動批准。」產品負責人，或許可以和測試人員一起工作，透過像表 13.1 中的實例來詳加闡述。

表 13.1
實例顯示了超過可用休假天數的請假單不會被自動批准。

累積的休假天數	申請的休假天數	是否批准？
6	5	Yes
5	6	No
5	5	Yes

表 13.1 的列顯示了不同的測試案例。前兩欄顯示了這些測試案例的測試數據，最後一欄顯示了測試的結果。因此，第一列描述的是一個員工已經累積了六天的假，並申請了五天的假。在最後一欄，我們可以看到這個請求應該被批准。

這是一個十分簡單的需求規格實例化，讓我們看看當產品負責人寫下一個使用者故事時會發生什麼事：「作為一個已經到職一年多的員工，我希望自動批准比我目前累積的可休假天數多五天的假單申請。」產品負責人透過實例來定義這個需求，他建立了表 13.2 來清楚說明。

累積的休假天數	申請的休假天數	年資一年以上的員工	是否批准？
10	11	No	No
10	11	Yes	Yes
10	11	No	No
10	15	Yes	Yes
10	16	Yes	No

表 13.2
一個稍微複雜的例子，開始顯示出需求規格實例化的威力。

表 13.2 仍然相當簡單，但希望它能開始展示需求規格實例化的威力[1]。我在這邊不會用更詳細的例子來說明，但請注意，當場景變得更加複雜時，需求規格實例化會變得更加有用。例如，在前面的使用者故事中，累積的休假天數是固定的。在許多公司，休假時間是按月累積的，因此可能今天被拒絕的一張請假單，如果將請假日期延後三個月就可能會被批准。要用實例來說明這樣的情況，我們會在表格中加入申請日期、開始休假日期和休假累積比例等欄位。藉由對話和實例的結合來解釋這樣詳細的需求，能讓開發人員實際建構的需求更接近產品負責人所期望的需求。

當實例可以變成自動測試時，需求規格實例化會變得非常強大。這其實並不像看起來那麼難以實現。最大的好處之一是，我們可以立即知道規格是否已經過時──運行自動測試，如果測試通過，那麼應用程式就符合規格。測試成為自我驗證的規格，它們既表達了詳細的設計決策，又自動驗證了應用程式符合該規格。

1　這個例子故意保持簡單，以展示需求規格實例化是如何運作的。《Agile Java》的作者 Jeff Langr 提供了同一個案例更徹底的實作，但用了更好的方法來建構同樣的表格。他的實作可以在 www.informit.com/articles/article.aspx?p=274 找到。

> **另見**
>
> FitNesse（可從 www.fitnesse.org 取得）是我最喜歡運用的工具。它可以讓你建立和運行測試，透過實例來描述功能，幾乎和這裡顯示的完全一樣。另一個流行的工具是 Cucumber。

這正是挪威的敏捷專案經理 Trond Wingård 所採取的方法。Wingård 的團隊廣泛使用 FitNesse，這是一個用來建立可執行測試和定義測試規格的 wiki。他實踐專案的方法如圖 13.2 所示，Wingård 描述如下：

> 我們有一個方針是，所有的需求和測試都應該列在 FitNesse 中，不該有任何例外。即使我們發現我們需要一些手動測試，它們也應該在 FitNessewiki 中進行描述，而不是其他地方。前面的頁面包含了九個「使用者史詩」的列表，每個史詩都有一個頁面連結。在每一個頁面上，史詩都以使用者故事的形式進行描述，然後是構成這個史詩的每一個使用者故事的列表。每個故事都對應到產品待辦清單中的一個項目，並連結到故事的頁面。在故事頁面上，故事被描述，包括滿足條件列表。這些滿足條件也被分組，每組都有自己的頁面，上面有 FitNesse 對它們的測試。這種結構非常容易設置，也容易掌握，對團隊來說是真正有幫助。

圖 13.2
一系列的 FitNesse wiki 頁面，從寫成史詩的高級需求一直到每個使用者故事的測試用例。

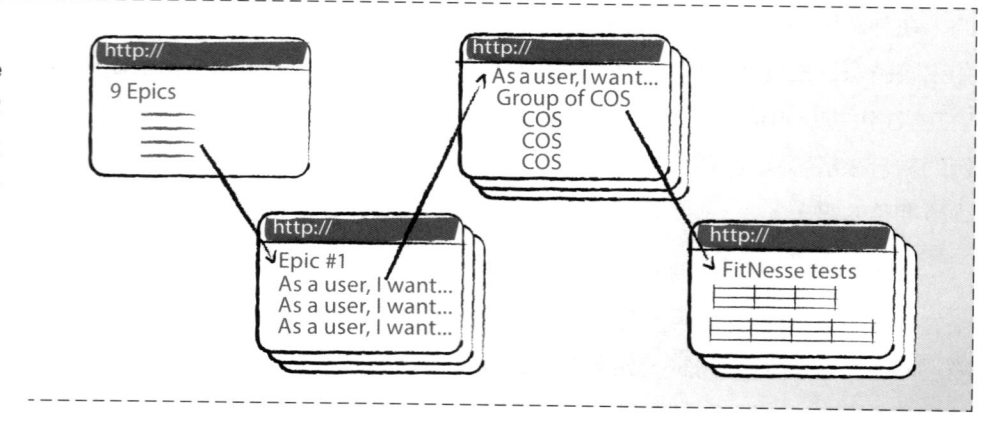

減少跨職能團隊的文件需求

反對廢除或縮小規格文件範圍的一個常見理由是，這些文件是某些小組了解系統預期行為的唯一途徑。例如，一個 QA 小組可能認為，如果沒有規格文件，

他們就無法知道預期的行為是什麼、哪些是錯誤行為。在一個組織使用 Scrum 之前，情況很可能是這樣。程式設計師可能會自己開會、做出決定，然後用規格文件將決定傳達給測試人員。這樣的工作模式持續多年以後，測試人員可能會認為，如果沒有規格文件，他們將不知道該測試什麼。

然而，在 Scrum 專案中，程式設計師和測試人員會組成團隊共同協作。不會有寫程式的團隊把工作交接給測試團隊，而是由一個跨職能、多專業的團隊共同完成。測試人員不需要規格文件，因為工作不會像過去那樣交接；事實上，工作根本就沒有交接給他們。只要討論的內容會寫進文件，測試人員就應該參與討論。

在使用敏捷之前，我發現自己經常夾在程式設計師與測試人員的爭論中，測試人員抱怨程式設計師沒有及時更新文件；程式設計師則抱怨文件對他們毫無幫助。在聽到好幾個專案重複出現同樣的爭論後，我才意識到，會從文件中受益的人應該負責撰寫文件。因為測試人員聲稱詳細的測試規格對他們有幫助，但程式設計師沒有去維護更新這些文件，因此他們成為負責撰寫與維護文件的人。這不僅解決了我的問題，還帶來了額外的好處，能夠迫使程式設計師和測試人員更早並且更頻繁地交談，這樣測試人員就能得到他們編寫文件所需的資訊。Johannes Brodwall 使用了類似的策略。

> 測試人員習慣於得到很模糊但又非常詳細的文件，因而不得不嘗試將這些文件重新解釋為測試案例。在敏捷的框架下，測試人員實際上是先負責編寫詳細規範的人。今日，我們讓測試人員在迭代開始時就以可測試的情境來編寫「規格」。

讓產品待辦清單更加 DEEP

《Scrum 敏捷產品管理：打造客戶喜愛的產品》（Agile Product Management with Scrum: Creating Products That Customers Love）的作者 Roman Pichler 和我用縮寫 DEEP 來總結一個好的產品待辦清單的關鍵屬性。

- **適當的細節（Detailed Appropriately）**。產品待辦清單中即將完成的使用者故事需要被充分理解，以便在接下來的衝刺中能夠完成。對於那些暫時不會被開發的故事，應該減少描述的細節。

- **估計（Estimated）**。產品待辦清單不僅是所有要完成工作的列表，它也是一個有用的規劃工具。因為待辦清單上優先順序較後面的項目還沒有被好好理解，所以與它們相關的估計，會比在待辦清單最上面的項目來得不精確。

- **湧現的（Emergent）**。產品待辦清單不是靜態的，它將隨著時間而改變。隨著更多資訊被掌握，產品待辦清單上的使用者故事會增加、刪除或重新排列優先順序。

- **優先排序（Prioritized）**。產品待辦清單的排序應該是最有價值的項目在頂部、最沒有價值的在底部。始終依照優先順序運作，團隊就能夠最大化開發的產品或系統的價值。

不要忘記交談

儘管一個專案的產品待辦清單會被寫在某個地方——通常是在索引卡或輸入到軟體工具中——但產品待辦清單並不是取代傳統專案的需求文件或使用案例模型。對話跟寫在實際產品待辦清單中的內容一樣重要，這些對話發生在團隊和產品負責人一起為最初的產品待辦清單集思廣益的時候，也發生在衝刺時團隊和產品負責人逐步完善他們對功能的理解。在尋求團隊對產品待辦清單改善與優化之時，不要忘記這些對話的重要性。

延伸閱讀

Adzic, Gojko. 2009. *Bridging the communication gap: Specification by example and agile acceptance testing*. Neuri Limited.

    這本好書精彩描述了溝通需求之所以困難的原因。然後，它提出了需求規格實例化的解決方法，其中特別有價值的是關於選擇實例的章節。這本書還有一章是關於促進需求規格實例化的工具。

Cao, Lan, and Balasubramaniam Ramesh. 2008. Agile requirements engineering practices: An empirical study. *IEEE Software*, January/February, 60–67.

    這篇學術研究論文的作者研究了 16 個應用敏捷方法的軟體開發組織的需求收集過程。從這項研究中，他們確定了使用少數特定敏捷需求實踐的好處和挑戰。

Cohn, Mike. 2004. *User stories applied: For agile software development*（繁中版：《使用者故事：敏捷軟體開發應用之道》）. Addison-Wesley Professional.

    這本書是對應用使用者故事的詳盡解釋。我在書中寫到了識別使用者角色、編寫使用者故事、開展故事編寫工作坊、好的使用者故事的六個屬性，甚至包括如何用使用者故事來規劃專案。

Mugridge, Rick, and Ward Cunningham. 2005. *Fit for developing software: Framework for integrated tests*. Prentice Hall.

    整合測試的框架（Framework for Integrated Test，簡稱 Fit）是一個開源的產品。它可以用來建立人類可讀的自動測試，可以透過明確的例子來指定系統行為，類似於本章最後一節中的表格。前 180 頁適合專案中任何人閱讀，不論是否具備技術背景，並展示了 Fit 如何為專案帶來好處。接下來的 150 頁左右是為那些有程式背景的人準備的，深入探討使用 Fit 的具體細節。

Chapter 14
衝刺

Scrum 如同所有的敏捷流程，是一種迭代與增量的軟體開發方法。雖然「迭代」和「增量」這兩個詞有各自的含義，但它們常被放在一起使用。讓我們先將它們分開，以便更容易理解它們的含義。

增量開發涉及到一塊一塊地建立一個系統。先開發一個部分，然後在第一個部分的基礎上增加下一個部分，以此類推。Alistair Cockburn 將增量開發描述為主要是一種「階段拆分與時程安排的策略」（2008）。開發一個線上拍賣網站的增量方法可能包括：先開發在網站上新增帳號的功能，接下來開發將商品上架的功能，然後再開發競標功能，以此類推。

相較之下，Cockburn 稱迭代開發為「安排重工（rework）的策略」（2008）。迭代開發流程承認不可能（至少是非常不可能）第一次開發時就把一個功能做到完全正確。在以迭代方式建立一個線上拍賣網站的過程中，我們可能先開發整個網站的初步版本，收集使用者的回饋意見，然後再基於這些回饋進行後續版本的開發，並根據需要重複這個過程。

因此，在一個增量式的開發流程中，我們會完全開發一個功能，然後再進入下一個功能；但在迭代式的開發流程中，我們先建立整個系統，儘管一開始並不完美，但之後會對系統進行反覆修正來逐步改善它。只採用迭代或只採用增量方法的缺點，在兩者結合時就會消失，而這正是 Scrum 的特點。

在這一章中，我們將研究 Scrum 的衝刺是如何結合迭代開發和增量開發的。我們考慮了用可運作軟體來結束每個衝刺的重要性，因為它對使用者或客戶是有價值的。同時，你也會看到為什麼整個團隊有必要在衝刺期間一起工作。在此過程中，我們還將研究 Scrum 團隊如何確保完成一個衝刺、且為下一個衝刺做好準備，設定並堅持衝刺目標的重要性，以及需要對團隊實現目標的時間設限。

每次衝刺都交付可運作的軟體

> **另見**
>
> 第 10 章「團隊結構」中描述了功能團隊和組件團隊。

在每個衝刺結束時，Scrum 團隊都需要開發出可運作的軟體，可運作指的是既完整而且是潛在可交付的軟體。功能團隊和組件團隊都需要提供可運作的軟體。學習如何在每個衝刺交付可運作的軟體，是 Scrum 新手團隊必須克服的最大挑戰之一，但這樣做對於成為一支敏捷團隊而言至關重要。事實上，它重要到甚至出現在《敏捷宣言》描述的四個價值中：我們要重視「可運作的軟體勝過於全面的文件」（Beck et al. 2001）。敏捷方法論強調可運作的軟體有三個關鍵原因：

- **可運作的軟體鼓勵回饋**。如果一個團隊向使用者展示（更好的是提供）一個可以運行但不完整的產品，那麼它可以收集到更多、更好的回饋，而不是向這些使用者提供一個說明產品功能的文件。使用者不僅會因為能夠看到、觸摸到產品而提供更好的回饋，他們也更有可能第一時間就願意參與並提供回饋意見。一份 50 頁的產品說明書太容易被放到一邊忽略了。

- **可運作的軟體能幫助團隊衡量其進展**。專案最大的風險之一是不知道還有多少工作要做。當一個系統有太多東西長時間停留在未完成的狀態，

就很難知道需要投入多少工作量才能使系統達到可交付的狀態。Scrum 團隊藉由強調可運作的軟體，並要求在每個衝刺交付一部分使用者重視的價值，成功避免了這個問題。

- **可運作的軟體允許產品在需要時提前交付。**在今天這個競爭激烈、變化迅速的世界中，選擇提前交付（即使這意味著交付較少的功能）可能是非常有價值的。在每個衝刺結束時，讓軟體達到或接近可交付的狀態，就能提供這種選項。

> **另見**
>
> 更多有關範圍調整，可以在第 15 章「規劃」中的「優先調整範疇」一節中找到更多內容。

定義「潛在可交付」

在 1990 年代中期，做迭代和增量開發的團隊開始流行設定目標，定期讓應用程式達到「零缺陷（Zero Defect，簡稱 ZD）的里程碑」。前 Microsoft Visual C++ 組的開發主管 Jim McCarthy 常寫到、談到 ZD 里程碑。

> 零缺陷不代表產品沒有程式缺陷或功能缺失；它意味著產品達到了為該里程碑設定的品質水準。ZD 里程碑的核心要點是，除非每個人都達成里程碑，否則沒有人可以算達成；除非所有人都完成，否則沒有人可以離開。這種做法能夠幫助團隊及早發現專案有哪些地方出問題。
>
> 在一個里程碑中，團隊及其領導層也有機會同時察覺整個專案的狀態、對錯誤的做法得出結論、對錯誤的設計決策進行補救，並為達到最高績效進行重組⋯團隊對每一個里程碑都展現出無可比擬的專注和自省（2004）。

儘管 McCarthy 的 ZD 里程碑對許多團隊來說仍然是一個很好的目標，但 Scrum 團隊將他們的目標定得更高，並且要在每個衝刺結束時交付潛在的可交付軟體。但是，「潛在可交付」是什麼意思？要完整定義「潛在可交付」，需要對該領域和應用程式有一定的了解，而只有團隊（包括其產品負責人和 ScrumMaster）才會有這種了解。事實上，任何新團隊都應該做的一件事，就是要對「完成標準」的定義進行討論並達成共識，以確定適合其環境條件的可交付產品增量。每一個放進衝刺的產品待辦清單項目，都必須符合這些標準，才

能被視為「完成」。第 13 章「產品待辦清單」介紹了以滿足條件作為使用者故事驗收標準的想法。在許多層面上，構成團隊「完成標準」的元素，就像適用於產品待辦清單上所有使用者故事的滿足條件。

例如，ePlan Services 為小公司提供退休帳戶，其對「完成」的定義包括「已寫程式、已測試、已提交、編寫良好、已整合，並完成自動化測試」。團隊所處理的每個產品待辦清單項目都需要符合這些條件，並加上該項目特定的滿足條件。考慮一下 ePlan Services 的使用者故事：「身為使用者，我可以用信用卡支付帳戶的維護費，這樣費用就不會從我的稅後退休帳戶中扣除了。」對於這個使用者故事，我們假設產品負責人提供了以下的滿足條件：

- 接受 Visa、萬事達卡和美國運通卡。
- 不要在我們的系統中儲存信用卡資訊。
- 以安全的方式處理所有交易。

因此，不僅要滿足這些滿足條件，而且還要滿足特定專案定義的完成條件（已寫程式、已測試、已提交、編寫良好、已整合，並完成自動測試）。

反對意見

「我們的應用程式太複雜了，不能以增量方式開發。」

通常這個論點的意思是，很難想到如何以增量方式建構產品，而非實際上不可能做到。當我遇到這種論點時，我會要求提出這種論點的人告訴我，應用程式中本來就存在的斷點（breakpoint）在哪裡。對方通常會將系統分成三個或四個部分，並說每個部分都太大、無法在一個衝刺完成，這是正確的。然而，一旦她承認我們可以逐步開發（即增量），我就成功反駁了「我們的應用程式太複雜了，不能逐步開發」這個論點。在這一點上，我們都同意這是可能的；我們只需要找到切割功能的方法，以便每個功能都能在一個衝刺中進行開發。

接下來，我指出，雖然我們希望每個衝刺都能交付潛在可交付的產品部分，但我們不需要在每個衝刺結束時交付一個完全整合好的產品。也就是說，雖然產品在每個衝刺結束時都需要可以正常運作，但我們既然稱其為「潛在」可交付，也是為了提醒大家，開發的功能可能還不足以真正交付。

識別潛在可交付的準則

儘管一個合適的「完成」定義要由組織或團隊根據其環境建立，但有一些準則適用於大多數組織中的大多數 Scrum 專案。

潛在可交付意味著軟體經過測試。雖然什麼是潛在可交付的確切定義，是由組織或團隊所定下的，但我想不出在什麼樣的情況下，團隊可以不把測試放在這個定義中。在衝刺結束時，我們必須期待：新功能沒有 bug，舊功能也不會被引入 bug。對於某些產品，我們可能無法百分之百確定，但我們總是希望盡可能接近確定。儘管如此，特殊目的測試，如整合測試、效能測試、可用性測試等等，這些可能不是每個衝刺都要進行。相反，這類型的測試可以在發布衝刺（release sprint）中進行，發布衝刺可以在幾個常規衝刺之後插入。

舉一個正確使用發布衝刺的例子來說明。我曾與一家銀行合作，該銀行的主機上有一個大型的遺留應用程式（legacy application），包含幾百萬行 COBOL 程式碼，由少數幾個開發人員使用他們已經用了 20 年的順序開發流程進行維護。系統的這一部分幾乎沒什麼開發工作，這樣也好，因為手動測試這個龐然大物需要整整三週的時間。

該銀行還有一個相對較小的 30 萬行 Java 應用程式，提供透過網頁來取得相同的財務資料。這兩個應用程式共用相同的資料庫，這意味著網頁應用程式有可能向資料庫寫入資料，可能會對 COBOL 應用程式產生負面影響。

如同一個好的 Scrum 團隊所應該做的事，網頁團隊在每個衝刺結束時都應該以潛在可交付的產品作為目標。成員將「潛在可交付」定義為編寫良好並經過測試，使他們有理由相信沒有重要的（跟錢有關的）漏洞存在。這包括寫出最好的程式碼、添加到網頁應用程式上，然後運行一套完整的自動化測試。從潛在可交付到可交付，需要一個偶爾的發布衝刺，在此期間對主機應用程式進行三週的手動測試。

潛在可交付並不一定是功能完整。一個產品是潛在可交付，不代表有人希望我們真的要立刻交付出去。有時需要兩、三個或更多衝刺，才能將一組功能以最基本可用的方式整合完成。然而，在達到那個時間點之前的衝刺，團隊仍應努力在每個衝刺結束時讓產品處於潛在可交付的狀態。

舉個例子，考慮一家公司正在為其產品新增列印和預覽列印的功能。在衝刺規劃期間，團隊評估後發現，無法在同一個衝刺內為其產品新增列印和預覽列印功能。在產品負責人的同意下，該團隊選擇先進行預覽列印的開發工作。到了衝刺結束時，預覽列印功能成功開發完成了，而且列印預覽功能品質非常穩定；程式碼寫得很好，經過了全面的測試，甚至達到產品隨時可以發布的標準。可是，誰會想要一個只有預覽列印卻沒有列印功能的產品呢？儘管如此，在第一次衝刺之後，缺乏完整的功能並不妨礙它成為潛在可交付的產品。如果有人想要一個只有預覽列印的產品，團隊就可以把它交出去了。

> **另見**
>
> 關於整合多個團隊的工作，請參見第 17 章「擴展 Scrum」。

潛在可交付意味著整合好了。一個潛在可交付的產品，不會有 14 組不同的原始碼。在多團隊專案中，各團隊對於「完成」的定義應該包含整合開發流程。在可能的情況下，整合工作應該在整個衝刺中持續進行。

> **反對意見**
>
> 「我們不能在專案開始時就進行衝刺；要先建立一定的基礎建設。」

剛接觸 Scrum 的開發人員通常認為，只有在應用程式已經寫了一定的量之後，迭代和增量開發才是可行的，而在此之前是不可能做到的。我不同意這個觀點。即使是基礎設施部分，也可以增量開發。在早期的衝刺中，常需要將大部分或全部工作集中在處理產品的基礎設施部分。我承認，很難向最終用戶展示這些工作的價值，但在這方面偶爾遇到困難是可以理解的，尤其是早期階段。因為某件事很難，並不能構成放棄它的理由；相反，要想辦法把這些早期的基礎建設折分成更小部分，以便在一個衝刺內完成。我處理這問題的一種方法是，可能會很自然地把同事叫過來說：「嘿，看看我剛做的這個很酷的新東西。」只要某件事情完成差不多了，同事就可以提供回饋（哪怕只是「幹得好」的正面鼓勵），那麼這部分功能就可能適合放入早期衝刺中。

找到這些可以自然切入的點，可以確保團隊最早的衝刺也能包含使用者或客戶可看見或對他們來說有價值的功能，而這就是下一節的主題。

❏ 讓產品負責人和團隊一起討論，在一個衝刺結束時，「完成」的定義是什麼，而且大家都認同它。把這個定義貼在所有人每天都能看到的地方。

❏ 以團隊為出發點，列出你們每個人在過去的專案中因為產品與可交付狀態相差太遠所遇到的所有問題。討論可以採取什麼措施來克服這些問題。

現在試一試

每個衝刺都交付有價值的東西

確保每個衝刺結束時都有可運作的軟體好像還不夠有挑戰性，Scrum 團隊還必須在每個衝刺交付對系統或產品的使用者（或客戶）有價值的東西。對使用者或客戶有價值的定義，很容易被過度解釋甚至故意曲解。例如，一個團隊可以說，將所有開發人員的桌面環境升級到他們偏好的最新作業系統版本，可以讓開發速度加快，從而使新功能更快到達客戶手中。雖然這很可能是真的，但其本意是，每個衝刺應該要交付使用者或客戶可以立即看到的價值。因為在衝刺工作的好處之一，是能夠在衝刺結束時從使用者或客戶那裡獲得回饋，如果衝刺中所做的工作至少有一部分能夠產生出使用者可以看見的功能，那麼團隊就會得到更好的回饋。

我所謂使用者可見的功能，舉例來說，假設一個團隊正在開發一個可以讓人搜尋待出售房屋的網站。而在衝刺規劃會議上，產品負責人希望能增加一個功能，讓使用者能夠輸入 20 個參數組合，並得到一個符合條件的房屋列表。團隊告訴產品負責人，這些工作無法於一次衝刺中完成，需要分成兩次來完成。他們討論出了下一次衝刺能夠完成哪些任務的幾種做法：

1. 團隊只關注於後端搜尋。在衝刺審查會議，使用者將看到從命令列中執行搜尋的純文字結果。

2. 團隊只專注於使用者介面。在衝刺審查會議，使用者將看到功能齊全的介面，但上面資料是模擬的，而不是從資料庫搜尋的結果。

3. 團隊會將時間平均分配到後端搜尋和使用者介面。在衝刺審查會議，團隊會展示一個支援 20 項規劃搜尋欄位其中 10 項的應用程式，以及一個雖然具備功能但尚不完整的使用者介面。

哪種方法是最好的呢？首先我會說，有時候每一種方法都可能是合適的。然而，一般來說，上面列出的第三種方法是你應該會喜歡的。在這種方法中，團隊在應用程式中使用了 Andy Hunt 和 Dave Thomas 所謂的「曳光彈」（tracer bullet）開發方式。根據 Dave Thomas 的說法，曳光彈的目的是嘗試「在早期產出一些可以實際給使用者看的東西，了解我們多接近目標。隨著時間的推移，可以根據與使用者目標的關聯性，來微調我們的目標（Venners 2003）」。

但是選項一和選項二呢？如果我是這個團隊的教練，我可能這兩種方法都會允許，但前提是我們無法找到第三種方案。在前兩種選項中，我更傾向於第一種（交付後端並透過命令列展示其工作原理）。在這種情境下，團隊能夠證明所需的功能是可行的；只是它還不漂亮，也還沒有添加到網頁上。如果在衝刺審查會議中展示這個，大多數使用者或客戶會同意這個功能是一個進步。

第二種選擇——只開發使用者介面——對我沒有吸引力。雖然可以說只完成前端或只完成後端一樣都是功能尚未完成，但我確實認為它們還是有區別。當團隊只展示後端功能時，沒有人會誤以為該功能已經完成。最起碼，一些利害關係人可能會認為「我們只需要將其接上一個使用者介面就好」。但如果團隊只展示功能的使用者介面部分，會很容易使一些利害關係人認為該功能已經完成，因為他們看得到它怎麼運作。

因此，儘管前兩個選項確實為使用者提供了價值，但團隊應該更傾向於第三種「曳光彈」方案。我雖然提到了這幾種替代方案，但只有在團隊完全無法使用第三種方案時，前兩個才是可行的選項。

使用者無法看到的功能

不是所有的產品功能都能被終端使用者直接看見，但每個產品都有某些功能對某些人來說是可以看見的。舉例來說，假設在我們的房屋銷售網站上工作的不是一個團隊，而是五個團隊。第五個團隊是一個組件團隊，負責建立一個通用的資料存取層，這個資料存取層正在被各功能團隊使用。

第五個團隊很容易會誤以為他們所開發的功能都是使用者看不見的，但是當他們意識到使用者是其他四個團隊而非最終使用者時，顯然就會明白原先的

另見

關於功能團隊和組件團隊的相對優勢，請參見第 10 章。

想法是錯的。第五個團隊，我們稱之為資料存取團隊，會想要從其使用者——也就是其他四個團隊的程式設計師和測試人員那裡獲得回饋。因此，功能應該對這些團隊是可見的。這意味著在其衝刺審查會議中，資料存取團隊可以展示某項純技術性的功能（如資料庫中的級聯刪除），但如果是功能團隊，我們倒是不希望看到他們在衝刺審查會議中展示純技術性的功能。

Johannes Brodwall 在做一個系統更新的專案，該系統用於批次處理以電子檔傳送的收付款。雖然這個系統對其客戶來說有巨大的價值，但它不是一個終端使用者可以直接看到的系統。Brodwall 描述了團隊成員如何解決這個問題。

> 在最近的衝刺審查會議中，我們在新系統上運行了過去四週的資料。展示時，我們用一個網頁展現新系統與舊系統在輸出上的不同，並以表格列出了結果不同的交易數量。這個表格將交易根據偏差類型分類，並將每個類別顯示在不同的欄位中（例如，有些交易應該以不同的方式處理），日期則顯示在列中。每個單元格都可以點擊，會顯示出偏差的交易細節。儘管我們沒有「展示系統」，但我們確實展示了這份報告。這幫助團隊和產品負責人建立了信心，相信新的軟體交付時能夠正常運行。

我見過很多類似 Brodwall 描述的情況。團隊多花一點精力，為衝刺審查會議準備一些可以展示和有吸引力的內容，但這微微的繞遠路往往能帶來價值；這樣的結果總是會讓我感到十分驚訝。通常來說，這一點額外的努力可以幫助團隊測試系統，並且更容易調查分析非預期的測試結果。

反對意見

「我們距截止期限還有 18 個月，沒必要每次衝刺都花力氣產出對使用者有價值的東西。」

提出這種觀點的人，我想是還沒有看到迭代工作的價值。只要做得正確，迭代工作並不需要投入大量時間與資源。儘管像自動測試可能需要，但這樣是值得的，畢竟團隊就不會在每個衝刺浪費數週手動重新測試。但是，迭代工作不需要團隊在每個衝刺結束時做一大堆額外的工作，團隊要做的事是找到邏輯上合適的點切分工作，把這些工作完成並進行展示。

反對意見

「我們不能在頭幾個月交付價值。」

這種想法在為期一年或一年以上的專案中非常普遍。在反駁這觀點時，重要的是要記住，每個衝刺交付價值的兩個主要好處是：能夠儘早徵求回饋意見，以及確保團隊成員永遠不會在他們的進展上騙自己（即使是無意的）。

我承認，在一些專案中，我們可能無法在幾個月內得到有用的終端使用者回饋，但我仍然希望每個衝刺都有完整、可運作、經過測試的功能。如果這些功能還不能讓最終使用者看見（或展示出其價值），那麼我就要確保我的產品負責人能夠理解已完成功能的價值。有了產品負責人嚴格把關，來判斷團隊是否在正確的方向上邁出了一步（永遠優先考慮可運作的軟體而不是文件），團隊就不太可能做了大量工作卻沒有實質進展。

現在試一試

- ❑ 在接下來的三到五個衝刺結束時，確保你的軟體有交到真正的使用者手上。如果正式的發布不適用於你的產品，那麼就去找友好的第一批使用者，讓他們可以對新功能提供回饋。並在預定的最後衝刺後，盤點這個新功能究竟是否能派上用場。
- ❑ 對於未來三個衝刺開發的每個產品待辦清單項目，讓團隊明確指出這個項目將對哪個人或受眾帶來價值。三個衝刺結束後，討論你從中學到了什麼，以及這樣做對你是否有價值。

在這個衝刺中為下一個衝刺做準備

我曾接到一位開發總監的電話，她要為她底下的三個團隊提供教練。他們早期使用 Scrum 的情況很好，不過衝刺卻要花費三天的時間來規劃。我無法理解這怎麼可能，所以我迫不急待地拜訪這些團隊，看看他們在做什麼。我想像他們整整三天都關在會議室裡，要嘛沒完沒了地爭論如何分解他們正在進行的每個產品待辦清單任務、要嘛就是把任務做沒必要的分解。

撞球衝刺（Billiard Ball Sprint）

你用力把一顆撞球撞擊出去，然後——啪！——撞擊到另一顆球，向桌面另一端滾去。在撞球衝刺（billiard ball sprint）中，團隊完成一個衝刺，還沒準備好開始下一個衝刺，然後——啪！——下一個衝刺就這樣開始了。第二個衝刺只是名義上展開了，但實際上卻還沒準備好，以至於多花了幾天時間來探索該做的任務。這就是我的客戶遇到的狀況，她打來向我抱怨衝刺規劃會議竟然要開三天之久。

避免撞球衝刺最好的方法是遵循童子軍的格言：做好準備。在每個衝刺中花一點精力和時間為下一個衝刺做準備。Ken Schwaber 建議，在衝刺中將約 10% 的可用時間拿來準備下一個衝刺（2009）。我發現這通常也是較合適的時間長度，當然，團隊應該根據自己的經驗來調整這個比例。

> **另見**
>
> 梳理產品待辦清單即是在這輪衝刺中，騰出時間為下一個衝刺做準備的一種方式，詳如第 13 章所述。

只把可以完成的工作放到衝刺中

如果一個使用者故事或其他產品待辦清單項目明顯過於龐大、預期無法於該衝刺中完成，那麼團隊就不應該把它放進衝刺中。一個需要幾個月才能完成的史詩使用者故事，應該被分割成更小部分，以便每個部分都能在一個衝刺中完成。同樣的道理，過於模糊的使用者故事也會帶來問題；如果團隊對這個故事的理解不夠透徹，導致無法在一個衝刺內完成，那它就不應該被納入衝刺，反過來，團隊需要花時間先充分理解這個故事。

注意，我用的是「充分理解」（sufficiently understood）而不是「完全理解」（fully understood）。在產品待辦清單上的使用者故事在進入衝刺前，不需要充分考慮到每一個細節。事實上，我們甚至不希望任務被完全想透，因為產品負責人和其他團隊成員仍然會在衝刺期間進一步合作雕塑使用者故事。但是，每一個被納入衝刺的使用者故事必須被充分理解，然後團隊在衝刺中的討論補充細節，最後在衝刺中順利完成它。

為了了解這如何運作，讓我們用一個使用者體驗（UX）設計的案例來思考。有些使用者故事需要大量的使用者體驗設計，有些則不然。假設團隊選擇的使用者故事為「身為使用者，我可以看到一個有版權、版本號和公司聯絡資

料的對話框,這樣我就可以聯繫到開發的公司」。我猜想,即使在短短兩週的衝刺中,UX 設計師也能模擬出好幾個畫面,讓幾個使用者使用並依據回饋修正,再將畫面的設計寫成程式並完成測試。換句話說,這則使用者故事本身已經很完整了。這樣一則在索引卡上的簡短描述,已經足夠讓這則故事在一次衝刺內完成設計、程式撰寫與測試。

接著來看看另一個例子:團隊要為剛上線的電商網站增加新功能。該團隊看到了一個新的使用者故事:「身為顧客,我可以取消一個尚未開始運送的訂單,這樣我就可以在沒有任何成本的情況下改變決定。」這涉及到新的工作流程,而這些工作流程在原本的電商網站上並沒有被考慮進去。在衝刺規劃會議中,團隊的 UX 設計師確定了以下任務:

- 在 Photoshop 中建立三個初步的原型設計,每一個設計花費 12 個小時。
- 安排 15 個使用者進行示範,共 2 小時
- 進行四場展示會議,共 8 小時
- 開會討論設計變更,4 小時
- 用 Photoshop 製作新的設計,8 小時
- 安排第二輪使用者示範,2 小時
- 進行四場第二輪展示會議,共 8 小時
- 編寫最終版設計的 HTML 和 CSS,共 16 小時

這樣的工作量比「關於我們」的對話框來得多;團隊成員討論後認為不可能在一個衝刺完成以上所有工作,更何況還要將設計寫成程式並完成測試。判斷的理由是,如果在這個衝刺至少完成第一輪的展示會,他們就能在下一輪衝刺中完成整個使用者故事。因此,團隊決定分成兩個衝刺來進行。

請注意,第二輪衝刺開始時,團隊才把這個使用者故事拉到衝刺中,還沒有完成使用者故事中的細節,最終的細節討論會在衝刺中才進行。當一個產品待辦清單項目被納入衝刺中,要有最基本的細節,使該項目能夠在一個衝刺中,從產品待辦清單轉變成運行中且經過測試的功能,而這細節程度對每個產品待辦清單項目來說都有所不同。

> 「這聽起來不像是 Scrum。Scrum 團隊應該在每輪衝刺中都產生一個潛在可交付的產品增量。」

反對意見

團隊仍然被期望產出一個潛在可交付的產品增量。然而，認為團隊在一個衝刺中的所有時間都應該直接花在該衝刺的產品增量上，這種想法無疑是短視近利。團隊成員應該要將時間花在有價值的活動上，而這些活動與打造當前衝刺的產品增量無關。例如，面試潛在的新團隊成員即是種投資，這只有在新成員加入團隊（且熟悉工作）後才會得到回報。又例如，估算待辦清單項目讓產品負責人能夠確定產品待辦清單的優先順序，這並不是針對本衝刺的產品增量，但卻是有價值的。花時間確保待辦清單項目已被充分理解，且具備足夠的細節程度，使其能夠在下一輪衝刺中完成，也與前面提到的情況類似。

現在試一試

- 討論產品待辦清單。辨識出需要優先思考的前五個項目，討論誰需要來思考它（架構師？UX 設計師？資料庫設計師？還是其他人？），並決定需要提前多少輪衝刺開始。
- 在接下來三次的衝刺審查會議中，討論每個產品待辦清單項目是否包含足夠的細節，以及是否及時添加了這些細節。
- 在一個或兩個衝刺中，追蹤花在提前思考上的時間是否足夠？還是太多了？請記住，通常一個團隊有 10% 的時間應該用來思考未來。

在整個衝刺中協作

Apple 一直是以高度創新而聞名，它的 Apple II、麥金塔電腦和 iPod 是個人電腦時代中最為重要的創新設計。Apple 的創辦人賈伯斯（Steve Jobs）被問及該公司何以能夠持續地創新推出偉大的產品，他用一個故事來回答。

> 如果你先看到一輛很酷的概念車，四年後看到它的量產車卻很糟，你會想：「怎麼搞的？」他們本來就快成功了，卻功虧一簣！事情是這樣的，設計師想出了一個非常棒的點子，然

後把它交給工程師，工程師卻說：「不，我們做不到，這不可能。」於是設計被打了扣折。接著再把設計拿給製造部門，製造部門也說：「這我們做不出來！」結果是，設計又更糟糕了（Grossman 2005, 68）。

賈伯斯指的正是一個有經驗的 Scrum 團隊應該有的深度協作。Scrum 專案的特點是跨職能的團隊一起協作，而不是將工作從一個小組交給另一個小組。在 Apple，「產品不會從一個小組交給另一個小組。沒有獨立分開、按照順序進行的開發階段，反倒是同時進行且自然發展的。所有部門同時處理產品——設計、硬體、軟體——不斷進行跨領域設計審視（Grossman 2005, 68）。」

當然，這談何容易。陷入這種陷阱的團隊可能會決定將工作按順序進行：衝刺的第一週進行分析，第二週進行設計，第三週編寫程式，第四週進行測試。但透過這種串聯方式來完成衝刺顯然效率很低，有過多的閒置時間、過度的專業分工，與過於頻繁的交接。幸運的是，儘管許多 Scrum 團隊剛開始運作時是這種情形，但大多數團隊很快就發現問題所在，因而開始尋找方法讓工作重疊，目標應該是盡可能從構想到可交付功能所需的各種活動都能重疊。

起初，找到改善活動重疊的方法似乎很困難，但大多數團隊很快意識到，許多敏捷工程實踐能幫助解決這個問題。例如，編寫自動化單元測試可以減少 bug 數量，讓撰寫程式可以在衝刺後期繼續進行，同時也留出時間進行其他測試。而測試驅動開發（特別是驗收測試驅動開發）則將分析、設計、寫程式和測試等活動合併為一體。

> **另見**
> 第 11 章「團隊合作」中的「每件事都做一點」一節，提供了關於團隊成員如何重疊工作的建議。

> **另見**
> 第 9 章「技術實踐」中提供了關於這些做法的相關資訊。

避免任務型衝刺

一個好的 ScrumMaster 會不斷地鼓勵團隊成員採用更好的技術實踐，以幫助他們學習如何重疊工作。如果團隊沒有學到有效的方法，即其成員可能會採取一種不太理想的方法：任務型衝刺（activity-specific sprint）。這種做法跟它的縮寫一樣糟糕。在這種方法中，團隊決定用一個衝刺進行分析與設計，第二個衝刺用來寫程式，第三個衝刺則進行測試，如圖 14.1 所示。團隊分成三個小組，分析師比程式設計師（寫程式的成員）領先一個衝刺工作，測試人員則落後一個衝刺進行工作。

這方法非常誘人，它看似解決了工作重疊問題，而且還能讓每種類型的專家能與自己同領域的人一起工作，許多人可能偏好這種工作方式，直到他們習慣 Scrum 團隊的密切協作。然而，任務型衝刺與任務型團隊一樣，也存在相同的缺點：太多的工作交接和缺乏整體團隊責任感。此外，任務型衝刺還有以下三個缺點：

- **增加排程風險**。規劃一個衝刺可以完成多少工作會更容易出錯，因為這取決於前一個衝刺的工作品質高低。例如，程式設計師在測試人員開始測試之前，不會知道他們在測試衝刺中需要花多少時間；這意味著這些程式設計師不會知道要將多少測試相關工作納入他們的寫程式衝刺中。
- **從構想到運行及測試功能需要更長時間**。這本身就不好，還會延長從客戶、使用者或其他人那裡獲得回饋的時間。
- **無法真正解決重疊工作的問題**。當所有的工作都在一個衝刺中完成，整個團隊會以同樣的速度前進；團隊成員不分專業互相幫助，以確保能夠完成工作。但是當我們引入任務型衝刺時，就是允許不同的子團隊以不同的速度進展，這會導致某些子團隊堆積了大量未處理的工作。這樣不僅會讓某些團隊的進度超過最慢的團隊，造成不必要的浪費，而且這些累積的工作還可能包含了缺陷，但要等到下游的團隊處理時才會發現，造成工作進一步延宕。

> **另見**
>
> 更多關於任務型團隊的問題，請參見第 10 章的「偏好功能團隊」一節。

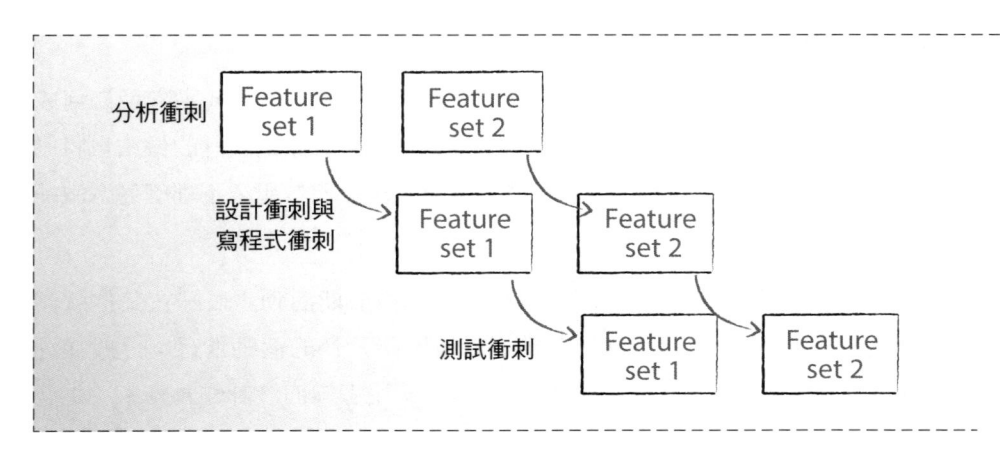

圖 14.1
任務型衝刺是個壞主意。

用 FF 關係取代 FS 關係

任務型衝刺的最大問題之一是，它們創造了所謂的 FS（finish-to-start，完成 - 開始）關係。在這種關係中，必須要完成一個任務，才能開始下一個任務，例如，傳統順序開發專案的甘特圖可能顯示，在開始寫程式之前必須先完成分析，在開始測試之前必須先完成寫程式。優秀的 Scrum 團隊會發現並非如此，許多活動事實上可以重疊；重要的不是任務何時開始，而是何時結束。在分析完成之前，寫程式不能完成；在寫完程式之前，測試不能完成。這些被稱為 FF（finish-to-finish，完成 - 完成）關係，被 Scrum 的衝刺機制所強化。所有的工作都在衝刺結束時完成，否則將被退回到產品待辦清單中。

有了一點經驗，大多數團隊都能找到方法將某些類型的工作重疊起來，並在它們之間建立 FF 的關係。團隊很容易找到方法讓「討論使用者需求」和「程式設計」重疊進行，也很快找到將程式設計和測試重疊的方法。因為這兩個任務非常適合用增量和迭代方法：取得一些使用者的需求細節，然後開發一小部分功能；每次只完成一小部分，然後測試已完成的部分。

然而，看似不適合採用增量迭代的活動，經常被認為是要提前完成的工作，如使用者體驗設計、資料庫設計和架構設計等。如果未能整體考慮這些工作，可能會導致後續的問題。

重疊的使用者體驗設計

讓我們更仔細地看看使用者體驗設計（UED），了解一些 Scrum 團隊是如何成功地將使用者體驗設計師整合到衝刺中。了解對使用者體驗設計的做法也將協助我們理解，如何對資料庫設計、軟體架構或其他最初看起來不那麼適合敏捷開發的工作進行整合。

在傳統管理的專案中，UED 通常被視為一種前期活動，最好在其他軟體開發活動開始之前完成。UED 的工作通常按照階段性的活動進行：一般從評估目前的工作流程和使用者需求開始，以建立使用者介面設計作為結束。這些

使用者介面設計最後會在迭代的過程中進行評估調整；設計團隊將多種潛在的介面設計展示給可能的使用者，收集回饋後修正，然後再度展示給使用者。所以某種程度上，UX 設計師習慣迭代工作，只是他們習慣於在專案的其他部分開始之前執行這些迭代。然而，在 Scrum 專案中，我們不希望先進行 UED 階段，反倒希望 UX 設計師與其他團隊成員一起工作。關於設計師與團隊其他成員密切合作的重要性，Autodesk 公司的敏捷互動設計師 Desirée Sy 也證實了這一點。

> 除了透過每日站會與整個敏捷團隊保持接觸外，在整個設計和開發過程中，我們與開發人員的合作非常密切⋯互動設計師每天都需要與開發人員進行溝通。這不僅是為了確保設計正確實作，也是為了讓我們對影響設計決策的技術限制有一個全面的了解（2007, 126）。

在衝刺期間，我們希望所有的團隊成員，不論其個人專業領域為何，都能一起合作。但切記，團隊在衝刺期間有兩個目標：完成當前衝刺規劃的工作，同時也要為下一個衝刺做準備。自然而然地，各個成員在這兩個目標上花費的時間將會有所不同。多數程式設計師把大部分時間花在新增功能，而 UX 設計師可能會把大部分時間花在了解即將開發的功能上，並且為產品待辦清單中較複雜的項目補充更多細節；但是──這一點很關鍵──他們也會花時間去完善當前衝刺正在撰寫程式和測試的設計，並回答相關問題。即使一個團隊的設計師（或架構師或技術設計師）可能會花時間在準備未來的工作，但他們仍然是在這個衝刺工作的團隊一員。

這種工作方式的結果如圖 14.2 所示。圖中顯示，在撰寫程式和測試產品待辦清單項目的同時，UX 設計師會花部分時間（甚至是大部分時間）研究產品待辦清單中即將開發的項目，提前思考未來的需求。但即使如此，整個團隊仍然是作為一個整體來運作，專注於完成一個衝刺。

圖 14.2
在當前衝刺中的 UX 設計師會花一部分的時間思考未來的工作。

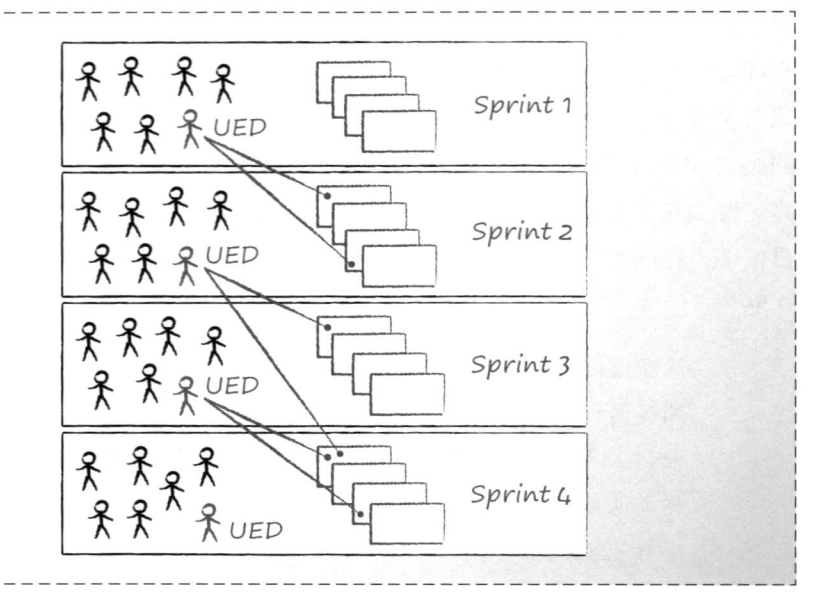

考量整體，漸進實踐

但對於 UED（以及類似的工作，如軟體架構或資料庫設計）必須整體考量的顧慮又要如何進行呢？答案在於如何從產品待辦清單中挑選工作。圖 14.2 顯示了一個團隊中的 UX 設計師是如何將部分（甚至大部分）精力投入到未來的衝刺準備中。在涉及重大 UED 考量的應用程式中，產品負責人（在具有相關知識的團隊成員指導下）需要排出待辦清單工作的優先順序，並著眼於解決待處理的 UED 問題。

產品負責人和設計師考量系統整體，決定他們最需要獲取新知之處，而這些領域，就成為了下一個衝刺中 UED 工作的焦點。接著，設計師們會在敏捷互動設計師 Desirée Sy 所謂的「設計模塊」（design chunk）中對系統進行設計（2007, 120）。Sy 提到「互動設計師被訓練成從整體角度來考量使用者體驗，所以把設計拆解成幾個部分──特別是拆成起初不支援完整工作流程的小模塊──在一開始可能會覺得很困難，但這項技能會透過實踐而逐漸熟練。設計模塊有很多好處（2007, 120）」。

透過分階段、逐步迭代的設計方式，可以減少白做工，避免把心力浪費在最後會被捨棄的功能上。這種工作方式允許團隊將 UED（或架構師或資料庫設計師）在正確的時間點轉移到最重要的問題上。Sy 發現適時（just-in-time）的設計最終能帶來更好的設計。

> 我們發現，以使用者為中心的敏捷設計方法，比傳統的「瀑布式」方法能產出更好的產品設計。敏捷的溝通模式使我們能夠縮短從發現可用性問題到採取行動的時間，將改善儘早融入產品中（2007, 112）。

Autodesk 的使用者介面開發總監 Lynn Miller 認為，設計人員在產品待辦清單上提前準備、為使用者故事進行設計，稍微領先團隊其他成員是有好處的。她指出了其中三個好處：第一，避免「創造出不被使用的設計」，節省了時間；第二，「拜訪客戶時，可以同時進行功能可用性測試和釐清設計情境」；第三，因為設計師能夠得到「及時的回饋」，如果「市場上有突然的變化（比如競品軟體發表）」，他們可以「立即得知並採取相應的行動」（2005, 232 頁）。

這些好處得到了 Google 負責搜尋產品和使用者體驗的副總裁 Marissa Mayer 的贊同。

> 在工具列測試版（Toolbar Beta）案例中，幾個關鍵功能（自定按鈕、共享書籤等）在不到一週的時間內就完成了原型設計。事實上，在腦力激盪階段，我們嘗試的關鍵功能是五倍的量——其中有許多功能在經過一週的原型設計後就被我們放棄了。由於每五到十個想法中只有一個成功，限制每個想法被驗證的時間，讓我們可以更快地嘗試更多想法，增加我們成功的機率（Porter 2006）。

從許多面向來看，這種設計方式和優秀設計師一貫的做法沒什麼不同。沒有哪個 UX 設計師會緊閉大門、花幾週時間想出一個「完美設計」，然後交給程式設計師去實作；一個好的設計師會思考整體設計，找出那些會對最終設計影響最大的未解決問題。然後優秀的設計師會透過與使用者的討論、原型設計、設計審查甚至花一些時間靜下心來思考，來解決這些問題。當一組問題被解決

了（或者至少縮小到較小的範圍），再開始處理下一組問題。熟練且經驗豐富的設計師已經在進行我所描述的工作方式：從整體思考，但以迭代工作方式逐步解決問題。

架構和資料庫設計

我提到過，使用者體驗設計、架構和資料庫設計是同一個問題的三種專業案例：這些活動傳統上是在順序開發流程早期階段完成的，但現在要以迭代方式進行。為了支持這個論點，讓我們來看看在一個以敏捷流程開發的商業產品中，與架構有關的決策是如何制定的。

Klaus 是一家中型公司的架構師，該公司正準備開發一個管理科學資料工作流程的產品。雖然產品負責人 Robin 對產品中應包含的內容有明確的想法，但她知道從穩固的基礎上開始開發確實至關重要。因此，在為早期的衝刺安排工作順序時，她仔細地思考了 Klaus 的建議，關於哪些使用者故事應儘早開發以確保建立穩固的基礎。

在第一個衝刺，團隊增加了讀取 CSV 文件的功能。儘管產品最終需要讀取許多不同格式的文件，但 Klaus 和其他人建議從簡單的格式開始。雖然第一個衝刺的任務內容並沒有消除許多架構上的不確定性，但它確實為團隊帶來了第一個成功的衝刺，還使團隊有能力輕鬆地將資料輸入系統，每個人都知道這將對後續的衝刺有很大的幫助。

在第二個衝刺中，團隊本可以繼續增加支援讀取所有其他文件格式的功能，但 Klaus 對這些並不擔心，在他看來，這些都不涉及重大的架構風險或不確定性。如果系統可以讀取 CSV 檔案，最終也一定可以讀取 XML 等等檔案。Klaus 擔心的是產品對大量資料視覺化的需求，希望使用一個商用的視覺化套件，但如果這不能為產品提供它所需要的效能，接續的計畫就是自行寫視覺化功能。因此，在第二輪衝刺中，團隊和產品負責人同意納入兩組評估中的視覺化套件，並分別建立一個簡單的視覺化功能。雖然這並未解決 Klaus 對於效能的擔憂，但教會了團隊如何使用這兩個商業產品。

在第三個衝刺中，Klaus 建議用這兩個商業套件開發一個複雜的視覺化功能，讓團隊能夠評估這兩個套件的效能和適用性。很幸運，其中一個商業套件的效能達到了要求的水準。因此，在第四個衝刺，團隊使用該產品開發了另外兩個複雜但非常不同的視覺化功能，作為對產品的進一步測試。

另外，在第四個衝刺中，團隊開始研究產品中需要的一些數學運算能力，例如，Klaus 在寄給我的 email 中提到，使用者要能夠指示系統「將導入文件的第四欄和第九欄的數值相加然後過濾，只保留那些相加結果至少是第一欄數值兩倍的項目」。Klaus 對這樣做的可行性並不關心，但他向產品負責人建議儘早開始，原因有二：首先，有很多方法可以設計這種類型的功能，但所選擇的方法會影響許多後續的設計決策；第二，產品要加入數百條類似的規則，現在開發前幾條規則，就可以再新增兩個團隊，專門負責這些規則的開發和測試。圖 14.1 總結了每個衝刺所做的工作及其原因。

從這個例子可以看出，Klaus 在考慮產品整體架構和設計的同時，利用衝刺迭代需要做的決策。工作始終由產品負責人進行優先順序排列，每個衝刺都交付了一些可運行的新功能。但每個衝刺中要開發的一部分功能，是根據專案架構師和團隊成員的建議進行的；資料庫設計和 UED 等考量因素，也可以用類似方式納入到工作決策中。

衝刺	目標	理由
1	從 csv 檔案匯入資料。	從簡單的開始。能夠很容易地將資料輸入系統，因為所有後續工作都依賴於有資料可供操作。
2	使用兩個獨立的商業軟體套件建立同樣簡單的資料視覺化。	開始試用這兩個候選產品。
3	用候選產品各開發一個複雜的視覺化功能。	看看候選產品是否能處理複雜的視覺化需求。
4	開發兩個新的但非常不同的視覺化功能。 添加初步的數學計算功能。	確認所選的視覺化產品的適用性。 確定增加數學計算功能的最佳方法，並為第二個團隊能快速增加類似的規則打下基礎。

表 14.1
架構風險和不確定性會影響工作的順序。

保持固定與嚴格的時間限制

當我剛開始做迭代和增量開發的時候（甚至比敏捷開發更早），我犯了一個錯，就是沒有讓我們所有的衝刺時長一致。我們會在每次衝刺開始時開會，規劃該衝刺的工作。在這些早期的衝刺規劃會議上，有一項議程是決定衝刺的時長，我們會在兩到六週的長度之間隨機地跳來跳去。

我們會根據諸多因素來決定每個衝刺應該多長，包含我們認為工作量有多大、在使用者可以看到成果之前需要完成多少、哪些人計畫休假（「我們最好把這次衝刺定為三週，因為 Kirsty 第二週都不在。」），以及我們感覺精神飽滿還是十分疲憊。在專案初期，有很多的六週衝刺（那時也有很多的長午餐）；在專案接近結束時，則有很多的兩週衝刺。

當時，允許調整衝刺時長看似正確──我必須承認，這並不是一個有意識的決定，我們只是剛好做了這個決定，而沒有討論過這樣做好不好。後來我才發現固定衝刺時長的好處：

- **規律的節奏對團隊有好處**。當衝刺時長不同時，團隊成員往往對時程有點不確定。「這是最後一周嗎？」和「我們是在本週四還是下週四交付？」是很常碰到的問題。有一個規律的節奏（從一週到四週），有助於團隊進入最適合他們的工作節奏。

- **衝刺規劃變得更容易**。當團隊堅持一個固定的衝刺時長時，衝刺規劃和發布規劃都會被簡化。衝刺規劃會更容易，因為通常在兩到五個衝刺的過程中，團隊會了解到一個衝刺可以計畫多少個小時的工作。

- **發布規劃變得更容易**。我們將在下一章看到，Scrum 團隊根據經驗制定發布計畫（只要有可能）。他們估計專案中要完成的工作量，然後測量每個衝刺的完成量。如果衝刺時長不固定，衡量一個團隊的速度就會變得更加困難：不能保證一個四周的衝刺會完成兩週衝刺的兩倍工作量。將速度標準化為「每週速度」雖然有效，但當衝刺長度保持一致時，就沒有這個必要了。

- **這是費曼會做的事。** 獲得諾貝爾獎的物理學家費曼（Richard Feynman）講述了這樣一個故事：他厭倦了每天晚上必須選擇要吃什麼甜點。從那時起，他下定決心永遠選擇巧克力冰淇淋（1997, 235）。在每次衝刺開始時選擇一個衝刺時長是在浪費精力；可以先實驗幾個不同的長度，然後做決定、堅持下去，直到有重要的理由去更改。

我強調衝刺時長應該保持一致，並不是在建議你執著於此。在一週中，選擇一個在對你們來說合適的日子作為衝刺的開始日。我傾向於在星期五開始衝刺，這樣我們可以在當天集中進行衝刺審查會議、回顧會議和規劃會議。將這些會議安排在週一，只會讓我們的週一症候群更嚴重。

但在某些情況下，最好能稍微避開星期五。假期可能是一個常見的原因，像是在美國，在感恩節和聖誕節通常會額外多請一點假，一個經常進行兩週衝刺的團隊可能會發現，在剛好碰到這些假期的衝刺，實際的工作天數只有原來的一半。在這種情況下，三週衝刺可能對團隊有好處，因為這會更接近平常的工作天數。

> 「有的時候，改變衝刺長度是有道理的。我不希望僵硬的規則阻止我們進行調整。」 **反對意見**

確實。沒有任何像這樣的指導原則需要變成一個不可動搖的規則。假設我們正在進行兩週的衝刺，在一個大型貿易展之前還有三週的時間，我們想在那裡展示我們的產品。我們可以非常合理地進行一次為期三週的衝刺，或者在通常的兩週衝刺之後再進行一週衝刺。如果只是因為衝刺結束的日期與貿易展期對不上，而錯失了在產品中增加功能的機會，這樣就顯得太過於死板了。

絕對不要延長衝刺

在執行衝刺的過程中，你可能會犯的第二個錯誤是：不去嚴格遵循時間框架（timebox）。無論如何，衝刺都要按時完成。不要到了規劃的完成日期時，決定還需要增加幾天時間來完成工作。

但在一個長達一年的大專案中,把第一個衝刺的最後期限延長幾天真的會有影響嗎?是的,絕對有影響的。如果團隊成員決定延長第一個衝刺的時長,他們就會認知到「錯過最後期限是可以的」。但實際上,錯過最後期限是不行的,即便是專案早期的最後期限似乎錯過了也影響不大,還是不能這麼做。

嚴格遵守衝刺的時間框架,有助於強化持續推進專案的理念。每隔幾週,團隊就必須交付一些新的潛在可交付的產品增量,如果允許時間框架有更動(例如「這次讓我們跑一個六週的衝刺,因為我們正在研究架構的設計」)或偶爾延長(「我們只需要再多三天」),這個重要的紀律就會喪失。

嚴格執行衝刺的截止日期,意味著團隊偶爾需要放棄他們原本計畫在衝刺期間完成的工作,希望這種不理想但現實的情況,可以透過偶爾在衝刺內增加工作來彌補。正如我們將在第 15 章討論的,只要工作按照優先順序完成,放棄部分工作並不會是世界末日。

一旦有任何跡象顯示不是所有規劃好的工作都能如期完成,產品負責人就會與團隊其他成員開會討論該怎麼做。希望這種會議能在衝刺初期舉行,以便產品負責人能對哪些工作應該完成、哪些工作應該放棄做出抉擇。如果團隊在 20 天衝刺的第 18 天才發現問題,那麼產品負責人對於應該放棄什麼就沒有什麼選擇的餘地了,只能放棄尚未完成的功能。

反對意見

「我們需要靈活應對客戶或顧客的壓力。」

對漏洞報告或功能請求保持高回應是許多組織設定的目標。這通常是一個很好的目標,但重要的是理解真正的目標是整體的快速回應,而不是針對某一個特定請求反應(更要去理解的是,有時這一個特定的需求是來自佔你八成業務的客戶)。事實上,對大多數客戶來說,比偶爾快速修復更重要的是,我們能夠如期完成修復的承諾。嚴格遵循時間框架,有助於提升我們對工作安排的這種可預測性:我們知道接下來衝刺的日期,因此問題只是我們要在哪次衝刺中處理該請求。

- 如果你的衝刺時長一直持續變動，那麼選擇一個看起來最合適的長度，並承諾在未來兩個月內堅持不變動。到那時再評估你是否應該改變。
- 如果你一直在進行四週或每月一次的衝刺，試著進行兩週的衝刺。一開始可能會覺得太快，所以在決定是否要永久改變之前，先承諾跑個三次。
- 打破我反對在不同衝刺長度之間搖擺不定的原則，跑兩次一週的衝刺。運動員在進行馬拉松訓練時，會搭配一些速度訓練，在此期間，他們會比預定的馬拉松配速跑得更快。偶爾比正常速度快一些有助於提高長期可持續速度。在回顧會議時，討論一週的衝刺進行得如何，看看是否有值得借鑑的地方可以應用到恢復正常時長的衝刺中。

現在試一試

不要改變目標

我早期曾在一家大型顧問公司的訴訟諮詢部門擔任程式設計師，在那個領域工作的一項挑戰就是：變化是不可避免的。我們的老闆——也就是負責案件的律師——會讓我們開始一個需要幾週時間的專案。但通常在專案進行到一半時，他們會跑到我們的辦公室內大喊：「先停下手邊的工作！對方要求這樣…現在你必須…」然後他們會指派我們做一個新的專案，我們需要完成新專案，才能回去處理原來的專案。

由於有這樣的經歷，Scrum 最初吸引我的地方就是它強調衝刺目標不應改變。Scrum 對變化採取了雙管齊下的方法，在衝刺過程中不允許有任何改變。團隊在第一天就承諾了要完成一系列的工作，期待優先順序在整個衝刺期間保持不變。然而，儘管不允許在衝刺中有任何改變，但外部世界可能會發生變化。

Scrum 反對在衝刺中期進行改變的立場，看似不利於專案的成功，畢竟有時變更是如此重要，必須立即完成；而其他時候，新的資訊可能會使團隊目前正在進行的工作變得毫無價值。然而，我仍建議遵循 Scrum 堅持不在衝刺中改變的強硬立場，至少在剛開始運作時。

要理解其背後原因，讓我們來探究兩個中途變更都看似合理的例子。首先，產品負責人發現了一個重要的新需求，表示需要完成這個需求而不是團隊目前正在進行的工作。有時這種情況確實會發生，當它發生時，我建議讓衝刺目標的改變更加明顯。Scrum 的做法是讓團隊宣布衝刺非正常終止（abnormal termination），然後立即規劃一個新的衝刺，以便納入這個新發現、極為重要的功能。提高衝刺目標變更的可見度至關重要，因為這樣能讓變更的發生機率降低。在太多的組織中，唯一能看到團隊不斷調整方向的是團隊成員自己。Scrum 不允許衝刺中發生變化，但願意非正常終止衝刺並開始新的衝刺，能夠讓變化的成本和頻率更明顯可見，這樣的做法將減少在衝刺中期向團隊提出變化的情況發生，只有最重要的變化才有正常理由異常終止。

那麼，如果獲得的新資訊使衝刺中規劃好的工作變得不那麼理想了呢？如同前面的例子，沒錯，團隊有時會發現某些資訊，而應該要停止衝刺某部分工作。例如，當前衝刺的目標可能是增加一個特定的功能，以爭取一個大客戶的訂單。在衝刺進行到一半時，客戶卻告訴你他的公司凍結了預算，即使你的產品有這新功能也無法購買，或者他的公司被收購了，被迫使用你競爭對手的產品，或者任何類似的情況。在這些情況下，停止這項功能的工作是絕對合理的，取決於其他客戶是否對該功能感興趣及開發的進度。然而，這樣的情況遠比大多數剛接觸 Scrum 的人想像中還要少。

另一種更常見的情況是 Janis 所處的情境。她擔任一個生物資訊學應用程式的產品負責人，和團隊一起設計了一個非常複雜的資料搜尋介面。它並不完美，但沒有人有更好的想法，而且大家普遍認為這個設計是可以接受的。在下一次衝刺規劃會議上，團隊一致同意按這個原型來開發。

在兩週衝刺的前半段，工作進展順利。在第七天的早上，Janis 宣布她在前一天晚上靈感爆發，向開發人員展示了她畫的一個更好的介面。這與團隊七天來的工作完全不同，但不可否認的是它明顯更好，每個人都認同。此時，Janis 和團隊成員有一個決策要做：

- 取消當前的衝刺，開始一個新的衝刺，專注於大家都認同的更好的搜尋介面。
- 繼續進行七天前大家認為已經夠好的介面。

有些人可能會認為這是一個簡單的決定：新的介面無疑是更好的，所以開發人員應該花時間在上面。然而，Scrum 幫助他們以不同的方式來問這個問題：交付的產品是要用原本已經夠好的搜尋畫面，並加上這七天額外完成的其他功能，還是只交付更好的搜尋畫面？雖然最後決定權在 Janis 手上，但整個團隊都參與了討論。團隊共同決定完成夠好的搜尋畫面。九個月後，改進的搜尋畫面被添加到後續的版本中。

> 「我們的業務性質常會遇到突發狀況，開發人員也得要隨時應變。」 **反對意見**

真正「突發事件頻繁」的組織就像一個醫院的急診室，變化不斷湧現，重點是如何像急診室一樣對這些事件進行「分流」，確定哪些應該優先處理，以確保我們永遠把資源花在最重要的事項上。很少有組織所處的產業變化快到無法在兩週衝刺開始時就確定優先事項，並在衝刺期間維持不變。許多組織可能認為他們在這種環境中，但實際上並不是。通常，問題在於需要養成提前思考的習慣，如果你的組織的確需要應對突然且近乎持續的變化——類似於本節開頭提到的支援訴訟案例——那麼你可以考慮採用更短的衝刺來應對這種需求。

打破老是改變團隊方向的習慣

由於多年來組織總是隨意調整團隊的方向，久而久之對這種做法已經上癮。很多時候，團隊被突發情況打斷並不是因為產品負責人發現了客戶有個突如其來的關鍵需求或其他有意義的突發事件中斷，而是因為產品負責人或其他利害關係人沒有提前考慮與規劃，他們已經習慣了這種不斷調整的工作方式，沒有意識到它對開發團隊帶來的負面影響。

我在一家提供 B2B（企業對企業）服務的公司注意到了這一點。它的大部分業務是透過合作夥伴的關係產生的。增加一個新的合作夥伴需要開發團隊花費 5-10 個小時的工作，團隊已經把這項工作看作是不可規劃的，因為它不知道銷售人員在兩週的衝刺期間需要增加多少個合作夥伴。

我意識到這情況在削弱團隊的工作效率，因此與銷售人員進行了溝通。我告訴他，從那時起，團隊將只增加在衝刺開始前已簽署合約的合作夥伴。沒想到他說這不成問題，讓我感到十分驚訝。他告訴我，對合作夥伴來說，公司每兩週更新一次網站是一大賣點。潛在的合作夥伴會明白，現在合作夥伴的啟動將與更新綁在一起，如果他們想在某個特定的日期前順利上線，他們需要在該衝刺開始前簽好合約。這位銷售人員完全可以配合對團隊更有利的工作方式，他之前沒有這樣做，只是因為沒有人問過他或讓他看到當前工作方式的成本。

晚點會鬆開的強硬底線

我通常會建議 Scrum 團隊在開始時採取堅定的立場，反對中途變更。這並不是因為我反對重新調整團隊方向，也不是因為我想一味地遵守 Scrum 的原則，而是因為我想幫助團隊外的人了解到，重新安排團隊的方向是有成本的。當然，有時在衝刺進行到一半調整團隊的方向是必要的，但很多時候，團隊被重新定向只是因為這件事很容易做到，外加有人沒有提前考慮。當我看到組織不再認為每一個新的請求都是值得中途改變的緊急情況時，我就會鬆開這種反對改變的強硬立場。

反對意見

「反應迅速是我們成功的原因，使用者也期望我們這樣做。」

的確，許多組織藉由對使用者或客戶的要求做出迅速的回應，成功與他們建立了良好關係。然而，這些組織多半也發現了，自己被需要不斷做出迅速反應所拖累。根據我的經驗，客戶真正想要的是可預測性。大多數人都明白，非關鍵性的錯誤不可能立即修復，因此他們也能接受這樣的回應：「這絕對是一個重要的問題，我們想盡快解決它。我們每兩週就會發布一次系統修復。現在把這個問題安排在周五的發布中已經太晚了，但你會在兩週後發布的版本中看到這個問題被解決。」因為他們過去沒有從軟體開發組織那裡得到這種程度的可預測性，所以他們才學會了最好的辦法是現在就吵著要修復所有問題。

> 「Scrum 關注靈活性；如果在衝刺過程中出現了變更，我們應該能夠應對。」

反對意見

Scrum 也強調在較長的時間內使團隊交付的價值最大化。其中一個好方法，是讓團隊在轉向新目標前，保持在同一個目標上。提高組織應對戰略變化的靈活度，不同於對短期變化過度反應，後者往往會導致令人失望的長期結果。

獲取回饋、學習和適應

每個衝刺都可以被看作是一個實驗。產品負責人和團隊在衝刺開始時聚在一起，確定他們可以執行的最有價值實驗。實驗涉及到建立一定量的新功能並交付可運行軟體，這些新的產品增量要達到可能可交付的標準，這樣就可以最大限度地獲得對實驗的回饋。在衝刺結束時，對實驗進行評估，讓整個團隊從中學習。

大部分的學習將是與產品有關的：使用者喜歡什麼？不喜歡什麼？什麼令他們困惑？他們接下來想要什麼功能？新的功能幫助他們想到了哪些以前沒有想到的功能？但是，學習一部分是關於團隊對 Scrum 的使用：我們在一個衝刺中能完成多少工作？什麼會阻礙我們？什麼可以幫助我們進展得更快？我們是否在每個衝刺中都交付「完成」的軟體？

如果 Scrum 不迭代，那麼大部分的學習都變得毫無意義。藉由衝刺，產品負責人、團隊和 ScrumMaster 能夠重新審視部分滿意但可運作的功能實驗，並對其進行改善。例如在資料搜尋介面上增加了額外的欄位；根據回饋將使用者介面從「可以接受」改進到「非常棒」；根據收集的資料對系統中最重要的效能進行優化；根據對三個月內能完成多少工作有更深入的理解來更新計畫，並重新安排優先順序。

迭代和增量開發的核心是產生回饋、從中學習，並隨之調整正在開發的產品功能及開發方式。衝刺為團隊提供了這樣的一個機制。

延伸閱讀

Appelo, Jurgen. 2008.We increment to adapt, we iterate to improve. *Methods & Tools*, Summer, 9–22.

Appelo 的文章對迭代開發和增量開發提供了出色的描述，並闡述了每種方法如何為敏捷開發帶來重要而不同的貢獻。

Cockburn, Alistair. 2008. Using both incremental and iterative development. *Crosstalk*, May, 27–30.

這篇文章為增量和迭代開發提供了很好的定義，並論證了為什麼它們應該一起使用。

Larman, Craig, andVictor R. Basili. 2003. Iterative and incremental development:A briEFhistory. *IEEE Computer*, June, 47–56.

對迭代開發和增量開發的調查，追溯其起源至 1950 年代，並證明增量和迭代開發並非一時的潮流。

Sy, Desirée. 2007. Adapting usability investigations for agile user-centered design. *Journal of Usability Studies* 2 (3): 112–132.

這是目前對於如何將使用者體驗設計融入敏捷流程的最佳描述。

Chapter 15
規劃

「我們是敏捷的，所以我們不需要計畫」以及「我們什麼時候弄好，就什麼時候算完成」這類說法，在敏捷宣言發表後的初期幾年中非常常見。我猜想，許多採取這種態度的早期敏捷團隊成員其實明白，當他們拋棄計畫時，同時也放棄了一些有價值的東西。然而，這種行為是他們對過去工作文化的一種自然反應。在以前的工作環境中，許多開發人員討厭規劃，因為規劃對他們個人從未帶來任何好處，反而經常被當作攻擊開發人員的武器：「你說過六月完成，現在已經是六月了，說到要做到。」

儘管有些組織把計畫當作武器是不恰當的，但完全捨棄它也同樣不恰當。身為擔任過幾家公司工程副總裁的人，我知道敏捷開發是成功的核心，我也知道 Scrum 團隊可以做規劃而且應該要規劃。事實上，不僅敏捷和 Scrum 團隊可以規劃，根據 Kjetil Moløkken-Østvold 和 Magne Jørgensen 的研究，敏捷團隊的計畫往往比採用順序流程的團隊更準確（2005）。

規劃是 Scrum 的基本要素。Scrum 團隊承諾始終專注於開發具有最高價值的功能。為了實現這一點，團隊和產品負責人必須估算出開發一個功能所需

的成本，否則他們只能基於需求來進行優先順序排列。同樣，估算一個功能開發所需的時間也很重要——如果錯過了關鍵的市場時機，功能的價值將大大降低。顯然，為了實現按照優先順序工作的承諾，規劃必須是 Scrum 團隊的一項基本實踐。

在本章中，我們將超越基礎內容，探討許多組織在採用 Scrum 後仍然面臨的規劃挑戰。我們首先探討逐步完善計畫的必要性，而不是一開始就制定鉅細靡遺的計畫。接著，我們將分析為何加班不是解決時程問題的辦法。之後，我將論證為什麼組織應學會優先改變範疇而不是改變時程、資源或品質這些關鍵的項目規劃參數。最後，本章將以建議作為結尾，指導如何將團隊的估算與團隊的承諾分開看待。

逐步完善計畫

在第 13 章「產品待辦清單」中，我們了解到，產品待辦清單應該逐步完善。那些需要在未來某個時候添加的功能，起初會以「史詩」（epic）的形式放入產品待辦清單，之後再細分為更小的使用者故事。最終，這些故事將被細化到無需進一步拆分的程度，並在最後一次完善時添加「滿足條件」，這些條件描述了高層次的測試標準，用於判斷該故事是否完成。

一個好的 Scrum 團隊會採取類似的方法進行規劃。就像「史詩」用來描述功能的核心概念、但不涉及細節一樣，早期的計畫也是先勾勒未來要交付的整體方向，而具體細節則留到後面再逐步補上。隨後的計畫會根據專案中獲得的新知識逐步添加必要的細節。初始計畫中省略細節，並不意味著我們不能對專案完成時的內容做出承諾；我們仍然可以做出承諾，但這些承諾必須留有餘地，以應對專案中的不確定性。

來看一下這個例子：一個團隊正在開發一個製作族譜的新網站。這個團隊有一個明確的六個月期限，並且需要清楚地說明屆時將交付的內容。對於最重要的功能（產品待辦清單中的高優先等級項目），團隊可以提供大量細節。如果「手動繪製族譜樹」是高優先等級項目，那麼初始計畫將包括該功能的大量細

節。產品待辦清單可能會提到一個網格布局、將項目對齊到網格、顯示尺標、手動插入分頁等。

而對於產品待辦清單中優先等級較低的功能，細節則會較少。例如，我們可能會寫道：「身為使用者，我希望能上傳照片，這樣我就可以將照片附加到族譜樹的某個人。」這樣的描述給了團隊和產品負責人在後續決策中的彈性，例如，即使最初期望能支援七到八種圖片格式，但最終只支援 JPG 和 GIF 格式的圖片。

> 「我們負責外包與合約開發。我們的客戶希望在簽合約之前能確定需要哪些格式。我無法忽略這樣的細節。」

反對意見

雖然推遲實作細節的決策可以讓團隊在尋找最佳解決方案時擁有更大彈性，但並不是所有功能描述都需要逐步完善。如果圖像的格式對你的客戶至關重要，那麼你是對的，這些細節應該在產品待辦清單和合約附帶的計畫中詳細列出。而對於其他不那麼重要的功能，可以等它們升至產品待辦清單的高優先等級時再進行細化。

逐步完善一個計畫有很多好處，其中主要有以下幾點：

- **最小化時間投入**。規劃是必要的，但它可能會耗費大量時間。我們應該將估算和規劃的時間視為一種投資，只在努力能帶來回報的範圍內進行規劃。如果我們在專案開始時就制定了一個詳細的計畫，那麼這個計畫會建築在許多假設之上，隨著專案的進展，我們會發現其中一些假設是錯誤的，從而使得以這些假設為基礎的計畫失效。
- **能夠在最佳時間做出決策**。逐步完善計畫能幫助團隊避免在專案一開始就做出過多決策。專案參與者每天都會對專案了解更多一點，如果一項決策不需要今天立刻做出、且可以安全地推遲到明天的話，那麼我們應該推遲到大家都更了解之後再做決策。
- **允許我們調整方向**。我們唯一可以肯定的是，事情會改變。制定足夠的計畫以確保方向大致正確，但不包括所有細節，這樣可以讓團隊在學

到更多後靈活調整方向。注意，我特意避免使用「修正方向」（correct course）一詞，因為我們是無法預先知道「正確方向」的。

- **避免落入相信計畫的陷阱**。無論再怎麼理解意外可能發生、再怎麼理解沒有一個計畫能免於變化，一個詳細且文件齊全的計畫仍可能讓我們誤以為一切已考慮周全。逐步完善計畫能強化這樣的觀念：即使是最好的計畫，也仍然會隨著情況改變而調整。

現在試一試

- ❏ 審查當前的發布計畫。找出計畫中過於精確或詳細的部分。
- ❏ 列出你的組織會制定過於精確計畫的原因。是否有特定的個人或團體要求這樣的計畫？他們是否能被説服從較少的細節開始？如果可以，與他們接觸並説明這樣做的理由。

不要指望用加班來挽救計畫

很久以前，當我剛開始管理軟體開發人員時，我以為這是世界上最簡單的工作。根據我的經驗，身為一名程式設計師，我們經常低估完成工作的所需時間。我原以為當經理所需要做的只是要求每個人自己估算時間，然後給他們施加壓力去達成那些估算。因為估計值通常偏低，因此我推斷完成工作的時間會比我為團隊制定的時間還要更早。

在最初的幾個月，這種方法效果很好。1980 年代的非 Scrum 團隊，時程表上許多早期任務的交付標準都很模糊：分析工作是我們說完成時就算完成；設計工作在設計截止日期做完就算完成。最早幾個功能的程式設計能按時間表完成，因為我動員幾個團隊成員加班來趕上截止日期——畢竟是他們給出了那些估算，不是我。加班並不過分：這週多工作幾個小時，下週六可能加班半天。但這樣子過了幾個月後，我注意到加班時間變多卻沒能帶來多大幫助。之前在緊急時省略的細節，如今卻成了問題。不但如此，我們還發現了或製造了更多的漏洞。

我當時的解決方案是什麼？加更多的班。

不，這並不奏效。在接下來的幾個專案中，我重複了這個循環，它也同樣起不了作用。但我最終總算明白了，團隊不能無限地施壓，一旦超過某個臨界點後，一週工作多幾個小時反而會讓團隊倒退而不是前進。

在早期的極限程式設計中，這稱為「每週工作 40 小時」（forty-hour workweek），以美國一般的每日八小時工作制作為基準。然而，很快這原則被重新命名為「可持續的節奏」（sustainable pace），以反映許多國家的標準與 40 小時不同，並且有時每週工作超過 40 小時是可以接受的。看看任何一場馬拉松，每個跑者似乎都以自己能持續的節奏在跑，畢竟他們需要跑完全程 26.2 英里（約 42 公里）。然而，若仔細觀察，你會發現他們的速度並非從頭到尾完全一致。每個跑者在上坡時稍微努力一些，在下坡時可能會放慢步伐以恢復體能。在終點線，絕大多數人會加速衝刺，以一個無法長時間維持的速度超過終點線。

對於一個 Scrum 團隊來說，可持續的節奏應該有相同的含義：大多數時間，團隊以穩定的節奏運行，但偶爾成員需要加速，比如接近終點時或解決一個使用者回饋的關鍵缺陷時。偶爾加班並不違背「可持續的節奏」這個目標，《Extreme Programming Explained》的作者 Kent Beck 和 Cynthia Andres 對此表示贊同。

> 加班是專案中嚴重問題的徵兆。XP 的規則很簡單——你不能連續兩週加班。一週加班可以，努力拼一下，投入一些額外的時間。但如果你週一進公司說「為了達到目標，我們這週還得加班」，那麼你已經有了一個無法透過增加工時來解決的問題（2004, 60）。

付出代價的學習

Clinton Keith 擔任 High Moon Studios（3A 遊戲開發商）的 CTO 時，他經歷了慘痛的教訓，學到要認真看待不能加班超過一週。電子遊戲產業是少數仍有具指標性年度展覽的行業之一，該展覽會稱為「電子娛樂展」（Electronic Entertainment Expo，簡稱 E3）。在 E3 展上，會展示一些即將推出的重要遊戲作品，工作室與發行商之間會達成交易。在這個最大型的年度電子遊戲展之

前，團隊自然而然地會加班，團隊成員不僅希望自己的遊戲能在媒體和潛在商業夥伴面前表現出色，也希望能讓展會上的其他公司與同好刮目相看。

多年來，Keith 一直鼓勵他的團隊在 E3 前的幾個月加班。但如今，隨著他和 High Moon Studios 開始採用 Scrum，團隊已經以穩定且可持續的節奏工作。然而，舊習難改，在展會前幾週，Keith 強制他的團隊加班。如 Kent Beck 所預測的，加班第一週的工作速度（velocity）確實有所提高，如圖 15.1 所示。然而到了加班第二週，雖然速度仍然比不加班時高，但已低於第一週的水準。到了加班第三週，速度幾乎與未加班的速度持平。加班第四週，速度實際上低於團隊在可持續節奏下的表現（Keith 2006）。

圖 15.1
High Moon Studio 發現，隨後幾週的加班實際上減慢了速度。圖片經敏捷遊戲開發商 Clinton Keith 授權。

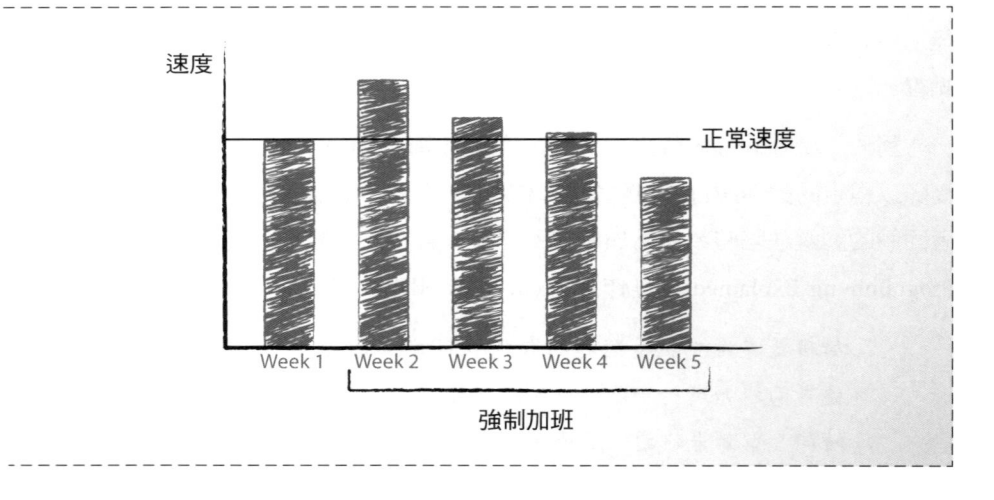

儘管積習難改，但當管理者經歷類似的情況，並從他的團隊中看到了長時間的加班適得其反，這個教訓最終會深刻地印在心中。

如何實現可持續的節奏

支持可持續工作節奏的論點認為，團隊以這種方式工作的效率，高於在不可持續節奏和恢復期之間循環的效率，如圖 15.2 所示，這可以直觀地表達出來。以可持續節奏工作的團隊，在每個時間段完成的工作量相同；而以不可持續節奏工作的團隊，在某些時段內完成的工作量超過了這個水準，但在其他時段，團

隊因為還處在恢復過度工作的狀態而完成的工作量更少。在圖 15.2 中，問題的關鍵在於：可持續節奏曲線下的面積（代表該團隊完成的總工作量）是否大於不可持續節奏曲線下的面積。換一種方式來理解這個問題：如果你有五公里要跑，是以穩定的節奏跑得更快，還是交替進行全力衝刺和步行更快？

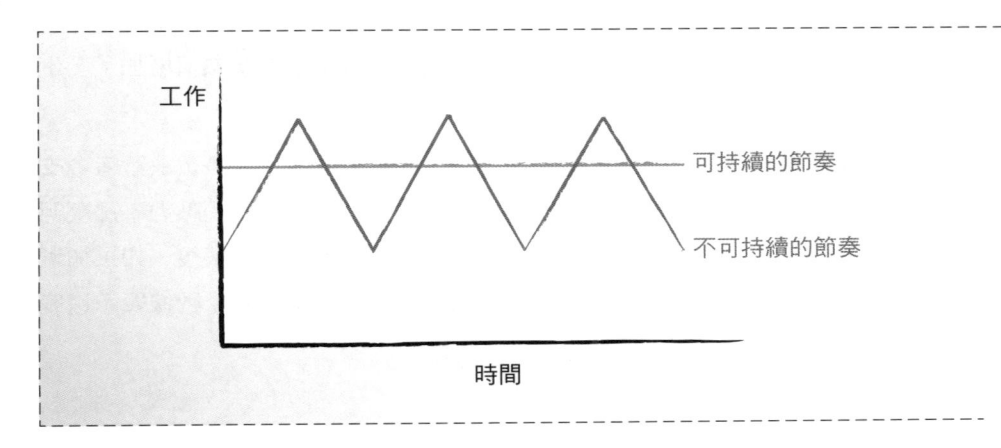

圖 15.2
完成的工作量由每條線下的面積來表示。

想要用「以可持續的節奏工作是最具生產力」這種理性論點，不大可能說服質疑者，難不成你真的相信一隻以可持續節奏行進的烏龜能擊敗一隻採用「衝刺 - 休息」策略的兔子嗎？我知道伊索寓言應該強調深刻的真理，但我非得親眼看到才會相信。可持續節奏的真理也是如此，大多數組織需要收集自己的資料，才會相信加班無法解決長期的排程問題。一旦你看到自己團隊的資料（就像 Clinton Keith 在圖 15.1 中所做的），你就會清楚地認識到，長時間加班並不能提升生產力。

然而，讓人們嘗試以可持續的節奏工作，以便收集這些數據，並非易事。我發現用以下幾個論點來說服頗為有效：

- **以可持續節奏工作可以保留額外的能力來應對未來的需求**。如果一個團隊一直處於全速運行的狀態，真正需要額外努力的時候，將無力應付。
- **留出更多時間進行創造性思考**。真正的生產力不僅來自於工作時間更長，還來自於偶爾想到的開創性解決方案，這些方案可顯著縮短進度或大幅提升產品品質。以可持續節奏工作的團隊，更有可能擁有足夠的精神能量來提出這些想法。

- **別再說我們的大腦每天工作六小時後就會耗盡。**團隊不要再跟管理層說，大腦在六小時的高強度思考後就耗盡了，繼續工作是不可能的；許多高層主管每天工作 12 小時或更長時間。或許這種工作對腦力的要求較低，但開發人員若向這些高層主管聲稱一天寫程式超過六小時是不可能的，這種說法不會起作用。此外，有多少白天用這個理由拒絕加班的開發人員，晚上回家卻為了興趣投入到開源專案中呢？熱情增加了，生產力也會跟著提高。
- **值得一試。**如果一個實驗能產生有用且客觀的數據，大多數決策者會支持這個實驗，只要選擇合適的時機。在專案初期，當時間壓力不那麼明顯時，開始收集團隊以可持續節奏工作時的速度數據。稍後，如果加班是強制要求，不要直接反對加班，試著達成共識：只有當數據顯示速度提高時，才會繼續加班幾週。

如果不加班，怎麼辦？

延長工時加班是一種常見的做法，因為它便宜、簡單，而且偶爾有效。只需要一位管理者說一句「我希望你周六來加班」，直接成本不過是偶爾買披薩。如果我們希望建立一種文化來消除這種看似免費又很吸引人的工具——加班——我們需要提供替代方案。

來自 Energy Project 的 Tony Schwartz 和 CatherineMcCarthy 認為，他們已找到解決方案。他們指出，時間是一種有限資源——我們無法為一天增加更多的時間。而能量則不同，他們說：我們可以增加能量。這是我們憑直覺就明白的事。有些日子，我們精神飽滿地到辦公室，表現超乎尋常；而有些日子，我們除了盯著時鐘幾乎什麼都沒做。如果我們能為團隊增加能量，那麼精神飽滿的日子就會更多，無所事事的日子就會更少（2007）。

增加能量的最佳方法之一是提升熱情。對專案越有熱情，每天全神貫注投入的可能性就越高。在這方面，產品負責人會是關鍵，因為產品負責人需要為正在開發的產品傳達一個令人信服的願景，讓團隊成員對參與工作充滿熱情。

另見

關於如何傳達這種令人信服的願景，請參閱第 12 章「帶領自組織團隊」中「為系統注入活力」一節的建議。

另一個由 Tony Schwartz 和 Catherine McCarthy 推薦的好方法是定期短暫休息（2007）。一次 20 分鐘的戶外散步或與同事的快速交談，可以恢復對主要任務的專注力和能量。以我個人為例，我用 30 分鐘的衝刺來撰寫這本書，在每次寫作衝刺開始時，我會隔絕所有會分心的事物，例如電子郵件和手機，然後翻轉一個為時 30 分鐘的沙漏。每過半小時，如果寫作進展順利，我會立即將計時器翻回來繼續；或是我會給自己五到十分鐘的時間檢查電子郵件、回電話或只是看看窗外。

FrancescoCirillo 長期提倡一種類似的方法，稱為「番茄鐘」，這個詞源自義大利語「pomodoro」，意思是番茄。在 Cirillo 的番茄鐘方法中，團隊成員以 30 分鐘為一個工作單位，每個單位開始時，將一個番茄形狀的廚房計時器設定為 25 分鐘。在此期間，團隊專注工作，不受電子郵件、電話等干擾；當計時器響起時，大家休息五分鐘。在這五分鐘內，他們可以走動、伸展、分享故事等，但不鼓勵談論工作或檢查電子郵件。每四個番茄鐘，Cirillo 建議要有一次較長的休息時間——15 到 30 分鐘（2007）。

Cirillo 建議每天進行兩次較長的心理休息，這與人類的「超日節律」（ultradian rhythm）相符。這是一種每 90 至 120 分鐘的週期，身體在高能量和低能量狀態間切換。心理學家 Ernest Rossi 認為：「基本觀念是每隔一個半小時左右，你需要休息一下——如果不休息⋯你會感到疲憊，失去心理專注力，更容易犯錯、煩躁，甚至發生意外（2002）。」

> ☐ 承諾在接下來的兩到三次衝刺中不安排任何加班。完成後，評估完成的工作量、工作品質，以及衝刺期間團隊成員的創造力和精神狀況。
> ☐ 考慮嘗試 Cirillo 的番茄鐘或不那麼嚴格的變通做法。專注工作 30 或 60 分鐘，期間不受打擾，然後休息五或十分鐘，看看窗外、在公司周圍走走或與同事交談。

現在試一試

優先調整範疇

國際專案管理學會（PMI）早就提出了如圖 15.3 所示的「鐵三角」（iron triangle），鐵三角用來展示範疇（scope）、成本（資源 resource）和時程（schedule）之間的相互依賴關係。專案經理經常在繪製這個三角形後對客戶說：「三選二。」意思是，只要三個維度中的某一個保持彈性，他就能滿足客戶在另外兩個維度上的期望。

圖 15.3

圖 15.3 中的鐵三角展示了範疇、資源和時程之間的關係。

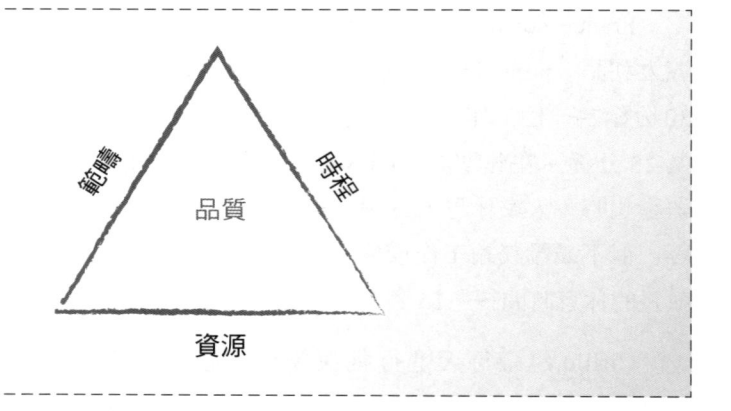

鐵三角的中心標示了「品質」（quality），因為品質通常被視為不可妥協的元素，就像那些逮捕了 Al Capone 的聯邦警探一樣具有不可侵犯的地位。然而，現實中情況很少如此，因此，品質經常被視為鐵三角的第四邊。

在轉型 Scrum 的過程中，關鍵的專案利害關係人、開發人員和產品負責人需要學會將調整範疇作為首選策略。相較之下，比起鎖定專案範疇，鎖定時程、資源和品質會容易得多。但並不代表我們不能遇爾固定範疇，讓進度或資源可以進行調整。然而，我們應該更傾向根據可用的資源和時程來調整範疇。

考慮替代方案

為了解釋為什麼應該優先調整範疇而不是其他選項，假設我們是參與一個為期 12 個月的專案團隊，現在已經完成第九個月。此時，所有人都意識到，現有團隊無法在預定時間內完成全部範疇。我們有哪些選擇？

降低品質？

或許我們應該削減一些品質要求——略過部分測試，或者忽略一些已知的缺陷。儘管降低品質很少被明確提出，但它往往是專案落後時的首選策略。如果我們降低品質，例如修改對缺陷的定義（決定哪些缺陷在交付前必須修復）或跳過壓力測試，在這種情境下，我們或許可以在剩下的三個月內完成專案。然而，問題在於，降低品質是一種短視的做法。一旦做出這些決策，到了下一次發布時，團隊將為此付出代價。屆時，團隊可能會面臨類似的截止日期壓力，但還需處理上次為滿足截止日期而產生的技術債。

Scrum 團隊已經學到一個教訓：保持系統在開發過程中的高品質，是實現快速開發的最佳方式。早在 1979 年，Philip Crosby 就提出「品質是免費的」，他認為「花錢的是那些不合格的事情——所有沒有一次做到位的行為」（1）。因此，如果我們為了在三個月內趕上進度，而在這段時間內犧牲品質，可能的結果是，由於系統中的重工和不穩定性，甚至在短期內我們的速度也會受到拖累。

降低品質的另一個問題是，如何決定削減多少品質以及削減哪些部分。很難預測降低品質的影響，但如果 Crosby 的觀點是正確的，試圖降低品質可能會導致時程延長。試想一下，你被要求將一個專案的截止日期從六個月提前到五個月，而且所有人（包括你）因為某種理由都同意降低品質是實現這目標的方法。那麼你需要降低多少品質來縮短一個月的時程呢？具體來說，你會選擇哪些項目進行較少的測試，又該減少到什麼程度？你會跳過哪些驗證步驟？這些問題的難度說明了，以降低品質作為縮短時程的手段充滿了不確定性。

增加資源？

那藉由增加資源來滿足原定的進度呢？許多人會認為，增加幾名（甚至幾十名）開發人員應該能壓縮進度。然而，事情並不那麼簡單。正如 Fred Brooks 在《人月神話》中所指出的：「向一個落後的軟體專案增加人力只會讓它更晚完成（1995, 25）。」在一個 12 個月的專案中，如果只剩下三個月，可能會因為花費時間培訓新成員、增加的溝通成本等，抵消新進開發人員在如此短時

間內的任何收益。如果我們在為期 12 個月的專案中，第一個月就意識到無法按計畫完成所有內容，此時增加人手可能更合理，因為新成員有更多時間做出貢獻。

然而，即使我們討論增加人員的相對優點以及何時為時過晚，有一點是無可爭辯的：增加人手的影響是不可預測的。正因為我們無法確定影響，增加資源是一個風險較高的選擇。

延長時程？

如果透過降低品質或增加資源都無法確保專案成功，那麼就只剩下調整範疇或時程了。我們先來考慮改變時程的選項。從開發團隊的角度來看，改變時程是一個理想的選擇。如果我們的專案無法在原計畫剩餘的三個月內完成，只需要重新估算還需要多少時間，然後宣布這個新的時程。除了重新估算完成日期的難度之外，調整進度表對開發人員來說風險很小。

然而，對於業務單位來說，調整日期可能非常困難。他們往往已經向客戶或投資者做出了承諾，包括準備廣告計畫（包括重金投入的超級盃廣告）可能已安排與發布日期同步推出；新的人員可能已被聘用來應對銷售或客服部門增加的需求；培訓課程也可能已經排定日期等等。儘管更改截止日期對開發團隊來說是一個容易執行的好選項，但並非總是可行的。不過，只要它是可行的選項時，我們就應該認真考慮這方法。

調整範疇？

最後，我們來看看更改發布範疇的選項。是的，「更改範疇」是一種委婉的說法，實際上就是「砍掉某些功能」。但，砍掉某些功能真的那麼糟糕嗎？我們最初規劃專案時，確定了一組功能並畫了一條界線說：「這就是我們要交付的內容。」假設我們把這條界線畫在第 100 個功能後，我相信產品負責人對團隊不願承諾交付產品待辦清單上的第 101 個項目會感到失望。實際上，這個功能甚至在專案開始之前就已被排除了。

因此，當我們發現只能完成產品待辦清單上的前 95 個項目，而不是最初計畫的 100 個項目時，產品負責人更有理由感到失望。然而，這並不是世界末日。至少，前提是團隊是按照優先順序工作的。如果被砍掉的五個項目是優先等級最低的五個，並且我們假設（通常應該這樣）團隊已在當前情況下盡其所能，那麼產品負責人仍然會在可用的時間和資源內，獲得最佳的產品。

砍掉功能是否令人失望？當然。如果我們能更準確地預測在目標日期之前能完成的工作量，會不會更好？當然。我們是否能期望這些預測結果完全準確？很遺憾的是，這並不現實。

所以，回到我們的例子：我們意識到在剩下的三個月裡無法完成所有的預定工作。在這種情況下，調整範疇是有效的應對措施嗎？對於開發團隊來說，絕對是。如果團隊無法完成所有預定完成的工作，那麼只需確定可能完成的內容，不再執行剩下的工作即可。如果團隊以敏捷方法運作——特別是確保系統在每次衝刺結束時達到潛在可交付的狀態——那麼調整範疇對團隊來說並不會構成挑戰。

對於企業來說，砍掉範疇絕對是件壞事。但還有什麼其他選擇呢？我們已經確定，為了趕上截止日期而降低品質不是一個好選擇，我們也已經確定，增加人手的效果是不可預測的，這使得業務只能在延長截止日期和砍掉範疇之間做選擇。由於更改截止日期可能帶來問題，因此減少範疇通常是更可能的選項，前提是功能已按照優先順序進行處理。

專案背景是關鍵

要在鐵三角的各元素間做出適當的取捨，完全取決於在專案背景下做出適當的決策。我並不是主張範疇應該總是第一個被刪減的部分，也絕不是在提倡可以輕易地削減範疇。我希望組織能學到的是：改變範疇往往比我們過去認為的更可行，而且通常是鐵三角中最適合調整的一面。

另見

有關估算功能的交付量和交付時間上的具體建議，請參閱下一節「將估算與承諾分開」。

另見

更多關於在每個衝刺結束時達到潛在可交付狀態的重要性，請參閱第 14 章「衝刺」。

反對意見

「這個產品就像一輛汽車；如果有引擎卻沒有剎車，汽車就毫無用處。我需要全部功能。」

確實如此：汽車上確實要有一些必要功能，我甚至同意，從 Fred Flintstone 時代以來，引擎和剎車一直是所有汽車的必要功能。然而，即便是汽車，也有許多功能不是必要的——天窗、空調、循跡感知器等。但要再次提醒，團隊應該按照優先順序工作，這意味著軟體中相當於引擎和剎車的重要功能應該優先完成，這樣，當我們意識到無法交付期望範疇內的全部功能時，要被砍掉的是那些「確實很好但並非真正必要」的功能。如果某個專案只能放棄真正必要的功能（例如引擎、剎車等）來趕上截止日期，那麼確實需要考慮其他替代方案，甚至包括取消專案。

「如果產品包含的功能比我們當初計畫的內容少，就不會有人買。」

這種情況其實與汽車的例子一樣。這裡真正的問題在於，計畫制定時沒有預留足夠的緩衝空間。我最常聽到這種反對意見的情況是，專案規劃過程只是建立了產品待辦清單、確定完成所有工作的最早可能日期，以及承諾客戶或使用者在這個日期交付產品。如果產品確實需要某些無法在承諾日期內交付的功能，那麼這就是一個需要延長日期的場合。在這種情況下，問題主要在於專案計畫本身的不當。

將估算與承諾分開

許多組織中一個根本且常見的問題是，將估算與承諾劃上等號。開發團隊（無論是否敏捷）估算出，利用現有資源交付所需功能集需要七個月，團隊將這個估算提交給主管，主管再將估算交給副總，副總再告知客戶。在某些情況下，這個估算會在過程中被削減，為了要給團隊設定一個「具有挑戰性的目標」。

這裡的問題並不是團隊估算的七個月是否正確，而是估算被轉化為了承諾。「我們估計這需要七個月完成」被解讀成「我們承諾在七個月內完成」。估算和承諾都很重要，但它們應該被視為兩項獨立的活動。

舉個例子：今晚我需要去接我的女兒下游泳課，我問她什麼時候能準備好（我們定義為游完泳、洗完澡，準備好回家）。她說：「我應該可以在 5:15 準備好。」這是她的估算。如果我要求她明確承諾——在這個時間準時出來，不然我就開車走人——她可能會承諾是 5:25，給自己一些緩衝時間，以應對可能的突發狀況，例如課程稍微延長、教練的手錶慢了五分鐘、淋浴間要排隊等。為了決定一個可以承諾的時間，我女兒仍然會先做一個估算，但她不會直接告訴我這個估算，而是會把它轉換為一個可以承諾的時間。

正確的數據基礎

一個好的組織能夠學會將估算與承諾分開。我們先做估算，然後根據我們對估算的信心，將其轉化為承諾。然而，如果缺乏一個好的估算作為起點，團隊的承諾將毫無意義。為了做出好的估算，產品負責人和團隊必須掌握正確的數據。最重要的是，他們需要知道兩個關鍵：

- 要完成的工作規模
- 團隊完成這些工作的預期進度

為了衡量產品待辦清單上使用者故事的大小，大多數團隊會使用故事點（story point）或理想天數（ideal day），正如《Agile Estimating and Planning》（Cohn 2005）中描述的那樣。完成產品待辦清單項目的速率稱為速度（velocity），簡單來說是每個衝刺中完成的產品待辦清單項目估算值的總和，大多數團隊採用「只有部分完成的項目不算」的原則。產品負責人利用這些數值，了解在不同日期可以交付多少功能。我們來看看產品負責人如何做出範疇 / 進度權衡的明智決策。

一個案例

考慮表 15.1，它顯示了我曾經合作過的一個團隊的實際速度數據。首先需要注意的是，速度是變動的——它可能在不同的衝刺之間大幅變動。這是因為不可能對產品待辦清單上的使用者故事進行完全準確的估算；有些故事的實際工作量會超過估算值，而有些則會低於估算值。同樣，團隊可能在某些衝刺中遇到

更多的干擾，而在其他衝刺中專注度更高。我把團隊的速度視為運動隊伍在一系列比賽中的得分數。我最喜歡的球隊是洛杉磯湖人隊，在最近九場籃球比賽中，他們的得分分別是 101、94、102、102、107、93、114、117、97。將這些得分的變動與表 15.1 中速度的變動進行比較。

表 15.1
一個團隊的速度在不同的衝刺階段會有所不同，正如這個團隊的數據所示。

衝刺次數	速度
1	34
2	41
3	27
4	45
5	35
6	38
7	40
8	39
9	40

由於團隊的速度在不同的衝刺期會變動（有時甚至波動很大），所以我不會過於依賴單一數值。我感興趣的是未來速度的可能範圍，或者採用統計學家的「信賴區間」（confidence interval）。舉個例子，全球暖化的估算顯示，2000 年到 2030 年之間，每十年的溫度增幅預計在 0.1°C 到 0.3°C 之間。到 2030 年，我們就可以回頭計算出一個精確的值，比如 0.21°C，但在展望未來時，我們使用的是一個範圍。科學家對這個估算進行了研究，並對實際值（在 2030 年算出來的值）落在 0.1°C 到 0.3°C 之間的可能性有 90% 的信心。

我希望對團隊的速度也有類似的了解。例如，我希望能說：「我們的團隊在剩餘的五次衝刺中，有 90% 機率速度會介於 18 到 26 之間。」幸運的是，為團隊的速度計算信賴區間並不困難。

盡可能收集過去衝刺的速度數據。至少需要五次衝刺的數據來計算 90% 的信賴區間。剔除你認為無法準確代表團隊未來表現的數據，例如，如果新人是

在八個衝刺前加入的，那麼我就只會考慮過去八次衝刺的數據。但是如果團隊規模在過去 13 次衝刺中一直在五到七人之間波動，並且預期未來仍將如此，我就會涵蓋 13 次衝刺的數據。善用你的判斷，但要避免因主觀偏見而刻意剔除有助於得出預測範圍的數據。

若你有過去的速度數據資料，請將它們從小到大進行排序。表 15.1 中的速度數據排序後為：

27, 34, 35, 38, 39, 40, 40, 41, 45

接下來，我們希望使用這些排序後的速度值，來找出我們有 90% 信心能涵蓋團隊未來可能速度的範圍。為此，我們將使用表 15.2，它顯示了在排序後的速度數據中，應使用哪兩個觀測點（data point）來確定 90% 的信賴區間。例如，在表 15.1 中，我們有九個觀測到的速度數據。查看表 15.2 的第一欄，我們看到接近 9 的兩個選項：8 和 11。向下取整並選擇 8。然後查看 8 對應的第二欄數值，我們找到數字 2。這意味著，我們使用排序列表中從底部數起的第二個數據點和從頂部數起第二個數據點來建立信賴區間。這些數值分別是 34 和 41。因此，我們有 90% 的信心認為該團隊的平均速度將介於 34 和 41 之間。

速度觀察值的數量	第 n 個速度觀察值
5	1
8	2
11	3
13	4
16	5
18	6
21	7
23	8
26	9

表 15.2
在一個經過排序的速度清單中，第 n 個最低和第 n 個最高的觀察值可以用來找出 90% 的信賴區間。

我們現在可以用這個信賴區間，來預測在給定的日期之前可以提供多少功能，然後用這個結果來決定要承諾的範圍和進度。假設表 15.1 中的團隊在發布前還有 5 個衝刺，要想知道團隊在這段時間內可能完成多少工作，我們可以用衝刺的數量（5）乘以信賴區間的值（34 和 41），然後從產品待辦清單最上面開始，往下加總故事點，就可以指出團隊可能交付的功能範圍。這可以在圖 15.4 中看到，該圖還顯示了一個箭頭指向團隊的中位數速度（39）。

圖 15.4
我們可以預測該團隊在接下來五個衝刺內能完成的工作量，其速度數據顯示於表 15.1 中。

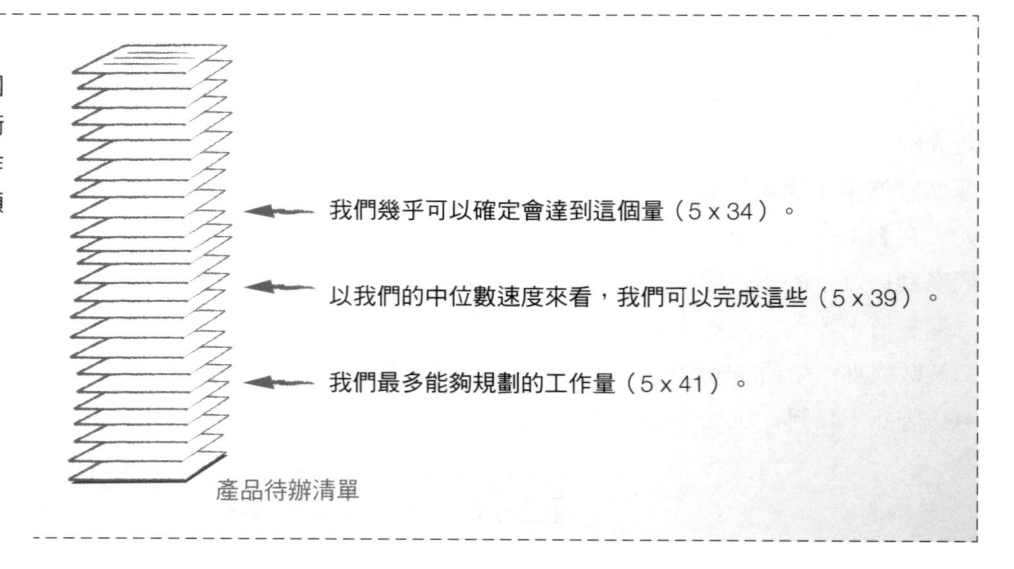

我們幾乎可以確定會達到這個量（5 x 34）。

以我們的中位數速度來看，我們可以完成這些（5 x 39）。

我們最多能夠規劃的工作量（5 x 41）。

產品待辦清單

從估算到承諾

圖 15.4 中的三個箭頭仍然只是估算值。對於許多專案來說，將這些估算轉化為具體的承諾是必要的。理想情況下，我希望能將這些估算轉化為以下形式的承諾：「在接下來的五次衝刺中，我們相信可以承諾交付 170 [5 × 34] 到 205 [5 × 41] 個故事點，這意味著我們會在產品待辦清單中從這裡（頂部箭頭）到那裡（底部箭頭）之間交付功能。」這是最現實且準確的承諾。然而，在許多情況下，產品負責人和團隊被要求提供一個具體的點估算值──例如「我們承諾在這裡完成」。這種情況在進行外包或合約的組織中尤為常見，因為這些組織需要在固定日期的合約中承諾具體的功能數量。

當被要求將 170–205 個故事點這樣的範圍轉化為一個用作承諾的點估算時，很容易會像這樣反應：「如果你想要保證我們可以承諾的範圍，那就是 170。」如果你只願意承諾這個數字，你可能確實能夠實現，但你現在就承擔了激怒對方的風險。這類決策可以被視為在長期風險（幾乎沒有交付功能低於這個數量的風險）和短期風險（你的客戶、顧客或老闆現在可能因為這是你能承諾的範圍而生氣）之間進行取捨。

另一種選擇是承諾交付信賴區間上限所指出的數量（205 個故事點），這樣的做法則是進行了相反的取捨，承擔了較大的長期風險（你可能無法交付那麼多），但幾乎沒有短期風險（現在每個人都會覺得你是個大神，因為你承諾了這麼多）。

因此，圖 15.4 中的三個箭頭並不能告訴我們應該做出什麼樣的承諾。它們告訴我們承諾的可能範圍。例如，一家外包公司如果有大量閒置人員，可能會選擇在底部箭頭或接近底部箭頭的位置承諾；該公司的目標可能是讓人員離開閒置狀態並重新參與客戶專案，即使這需要承擔一定的風險。相反，如果一家外包公司所有開發人員都已負荷滿載，則可能會在下一個專案中選擇接近頂部箭頭的位置進行承諾。

對於範疇固定的專案，可以進行類似的分析來確定專案可能需要的衝刺數量範圍。為此，將所需範疇的估算值相加，並分別用信賴區間的上下限值除以總數。

注意

用歷史速度作為承諾的基礎

當我向客戶展示這樣的資訊時，常聽到他們抱怨很希望進行這種類型的分析，但做不到，因為他們沒有相關數據。這個問題的解決方案非常簡單：收集數據。而這比你想像的更容易。讓我們看看在兩種常見的問題情境下如何實現：當團隊是全新的組合、從未合作過，以及當團隊規模正在改變或將要改變時。

團隊從未一起工作過

如果一個團隊從未一起工作過，就沒有歷史速度數據。在這種情況下，最好的解決方案是讓團隊成員在專案中自由活動，讓他們在做出承諾之前至少進行一次衝刺。當然，運行兩三個衝刺會更好。我知道在做出承諾之前只運行一個衝刺是不太可能的，所以這裡有一個替代方法。

從已經用故事點或理想天數估算過的產品待辦清單開始，召集團隊，進行衝刺規劃會議。讓他們一次從產品待辦清單中選取一個使用者故事，找出完成該故事必要的任務，估算每個任務所需的時間（小時），然後決定是否能在一次衝刺中完成這個使用者故事。他們可以按任何順序選取使用者故事；我們不是在規劃真正的衝刺，而是嘗試確定團隊在一次衝刺中可能完成的工作量。實際上，這種方法最有效的情況是團隊從產品待辦清單中隨機選取使用者故事。鼓勵團隊對系統的狀態做出假設，特別是如果他們選取了一個在早期衝刺中技術上具有挑戰性的使用者故事。當團隊成員對一組使用者故事做出承諾，並表示不能再承諾更多時，將選定的使用者故事早先分配的故事點或理想天數相加，這就成為團隊速度的一個估算值。如果團隊願意這樣做，讓他們以相同的方式規劃第二次衝刺並平均結果。這可以減少第一次衝刺中一兩個嚴重誤差估算值的影響。

反對意見：「團隊還不存在。如果看起來有機會在期望的時程內完成專案，我們就會招聘人手。」

那先對於你將招募的人，先在組織中找出具有類似技能和經驗的人。如果你預計最終會招募兩名不錯的程式設計師、一名頂尖的程式設計師、兩名穩健的測試人員、一名頂尖的 UX 設計師，以及一名擁有五年經驗的資料庫工程師，那麼就去找有類似技能的人。邀請他們參加會議，並請他們假設自己是這個新專案的團隊。鼓勵他們認真對待估算——畢竟，或許他們當中的一些人最終會加入這個團隊。

會議結束後，你可能需要根據你對未來團隊的表現，以及進行估算的成員是否認真對待這項工作的評估，對得出的速度估算進行上調或下調。

透過這種方式計算初始速度只是第一步，但我們需要將其轉化為一個範圍，就像我們在有歷史數據資料時建立信賴區間一樣。一種方法是用你的直覺為估算速度設置範圍，例如將估算值上調和下調 25%，或者如果你認為團隊沒有認真對待這項練習，可以調整得更多。

另一種方法是根據其他團隊速度的相對標準差來調整估算速度範圍。相對標準差是以百分比形式表達的標準差。回顧表 15.1，我們可以計算出這些速度值的標準差為 5.1，數據的平均速度為 37.6。將 5.1 除以 37.6 並將結果四捨五入後得出 14%，這就是相對標準差。如果你有多個團隊的數據（如表 15.1 所示），你可以計算每個團隊的相對標準差，然後取這些值的平均值並將其應用於估算速度。這將讓你對新團隊的速度範圍有一個合理的預測。儘管此方法效果尚可，但我想重申，如果能有該團隊的歷史數據或讓他們運行一兩次衝刺後再做出承諾會更好。我提供這種替代方法，是針對那些無法使用上述方法的情況。

團隊規模頻繁變化

另一類問題出現在團隊規模頻繁變化或預計會頻繁變化時。與之前的情況一樣，我的第一個建議很簡單：不要頻繁更動團隊成員。穩定的成員結構能夠為團隊帶來極大的好處。當然，長期下來，團隊的組成難免會發生變化，但請盡量避免在團隊之間頻繁調動成員讓問題惡化，因為這在許多組織中十分常見。

我的第二個建議是收集數據，以便你能夠為團隊規模的變化做好準備並預測其影響。為此，讓組織中的某人，記錄團隊規模變化後前幾次衝刺速度的百分比變化。之所以要追蹤團隊規模變化後幾次衝刺的變化，是因為即使團隊規模增加，速度在第一次衝刺中幾乎總是會下降。這通常是由於溝通成本增加、原有高效成員需要花時間幫助新成員上手等原因所致。根據我的經驗，團隊規模變化的長期影響，通常在變化後的第三次衝刺時顯現出來。

我建議計算速度變化時，不要與變化前的最近一次衝刺相比，而是以變化前五次衝刺的平均值作為基準。當然，也可以回溯更長的時間，但通常這不太可行。請記住，我們試圖在一個團隊規模頻繁變動的環境中解決問題。如果回溯到八次衝刺前，很可能會發現團隊規模在這段時間內就已經發生了變化。

另見

這類組織層級的指標，非常適合由專案管理辦公室（PMO）來負責收集。PMO 的相關內容在第 20 章「人力資源、設備管理和 PMO」中討論。

Capter 15　規劃

另見

你可以從 www.SucceedingWithAgile.com 下載電子表格追蹤此類數據。

這會導致形成類似於表 15.3 的表格。該表顯示，第一行的團隊人數從六名成員增至七名，在變化後的第一個衝刺中速度下降了 20%，接下來的衝刺速度再下降了 4%，到了第三次衝刺時速度增加了 12%。表格最後一行的團隊從七名成員增至八名，但自變化以來僅完成了一次衝刺。最後一行剩餘的欄位將在接下來的兩次衝刺結束時填寫。

像這樣的表格，每次衝刺只需幾分鐘即可更新，即使追蹤數十個團隊也不例外。這樣的表格被刻意設計得非常簡單——例如，我並沒有記錄是程式設計師、測試人員還是其他角色加入或離開了專案。你很可能已經擁有建立類似於表 15.3 的表格所需的大量原始數據。如果每個團隊一直在追蹤其速度並記錄每次衝刺團隊的成員情況，那麼你還可以重新建立相當多的歷史數據。

表 15.3
收集有關團隊規模變動影響的數據。

初始團隊規模	新的團隊規模	衝刺 +1	衝刺 +2	衝刺 +3
6	7	–20%	–4%	+12%
6	7	0	–6%	+15%
7	5	–12%	–8%	–8%
8	6	–20%	–20%	–16%
7	8	–15%		

你可以用這些數據來回答各種問題，例如：

- 如果我們增加兩名成員，這個團隊的速度會是多少？
- 如果我們給每個團隊增加一名成員，能多快完成這個專案？
- 如果我希望在年底前完成這組專案，我們需要增加多少人手？
- 如果預算不批准新增員工，會有什麼影響？
- 如果裁員 15%，會有什麼影響？

以表 15.3 中的數據為例，假設你被要求估算「如果團隊從六人增至七人，在接下來的七次衝刺中能完成多少額外工作量。」計算表 15.3 前兩行的平均值[1]，你估算出速度在第一次衝刺中會下降約 10%，在第二次衝刺中下降約 5%；但從那時起因為新成員完全融入團隊，從第三次衝刺開始速度將增加約 13%。這些數據顯示在表 15.4 中。

衝刺	速度變化
1	−10%
2	−5%
3–7	+13%

表 15.4
計算團隊從六人增至七人時的影響。

透過計算速度變化的平均值，我們計算出在七次短衝刺中，速度預計將增加約 7%。現在你可以回答你的老闆，從六人增至七人（人員增加 17%，可能包括預算增加）將使團隊在計畫的七次衝刺中交付約 7% 更多的功能。產品負責人應該能利用這些資訊來判斷增加的成本是否值得。

❏ 開始收集與你的情況相關的數據。至少應該建立一個線上表格，記錄每個團隊每次衝刺的速度。如果組織中存在與團隊規模變化或其他因素相關的情況，也應考慮納入相關數據。

❏ 在收集了足夠的歷史速度數據後，開始製作類似圖 15.4 的圖表，以供每個專案的產品負責人在範疇與進度之間做出取捨決策時使用。

現在試一試

總結

熟練掌握規劃是所有 Scrum 團隊的一項關鍵技能。本章中，我們探討了團隊如何超越衝刺和發布規劃的基本層面，並透過以下方式產生更大的收益：

---

[1] 為了簡單起見，表 15.3 只有兩行是關於團隊從六人增加到七人的。對於真實的專案來說，我希望在開始做決定之前，能有比這更多的數據。

- 逐步完善計畫
- 以可持續的節奏工作
- 在無法完成所有工作時，優先考慮調整範疇
- 將估算與承諾分開看待

延伸閱讀

Cohn, Mike. 2005. *Agile estimating and planning*. Addison-Wesley Professional.

這是一本關於敏捷專案估算和規劃最全面的書籍，涵蓋了故事點和理想天數這兩種 Scrum 團隊最常用的估算單位的優缺點。書中介紹了流行的規劃撲克（Planning Poker）技術，用於進行估算。還詳細探討了在不同情況下的優先等級排序和規劃方法。

Moløkken-Østvold, Kjetil, and Magne Jørgensen, 2005. A comparison of software project overruns: Flexible versus sequential development methods. *IEEE Transactions on Software Engineering*, September, 754–766.

這篇論文由 Simula Research Lab 的兩位知名研究人員撰寫，描述了對軟體開發專案的深入調查，結論是敏捷專案的工作量超支比例比採用順序開發流程的專案低。文章提到了一些可能的原因，包括更完善的需求規範（如產品待辦清單）和改進的客戶溝通。

Chapter 16 品質

我在程式設計職涯剛起步沒多久時,離開了一家穩定的大公司,加入一個只有八個人的新創公司。我從一個資金充足的環境,轉換到一個只有兩名程式設計師的公司。在之前的公司,我們有專門的測試和品保(quality assurance)團隊,而這裡卻沒有任何測試人員。新工作的第一週,我突然意識到:我需要對自己寫的程式品質負責。再也沒有測試人員可以檢查我的工作,或是為我那有限的單元測試提供保障。接著,更大的現實衝擊隨之而來:如果沒有測試人員,我可能會在客戶面前出醜(即使他們不認識我),更糟的是,我可能會在老闆面前出醜,這可能導致我丟掉這飯碗。

我慌了。幸好,兩週後加入的另一名程式設計師也感到同樣的恐慌。我們並沒有被這種恐慌困住,反而為我們的電腦語音應用程式建立了一套非常出色的測試工具和技術。二十年後,我回顧當時我們所建立的系統,仍然認為它們是我參與過,測試最徹底且令人驚嘆的應用程式之一。而這一切都歸因於公司早期資金不足,無法聘請測試人員,迫使我們程式設計師對自己開發的產品品質要負起全部責任。

等到我們終於請了測試人員,「品質是整個團隊的責任」這種態度已經深深融入我們日益壯大的開發團隊。從那時起,我便努力在我參與的每個開發團隊中灌輸同樣的觀念。在本章中,我將描述將測試整合到開發過程中的重要性,而不是將其視為事後再處理的工作。我還會介紹測試自動化金字塔,並探討為什麼大多數公司自動化測試的努力會失敗,原因在於他們忽略了金字塔中三分之一的部分。最後,我們將討論為什麼驗收測試驅動開發與處理技術債的重要性。

將測試整合到流程中

我買新車的頻率很低,通常每隔 10 到 12 年才換一次車。因此,當我在 2003 年買了一輛新車時,技術進步如此之多使我十分驚訝,因為我上一輛車是 1993 年的 Honda 汽車。我特別滿意的其中一項技術是自動偵測輪胎氣壓不足的感應器。有時僅憑肉眼很難看出胎壓是否不足,而手動檢查輪胎又很麻煩,所以我很少主動去檢查。持續測試胎壓的功能對我而言,是一項偉大的發明。

在這幾年間,汽車製造商發明了持續檢測輪胎氣壓的方法,而軟體開發團隊也認識到持續測試產品是有好處的。早期,我們像「用兩根木棍摩擦生火」般地寫程式時,我們將測試視為開發過程結束時才要進行的事情,測試雖不算是事後才想到的,但它的目的是為了驗證在開發過程的早期階段沒有漏洞。這種方式有點像在出門度假前,確保烤箱關了、窗戶關了以及前門上鎖了。當然,在我們看到開發過程初期出現的所有問題(怎麼可能沒有呢?)後,自然會將測試視為提升產品品質的一種方法,而不僅僅是驗證的步驟。

不久後,一些團隊意識到,將品質測試留到最後再進行,不僅效率低,效果也有限。這些團隊通常會轉向迭代式開發,在這種模式下,他們將專案結束時的長期測試階段拆分為多個較小的測試階段,每個測試階段都緊跟在分析 - 設計 - 寫程式的階段之後。這種方式有所改進,但仍不夠完善。

於是,Scrum 更進一步。

Scrum 團隊將測試作為一種核心實踐，並將其融入開發過程，而不是等到開發人員「完成」後才進行測試。我們不是在產品建好後才測試品質，而是在開發的過程中將品質融入流程和產品本身。W. Edwards Deming 是一位美國教授和顧問，以其在日本強調品質對成本和生產力的影響而聞名，他主張品質不能在事後添加到產品中。他寫道：「停止依賴大規模檢驗來達成品質目標。改善流程，並在一開始就在產品中打造品質（2000, 23）。」

為什麼測試放在最後行不通

將測試推遲到最後的傳統方法，存在許多問題：

- **很難提高產品現有的品質**。對我來說，降低產品品質似乎很容易，但提升品質卻既困難又耗時。回想一下你過去曾經負責過、已經上線的應用程式。假設你被要求新增一組功能，同時還要改善現有應用程式的品質，即使你做了許多努力，可能也需要幾個月甚至一年以上，才能讓使用者明顯感受到品質的提升。然而，這正是我們在專案的最後階段進行測試時，試圖做的事情。

- **錯誤可能持續未被發現**。只有經過測試後，我們才能知道它是否真的有效。在那之前，你可能會不斷重複犯同樣的錯誤而不自知。讓我舉個例子。Geoff 負責開發一個網站，該網站的流量遠超出原先的預期。他想到一個辦法，認為可以改善網站每個頁面的效能，於是做了該變更。他需要在某處編寫一些新的 Java 程式碼，然後修改每個頁面的程式碼，並且新增一行以利用這些效能改善的新功能。這是一項繁瑣且耗時的工作，Geoff 幾乎花了一整個為期兩週的衝刺來完成這些變更。最終，Geoff 測試後發現效能的提升微乎其微。Geoff 的錯誤在於，他沒有在修改的前幾個頁面測試理論上的效能提升。若是在開發過程中進行測試，可以避免像這樣到了最後才發現。

- **難以判斷專案的狀態**。假設我要求你估算兩件事情：第一，幾項新功能；第二，測試和修復一個開發了六個月、現在準備進行第一輪測試的產品所需的時間。大多數人會同意，估算新功能更容易且更準確。定期（更好的做法是持續）測試產品，可以讓我們了解專案的進展情況。

- **失去回饋的機會**。使用 Scrum 的一個明顯好處是，團隊至少可以在每次衝刺結束時獲得對已建產品的回饋。產品可以部署到限制訪問的伺服器上，或者提供給特定客戶下載。如果產品僅在發布周期接近尾聲時達到適合這樣做的品質水準，那麼團隊就錯失了更早獲得寶貴回饋的機會。
- **測試更有可能被砍掉**。由於截止日期的壓力，規劃在專案結束時進行的工作更有可能被砍掉或縮減。

> **反對意見**
>
> 「連續測試會花費太多時間。我們需要務實一點，承認每五或六次衝刺測試一次會更好。」

當減少測試次數看似更合理時，通常表明了測試過程過於耗時。這種情況一般出現在以前依賴手動測試的應用程式中，而這些應用程式正在轉向 Scrum。如果測試的成本高到無法在每次衝刺中進行，那麼就必須大幅降低這些成本，具體方法是用自動化測試取代手動測試。缺乏自動化測試是一種技術債（technical debt），本章後面會討論如何償還這類技術債。

> 「讓測試人員落後程式設計師一個衝刺更有效率。」

如果測試人員的工作進度落後於程式設計師一個衝刺，那麼當他們有問題時該找誰呢？這對於該衝刺的程式設計師來說是否高效？當團隊其他成員正在討論下一輪功能該怎麼加進去時，而測試人員還在測試上一輪剛完成的功能，他們真的能有效參與衝刺嗎？有關在衝刺中協作的更多內容，請參見第 14 章「衝刺」。

品質融入開發流程的樣貌

一個將測試整合到日常工作中的團隊，與一個在專案結尾測試品質的團隊，在結構和行為上會有很大的不同。能將品質融入開發流程的團隊，具有以下的特徵：

- **最明顯的是採用良好的工程實踐**。將品質融入開發流程的團隊，會盡全力編寫出最高品質的程式碼，這包括了：至少對系統中最複雜的部分進行結對程式設計或徹底的程式碼檢查。團隊會專注於自動化單元測試，即使不是採用測試驅動開發。重構會持續進行，並且會根據需要進行，而不是以大規模、顯眼的方式進行。程式碼會持續整合，而編譯失敗會像客戶報告的嚴重錯誤一樣被緊急處理。你還會發現，程式碼由團隊集體擁有，而不是個別成員，這樣任何人發現有改善品質的機會時，都可以採取行動。

> **另見**
>
> 參見第 9 章「技術實踐」中描述的測試驅動開發、結對程式設計、重構和持續整合。

- **程式設計師與測試人員之間的交接（如果存在的話）將短到幾乎無法察覺**。第 11 章「團隊合作」描述了如何透過持續進行設計、編寫程式和測試等工作的方式，來幫助團隊協作。在這種方式下，程式設計師和測試人員會討論接下來要為產品新增的功能（或部分功能）；測試人員負責建立自動化測試，程式設計師則負責寫程式。當兩邊的工作都完成後，將結果整合起來。雖然技術上仍可將其視為程式設計師與測試人員之間的交接，但這種循環應該短到幾乎可以忽略不計。

- **從衝刺的第一天到最後一天，測試活動的量應該是相當的**。將品質融入開發流程的團隊會避免第 14 章中描述的「迷你瀑布式流程」。在一個衝刺中，沒有明確的分析、設計、寫程式或測試階段。測試人員（以及程式設計師和其他專家）在衝刺的第一天和最後一天將一樣忙。雖然他們的工作類型可能會有所不同，例如測試人員在第一天可能會指定測試案例並準備測試數據，而在最後一天執行自動化測試，但他們在整個衝刺中都同等地忙。

> **現在試一試**

☐ 在下一次衝刺中，追蹤每天報告的缺陷數量。記錄所有的錯誤——包括那些進入缺陷系統的、轉化為產品待辦清單的新項目、被添加到衝刺待辦清單中的，甚至是測試人員直接告訴程式設計師並立即修復的錯誤。如果測試已融入流程，每天發現的錯誤數量應該在整個衝刺中相當一致。

☐ 下一次回顧會議專門討論改進品質的方法。

在不同層次進行自動化

即使在 Scrum 等敏捷方法出現之前，我們就知道應該自動化測試，但我們並沒有這麼做。自動化測試被認為成本高昂，通常是在功能開發完成幾個月甚至幾年後才被添加。團隊難以即時撰寫測試的一個原因是，他們在錯誤的層次上進行自動化。一個有效的測試自動化策略需要在三個不同層次上進行自動化，如圖 16.1 所示，該圖展示了「測試自動化金字塔」（test automation pyramid）。

在測試自動化金字塔的底層是單元測試。單元測試應該是穩固測試自動化策略的基石，因此它代表了金字塔最大的部分。自動化單元測試非常有用，因為它能為程式設計師提供具體的資訊，例如：「第 47 行有一個錯誤。」程式設計師已知道，錯誤可能實際發生在第 51 行或第 42 行，但比起測試人員說「你從資料庫搜尋會員記錄的方式有問題」（這樣的說法可能涉及一千行以上的程式碼），自動化單元測試能將問題範圍縮小許多。此外，由於單元測試通常使用與系統相同的語言撰寫，程式設計師通常對撰寫這類測試感到更為熟悉。

圖 16.1
測試自動化的金字塔。

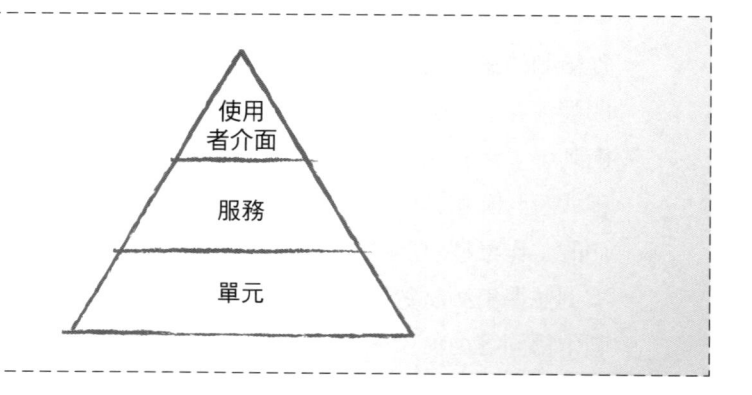

讓我們暫時跳過測試自動化金字塔的中層，先進入頂層：使用者介面層。自動化使用者介面測試被放在測試自動化金字塔的頂端，因為我們希望盡量少進行此類測試。這是因為使用者介面測試通常具有以下負面特性：

- **脆弱性**。使用者介面中的一個小變更可能會破壞許多測試。當這種情況在專案過程中反覆發生時，團隊往往會放棄每次隨著修改使用者介面後更新測試的工作。

- **編寫成本高**。採用快速的捕捉與回放（capture-and-playback）方法記錄使用者介面測試可能有效，但這種方式記錄的測試通常是最脆弱的。編寫一個既實用又有效的使用者介面測試需要花費大量時間。
- **耗時**。透過使用者介面運行測試往往需要很長的時間。我見過許多團隊擁有令人印象深刻的自動化使用者介面測試套件，但由於執行時間過長，無法每晚運行，更不用說每天多次運行了。

假設我們希望測試一個非常簡單的計算機，它允許使用者輸入兩個整數，點擊「乘」或「除」按鈕後可以看到運算結果。如果透過使用者介面進行此測試，我們需要撰寫一系列腳本來操作使用者介面，輸入相應的值，點擊「乘」或「除」按鈕，然後比較期望值和實際值。以這種方式測試雖然可以運行，但容易受到前面提到的脆弱性和高成本問題影響。

此外，以這種方式測試應用程式在某種程度上是重複的——想一想這樣的測試套件需要對使用者介面進行多少次測試。每個測試案例都會調用連接「乘」或「除」按鈕與應用程式內部數學運算符的邏輯，每個測試案例還會檢驗顯示結果的程式碼，如此反覆。透過使用者介面進行測試成本高昂，因此應盡量減少。雖然有許多測試案例需要執行，但並非所有測試案例都需要透過使用者介面運行。

這就是測試自動化金字塔中「服務層」（service layer）的作用所在。

儘管我將測試自動化金字塔的中層稱為服務層，但我並不將其限制於僅使用服務導向的架構。所有應用程式都由各種服務組成。在這裡，服務指的是應用程式根據某些輸入或輸入集合所做的回應。以我們的計算機範例來說，它涉及兩個服務：乘法和除法。

服務層測試的重點是將應用程式的服務與其使用者介面分開進行測試。因此，與其透過計算機的使用者介面運行十幾個乘法測試案例，不如在服務層執行這些測試。為說明如何進行，假設我們建立表 16.1 所示的電子表格，其中每行代表一個測試案例。前兩欄表示需要相乘的數字，第三欄是期望結果，第四欄包含說明性備註，這些備註不會被測試使用，但有助於提高測試的可讀性。

另見

第 13 章「產品待辦清單」中，也描述了服務層測試作為透過範例指定系統行為的技術。

表 16.1
展示部分乘法服務測試的表格。

乘數	被乘數	乘積	備註
5	1	5	乘以 1
5	2	10	
2	5	10	交換前一測試的順序
5	5	25	自乘
1	1	1	
5	0	0	乘以 0

> **注意**
> 雖然編寫一個工具來讀取電子表格並將資料傳遞給應用程式中的特定服務，對團隊中的程式設計師來說並不困難，但市面上已經有很好的工具可以做到這一點。FitNesse（可在 www.fitnesse.org 獲取）是最為流行的工具。

接下來需要的是一個簡單的程式，能夠讀取這個表格中的每一行，將資料傳遞到應用程式中的相應服務，並驗證結果是否正確。儘管這是一個簡單範例，結果也是簡單的運算，但結果也可以是其他任何東西——例如更新資料庫中的數據、向特定收件人發送電子郵件、在銀行帳戶間轉帳等。

使用者介面測試的剩餘角色

那麼，難道我們不需要進行一些使用者介面測試嗎？當然需要，但這類測試的數量應該遠少於其他類型的測試。在我們的計算機範例中，我們不再需要透過使用者介面運行所有的乘法測試。相反，我們將大部分測試（例如邊界測試）透過服務層進行，直接調用「乘」和「除」方法（服務）來確認數學運算是否正確。在使用者介面層，僅剩下確認服務是否連接到正確按鈕以及結果是否正確顯示的測試。為此，我們只需透過使用者介面層執行一小部分測試。

多年來，許多組織在測試自動化工作中出現問題的原因，在於忽視了整個服務層的測試。儘管自動化單元測試非常棒，但它只能覆蓋應用程式的部分測試需求，如果沒有服務層測試來填補單元測試與使用者介面測試之間的空隙，其他所有測試最終都會透過使用者介面進行，導致測試成本高昂、編寫成本高以及測試脆弱性問題。

手動測試的作用

不可能為所有環境完全自動化所有測試，更何況，有些測試的自動化成本高昂得令人卻步。許多我們無法或選擇不自動化的測試，涉及硬體或與外部系統的整合。我曾為一家印表機公司提供諮詢，他們有一些測試需要在執行前進行人工干預，例如，確保紙匣中正好有五張紙靠手動完成比自動化來得容易。

一般來說，手動測試應主要視為一種探索性測試的方式。此類測試包含「測試規劃、測試設計和測試執行」的快速循環。探索性測試應採用類似於測試驅動開發（TDD）中「測試 - 寫程式 - 重構」的短循環快速生成回饋。

除了發現錯誤，探索性測試還可以辨識出缺失的測試案例，然後將這些案例新增到測試自動化金字塔的適當層次。此外，探索性測試還能揭示初步理解的使用者故事中缺失的想法，幫助團隊發現當初看似不錯但執行後卻發現效果不佳的想法。這些情況通常會作為新項目、添加到產品待辦清單中。

在衝刺中實現自動化

在 Scrum 專案中，自動化不是可有可無的。為了讓團隊能夠有效進行衝刺（才能快速交付價值），需要大量依賴測試自動化。自動化測試提供了一種低成本的保障，確保過去正常運行的功能仍然穩定運作。此外，一個不斷增長的自動化測試套件能夠提供對產品（和流程）狀態的深入洞察。如果自動化測試套件連續兩週無法成功執行，那就是一個重大警訊。相反，如果自動化測試套件每天都在增長，並且在本次衝刺期間每晚都無錯誤運行，那麼團隊的狀況應該是相當良好的。

Scrum 團隊在測試自動化方面的做法與使用傳統開發流程的團隊不同。一個高度自動化的測試套件對 Scrum 團隊來說是必要的，但傳統團隊則將它視為一種奢侈品。傳統團隊難以看到自動化價值的一個原因是，他們不夠早進行自動化，通常是在程式碼撰寫後幾個月才進行自動化測試。剛接觸 Scrum 的團隊也常犯同樣的錯誤，形成了一種「在一個衝刺中編寫程式碼，然後在下一個衝刺中自動化該程式碼測試」的模式。當測試在程式碼編寫好很久之後才自動化

另見

如果你覺得在一個衝刺內完成程式編寫、測試以及自動化是不可能的，可以參考第 11 章「每件事都做一點」一節說明。

時，自動化的大部分價值都會喪失。程式碼在活躍開發期間最頻繁變更，因此自動化測試在那段時間最有用。

圖 16.2 說明了早期自動化的價值。自動化的成本變化類似於熟悉的 S 曲線：在前幾個衝刺中，成本不會上升，但之後成本會顯著上升，然後達到平穩狀態。任何嘗試將自動化測試事後再加到現有應用程式中的人都知道，這比在測試設計階段加入測試更困難，因為設計初期就考量測試可以影響產品設計，使系統更易於測試。若測試在後期才添加，我們通常就會被迫過度依賴測試自動化金字塔的頂層；在未進行重大重構之前，想要新增自動化單元測試和服務層測試會遇到很大的阻力。

圖 16.2
測試自動化隨時間變化的成本與效益。

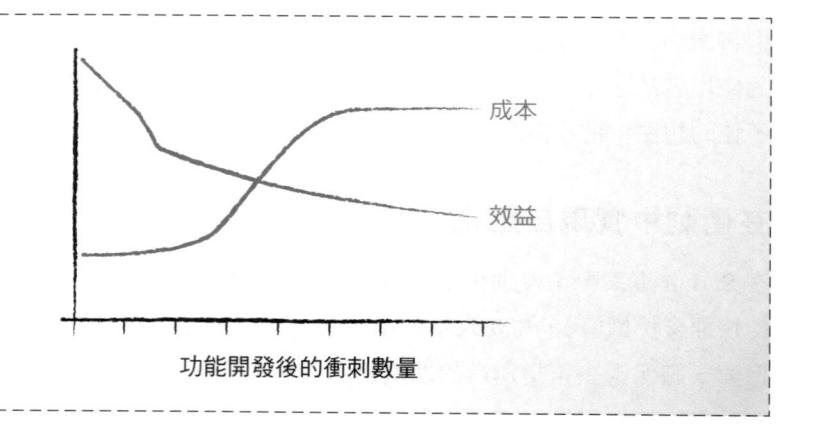

雖然成本曲線初期的平緩可能會誘使你將自動化推遲一到兩個衝刺，但千萬不要這麼做。自動化帶來的效益急劇下降的情況，應該促使你儘早開始進行自動化。隨著時間推移，自動化的效益會逐漸下降，因為應用程式某個區域被修改的可能性和頻率降低。最終，一個產品可能變得十分穩定，且其預期剩餘壽命非常短，以至於自動化的成本超過了效益。這是許多傳統團隊或完全推遲自動化的團隊提出的論點。

從圖 16.2 可以明顯看出，在新增功能的同一個衝刺中完成自動化可以獲得最大效益。這不僅提供了最大的價值，也以最低的成本實現了這一點。

效益取樣

要了解測試覆蓋測試自動化金字塔所有層次的效益有多大，讓我們看看 Salesforce.com 的案例。Salesforce.com 提供客戶關係管理的軟體即服務（SaaS）。在採用 Scrum 的九個月後，Salesforce.com 達成了以下改進：

- 參與應用程式九次部署的人員數量減少了 65%（降至 15 人）
- 縮減最終上線測試所需的時間——從兩到三小時的手動測試縮減為十分鐘的自動化測試
- 減少發布後的簡單測試所需的時間——從三到四小時的手動測試縮短為 45 分鐘內運行超過 200 個自動化測試
- 參與修復版本發布的人員數量減少了近 80%（降至大約 5 人）
- 每次主要版本發布節省了超過 300 人時，所有修復版本發布額外節省了數百人時（Greene 2007）

這些結果對於一個認真對待自動化測試的組織來說並不罕見。你可以將它們作為你自己自動化工作的起始目標。

> 「當程式設計師在開發一個功能時，變更的速度太快，測試人員無法進行自動化測試。」
>
> **反對意見**
>
> 為了回應這一點，讓我們來看看測試自動化金字塔中展示的三種測試自動化類型，這些測試應該同時進行。顯然，單元測試應該在衝刺期間撰寫，甚至可以以測試驅動開發的方式進行。經驗告訴我們，程式設計師極少會回過頭來為現有程式碼增加單元測試。通常，對於捕捉與回放（capture-and-playback）自動化測試的過往經歷，會讓我們誤以為只能在功能完成後進行自動化測試。的確，在程式設計師完成程式之前，測試人員無法完成自動化的服務層測試和使用者介面測試的運行，但這並不表示這些測試無法與程式開發同步進行。具體如何實現，將在下一節進行討論。

現在試一試

☐ 在下一次回顧會議中，討論測試自動化金字塔的三個層次。目前測試主要發生在哪些地方？當前測試中，哪些類型的測試用其他的自動化方式會更好？嘗試識別兩到三種方法，在接下來的衝刺中開始啟動測試自動化。

進行驗收測試驅動開發（ATDD）

Scrum 團隊已經學會透過驗收測試驅動開發（Acceptance Test–Driven Development, ATDD）讓衝刺中的工作流程更順暢。在 ATDD 中，工作的進行是依照驗收測試來進行的。驗收測試記錄了有關功能實現的決策，因此這些測試是在衝刺期間隨著相關討論而持續撰寫的。

ATDD 可以視為類似於第 9 章中描述的測試驅動開發（TDD）。Lasse Koskela 的書《Test Driven: Practical TDD and Acceptance TDD for Java Developers》展示了 ATDD 和 TDD 之間的關係，如圖 16.3 所示。我對 Koskela 的原始圖進行了修改，僅顯示滿足條件（conditions of satisfaction）在此循環中的作用。

另見

滿足條件在第 13 章中已有介紹。

圖 16.3
驗收測試驅動開發（ATDD）和測試驅動開發（TDD）之間的關係（改編自 Koskela 2007）。

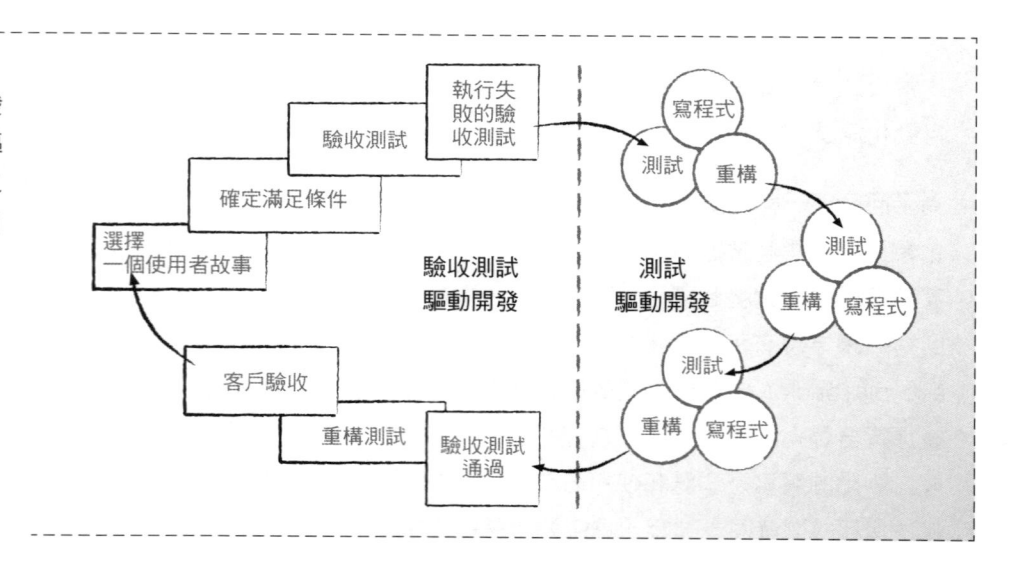

如第 13 章所述，滿足條件（COS）旨在傳達產品負責人對使用者故事的高層次期望，因此，它們通常位於具體驗收測試案例之上，這使其成為推動 ATDD 流程的理想選擇。

圖 16.3 所示的循環中使用滿足條件，產品負責人無需在整個 ATDD 循環中持續參與。產品負責人可以在衝刺開始時，或當團隊準備開始處理某個使用者故事時，傳達該故事的滿足條件。如果隨後確定的驗收測試符合產品負責人的期望，這些測試可以由測試人員、分析師或其他團隊成員撰寫，而無需產品負責人參與。

在理想情況下，產品負責人會出席衝刺規劃會議，並已提前確定了產品待辦清單中每個高優先等級使用者故事的滿足條件。這樣做後，產品負責人能更準確地回答規劃會議中通常會提出的問題。最起碼，執行 ATDD 並以滿足條件為起點，有助於減少規劃會議所需的時間。

然而，現實世界有時會打斷我們的計畫，產品負責人未必總是能在衝刺規劃會議上提供已經確定的滿足條件。例如，某次衝刺結束時的危機，可能會阻礙產品負責人為下一次衝刺做準備；或者，在規劃會議期間，團隊可能會要求處理產品待辦清單中稍微後面一點的使用者故事，而產品負責人卻還沒確定其滿足條件（因為這些條件應盡量在接近實作之前確定好）。

這些情況並不妨礙 ATDD 的進行。如果尚未確定滿足條件，產品負責人和團隊有兩個選擇。第一個選擇是利用衝刺規劃會議，為那些尚未確定滿足條件的產品待辦清單找出 COS。第二個選擇是將確定滿足條件作為新衝刺的首要活動之一。兩種方法都可以接受，但在大多數情況下以及時間允許的情況下，第一種方法是更可取的。

適當的細節

在每次衝刺規劃會議之前不久確定滿足條件，聽起來像是一項繁重的工作。然而，請記住，滿足條件代表了使用者故事必須在衝刺結束時達成的高層次條件，才能被視為完成。目標是討論高層次的驗收測試，為開發人員提供有關產品負責人期望的高層次驗收測試，而不是確定最終所需的每一個小測試案例。

例如，我曾與一個團隊合作，要打造一個供活躍股票交易員使用的網站，其產品包括多種方式，讓交易員能夠視覺化呈現股票和股價的資料。其中一個圖表稱為樹狀圖（treemap），它以小矩形表示公司，這些小矩形排列在一個更大的矩形內。每個小矩形的大小反映公司的總市值。如果一家公司市值是另一家公司的兩倍，其矩形面積也將是後者的兩倍。圖 16.4 展示了一個範例。使用者可以選擇查看整個股票市場、特定產業（例如軟體公司）或其他比較集合。

圖 16.4
一個樹狀圖，其中每個矩形的大小代表一家公司的市值。

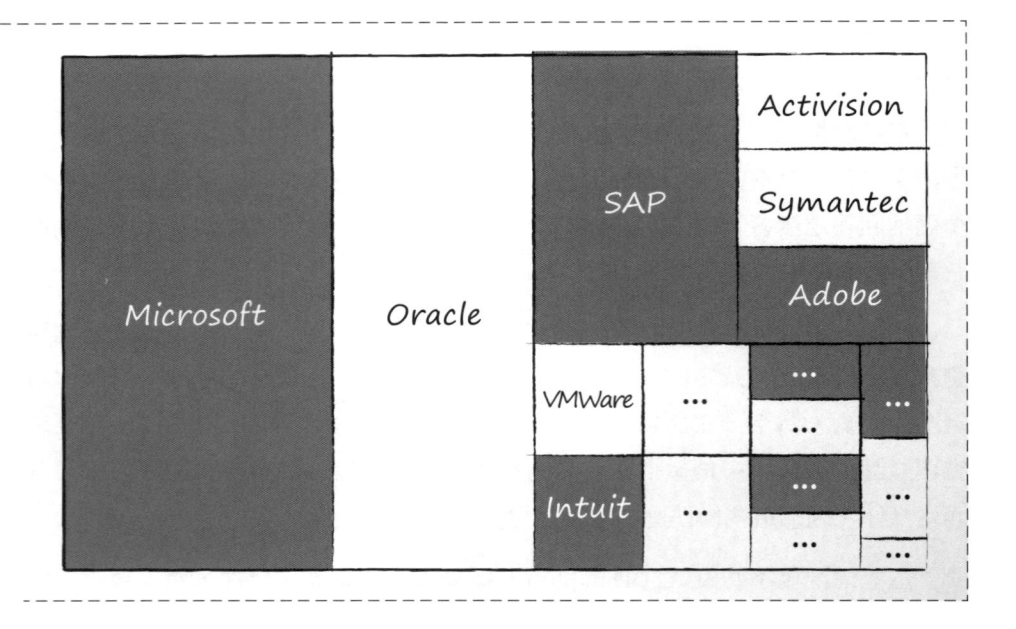

乍看之下，將小矩形放置在大矩形內看似簡單，但實際上困難得多。想像一下那些拼圖遊戲，你需要將幾十個不同形狀的積木拼成一個固定形狀，而且不能有空隙。建立這些矩形有點類似，但可能涉及幾千個小積木。在這個團隊的衝刺規劃會議中，其產品負責人向團隊描述了以下滿足條件：

- 矩形應盡可能接近正方形；目標是長邊與短邊的平均比例為 1.1。
- 系統必須能在規劃的硬體上每秒生成五個指定複雜度的樹狀圖。
- 支援在一個樹狀圖中顯示最多 5,000 個項目。
- 支援在一個樹狀圖中顯示最多 500 個群組。

你會注意到這些滿足條件的層次非常高，這就是為什麼 COS 能夠用來描述應用於使用者故事或產品待辦清單項目的「測試」。滿足條件通常位於真實驗收測試之上一層。例如，要為「支援在一個樹狀圖中顯示最多 5,000 個項目」建立一個真實的驗收測試，我們需要更多有關這些項目的資訊：如果所有的 5,000 個項目大小相同，那麼生成樹狀圖非常簡單；但如果這些項目大小差異很大，那麼難度會顯著增加。

關於這 5,000 個項目的資訊將在衝刺期間補充。測試人員會將產品負責人的高層次期望（以滿足條件的形式表達）轉化為具體的測試，還會新增產品負責人暗示但未明確提出的具體測試。例如，在樹狀圖的情況下，我們的產品負責人顯然希望即使只有一組資料，樹狀圖也應正確呈現。她並未告訴團隊這一點，因為這是顯而易見的。但這仍然需要在衝刺期間進行程式撰寫和測試。

進行驗收測試驅動開發（ATDD）可以讓團隊始終專注於產品負責人的目標。為每個使用者故事確定的滿足條件開始衝刺（或者在衝刺內盡早確定滿足條件），可以幫助團隊避免偏離方向（「哦，我以為你想要的是這樣」）或避免因過度設計而浪費時間（「我覺得這個額外功能看起來很酷」）。ATDD 還有一個額外的好處，能促進測試人員與團隊其他開發人員之間的早期溝通，尤其是在測試人員初期可能會質疑自己責任的情況。

> ❏ 選擇當前衝刺中正在處理的一個產品待辦清單項目。請每位團隊成員（包括產品負責人）私下寫出該項目對應的滿足條件，然後，從產品負責人撰寫的 COS 開始，分享所有其他成員寫的條件。有可能產品負責人未能確定一些關鍵條件（畢竟我們不會花太多時間在這個練習上），但更可能的是，團隊成員之間的條件可能會相互矛盾，或者對於該待辦清單項目的核心需求有一些驚人的發現。

現在試一試

還技術債

技術債（technical debt）的概念由 WardCunningham 首創，最初指的是由於「不成熟」或「不完全正確」的程式碼導致開發應用程式的成本增加（1992）。

如今，這個術語通常用於描述在一個設計差、編寫不良、包含未完成工作，或其他任何方面存在缺陷的系統上工作的成本。Cunningham 警告了累積技術債會有什麼後果：

> 未償還的債務會帶來危險。每花一分鐘在不完全正確的程式碼上，都算作這筆債務的利息。未整合的實作所帶來的技術債，可能會讓整個工程團隊都陷入停滯（1992）。

技術債通常是匆忙實作的結果。這未必是壞事，正如 Cunningham 所說，「首次交付的程式碼就像借債。適度的債能加速開發，只要能迅速透過重寫來償還（1992）。」關鍵在於必須迅速償還。然而，這並不總是會發生，因此許多團隊累積了大量技術債。因為 Scrum 團隊從長期角度來看待產品的整體生命週期，因此償還技術債成為一個需要認真考慮的問題。

一些技術債是明顯的：資料庫中的意外數據導致應用程式崩潰，這顯然是技術債。脆弱的程式碼，任何工程師只要改動就會破壞它，這也是明顯的技術債。但如果一個團隊還沒有升級到上個月發布的 Java 新版本，這算不算技術債呢？這也是技術債，但這可能不是一個緊急問題，我也不是想暗示每個團隊都應該立即升級到每一個工具新釋出的版本。但使用略微過時的語言、函式庫或工具仍然是種技術債，最終需要償還。記住 Cunningham 的觀察：「適度的債能加速開發，只要能迅速償還。」

償還測試技術債的三個步驟

團隊沒有必要為了保持敏捷而還清所有技術債。還清技術債固然很好，但卻未必現實可行或合適。然而，團隊必須償還足夠的技術債，以免被這個重擔壓垮。以下是一個最常見的技術債：嚴重缺乏自動化測試。

當一個主要或完全依賴手動測試的團隊決定採用 Scrum 時，它會很快發現，在每次衝刺中需要完成大量手動測試的情況下，運行衝刺是多麼困難。團隊還會意識到，除非採取一些激進的措施，否則技術債將繼續累積。處於這種情況的團隊可以遵循以下三步驟（如圖 16.5 所示），至少能擺脫最糟糕的問題：

1. 止血
2. 保持現狀
3. 迎頭趕上

對於因過度依賴手動測試而形成技術債的團隊，首要任務是止血，防止情況惡化。最有效的止血方法是找到一些可以自動化執行手動測試的方法。換句話說，團隊應該尋找「低垂的果實」：那些容易自動化但能節省大量手動工作量的測試。測試領域的權威專家、敏捷宣言的共同作者 Brian Marick 指出：「真正的低垂果實往往不是自動化某些測試執行，而是自動化其他測試任務，比如填充資料庫或自動導航到手動測試開始的頁面。你並沒有減少手動測試的數量，但你減少了執行這些測試所需的總時間。」

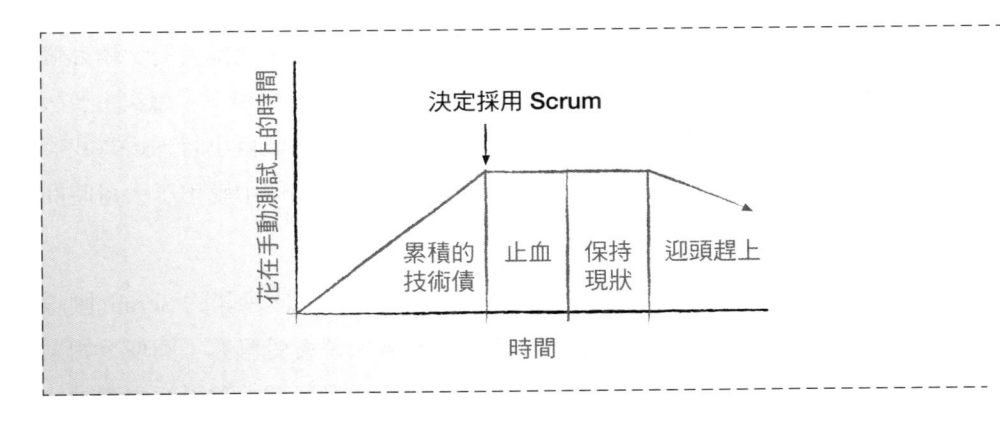

圖 16.5
減少手動測試成本的三個步驟。

隨著團隊成員優化測試，他們同時也在提高自動化測試的能力，這對某些成員來說可能是全新的技能。測試伺服器和測試環境需要進行配置，工具也需要挑選。這將耗費大量時間，但如果不這樣做，系統中新增的每一個功能都只會增加手動測試所需的時間，加重技術債。這次衝刺需要花費 20 個小時的手動測試時間，可能到下一次衝刺就要 21 小時，最終，專案將因手動測試技術債的負擔而崩潰。

當止完血後，情況將不再隨著每次衝刺而惡化。每次衝刺仍然會新增手動測試，但團隊每次衝刺都能找到足夠的「低垂果實」來抵消新增手動測試所需的時間。在這個階段，是時候進入第二步驟：學會保持現狀。在此階段，團隊

專注於學習如何為新增功能撰寫並進行自動化測試。在這樣做的同時，就不會再累積新的技術債，因此情況不會進一步惡化，但也未完全改善。學習在與功能開發同一衝刺內添加自動化測試將是團隊的新技能。與第一階段的基本技能學習相比，這並不算太難，但需要新的紀律。

最終，團隊進入最後階段，即償還額外的測試技術債。這可以從圖 16.5 中的下降線條看出。我通常告訴我擔任教練指導的團隊，我不在乎這條線下降的速度有多快，只要它開始朝正確方向移動即可。當然，我會希望技術債盡快減少。不過，我這樣表達是為了強調我最關注是的前兩個步驟。

品質是整個團隊的責任

對品質的重視可以帶來顯著的結果。在採用 Scrum 並執行這裡推薦的步驟九個月後，Salesforce.com 的 Steve Greene 表示，他的公司已經實現了「每次主要版本釋出節省超過 300 人時，在所有補丁釋出期間累計節省數百小時。這為我們現在投入到功能開發、自動化、設計等所有富有成效的工作中騰出了大量時間（2007）」。

雖然這些成果令人印象深刻，它們並不罕見，任何做出承諾的 Scrum 團隊都可以實現這些成果。如果產品品質低劣，所有客戶都會受影響；同理，如果測試未融入流程或未在正確層次進行，整個團隊也會受影響。習得新的測試技能、學會在 Scrum 的嚴格時間框架內應用這些技能並償還技術債，是整個團隊的責任，不應該把這些挑戰推卸給測試人員。一個優秀的 Scrum 團隊會時刻關注其測試實踐的現狀，並始終尋找改進的方法。

延伸閱讀

Adzic, Gojko. 2009. *Bridging the communication gap: Specification by example and agile acceptance testing*. Neuri Limited.

這是一本出色的書籍，旨在透過需求規格實例化（specification by example）和確定滿足條件來改善專案利害關係人與團隊成員之間的溝通。

Crispin, Lisa, and Janet Gregory. 2009. *Agile testing:A practical guide for testers and agile teams*. Addison-Wesley Professional.

本書適合任何想了解如何將測試整合到敏捷專案中的人。測試被劃分為四個象限（某種程度上類似於測試自動化金字塔的層次），並描述了每個象限中進行的測試類型。本書為敏捷測試人員提供了其新角色所需的心態和技能。

Mugridge, Rick, and WardCunningham. 2005. *Fit for developing software: Framework for integrated tests*. Prentice Hall.

本書從基礎開始闡述，逐步進入案例研究。前 180 頁適合所有人──程式設計師、測試人員、業務人員等──說明如何使用 Fit 來幫助你的開發專案。接下來的 150 頁適合具有程式設計背景的人，描述如何透過撰寫與使用自定測試環境配置（fixture）來擴展 Fit。

Koskela, Lasse. 2007. *Test driven:TDD and acceptance TDD for Java developers*.

本書的第四部分對驗收測試驅動開發（ATDD）進行了極佳的討論。書中涵蓋了進行 ATDD 的理由、如何使用 Fit（整合測試框架）進行 ATDD，以及如何在你的專案中開始應用。

PART IV
組織

> 每個組織都必須準備好,
> 捨棄現在的一切做法,
> 才能在未來生存下去。
>
> —Peter Drucker(現代管理學之父)

Chapter 17
擴展 Scrum

我的妻子 Laura 幾乎每晚都會做晚餐。有些晚上，她會做些比較講究的菜；而其他時候，如果她比較趕時間，就會煮些簡單的料理。但不論如何，晚餐總是美味、健康，且過程輕鬆愉快。不過，聖誕節晚餐除外。準備聖誕節晚餐讓人壓力很大，家裡到處是客人——她的父母、我的父母，可能還有一位叔叔或阿姨，以及一兩位兄弟姐妹，而她準備的菜似乎總比客人的人數要多得多。聖誕節晚餐的規模遠超過一年中任何時候。而任何事情，如果規模超過我們所習慣的——包括軟體開發專案——就會更加困難。

當一個軟體專案規模變大時，問題不僅是需要「養更多人」。大型專案通常對組織來說更為關鍵，受到更嚴密的監督、時間更為緊迫、更容易引發人際衝突、持續時間更長，且更有可能分散到多個地點進行。

對付大型專案的第一道防線是，不以一個大型團隊處理它，而是採用多個小型團隊來應對。在第 10 章「團隊結構」中，我們介紹了所謂「雙披薩團隊」概念，也就是由大約五到九名成員組成的小團隊，其規模小到可以用兩個披薩就能飽餵所有成員。面對一個大型專案時，我們會使用多個這樣的雙披薩開發團隊，而不是組建一個更大的團隊。

另見

分散式開發帶來了許多這種獨特的挑戰，因此緊接在本章之後，另闢獨立的一章專門探討分散式開發。

在本章中，我們將探討如何克服在大型、多團隊專案中成功使用 Scrum 的挑戰。具體來說，我們將討論如何擴展產品負責人角色、處理大型產品待辦清單、管理團隊之間的依賴關係、協調團隊間的工作、擴展衝刺規劃會議，以及實踐社群在大型 Scrum 專案中的角色。

擴展產品負責人的規模

在 Scrum 專案中，產品負責人可能是最具挑戰性的角色之一。在所有專案中，產品負責人都面臨內部需求與外部需求之間的競爭壓力。內部需求的任務包括參加規劃會議、衝刺審查會議、衝刺回顧會議以及每日站會，為產品待辦清單中的項目建立優先順序，回答團隊的問題，以及在衝刺期間隨時為團隊提供支援。而外部需求的任務則包括與使用者交流需求、建立並解讀使用者調查、拜訪客戶現場、參加產業展會、管理利害關係人的期望、為產品待辦清單排序、決定產品定價、制定中長期產品策略、關注產業和市場趨勢、執行競爭分析等。在只有一個開發團隊的專案中，這些工作雖然繁多但通常是可以完成的。然而，在有多個團隊的大型專案中，產品負責人這個角色的工作量超出了一個人所能負擔的範圍，因此我們必須找到擴展這角色的方法。

當專案規模擴展到包含多個團隊時，理想情況是為每個團隊找到一位新的產品負責人。如果無法讓團隊與產品負責人一對一，應嘗試讓每位產品負責人最多負責兩個團隊，這通常是一位產品負責人能夠有效處理的極限。

隨著專案整體規模的進一步擴大，引入一個由多位產品負責人協作組成的層級結構是有意義的。圖 17.1 顯示了這樣一個層級結構，其中每個團隊有一位產品負責人，兩位產品線負責人各自負責一組團隊，並有一位首席產品負責人。當然，可以根據專案規模的需要增減層級。

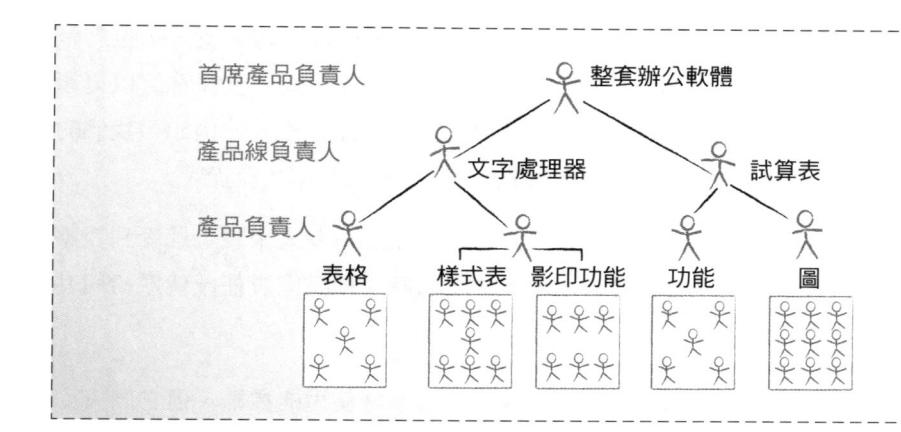

圖 17.1
產品負責人的角色可以擴大到涵蓋產品線負責人和首席產品負責人。

分擔責任，劃分功能

首席產品負責人會負責整個產品或產品套件的總體願景。首席產品負責人透過全體團隊會議、電子郵件、團隊聚會以及任何其他可用的方式，將這個願景傳達給整個團隊。然而，首席產品負責人幾乎肯定會過於繁忙，無法親自擔任負責建構產品的五到九人團隊的實際產品負責人。在這個層級，角色的外部需求過於巨大。一位好的首席產品負責人會非常積極參與團隊——偶爾參加每日站會、進辦公室時走訪團隊工作區域，並提供支援和回饋。但首席產品負責人需要依靠產品線負責人和產品負責人來處理產品各部分在整體專案願景內的細節。

　　例如，假設我們決定開發一套辦公室生產力軟體套件，包括文字處理器、試算表、簡報軟體和個人資料庫。與 Microsoft Office、Google Apps 及其他產品競爭將是極具挑戰性的，但我們的首席產品負責人無所畏懼。由於首席產品負責人將專注於戰略性議題、競爭定位等方面，因此產品線負責人將被選來負責套件中的各個產品——文字處理器、試算表、簡報軟體和資料庫。每個產品線負責人進一步指派產品負責人來負責產品內的功能區域，例如，文字處理器的產品線負責人可能會與一位負責表格的產品負責人合作，另一位負責樣式表和列印功能，還有一位負責拼字檢查等功能。

　　雖然如前所述，首席產品負責人過於繁忙，無法擔任某一團隊的產品負責人，但首席產品負責人可以兼任產品一部分的產品線負責人。延續前述例子，

我們的首席產品負責人可能選擇同時擔任文字處理器的產品線負責人，也許是因為他/她之前曾經擔任過這個角色。同樣地，產品線負責人往往希望以更親力親為的方式參與其中，因此也會擔任某個產品的產品負責人。例如，我們的試算表產品線負責人可能也會擔任新增圖表功能的團隊的產品負責人。

雖然功能可以按照上述方式劃分，但對所有產品負責人來說，感受到對整體產品的共同責任感是非常重要的，他們還必須將這種共同責任感傳遞給與其合作的團隊。

> **注意**
>
> 「首席產品負責人」和「產品線負責人」是我偏好使用的標籤，但它們只是代表性的稱呼；如果你願意，也可以使用其他名稱。除此之外，我還見過其他成功使用的名稱，例如「計畫負責人」（program owner）、「超級產品負責人」（super product owner）、「區域負責人」（area owner）以及「功能負責人」（feature owner）。
>
> 為了與現有的 Scrum 文獻保持一致，我更傾向於將「產品負責人」這個名稱用於那些直接與一至兩個團隊合作、負責優先排序他們的工作並處理所有與產品負責人角色相關事務的人。在這些多層級的架構中，產品負責人名片上通常會寫著「業務分析師」（Business Analyst）。

處理大型產品待辦清單

大多數的大型專案團隊會選擇使用支援管理大型產品待辦清單的商業敏捷工具，因此，我不會詳細說明我對單一大型產品待辦清單的偏好處理方式，因為組織如何處理其產品待辦清單，會受到工具選擇的影響。然而，有兩條指導原則，無論使用哪種待辦清單管理工具始終都適用：

- 如果只有一個產品，應該只有一個產品待辦清單。
- 產品待辦清單應保持在合理的大小。

這些主題將在接下來的小節中進一步探討。

一個產品，一個產品待辦清單

這個清單之所以不叫「專案待辦清單」或「團隊待辦清單」或任何其他類似但不夠精確的名稱，是有原因的。它被稱為「產品待辦清單」，因為每個產品應該只對應一個待辦清單。如果一個團隊同時進行多個產品待辦清單，這些清單之間必須進行優先等級排序。僅僅對每個產品待辦清單進行排序然後告訴團隊從中選取前五個項目，這樣是不夠的。一個產品待辦清單中最高優先等級的項目，可能比另一個清單中的最低優先項目的優先等級更低。

舉個例子，來自佛羅里達州韋斯頓的 Ultimate Software 是成功採用 Scrum 的公司，他們開發人資管理相關的軟體即服務（SaaS），其中包括人力資源和薪酬管理功能。雖然這些功能顯然密切相關（你管理的人力資源需要支薪），但底層軟體是模組化的。在 Ultimate Software，公司內有專注於增強人力資源功能的團隊，也有專注於改進薪資功能的團隊，然而，即便有這些團隊分別專注於系統的不同部分，Ultimate Software 還是為整體產品維持了一個單一的產品待辦清單。

維持單一的產品待辦清單，使 Ultimate Software 的首席產品負責人能夠看清人資功能的最高優先等級項目與薪資功能的最高優先等級項目之間的關係。例如，假設產品待辦清單頂部的所有項目都是人資相關的功能，這對首席產品負責人來說是一個訊號：要麼將專注於薪資的團隊重點轉向人資功能（雖然他們在這個領域或程式碼上不那麼熟悉，因此效率初期會較低），要麼讓這些團隊繼續處理低優先等級的薪資功能。

當多個團隊和多位產品負責人共同使用一個產品待辦清單時，可能會出現問題。雖然我們可以同意，所有功能應該按照相對優先等級進行排序，但在包含眾多產品負責人、多位產品線負責人和一位首席產品負責人的專案中，但恐怕是很難做到的。與其讓每位產品負責人維護自己的私人產品待辦清單，更好的解決方案是保留一個產品待辦清單，同時為每位產品負責人提供他們的專屬視圖，如圖 17.2 所示。

圖 17.2
每個產品應只有一個產品待辦清單，但可以有多個視圖來檢視該清單。

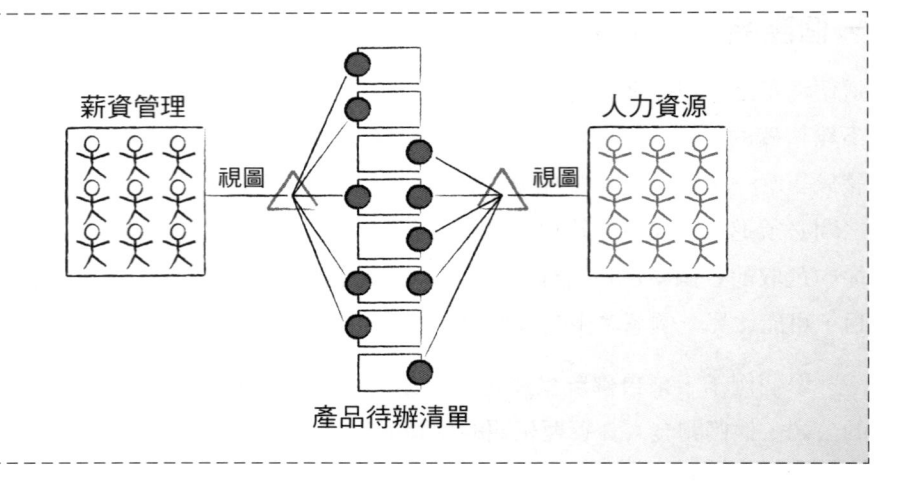

圖 17.2 顯示了兩個團隊共享同一產品待辦清單的情況。當右側團隊（負責開發系統的人資功能）查看產品待辦清單時，該清單中會顯示該團隊負責交付或可能交付的項目。左側的薪資團隊也有類似的視圖，顯示該團隊所關注的項目。請注意，某些產品待辦清單項目可能在兩個視圖中同時顯示。這可能表明該功能可以由任一團隊完整實作，或者需要兩個團隊共同參與開發。例如，假設辦公室套件的文字處理器團隊和試算表團隊正在查看其產品待辦清單視圖，很可能他們都會看到一個與「加強拼字檢查」相關的產品待辦清單項目。

產品待辦清單保持在合理的規模內

我們需要在維持單一產品待辦清單的需求與保持該清單可控的需求之間找到平衡。事實上，根據我的經驗，如果專案中任何人要熟悉超過 100-150 個項目，情況會迅速惡化。我認為這個數量是一個合理的上限，原因有兩點。首先，透過觀察並和與數百個 Scrum 團隊的合作，我發現當有人抱怨「我們的產品待辦清單太大了」，幾乎都是指那些包含 100 項或以上的待辦清單。第二個原因則與我在 2000 年參加的一場發布會有關。

身為該組織當時的開發副總，我對團隊按時完成一個特別大型的專案感到欣慰。我們決定舉辦一場派對來祝賀團隊並慶祝成功。派對在一家酒店的宴會廳舉行，有 160 名團隊成員及其伴侶參加。我帶著妻子在宴會廳裡走動，向她

介紹我的同事並認識他們的來賓，直到某一刻——糟糕，我看到一對夫婦，卻完全記不得我到底是與哪一位共事過。這實在很糟——其中一位是直接或間接向我匯報工作的人，但我竟然記不得是誰。後來我讀到一個叫做「鄧巴數字」（Dunbar's Number）的東西，知道是我的大腦出現了問題，才終於明白這是怎麼回事。

Robin Dunbar 是一位英國人類學家，他提出人類大腦能夠維持正常社會關係的個體數量約為 150 人。在這個範圍內，我們可以記住每個人是誰以及他們與其他人的關係（「那是 Joachim，他在測試組」）。超過這個數字，我們就會搞混，這解釋了為什麼我在派對上無法記住每個人。但這與產品待辦清單有什麼關係？或許在科學層面並沒有太多關聯，然而，如果人類大腦的結構決定我們只能記住 150 人及其關係，我願意接受這個觀點，即大多數人只能有效處理 100 到 150 個產品待辦清單項目及其之間的關係。再結合我觀察到的經驗：擁有超過 100 個待辦清單項目的團隊經常對此抱怨，而待辦清單較小的團隊則不會，因此 100 到 150 似乎是一個合理的上限。

雖然這看起來是相對較少的產品待辦清單項目，但我們有兩種方法可以讓待辦清單中項目的數量保持在可控範圍內。

- **利用史詩和主題**。透過在產品待辦清單中記錄一些較大的故事（史詩）並將小故事按主題分組，即便是龐大的專案，其產品待辦清單也可以保持在不超過 150 個項目的範圍內。

- **提供產品待辦清單的視圖**。請注意，我並不是說產品待辦清單不能包含超過 150 個項目；我的意思是，任何人都不需要熟悉超過這麼多項目。我們可以透過提供多個產品待辦清單的視圖來實現這一點，如之前在圖 17.2 中所示。再次想像一下，如果你正在建立一個與 Microsoft Office 和 Google Apps 競爭的產品，這樣的產品的首席產品負責人如果需要同時了解並檢視 500 個或更多產品待辦清單項目，一定會不堪重負。對於這樣的首席產品負責人而言，更有用的方法是能夠看到將個別產品待辦清單項目彙總為主題的視圖，同時允許團隊能看到個別使用者故事。

> **另見**
>
> 在第 13 章「產品待辦清單」中，我們介紹了史詩和產品待辦清單的逐步細化。

這可以在圖 17.3 中看到，該圖展示了一部分產品待辦清單。首席產品負責人可以看到主題，也就是相關使用者故事的組合。然而，個別團隊及其產品負責人則能看到詳細層級的使用者故事，這些細節使他們能夠將每個使用者故事轉化為產品中的新功能。

圖 17.3
一個產品待辦清單中的多個視圖。

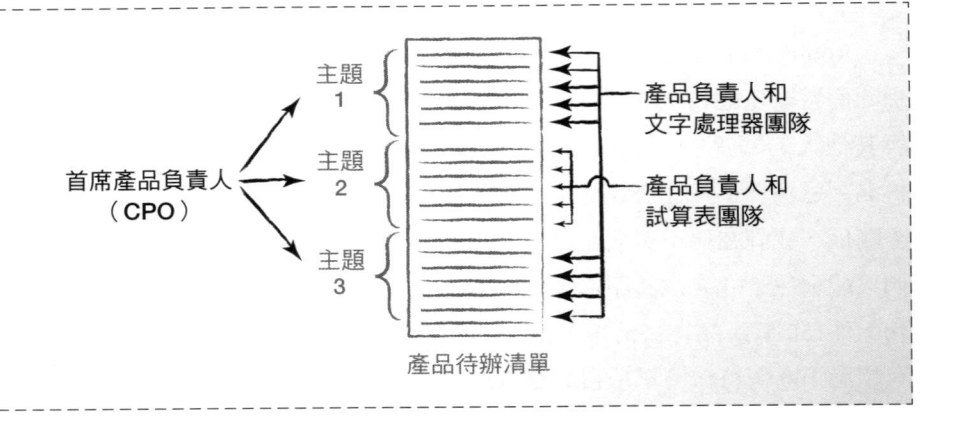

現在試一試

- 如果你的專案有多個產品待辦清單，應主動協助產品負責人將它們合併為一個清單。
- 如果你的產品待辦清單超過 100-150 個項目，請將項目依主題分組，並在主題上寫出使用者故事或其他描述，讓這些使用者故事集被視為一個項目。

主動管理依賴關係

Tom 的專案多半進展得相當順利：團隊已經適應了 Scrum 的迭代與漸進特性，並開始真正接受自動化測試、測試驅動開發，甚至是結對程式設計。Tom 在 ScrumMaster 這個新角色上也適應得很好，只剩下些許過去作為指揮控制型專案經理的影子。在每次衝刺結束後，Tom 的兩個團隊會展示他們線上支付和資金轉移應用程式的新功能，大多數時候，利害關係人對進展感到很滿意。然而有些時候，Tom 的團隊只能完成他們承諾的一小部分功能，每當這種情況發

生，團隊會利用回顧會議來分析根本原因。一位名叫 Campbell 的團隊成員在一封給我的電子郵件中，總結了他們的發現：

> 幾乎每次衝刺失敗，原因都是我們兩個團隊之間的依賴關係。在衝刺規劃期間，我們要麼完全沒想到這些依賴關係，要麼低估了涉及的工作量。

在任何像 Tom 和 Campbell 這樣的多團隊專案中，團隊之間存在潛在的依賴關係是不可避免的。良好的團隊結構可以大幅減少依賴關係，但無法完全消除。同樣，持續整合可以幫助指出某些依賴關係引發的問題。所幸 Scrum 團隊還可以採用其他技術進一步管理依賴關係，包括滾動式展望規劃、舉行發布啟動會議、共享團隊成員，甚至設置專門的整合團隊。

另見

關於團隊結構的建議已在第 10 章中說明。持續整合則在第 9 章「技術實踐」中進行了描述。

滾動式調整展望規劃

團隊很常在完成衝刺規劃會議後才發現，需要其他團隊完成一小部分工作，而對方團隊可能沒那個時間。滾動式調整展望規劃，能讓團隊在每個衝刺花幾分鐘思考接下來幾個衝刺的工作，就能大幅減少此類問題的發生。通常，最方便的時間是在衝刺規劃會議結束時進行，因為此時團隊和產品負責人已經集中精力在規劃上。

根據團隊的情況、衝刺時長以及其他幾個因素，規劃一個衝刺通常需要一小時到一天不等，在同一次會議中規劃額外幾個衝刺似乎既不可能又過於乏味。幸好我們只需要利用歷史平均速度展望接下來的兩個衝刺，而不需要考慮具體的任務或工時。這意味著規劃這兩個衝刺大約只需要十分鐘，前提是團隊知道其歷史平均速度，並且產品負責人已經為產品待辦清單設置了優先順序。

因此，滾動式調整展望規劃的團隊將會在會議結束時，詳細規劃好即將到來的衝刺（選擇的產品待辦清單項目以及每個項目的任務和工時），並初步選定接下來兩個衝刺的產品待辦清單項目。表 17.1 展示了一個滾動展望規劃的案例，該案例顯示了衝刺三的規劃完成後的狀況。在下一個衝刺中，團隊將為衝刺四的產品待辦清單項目識別任務，並展望衝刺五和衝刺六的工作，這些衝刺將逐步進入規劃範圍。值得注意的是，為後續衝刺選定的產品待辦清單項目在

真正開始工作時可能會發生變化。滾動式展望規劃應被視為考慮下一步可能工作的機會，而非一個固定的計畫。產品負責人仍然可以根據當時的最新資訊調整自己的判斷。

表 17.1
滾動式展望規劃包含當前衝刺的詳細內容，但僅包含接下來兩個衝刺的高層次項目。

衝刺 3	
作為網站訪客，我可以在首頁閱讀時事新聞，這樣我就可以隨時掌握 Scrum 和敏捷世界的最新動態。	
編寫中間層程式碼。	12 小時
編寫新使用者介面程式碼。	4 小時
設計並自動化測試。	12 小時
設計新使用者介面並向一些使用者展示。	8 小時
作為網站編輯，我可以在網站上新增新聞項目，這樣使用者可以掌握最新的動態。	
識別並進行資料庫更改。	12 小時
編寫 Ruby on Rails 程式。	4 小時
設計並自動化測試。	8 小時
作為網站訪客，我可以訪問不再顯示在首頁的舊新聞，這樣我就可以找到我想重新閱讀或在首次發布時錯過的項目。	
新增程式碼來設置並使用這些功能。	6 小時
設計與自動化測試	8 小時
衝刺 4	
身為網站編輯，我可以為所有新聞項目設置「開始發布日期」和「停止發布日期」，這樣只有即時的新聞會顯示。	
身為網站訪客，我可以透過表單向網站的網站管理員發送電子郵件。	
身為網站訪客，我可以透過表單向網站的編輯發送電子郵件。	
衝刺 5	
身為網站訪客，我希望每週在首頁閱讀一篇新文章。	
身為網站訪客，我可以對文章正文、標題和作者名稱進行全文搜尋。	

我建議一次規劃兩個衝刺，來給團隊足夠的時間應對大多數新發現的依賴關係。設想一下團隊如果只提前規劃一個衝刺會發生什麼情況。此時如果你需要其他團隊在下個衝刺開始時完成某項工作，唯一的選擇是請該團隊在即將到來的衝刺中完成。但如果該團隊與你同時進行衝刺規劃，他們可能在你提出需求時已經完成了衝刺規劃，無法臨時調整。然而，提前兩個衝刺則允許你提前與該團隊溝通，給予更多時間準備，這樣，其他團隊才有時間規劃並在下一個衝刺中完成所需工作，並在後續衝刺開始時準備好，正好是你需要的時候。一些團隊——通常是硬體或嵌入式開發相關的團隊——可能會在滾動式調整展望規劃中提前更多。

> 「我們連規劃一個衝刺的時間都不太夠，肯定不想一次規劃三個衝刺。而且，如果展望兩個衝刺，衝刺規劃會議會變得重複，因為我們會規劃同一個衝刺兩到三次。」   **反對意見**

請記住，滾動式展望規劃並不涉及將使用者故事拆解為任務或估算每個任務的工時，這應該是在規劃當前衝刺時進行的。團隊僅僅是利用其平均歷史速度來大致猜測，在接下來兩個衝刺中可能會開發哪些產品待辦清單項目。如果從已設定優先順序的產品待辦清單開始，幾乎可以在十分鐘內輕鬆完成。

在滾動展望規劃期間，團隊並未承諾在接下來兩個衝刺中交付特定的項目。他們只是猜測可能接下來會處理什麼，以便識別出任何依賴關係或需要在即將到來的衝刺中完成的準備工作。

召開發布啟動會議（Kickoff Meeting）

另一種主動管理依賴關係的方式，是召集所有相關人員參加一次發布啟動會議，理想的時間點是新專案或發布周期的開始。一場啟動會議可以減輕大型專案中的一個最大風險：不同團隊或個體可能會開始向錯誤或不同的方向努力。

在發布啟動會議之前，每個「雙披薩團隊」及其產品負責人已經建立了一個粗略的計畫，描述他們在一段可預見的合理時間內（通常約三個月）將交付

的內容。在發布啟動會議中，這些計畫會與專案中所有相關人員分享，通常，每個團隊的產品負責人會依次分享其團隊計畫要進行的工作。

Salesforce.com 每三到四個月發布一次其 SaaS 平台的新版本，並認為發布啟動會議至關重要。Eric Babinet 和 Rajani Ramanathan 表示：「如果其他團隊還不知道他們在發布中要做什麼，就很難識別依賴關係或協調承諾。發布啟動會議是一個重要的同步點，有助於團隊圍繞跨團隊依賴關係進行更高效的討論（2008, 403）。」

Salesforce.com 的團隊在標準發布啟動會議的基礎上引入了一個有價值的創新。他們在同一週稍晚舉辦了一個會議，稱之為「發布開放空間」（Release Open Space）。該會議參考了近年在會議中流行的「開放空間技術」方法[1]。每個團隊至少派一人參加開放空間會議。這場非正式會議以個人確定與發布相關的感興趣主題開始，並將這些主題寫在大張紙上並貼於牆上。確定主題後，參與者分組討論感興趣的主題。Salesforce.com 提供 45 分鐘讓大家討論，然後用 30 分鐘的時間讓所有人重新聚集進行匯報。只要牆上還有感興趣的主題，就會重複上述的過程。

共享團隊成員

> **另見**
> 當然，把人放在一個以上的團隊中也有弊端，其中一些已在第 10 章的「一個人一個專案」中描述過。

另一種主動管理依賴關係的方法是在團隊之間共享成員。當依賴關係難以提前識別或需要迅速處理時，這種方法很有效。但當依賴關係可能發生在在多個團隊之間且方向不固定時，此策略則不太有效。然而，當依賴關係可能存在於功能團隊和組建團隊之間，這就會是一個不錯的策略。

在此方法中，共享團隊成員同時參與兩個團隊的工作，負責處理兩邊已知的或可能存在的依賴關係，圖 17.4 顯示了三個功能團隊，其中兩個團隊與一個組件團隊共享一位兼職成員。此外，兩個功能團隊之間也共享了一名成員。

1　開放空間是一種會議、conference 等的自組織方式，它已經成為敏捷會議的主力。更多資訊請見 http://en.wikipedia.org/wiki/Open_Space_Technology。

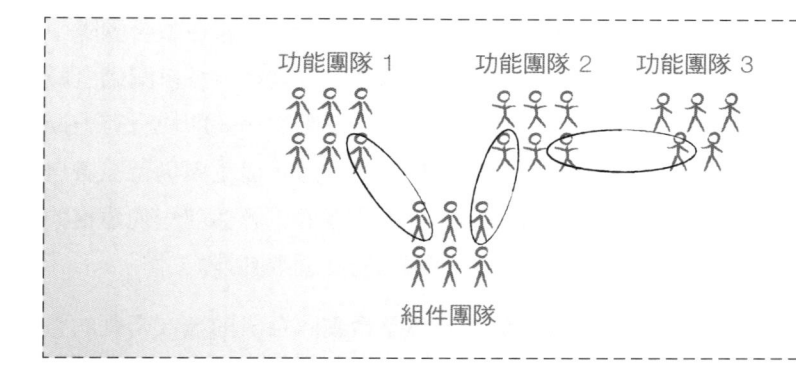

圖 17.4
共享少數幾名成員是確保跨團隊溝通的好方法。

應用整合團隊

雖然共享一名兼職的團隊成員有時是一個對的方向，但可能還不足以解決所有問題，有時還需要建立一個整合團隊（integration team）。這種需求最常見於擁有十個或更多團隊的專案中。整合團隊的作用是處理可能存在於開發團隊之間的缺口。這些缺口大多出現在團隊之間的協作介面處（Sosa, Eppinger, and Rowles 2007）。協作介面（interface）問題大致可分為兩類：

- **未被識別的協作介面**。指的是那些存在但尚未被發現的協作介面。
- **未處理的協作介面**。指的是那些存在且至少有一個團隊知道、但沒有人採取行動處理的協作介面。

整合團隊的重點是直接處理未處理的協作介面，同時密切關注未識別的協作介面。一旦整合團隊發現了未處理或未識別的協作介面，其首要策略應該是鼓勵其中一個開發團隊承擔起責任。如果這不可行或不切實際，那麼整合團隊則應接管該協作介面的責任。

通常，整合團隊成員每天早上做的第一件事是檢查夜間建構的結果，以確保系統成功建構且通過所有測試。如果建構失敗，整合團隊成員會採取一切必要措施使所有測試通過。這通常涉及識別問題、找到問題源頭、確定涉及的團隊，然後與這些團隊合作解決問題。

在大型專案中，整合團隊可能由全職成員組成，這些成員僅在整合團隊中工作。事實上，在非常大型的專案中，可能會有多個整合團隊，各自配備全職成員。其他規模稍小的專案——可能只有幾個到十幾個團隊——即使只有虛擬整合團隊仍能順利運作，其中個別成員被指配到整合團隊，但主要仍留在各自的開發團隊中工作。虛擬整合團隊的成員每天早上會碰面，評估前一晚建構的狀態並商定由誰來解決任何問題。隨後，成員返回各自的開發團隊工作。

在新專案的初始階段，指派一些人員到一個整合團隊負責前幾次衝刺的整合工作，是很常見的做法。這支團隊的任務是安裝所有必要的伺服器並配置專案範圍的軟體，例如 wiki、持續整合伺服器等。當這些系統到位後，整合團隊成員返回各自的開發團隊，而整合團隊也會轉為兼職工作的模式。

舉例來說，一家位於舊金山的大型生物資訊公司，擁有 12 個功能團隊、兩個組件團隊以及一個整合團隊。除了監控夜間建構並修復相關問題外，整合團隊還開發自動化測試來驗證整合點。這些測試通常涉及那些不明確屬於任何一個團隊責任範疇的協作介面，但在產品發布前必須要有人負責。由於這些通常是未識別的協作介面，整合團隊成員需要投入大量精力尋找潛在的問題點。例如，整合團隊通常會派出代表參加功能團隊和組建團隊的所有標準會議，有時候甚至一天內參加三場每日站會也不奇怪。整合團隊成員出席這些會議——包括衝刺規劃會議、審查會議和回顧會議——是為了仔細聆聽是否有未被處理或未被識別的協作介面問題。

由於參與整合團隊需要良好的分析技能，包括能夠將各個團隊相隔幾週的評論或意見串聯起來找出關聯性，因此不應將整合團隊視為表現不佳成員的「收容所」。整合團隊需要具備廣泛技能的資深人員，所以說，讓新員工先在整合團隊任職，是能讓他們快速了解整個系統全貌的好方法，同時，這也為新員工提供了一個有組織的機會，可以接觸到專案的所有成員，並建立日後有助於工作的重要聯繫。但要確保整合團隊並非主要由新員工組成。

> 「如果專案是真的敏捷,就不需要整合團隊。如果團隊每個衝刺都能產出一個潛在可交付的產品,那麼整合團隊是多餘的。使用整合團隊就代表團隊並不是真的敏捷。」

反對意見

通常,我聽到這種意見時,發言者往往從未參與過真正的大型專案,只是憑空假設而已。Linda Rising 是一名曾參與過多個非常大型專案(包括為波音 777 開發軟體)的獨立顧問,她表示:「我從未在沒有整合團隊的大型專案中工作過。」

> 我認為,從未參與過非常大型專案的人,會認為大型專案可以像一堆小專案一樣簡單地拼接在一起。但問題在於,這些拼接部分(「膠水」)可能會讓人應接不暇,尤其是如果事先沒有考慮會發生什麼情況。更何況,這些拼接問題只會隨著時間過去越變越糟。

其次,應用整合團隊不應被看成是其他團隊能力不足,而應將它視為大型複雜專案的一種指標。試想另一種情況──每個團隊都要去尋找自身與其他所有團隊之間的未處理和未識別協作介面,若是由整合團隊來負責,那麼整體投入的人力就能減少許多。每個功能團隊和組件團隊應該嚴格把關自身的整合問題,無論是數量或類型都應盡量避免讓整合團隊來收拾善後;但整合團隊本身並不代表缺乏敏捷性。

雖然使用整合團隊本身並沒有什麼問題,但應僅在必要時使用。

協調跨團隊的工作

由於 Scrum 透過組建多個小型團隊(而非一個大型團隊)來擴展,因此如何協調所有團隊的工作成為一大挑戰。一位名叫 Joanne 的 ScrumMaster 向我分享了她在首次管理多團隊專案時學到這個教訓。Joanne 在單一團隊的 Scrum 中取得成功後,接受挑戰擔任五個團隊的 ScrumMaster,負責交付公司新版的救護車調度產品。她對每個團隊進行了簡短的培訓,然後讓他們自由展開工作。在前

四個衝刺中，事情進展順利，但隨著團隊之間的依賴關係變得更加關鍵，問題開始顯現：團隊彼此孤立運作，各自努力朝著自己的目標快速前進，但對整合點的關注卻明顯不足。Joanne 在給我的一封電子郵件中承認，她對促進跨團隊溝通做得太少。

> 每個人都很擅長弄清楚自己團隊需要完成的工作。如果我們在衝刺規劃中遺漏了一些事情，團隊會在衝刺期間全力解決這些問題，但沒有人在關注團隊之間累積的數千個小問題。就像兩個棒球選手眼睜睜看著球落地，各自以為對方會去接住它。

團隊之間沒有敵意或競爭意識，只不過每個團隊過於專注於自己認為的目標，而忽略了整體目標。第 11 章「團隊合作」中介紹了 Scrum 團隊基於整體團隊思維和共同責任的理念。在多團隊專案中，「整體團隊」不僅僅是指某個雙披薩團隊及其產品負責人和 ScrumMaster，而是所有的雙披薩團隊、產品負責人和 ScrumMaster。

在本節中，我們將探討 Joanne 本可以採取哪些措施來改善她的跨團隊協調工作。具體而言，我們將研究如何舉行 Scrum of Scrums 會議，以及是否應該讓各團隊的衝刺開始日和結束日同步。

Scrum of Scrums 會議

協調多個團隊工作的一種普遍做法是舉行 Scrum of Scrums 會議。這些會議讓相關團隊群組能夠討論他們的工作，特別是針對彼此重疊與需要整合的部分。

設想一個由七個團隊組成的專案，每個團隊有七名成員。每個團隊會獨立舉行自己的每日站會。然後，每個團隊還會指定一名成員參加 Scrum of Scrums 會議，而選擇誰參加應由團隊自行決定。通常，參加者應該是團隊中的技術貢獻者——如程式設計師、測試人員、資料庫管理員或設計師——而不是 ScrumMaster 或產品負責人。被挑選參加 Scrum of Scrums 會議並不是永久性的任務，參加者會根據專案的進展而變動。團隊應根據當下可能出現的問題，選擇最能夠理解並提供建議的成員作為代表。

如果參與團隊數量較少，若團隊願意，每個團隊可以選擇派出兩名代表——一位技術貢獻者（如上所述）以及團隊的 ScrumMaster。通常我只會在團隊數量不超過四個時採用這種方法，以保持會議規模在八人以內。大多數 Scrum of Scrums 群組不會為自己指定一位特定的 ScrumMaster，因為參加者已經習慣於參與自組織的團隊。然而，在某些團體中，可能會有人自願承擔這種群組的 ScrumMaster 角色，至於是否接受這樣的安排則由該群組自行決定。

Scrum of Scrums 會議可以以遞迴方式進行，一層層往上擴展。如果一個大型產品是由多個團隊群組共同建立的，那麼每個 Scrum of Scrums 會議可以選派一名代表參加下一級會議，可能稱為「Scrum of Scrum of Scrums」會議（雖然聽起來有點可笑）。不過大多數組織都還是稱之為 Scrum of Scrums 會議，不管層級為何。圖 17.5 展示了一個例子，其中有 11 個獨立團隊，這 11 個團隊被分成三個團隊群組，每個群組舉行自己的會議。但由於這三個團隊群組要共同完成一個產品，因此還有另一個層級的會議，由每個 Scrum of Scrums 會議選派的一名代表參加。

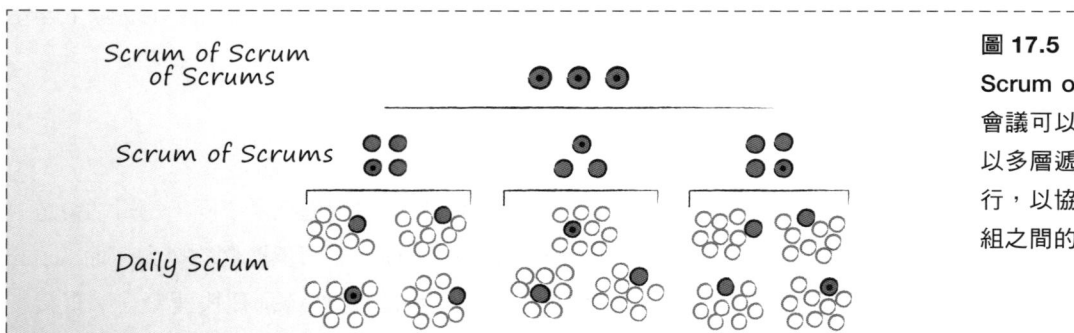

圖 17.5
Scrum of Scrums 會議可以根據需要以多層遞迴方式進行，以協調團隊群組之間的工作。

頻率

Scrum of Scrums 會議與每日站會有三個重要的不同點：

- 不需要每天舉行。
- 不需要限制 15 分鐘內完成。
- 是問題解決型會議。

對於大多數專案來說，每週舉行兩到三次 Scrum of Scrums 會議已經足夠，因此「週二 - 週四」或「週一 - 週三 - 週五」的會議安排是合理的。雖然 Scrum of Scrums 會議通常可以在 15 分鐘內完成，但我建議行事曆上要預留 30 或 60 分鐘時間，因為 Scrum of Scrums 與每日站會不同，是屬於解決問題型的會議。如果某個問題在這個群組中被提出，且解決該問題的關鍵人員在場，那麼就應該立刻解決該問題。

想一想有多少人可能在等待會議的決議。一場 Scrum of Scrums 會議的結果可能會影響近百人（甚至更多人，如果是 Scrum of Scrum of Scrums 會議的話）。因此，應盡快解決在會議中提出的問題，這意味著會議不能輕易地限制時間，也不能將問題留待日後處理。

當然，有時候問題可能無法立即處理，可能需要其他人員來處理問題，或者需要額外的資訊。如果問題無法立即解決，就會被記錄到群組的「問題待辦清單」（issues backlog）中，也就是一份待解問題的清單，Scrum of Scrums 群組打算解決這些問題，或者希望追蹤問題以確保其他群組會解決它們。對於這份待辦清單，簡單的低技術追蹤機制通常就足夠了。大多數團隊在團隊工作室掛大張紙，或者用一個電子表格或 wiki 來追蹤這些問題。

> **另見**
> 某些類型的問題通常由實踐社群解決，本章後面會描述這種擴展機制。

議程

Scrum of Scrums 會議儘管名稱相似，但與每日站會感覺完全不同。每日站會是一種同步會議：團隊成員聚在一起溝通他們的工作，並同步他們的努力。而 Scrum of Scrums 是一種解決問題的會議，因此不會有每日站會那種快速報告、直接了當的風格。Scrum of Scrums 會議的議程如表 17.2 所示。從這張表中可以看出，Scrum of Scrums 與每日站會類似，都是從每位參會者回答三個問題開始：

1. 自上次會議以來，我的團隊完成了哪些可能影響其他團隊的工作？
2. 在下次會議之前，我的團隊將進行哪些可能影響其他團隊的工作？
3. 我的團隊有哪些問題需要其他團隊的幫助？

表 17.2
Scrum of Scrums 會議的議程包括三個問題，隨後討論問題待辦清單。

時間	議程項目
時間限制為 15 分鐘	每位參與者回答三個問題。 • 自上次會議以來，我的團隊完成了哪些可能影響其他團隊的工作？ • 在下次會議之前，我的團隊將進行哪些可能影響其他團隊的工作？ • 我的團隊有哪些問題需要其他團隊的幫助？ 注意：在這部分會議中不允許出現個人姓名。
根據需要	解決問題並討論問題待辦清單

在這部分討論所提出的主題，會被加到群組的問題待辦清單中。這部分會議應該快速且簡短，建議將其限制在 15 分鐘內，就像每日站會一樣。一種方法是採用一個指導方針，即避免提及個人姓名。這樣做有兩個原因。首先，不提及姓名可以將討論保持在適當的細節層次上。在會議期間，我希望聽到關於每個團隊的情況，而不是每個團隊中每個人的情況。其次，太多人把重要性與發言時間長短劃上了等號，因此遵循此指導方針有助於讓這部分會議快速進行。

在每個人回答完三個問題之後，會議參與者將處理在最初討論中提出或已經存在於問題待辦清單中的任何問題、困難或挑戰。

Scrum of Scrums 群組不進行正式的衝刺規劃和衝刺審查會議。參與這些會議的人，首先是各自團隊中的個別貢獻者。高層級的 Scrum of Scrums 是一個更短期、臨時的群組，其成員會隨著整個專案進展偶爾變動。推動專案前進的衝刺規劃和承諾，應該由各自的團隊來主導。

同步衝刺

在我參與的第一個 Scrum 專案中，我們最初只有一個團隊。這個專案很快擴展到三個團隊，團隊之間出現了典型的依賴關係。我迅速想出一個看似不錯的方法來管理這些依賴關係：我將衝刺開始日期錯開一週，如圖 17.6 所示。我的想法是，當某個團隊開始進行其衝刺時，它也會知道第二個團隊最近承諾的使用者故事以及第三個團隊可能完成的使用者故事。

圖 17.6
重疊衝刺將造成問題。

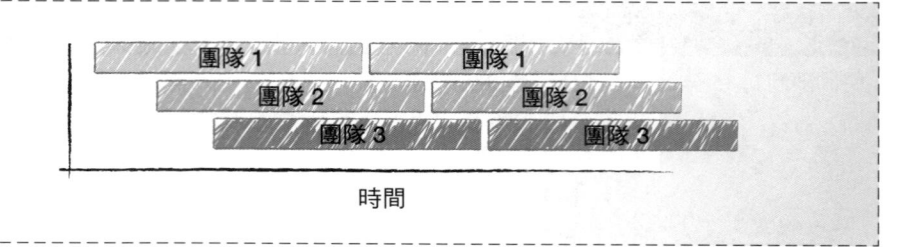

```
        團隊1          團隊1
        團隊2          團隊2
          團隊3          團隊3
                時間
```

　　這個計畫的某些部分確實運行得很好。但整體來說，錯開衝刺開始日期是一個糟糕的主意。重疊的衝刺最大的缺點在於，(除了專案結束)永遠不會有所有團隊都完成的時候。總是會有一個或多個團隊處於衝刺進行中，有些團隊正在規劃新衝刺，有些團隊剛在一週前完成衝刺規劃，還有團隊規劃下一週衝刺。如此一來，不管是向客戶展示完整系統以獲取回饋，或是向營運小組部署系統，都十分困難。

　　並非所有衝刺都必須在同一天結束。在大型專案中，可以讓衝刺在兩到三天內結束，而事實上，這樣做有一定的優勢。允許衝刺在兩到三天內結束，可以讓多團隊成員更容易參加他們預期參與的所有審查會議和規劃會議。此外，這種安排也能照顧到需要出差到當地參加會議的遠距團隊成員，如果同時參與多個團隊工作的遠距團隊成員，能夠充分參加每個團隊的會議，就更容易證明為何需要花費這些旅行時間和成本。

　　雖然同步衝刺最主要的好處是所有團隊在一兩天內開始和結束工作，但這並不意味著所有團隊必須以相同的衝刺長度工作。一個擁有多個團隊的專案可以透過使用「嵌套衝刺」(nested sprint)來適應不同的衝刺長度，如圖 17.7 所示。嵌套衝刺最常見的使用場景是，當專案中的各個團隊無法就共同的衝刺長度達成一致時，有些團隊希望兩週衝刺、有些團隊希望四週衝刺。

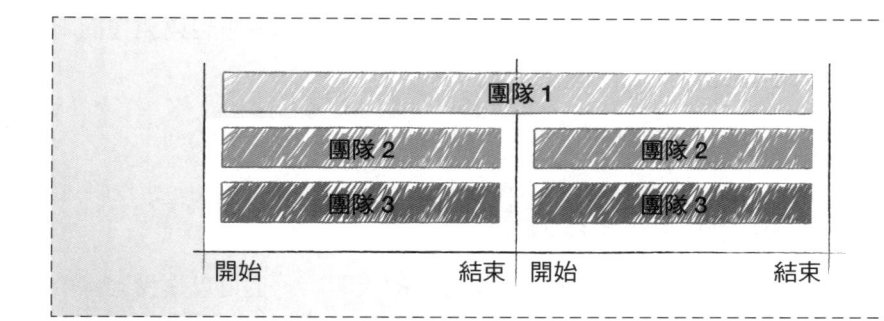

圖 17.7
不是所有同步運行的衝刺都要同等時長。

- 同步同一專案內的各團隊衝刺。嘗試進行兩個衝刺，然後舉行一次聯合回顧會議，討論是否有所幫助，並尋求方法解決所有顯現出來的問題。
- 除非你們已經舉行有效的 Scrum of Scrums 會議，否則可以嘗試按本文描述的方式進行。許多曾經對舉辦這類會議感到困惑的團隊，在採用過這種方法後取得了成功。

現在試一試

擴展衝刺規劃會議

隨著專案規模的擴大和多團隊的參與，Scrum 團隊舉行的大多數標準會議都刻意保持不受影響。團隊仍然像單一團隊專案那樣舉行每日站會、衝刺審查會議和衝刺回顧會議。當需要共同查看多個團隊的工作時，團隊有時會決定舉行聯合審查會議；偶爾也會舉行聯合回顧會議來改變常規或專注於跨團隊問題。然而，當 Scrum 專案擴展到多個團隊的規模，衝刺規劃會議受到的影響最為嚴重。

另見

參閱第 18 章「分散式團隊」，以了解對分散式團隊進行這些會議的具體建議。

多個團隊進行同一個專案時，衝刺規劃會議中會出現以下問題：

- 有些人需要參加多場衝刺規劃會議，而所有衝刺共用一個開始日期，導致他們需要同時出現在兩個地方。
- 如果一個團隊發現需要依賴另一個團隊，但對方已經先完成規劃，可能就無法讓對方承諾執行相關任務。

- 如果多個團隊從同一個產品待辦清單中提取項目，這些項目需要在衝刺規劃開始前預先分配給各團隊。

幸好有一些大規模衝刺規劃的方法，可以減少或消除這些問題。

錯開一天（Stagger by a Day）

正如前一小節的同步衝刺所述，即使衝刺錯開一兩天開始，也可以享受同步帶來的好處。我們可以利用這一點，舉例：讓三分之一的團隊在週二進行衝刺規劃、三分之一的團隊在週三進行衝刺規劃，最後三分之一的團隊在週四進行衝刺規劃。這麼做可以消除大部分共享產品待辦清單所產生的問題。

當我的團隊明天進行規劃時，我們會知道你們團隊今天所承諾了哪些產品待辦清單項目。

錯開一天規劃，還可以解決對高需求角色（如產品負責人、架構師、使用者介面設計師或其他共享成員）同時出現在兩地的需求。然而，這種方式可能會帶來另一種問題，就像一位產品負責人所說的「三天的痛苦」。共享成員能夠幫助更多的團隊，但連續兩三天全程參加會議會讓人精疲力盡；沒有人喜歡接連多天參加規劃會議。

儘管有這缺點，錯開一天的方式仍然是一個有效的做法，通常適用於最多九個團隊的專案，每天讓三個團隊進行規劃。當團隊數量超過九個時，即使錯開日期也會導致過多的規劃天數，這時會需要採用其他方法。

大房間法（The Big Room）

在大房間法中，所有團隊（或是能容納的團隊數量）被集中到一個大房間內，首席產品負責人首先向團隊群組發表一些評論：例如最近與客戶、潛在客戶或使用者討論的結果，或者對未來一到兩個衝刺工作的概述。在會議開始後，每個團隊（包括其產品負責人和 ScrumMaster）移至房間一處，在那裡一起工作幾個小時。有些團隊佔據角落，有些選擇靠牆的位置，還有一些將幾張桌子拉到房間中央。每個團隊就在各處按照單一團隊專案中的方式規劃其即將到來的衝刺。

房間內可能會變得嘈雜，但也充滿能量，甚至可以感受到濃厚的熱情。在團隊規劃衝刺的過程中，很快就會發現彼此之間的依賴關係。當他們發現時，有人會跑到另一個團隊的臨時營地（也在這個房間裡）詢問：「你們能在這個衝刺中幫我們完成某某任務嗎？我們需要它才能完成產品負責人要求的一項待辦清單項目。」該成員可以選擇當場等待對方回覆，或返回自己的團隊稍等幾分鐘，再收到對方團隊的口頭回覆或由其他人幫忙傳遞過來。

大房間法對於關鍵的共享資源也特別有效。同時為兩個團隊工作的產品負責人可以在兩個團隊之間來回穿梭；而公司的首席軟體架構師，雖然過於忙碌而無法加入任何一個團隊，但又是所有團隊所需要的人，也可以在房間裡移動，根據需求提供幫助。在大多數專案中，團隊通常透過喊叫來表示需要產品負責人、架構師或其他共享資源。這種方法很有效，只不過當共享資源結束當前討論時，可能會忘記是誰呼叫了他。

我發現一種有效的技巧是使用航海信號旗（nautical signaling flag）來取代大聲喊叫，如圖 17.8 所示。例如，當團隊需要架構師時，可以在其區域掛上一面 1x1 英尺的旗子；當架構師完成手邊的工作後，可以環視房間尋找他的代表旗幟。如果團隊需要產品負責人，則掛上不同的旗幟。掛上產品負責人旗幟的團隊，會得到其產品負責人或產品線負責人，甚至首席產品負責人的幫助（如果可以的話）。這種方法運作良好：它解決了接下來誰需要幫助的問題，讓共享資源能看到有多少團隊需要幫助，同時也增添了趣味性。

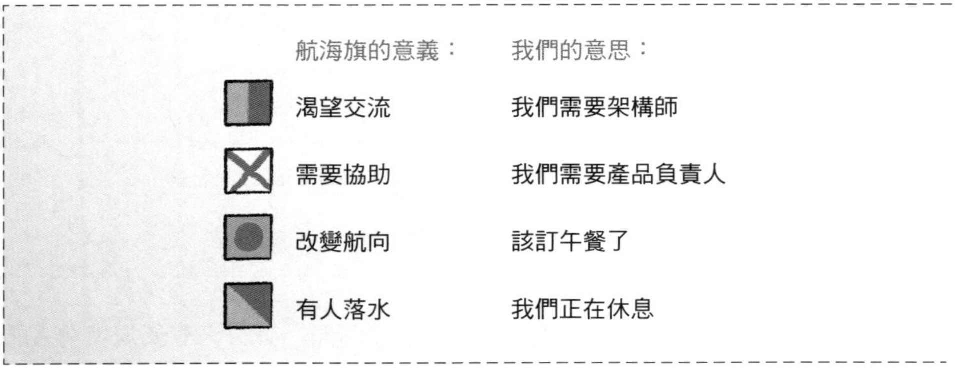

航海旗的意義：	我們的意思：
渴望交流	我們需要架構師
需要協助	我們需要產品負責人
改變航向	該訂午餐了
有人落水	我們正在休息

圖 17.8
旗子可以用來發出求救訊號——在海上或在會議中。

為了使大房間法順利運作，產品負責人必須在會議前做好準備。這通常需要首席產品負責人與其團隊之間進行多次短會議。從首席產品負責人往下的每一層產品負責人，都需要清楚了解產品願景，才能有效地傳達下去。

培養實踐社群

在多團隊專案中，個體可能會變得孤立，多半只與自己團隊中的其他成員交流，以至於好的想法在整個組織中傳播得很慢。不同團隊以不同方式實作類似的功能可能會產生問題，因此我們設置了 Scrum of Scrums 會議來減少這些問題的影響，但這種方法的效果畢竟有限。另一個解決方案——對任何大型 Scrum 專案的成功都至關重要——就是培養實踐社群。與改進社群（第 4 章「逐步敏捷」中介紹的一種特殊實踐社群類型）類似，實踐社群是一群志趣相投或技能相近的個人，因為對某項技術、方法或願景的熱情與承諾而自願聚集在一起。在大型專案中，這些實踐社群有助於打破團隊界限，並將來自許多跨職能團隊的個別成員聚集在一起。圖 17.9 展示了一個例子。

圖 17.9
實踐社群跨越了開發團隊，創造了額外的溝通管道。

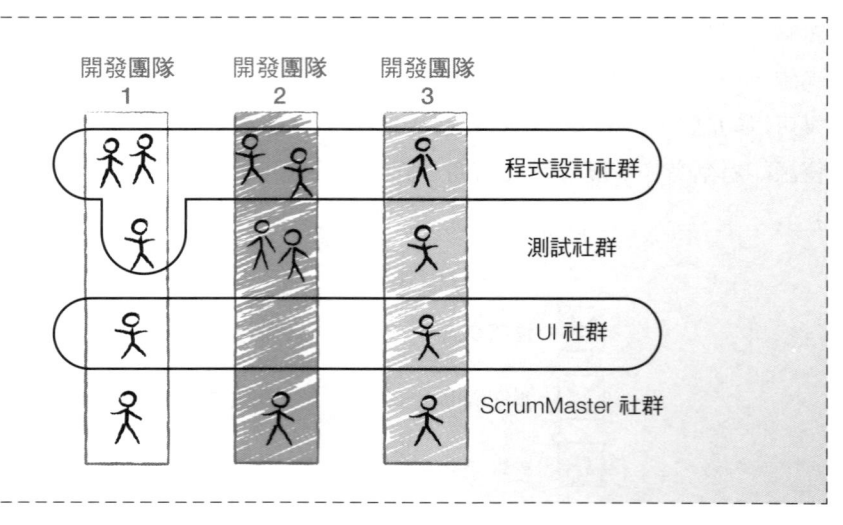

圖 17.9 顯示了圍繞各種專案角色形成的實踐社群。此外，對於規模夠大的專案，還可能出現圍繞技術（例如 Ruby 社群和 .NET 社群）、興趣（例如模擬

物件、人工智慧、測試自動化）或任何多個開發團隊共同關注的主題而形成的實踐社群。

Salesforce.com 的虛擬架構團隊（Virtual Architecture Team, VAT）是實踐社群的一個好例子，Eric Babinet 和 Rajani Ramanathan 描述如下：

> 虛擬架構團隊（VAT）是「虛擬」的，因為它由每個 Scrum 團隊的開發人員組成。成員在加入 Scrum 團隊的同時也參與 VAT 的工作。VAT 負責維護和擴展我們產業引領的軟體架構。他們透過定義架構路線圖、審查程式碼中的重要架構變更以及制定標準確保程式碼的一致性和可維護性，來完成這項工作（2008, 405）。

實踐社群可以橫跨多個專案。例如，可能會圍繞測試自動化形成一個實踐社群，成員來自多個完全無關的專案。不像改進社群，普通的實踐社群並不是圍繞單一特定目標而形成的；相反，社群通常會有許多相關的目標。因此，實踐社群可以無限期地存在。一旦社群達成了目標，或成員失去熱情，也可能解散。

由於實踐社群跨越多個團隊，因而成了團隊間傳播好想法、確保多個開發團隊間一致性或共通性的一種重要機制。例如，一個中間層程式設計師的社群，可能會討論並決定何時是應用伺服器軟體升級到最新版本的最佳時機。正交測試（orthogonal test）團隊成員間的討論，則可以確保測試工具的使用一致以及促進良好實踐的分享。

正式或非正式

實踐社群可以是正式的，也可以是非正式的；大多數組織都會同時存在這兩種類型。在採用 Scrum 之前具有強大職能管理的組織，通常會依賴這些強大的職能管理者來支援甚至建立某些實踐社群。「實踐社群」一詞的創始人 Etienne Wenger 和他的同事根據組織對社群的認可程度，將實踐社群分為五種類型，這些類型列於表 17.3 中。

表 17.3
實踐社群的形式從沒有人知道存在的社群到被賦予官方地位的社群都有（改編自 Wenger, McDermott, and Snyder 2002.）。

社群類型	定義	典型的挑戰
未被認可（Unrecognized）	對組織來說，甚至對其成員來說，都是看不到的。	很難看到這社群對組織或成員的價值；可能沒有包括所有合適的成員。
地下組織（Bootlegged）	只有一小部分特定的內部人員可看到。	難以獲得資源或可信度；很難產生影響。
合法存在（Legitimized）	正式被認可為有價值的實體。	期望不切實際；迅速增長並吸納新成員。
受到支援（Supported）	獲得資源（時間、金錢、設施、人員）。	需要對資源投入的回報負責；面臨短期內證明價值的壓力。
制度化（Institutionalized）	在組織內被賦予正式的地位和責任。	管理過度；行動緩慢；已無實質貢獻卻仍繼續存在；永久成員與實際專案脫節。

表 17.3 不代表一種層級結構。沒有一種實踐社群類型永遠優於其他類型；每種類型都有獨特的優缺點。同樣，表 17.3 也不代表典型實踐社群的生命周期，儘管很容易看出，隨著成員對其目標越來越清楚、組織對其價值的認識越來越明確，社群可能從「未被認可」逐漸發展為「制度化」。雖然有些實踐社群確實依循這樣的生命周期發展，但這並非刻意設計的結果。也有許多社群會朝相反方向發展，有些甚至會完全解散。

打造有利於實踐社群形成與蓬勃發展的環境

在 Scrum 組織中，最有效的實踐社群通常是自然形成，而非由管理層要求建立的，儘管這兩種方式都可用於不同的目的。由於自組織對成功的敏捷團隊合作至關重要，自組織的實踐社群形成可以產生強大的協同效應。從這個意義上來看，組織及其領導層的責任在於創造一個環境，使實踐社群能夠形成、茁壯，完成使命後自然解散。

根據 Etienne Wenger 及其同事的說法，「由於實踐社群是自然發展的，因此設計它們更像是引導其演變，而非從零開始創造（Wenger, McDermott, and Snyder 2002, 51）。」他們提供了支持這種演變的七項原則：

- **為演變而設計**。承認每個社群會隨時間發生變化。其重要性會有所起伏，成員會來來去去，目標也會改變。這是好事，因為它代表了每個社群根據專案、人員和組織需求的變化進行調整而不斷進步。

- **在內部和外部參與者之間開展對話**。儘管社群主要在內部運作，但它們不能與整體組織隔離。一個好的社群應能夠接收來自組織的需求、挑戰和可提供的資源。

- **邀請不同程度的參與**。並非所有對社群感興趣的人都有相同的時間和精力投入其中。應鼓勵個人根據自身情況選擇參與的層次和頻率。

- **舉辦公開和私密活動**。一個好的社群能夠明白，有時候最有價值的討論只限於內部成員參與，但也知道公開活動有時是必要的。例如，一個專注於改善整套產品體驗的社群，可能每兩週私下聚會一次交換想法，並偶爾舉行開放會議，讓公司的任何人都能參加並了解他們的思考方向。

- **專注於價值**。實踐社群為組織提供的價值越大，就越能鼓勵更多的社群形成。此外，隨著社群持續創造價值，組織會給予更多支持和自由，讓社群以其方式運作。

- **結合熟悉感和新鮮感**。成熟的實踐社群往往會養成一系列習慣——例如每週電話會議、每月月會，以及每年在總部舉行的兩天聚會。儘管這些制式活動有價值，但偶爾引入一些變化也有助於為社群注入活力。例如，邀請持不同觀點的外部講師，或舉辦開放空間形式的活動，都是為社群增添新鮮感的方法。

- **為社群建立節奏**。實踐社群通常不像 Scrum 開發團隊那樣以規律的衝刺節奏運作。由於沒有專案導向的可交付物，衝刺並非必要。然而，社群仍然可以從建立規律的節奏中受益。可以透過為社群設定一系列定期活動來實現這目標，頻率由社群自行決定。

如果希望實踐社群自然形成，你可能需要提供一些鼓勵。潛在的社群成員需要知道，組織不僅接受這些社群的形成，還會積極鼓勵與支持。我曾遇到過一些情況，管理層給予 Scrum 團隊相當大的自我組織空間，但卻很困惑為何沒有任何實踐社群形成。當我詢問團隊成員時，他們表示，認為這類非正式團體

會受到管理層的反對。因此，請確保你的團隊知道，這類跨團隊的社群不僅被接受，還是受歡迎的。

參與

大多數正式認可的實踐社群都會因為指派一位受益於指定一名社群協調員（community coordinator）而受益。社群協調員不是群組的領導者，而是透過以下兩種方式為社群提供服務：

- 發展社群形成的核心實踐。
- 發展社群本身。

社群協調員藉由安排會議和其他活動、說服成員參加、將志趣相投的人聯繫起來、參與社群活動等來履行其職責。在某些方面，社群協調員的角色與 ScrumMaster 類似。根據我的經驗，擔任社群協調員的工作，每月需要 5-20 個小時，具體取決於社群的性質。在已經被正式賦予組織內職責的社群中，社群協調員甚至可能是一個全職或幾乎全職的角色。

關於社群應佔用成員多少時間並無硬性規定，可能從每年幾個小時到每週幾個小時不等。Babinet 和 Ramanathan 描述了 Salesforce.com 的虛擬架構團隊（VAT）中相對高的投入程度：

> VAT 每週開會兩次，每次兩小時，審查 Scrum 團隊正在建立的產品和功能的技術實作。負責開發最複雜功能的團隊需向 VAT 進行匯報。該團隊為 Scrum 團隊提供有價值的回饋，指出其技術設計如何影響或受到其他領域影響。VAT 主要關注技術實作，尤其是可擴展性和效能方面的考量。被要求進行重大變更的團隊必須在同一發布周期（約三個月內）再次匯報，詳細說明其設計的修改方式（2008, 405）。

實踐社群的時間和投入非常值得。它們在協助大型組織或大型專案中進行溝通和協調所提供的服務是無價的。如果你的組織尚未形成實踐社群，從一個你感興趣或對組織造成困擾的主題入手，當該社群開始為組織做出貢獻時，其他社群也可能隨之形成。

Scrum 能夠擴展

你不得不佩服那些最早的敏捷作者們的知識誠信。他們非常謹慎地聲明，敏捷方法（如 Scrum）適用於小型專案。這種保守態度並不是因為敏捷或 Scrum 不適合大型專案，而是因為當時他們尚未在大型專案中使用過這些方法，因此不願建議讀者採用。然而，自《敏捷宣言》及前後幾本相關書籍問世以來，我們已經了解到，敏捷開發的原則和實踐可以擴展並應用於大型專案，儘管需要相當大的額外開銷。幸運的是，如果大型組織採用本文描述的技術，例如產品負責人的角色、共享產品待辦清單的管理、關注依賴關係、協調跨團隊工作以及培養實踐社群，便能成功擴展 Scrum 專案。

延伸閱讀

Beavers, Paul A. 2007. Managing a large "agile" software engineering organization. In *Proceedings of the Agile 2007 Conference*, ed. Jutta Eckstein, FrankMaurer, Rachel Davies, Grigori Melnik, and Gary Pollice, 296–303. IEEE Computer Society.

> 這篇經驗報告描述了 BMC Software 在一個 250 人的專案中採用 Scrum 頭幾年的過程。它是一個來自專案工程領導者的極佳第一手敘述，說明專案所面臨的挑戰和收穫。報告最後總結了作者從該專案經驗中提煉出的九條成功指導原則。

Larman, Craig, and Bas Vodde. 2009. *Scaling lean & agile development: Thinking and organizational tools for large-scaleScrum*. Addison-Wesley Professional.

> 這本書涵蓋了許多主題，但在第 11 章中，Larman 和 Vodde 特別聚焦於大規模 Scrum。他們提出了兩個擴展 Scrum 的框架：一個適用於最多十個團隊的擴展，另一個則適用於超過十個團隊的擴展。

Leffingwell, Dean. 2007. *Scaling software agility: Best practices for large enterprises*. AddisonWesley Professional.

> 這本書著重於兩種不同類型的擴展：在大型組織內擴展敏捷，以及在大型專案中擴展敏捷。儘管更側重於前者，但兩種擴展方式都有涵蓋說明。本書的

核心是第二部分，聚焦於七種敏捷實踐及其擴展方法：團隊、兩層規劃、迭代、小型發布、並行測試、持續整合，以及定期反思。

Wenger, Etienne, Richard McDermott, and William M. Snyder. 2002. *Cultivating communities of practice*. Harvard Business School Press.

這本書是實踐社群領域的權威資訊來源。書中包括如何鼓勵實踐社群形成、如何領導他們、如何衡量其價值，以及使用實踐社群可能帶來的一些負面影響。

Chapter 18
分散式團隊

幾年前,在同一個地點工作的團隊是常態,地理上分散式團隊非常少見,如今情況顯然已經反轉。就我個人而言,當有人告訴我整個團隊都在同一棟建築物內工作時,我反而會感到驚訝。隨著團隊遍布全球或者至少橫跨幾個時區的情況越來越普遍,我們必須慎重思考 Scrum 在地理分散式團隊中運作得如何。

一個常見的誤解是,Scrum 不適合地理分散式的團隊。有人認為 Scrum 偏好面對面的溝通,因此不適用於分散式團隊。所幸,這種說法是錯誤的。儘管在同一個地點工作的團隊,績效確實勝過分散式團隊(Ramasubbu and Balan, 2007),但 Scrum 真的可以幫助地理分散式的團隊表現接近同一個地點工作的團隊。假設你已決定將專案的大部分工作外包給在另一個洲的開發人員,那麼為什麼不善用以下這些優勢?

- 每次衝刺結束時看到可展示的進展,提升了可見度
- 在每次衝刺後能夠調整優先等級
- 更頻繁的溝通

- 對品質和測試自動化的重視
- 更好的知識傳遞，尤其是在開發人員進行結對程式設計時

顯然，Scrum 的優點遠遠超過了它依賴於頻繁溝通可能帶來的問題。然而，這不代表在分散式團隊中實施 Scrum 會是一件輕而易舉的事情。正如 Michael Vax 和 Stephen Michaud 所指出：「將敏捷擴展到分散模式並非易事（2008, 314）。」

本章其餘部分將專注於描述分散式團隊可以採取哪些行動，使其表現盡可能接近在同一個地點工作的水準，同時仍能享受分散模式的好處，例如降低成本、能在多個城市招募人才等。我們將陸續探討跨越地理邊界建立團隊的最佳方式、如何建立一個連貫的分散式團隊、團隊成員偶爾需要見面的必要性、溝通上的必要改變，以及適合的會議進行方式。

決定如何分散多個團隊

當專案涉及太多的人員而需要建立多個 Scrum 團隊時，如何跨地理邊界來組織這些團隊，就是個十分重要的決策。一個大型專案可以組織成多個「同地協作式團隊」（collaborating collocated team），或者多個刻意分散式團隊（deliberately distributed team），如圖 18.1 所示，圖中展示了一個涵蓋兩個地點的情況。

圖 18.1
在美國和法國建立分散式團隊的兩種不同方法。

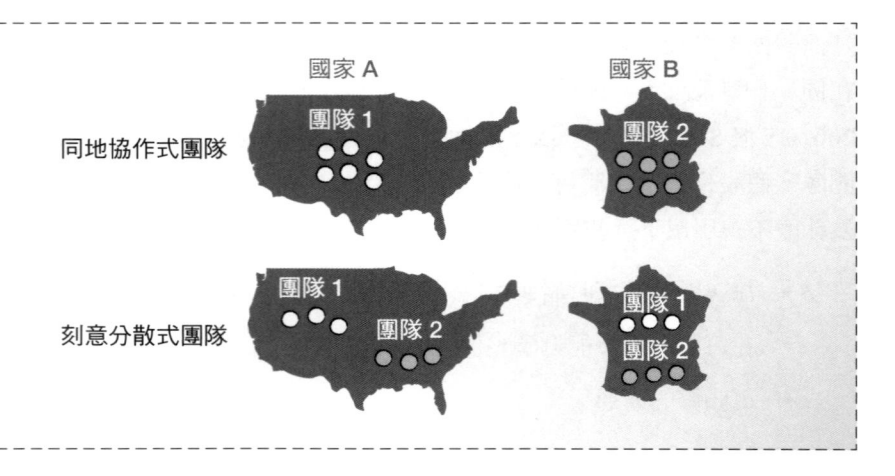

同地協作式團隊指的是，當一個專案在兩個或多個城市中擁有夠多的人力時，可以在每個城市都成立一個團隊。這些團隊，每個都擁有從構思到實作產品待辦清單項目所需的全部技能，被稱作「同地協作式團隊是」為了強調，每個在同地點工作的團隊是與其他遠端（但他們本身是在同地點工作的）團隊合作，目標是共同交付產品，而不是那種位於同一家公司內卻彼此獨立運作的團隊。相較之下，「刻意分散式團隊」則是指，當專案「有能力」採用同地協作式團隊模式，卻刻意選擇將團隊分散。

這兩種組織方式各有優缺點。選擇同地協作式團隊的主要優勢在於簡化了大多數團隊成員的日常工作，因為這種模式不需要進行全球性的全團隊會議。在參與過從同地協作式團隊轉換為刻意分散式團隊的專案後，來自美國德州奧斯汀的開發人員 Sharon Cichelli 發現，她更偏好同地協作式團隊：

> 一個城市的開發人員專注開發一項功能，另一個城市的開發人員也是如此。[在同地協作式團隊中] 唯一受到影響的是產品負責人和 ScrumMaster，因為他們需要克服十個半小時的時差來進行衝刺規劃會議（2008）。

儘管同地協作式團隊的優勢顯而易見，但刻意分散團隊又有哪些優勢呢？為什麼我們會選擇建立兩個分散式團隊，而不是在每個地點都成立一個完全有能力運作的團隊？要理解這一點，我們需要考慮分散式專案中可能出現的溝通問題。你的清單中可能會包含以下這些問題或其他常見的問題：

- 遠離產品負責人的開發人員，對業務或領域的理解不足。
- 不同城市的開發人員對於開發的內容無意間產生了分歧。
- 不同城市的開發人員做出了不相容的決策。
- 不同地點的個別成員間出現「我們和他們」的對立關係。
- 一個城市的開發人員不了解另一個城市的開發人員正在做什麼，或是為什麼做出某些決定。

上述任何一個問題，都可能嚴重到危及整個專案的成功。所幸，當專案採用刻意分散式團隊的做法，每種情況都能得到改善或變得不那麼容易發生。

Scrum 的共同發明者 Jeff Sutherland 曾與 Xebia 合作，該公司的團隊分布在荷蘭和印度。在此過程中，他們體驗到了刻意分散式團隊的優勢。他們得出結論，儘管刻意分散式團隊「似乎會帶來溝通和協調負擔，但每日站會實際上有助於打破文化屏障和工作風格差異，同時還能增強客戶焦點，並加深離岸團隊對客戶需求的理解（Sutherland et al. 2008, 340）」。

要減少刻意分散式團隊所帶來的溝通和協調負擔，謹慎考慮每個團隊的成員組成是一個很好的方法。位於美國加州的 Kofax 開發主管 John Cornell（其團隊也包含越南成員）建議，組織應該「找到『跨界連接者』加入團隊。可能的話，網羅之前曾一起工作過的人，或者在組織中擁有廣泛人脈的人加入團隊，已有這層關係的人，可以幫助遠端團隊成員找到合適的聯絡對象」。

在《引爆趨勢》（The Tipping Point）一書中，Malcolm Gladwell 將這些人稱為「連結者」（connector）。連結者「將我們與世界連接……[他們]擁有將世界聚合在一起的特殊才能（2002, 38）」。連結者是「擁有非凡才能的人……[善於]結交朋友和建立人脈（41）」。正如 Cornell 和 Gladwell 所指出的，連結者是分散式團隊中的理想成員。

Scrum 顧問和培訓師 Kenny Rubin 指出，不同地點的小組之間發生的許多問題，其根源在於缺乏透明度：

> 缺乏透明度在一個跨紐約和印度的專案中非常普遍。印度團隊是一個外包方，事情在印度完全失控，專案正在重新組織，而我參與了這次重組。為了理解為什麼第一個專案會失敗，我問了許多問題，最常聽到的回答是「我不知道」，像是：「我不知道他們最初為什麼認為 15 個人可以完成這個工作，現在卻需要 42 個人。我不知道這 42 個人在做什麼。」正因為如此，在重組專案時，我們選擇了刻意分散團隊。

關於選同地協作式團隊或刻意分散式團隊，這兩種方法各有適合的情境。對我來說，做決定通常取決於我對於因缺乏溝通或透明度可能引發問題的擔憂程度。如果我認為這些問題可能發生，或者一旦發生將會帶來重大影響，我會

選擇刻意分散團隊。例如，在分散式團隊是由於合併或收購而組成的情況下，我總是刻意分散團隊。這種情況通常充滿了地域性的潛在衝突，而刻意分散團隊可以降低地域間全面爆發衝突的風險。

- ❑ 如果你有同地協作式團隊，請問問自己，這種分配方式是不是有意識的刻意選擇，還是僅僅因為這是默認或最簡單的團隊分配方式。如果是後者，考慮是否改用刻意分散團隊可能會更好，並嘗試在兩到三次衝刺中實施看看效果如何。

現在試一試

創造凝聚力

「coherent」這個英文單字來自拉丁文「cohaerent」，意指「緊密結合」。我發現「緊密結合」這一描述，非常貼切地說明了我們希望團隊達到的狀態。我們希望團隊能緊密結合，共同追求專案的共同目標；我們希望團隊能緊密結合，克服在追求困難挑戰時可能面臨的任何障礙。在分散式團隊中，有許多因素會妨礙凝聚力的形成：語言、文化、物理距離以及時區差異只是其中一部分。正因如此，分散式團隊的成員需要有意識地努力促進凝聚力。

承認顯著的文化差異

在努力促進團隊凝聚力的過程中，我們必須首先承認，不同地點的團隊成員之間可能存在顯著的文化差異。對文化差異最全面的分析之一來自 Geert Hofstede，他調查了來自超過 50 個國家的 IBM 員工。Hofstede 確定了文化差異的五大面向：

- **權力距離指數（Power Distance Index, PDi）**。衡量文化中權力較小的成員對權力不平等分配的接受程度。
- **個人主義（Individualism, IND）**。衡量個人是否更偏好個人行動勝於以團體的一員行動。

- **成就導向（Achievement Orientation, ACH）**[1]。衡量文化對成就的重視程度，如收入、成功的外在表徵和財產。
- **不確定性規避指數（Uncertainty Avoidance Index, UAI）**。衡量文化對不確定性和模糊情況的容忍程度。
- **長期導向（Long-Term Orientation, LTO）**。衡量文化是否更重視長期考量而非眼前的物質與財務收益。

Hofstede 調查的一些結果[2]如表 18.1 所示。雖然我對過於廣泛的文化概括歸納持保留態度，但我也認為與分散專案的團隊成員分享這些資料是有幫助的；這可以作為專案啟動會議的一部分，或在任何團隊成員彼此熟悉的早期會議中進行。

表 18.1
代表國家之間的文化差異。空白表示該面向未測量。

國家	PDI	IDV	ACH	UAI	LTO
巴西	69	38	49	76	65
中國	80	20	66	30	118
丹麥	18	74	16	23	
芬蘭	33	63	26	59	
印度	77	48	56	40	61
以色列	13	54	47	81	
日本	54	46	95	92	80
荷蘭	38	80	14	53	44
挪威	31	69	8	50	20
波蘭	68	60	64	93	32
俄羅斯	93	39	36	95	

---

1 在 1967 年至 1973 年的原始研究中，Hofstede 將此面向稱為「男性特質」（Masculinity）。即便隔了 40 年，這樣的命名是否合適仍令人質疑，現今更是不合時宜，因此我將其重新命名為「成就導向」（Achievement Orientation）。

2 資料來源：www.geert-hofstede.com/hofstede_dimensions.php，該網站還涵蓋了更多國家的數據。

國家	PDI	IDV	ACH	UAI	LTO
西班牙	57	51	42	86	
瑞典	31	71	5	29	33
英國	35	89	66	35	25
美國	40	91	62	46	29

你可以利用這樣的表格數據，找出你的國家所屬欄位資料，來比較你的國家與專案中其他國家的差異。例如，如果我要開始一個有中國團隊成員參與的專案，我會比較美國和中國的數據。我發現中國的 PDI（權力距離指數）分數明顯更高（中國 80，而美國 40），這意味著我的中國同事挑戰權威的程度可能低於我習慣的情況。如果我在專案中擔任 ScrumMaster、資深開發人員等具有實際權威或被認為具有權威的角色，我需要特別努力確保中國團隊成員能與我進行開放的討論。

接著看個人主義的分數（中國 20，美國 91），我了解到中國團隊成員比我習慣的更重視團隊的整體和諧，他們可能不喜歡被特別表揚，即使是正面的。

進一步比較，我發現兩國在成就導向（ACH）上的分數差不多。成就導向的較大差異可能會影響團隊成員對專案成功的衡量標準，例如，美國（62）和挪威（8）在成就導向上存在顯著差異，在這兩個國家共同開發的專案中，美國團隊可能會認為只要產品在財務上成功，整體專案就算成功，即使這樣做會犧牲團隊士氣，無法全心投入下一個專案；而挪威團隊可能將此視為失敗，他們可能更願意為了培養一個積極準備好迎接下一個專案的團隊而犧牲財務上的成功。

再回到美國和中國團隊的比較，我發現中國團隊成員在面對不確定性時，恐怕比美國隊員更能適應。我可能會記住這一點，在幫助美國團隊適應 Scrum 時加以利用，因為中國團隊成員在角色定義、產品規格、時程安排等不確定性方面接受度更高。

最後，我注意到長期導向（LTO）上的巨大差異（中國 118，美國 29）。從這差異中，我可以知道，衝刺審查會議中展示的定期可見進展，對美國團隊是

一種強大的正面激勵，但對於擁有更長期視野的中國團隊成員，可能不會產生類似的效果。

注意 任何像 Hofstede 的文化分析都會導致某些概括歸納結果。雖然這些結果可能整體上適用於某個群體，但每一個人都是獨一無二的，應該被視為獨一無二的個體。概括歸納可以提供對某個文化的初步見解，但最好的方法是透過個人經驗，真正理解團隊中的每個人。

承認小型文化差異

Hofstede 的研究聚焦於大規模的文化差異。除了這些顯著的差異外，地理分散的開發專案還必須處理大量細微但重要的文化差異。例如，大家都知道，不同的國家、宗教和文化有不同的節日，許多分散式團隊透過專案網站或 wiki 上建立一個頁面來顯示所有團隊成員的節日來應對。我曾參與的某些團隊會在每日站會前，由當地團隊花幾分鐘解釋節日的意義和習俗，我就是這樣了解到印度的甘地誕辰日、加拿大的維多利亞日、挪威的憲法日等節日的。了解印度同事在甘地誕辰日避免食用肉類和酒精、加拿大同事在維多利亞日去湖邊度假，並不能使我成為更好的團隊成員，但他們會知道我關心他們，願意詢問他們的慶祝方式及原因，這讓我成了更好的團隊成員。

不同的節日沒什麼稀奇，但我曾很驚訝發現，星期一到星期五的工作週並不是普世標準。我在美國成長和生活，這裡的辦公室工作幾乎都是週一到週五，我從未想過可能有不同的標準。我曾錯誤地假設：「當然，世界各地的人都是週一到週五工作。」直到我與以色列和埃及的團隊合作時，才了解到那裡以及該地區其他國家的典型工作週是從週日到週四。

另一個我見過的文化差異是人們如何利用和享受晚間時光。在美國，典型的工作日可能是下午五六點下班，接著通常是家庭晚餐，時間在六點到七點之間。我以為這種「工作-晚餐-家庭-睡覺」的模式是十分普遍的。如果我需要參加晚上的 Scrum 會議，我可能偏好晚上九點；因為這時我的孩子已經睡覺了，多數時間我可以輕鬆安排 15 分鐘的電話會議。然而，在印度，晚上九點對許多家庭來說正是用餐時間，這對許多團隊成員來說可能是最糟糕的會議時

間。不幸的是，在我意識到這一點之前，我與班加羅爾和海得拉巴的團隊合作時曾建議他們參加晚上九點的電話會議。過了幾週，有人提出這個時間正好與他的晚餐時間重疊，建議更改會議時間。我當時試圖選擇一個最佳時間，卻不小心選了最糟的時間。

「播種式拜訪」（seeding visit）和「旅行大使」（traveling ambassador）——本章稍後會會討論——是學習當地團隊習俗和偏好的極佳方式，並將這些經驗帶回其他據點。

加強職能和團隊次文化

雖然國家文化的影響可能很強大，但軟體開發的次文化或許更加有力。研究分散式團隊多年的 Erran Carmel 教授提到這種現象。

> 軟體專業人士遍布全球，屬於電腦次文化。軟體大師 Larry Constantine 認為，電腦次文化比國家文化更具影響力，莫斯科的程式設計師可能比其他俄羅斯人更像他的美國同行。工程師和軟體專業人士一樣，重視成就，對社交關係的重視相對較低。關於反社會程式設計師的刻板印象在某種程度上是有道理的（Carmel, 1998, 73–74）。

研究證明了電腦次文化的影響力（Carmel, 1998, 74），而運作良好的團隊懂得利用功能和團隊次文化來促進團隊成員間的凝聚力。我們希望個人認為：「我是 Orion 專案團隊的一員，」而不是：「我是參與 Orion 專案的印度團隊一員。」這種微妙的心態轉變看似不大，但它帶來的重要性不容忽視。

許多將個人連接到其職能（例如「我是程式設計師 / 測試人員 / 資料庫管理員」）或團隊次文化的方法都非常有用，特別是在團隊是分散的情況下。例如，一個鼓勵形成實踐社群的企業環境，對於分散式和同地協作式團隊都很重要，然而，有一些方法對於加強分散式團隊中的功能和團隊次文化尤為重要。

溝通並建立共同願景

如果沒有共同願景，要強化團隊文化幾乎是不可能的，對於分散式團隊來說，共同願景顯得尤為重要。來自加州聖塔安娜的 First American CoreLogic 的 Elaine Thierren，曾參與一個分散於當地辦公室和班加羅爾的團隊，在回顧專案時，她發現產品願景並未得到充分分享和溝通。

> 缺乏對產品願景或路線圖的清晰了解，導致了兩個主要影響。首先，由於新的功能需求，產品經常需要重新設計。換句話說，團隊無法看到產品的整體方向，因而無法設計一個易於集成未來功能的架構。其次，這使印度團隊感到沒有足夠的工作量，擔心可能會出現人力過剩的狀況（Thierren, 2008, 369）。

如 Thierren 的經歷所示，共同願景對於團隊的凝聚力至關重要。通常，確保這一點的責任落在產品負責人身上。來自倫敦 EMC Consulting 的敏捷教練 Mark Summers 有幸與一位理解其角色的產品負責人合作，確保專案中所有參與的地點皆共享產品願景。

> 每次發布開始進行時，我們的產品負責人會前往印度，試圖讓離岸團隊完全融入這次發布的願景，因此，擁有一位能與團隊互動並引領他們共同前進的產品負責人非常重要。我們之前曾多次遇到海外團隊不了解業務需求的情況，因此這種事先的參與真的開始帶來成效了（Summers, 2008, 338）。

達成協議

團隊文化的一部分源自團隊成員彼此之間的協議。一些協議是很明確的，例如「每日站會準時到場」、「不要破壞建構中的產品」。其他協議可能是比較隱晦的，例如「發送電子郵件時，請勿無故將他人列為副本收件人」。分散式團隊會希望將更多這類協議明文規定。

例如，分散式 Scrum 團隊通常會就電子郵件的可接受回覆時間達成協議，也許會規定所有電子郵件應在一個工作日內回覆，即使只是簡單地說：「我正在

另見

建立共同願景的方法可以參考第 12 章「領導自組織團隊」中「為系統注入活力」一節內容。

處理，明天再回覆。」雖然在同地協作式團隊中，這種協議也可能存在，但更可能是未明確表達的行為期待，而不是明確說明的團隊行為指導。如果我回覆慢了，在同地協作式環境中，你可能只是把椅子往後靠，喊道：「嘿！Mike，昨天的電子郵件你還沒回覆，我們應該用 Groovy 嗎？」這樣不僅我會收到需要回答的訊息，所有在場的團隊成員也會受到提醒：我們的團隊規範是「快速回覆電子郵件」。

除了回覆電子郵件的速度，許多分散式團隊還會就個人何時在辦公室、何時能在正常工作時間外聯繫到、會議應該多快開始、什麼類型的溝通（電話、電子郵件、即時通訊等）最適合哪種討論、哪些問題需要與整個團隊討論而不是只與特定某些人討論，達成明確的協議。

分散式團隊應該明確的一件事是如何實施 Scrum；並非每個辦公室的每個團隊都需要以完全相同的方式實踐 Scrum，但團隊需要就一些核心內容達成一致。由於 Scrum 僅是一個專案管理框架，它的具體實踐，很大程度留給各團隊決定。不同地點的 Scrum 實踐方式存在巨大差異，其中一些是有益的：可能帶來能在所有地點使用的改進；另一些是為了讓 Scrum 在特定地點運作而必須進行調整。然而，有些差異可能不相容，需要解決。來自 ThoughtWorks 的專案經理 Jane Robarts 曾參與一個在美國和印度進行的分散式專案，她在專案中遇到了類似的情況。

> 我們曾假設印度團隊採用的敏捷實踐方式與我們在美國規劃的方式相同。但直到第一個迭代開始後幾天，我們才意識到每個地點對「敏捷」有著不同的理解（Robarts, 2008, 331）。

雖然對位於不同地點但屬於同一專案的團隊來說，確定一套共同的 Scrum 實踐是很重要的，但這不是指分散式團隊應該嚴格依照「書本」上的規範來執行 Scrum。一個新的 Scrum 團隊應該以這種方式開始，但最終需要根據專案特定的需求來調整和新增實踐，讓 Scrum 更符合團隊的實際情況。事實上，在比較成功與不成功的分散式 Scrum 實施經驗時，Yahoo! 教練 Brian Drummond 和 J. F. Unson 發現，完全按照書本來執行 Scrum 反而成了分散式團隊的問題根源。

> 在缺乏足夠指導的情況下，團隊退回到「照本宣科跑 Scrum」的方式，這導致了重大問題…嚴重到了大家討厭 Scrum 和敏捷的程度。這些團隊未能適應分散開發帶來的特殊需求（Drummond 和 Unson, 2008, 320）。

與其他工作協議一樣，解決這問題的方法是讓 ScrumMaster 主持一次或多次團隊成員會議，協商出團隊希望在各地點統一的 Scrum 規範。

強調早期進展來建立信任

在打造團隊凝聚力的過程中，建立團隊成員之間的信任至關重要，對於分散式團隊來說，這一點尤為困難。在《Mastering Virtual Teams》中，Deborah Duarte 和 Nancy Snyder 討論了信任那些我們無法面對面見到的人有多難。

> 在面對面的環境中，我們可以依賴許多熟悉的線索來判斷應該信任誰或不應該信任誰。我們能夠評估人們非語言的交流，並觀察他們與其他團隊成員的互動。我們對他人可靠性和一致性的長期感知，構成了我們評估其可信度的一部分（Duarte 和 Snyder, 2006, 85）。

由於無法依賴頻繁且反覆的面對面交流，分散式團隊需要採取其他措施來建立信任。「旅行大使」、用閒聊開啟會議、全團隊的偶爾面對面會議、工作協議等類似活動都能有所幫助。此外，強調團隊在每次衝刺結束時能交付可運行的軟體，甚至是最初幾次衝刺的壓力，也有助於建立信任。不幸的是，許多專案在早期安排了過多的團隊建設活動和討論，這是一個常見且危險的錯誤。正如 Lynda Gratton 教授及其共同作者在《MIT Sloan Management Review》中發表的研究所表明的：

> 引導這些多樣化的團隊走向成功，需要一些反直覺的管理實踐。特別是，團隊領導者應該在早期階段專注於任務，而不是人際關係，然後在適當的時機點轉向關係建立（Gratton, Voigt 和 Erickson, 2007, 22）。

儘管這項研究建議早期應專注於任務，但我並不認為產品負責人或 ScrumMaster 應該將任務分配給開發人員。我的意思是，這些領導者應該強調團隊即使在早期衝刺中也需要展示明確的進展。過早地強調關係建立的問題在於，它會導致不理想的小團體形成。任何大型團體都不可避免地會分裂成小團體。如果這些小團體形成得太早，很容易會依據一些表面特徵形成小圈圈——例如美國人、瑞典人、C++ 程式設計師、Java 程式設計師、女性資料庫工程師、男性程式設計師等。正如 Gratton 及其共同作者所寫：「簡單地說，在團隊初期階段，人們之間互動越多，就越容易根據直覺做出草率的判斷，並關注彼此間的不同之處（26）。」

我們希望把建立關係的時間往後延，等到團隊成員對彼此有更深入的了解之後再來發展關係，例如了解彼此的具體技能、專長、工作方法等；這可以透過早期強調進展而非關係建立來實現。這時形成的小團體將基於共同需要合作開發產品。例如，要開發產品待辦清單中的某個使用者故事，你和我需要合作。在此過程中，我們會了解彼此的技能和專長。我了解到你不僅是個 Java 程式設計師，還是一個對自動化單元測試充滿熱情且非常擅長的人，而你會發現我不僅是一名資料庫管理員，還擅長優化 SQL。

那些基於兼容技能、態度、工作方法等形成的小團體，比基於表面特徵（例如國籍、職位）形成的小團體，更不容易在日後產生信任危機。回想一下你曾參與過的一些問題團隊。大多數情況下，這些團隊的衝突可能是基於表面特徵的「我們對抗他們」性質，例如這個辦公室對那個辦公室、程式設計師對資料庫管理員、Linux 愛好者對 Windows 愛好者等。當團隊感受到急需取得進展時，這類小團體就沒有機會形成。

在團隊一起工作了幾次衝刺後，可以將重點轉向關係建立，透過將更多社交活動和共同閒暇時間納入衝刺來實現。團隊累積了足夠的共同經驗後，社交活動和關係建立才會有實質作用。一旦達到這個階段，「此時給予團隊信心並創造社交機會，有助於發展新能力並促進團隊成長（Gratton et al, 2007, 29）。」

我要強調的是，我並不是說專案開始時完全不應該安排社交活動。「播種式拜訪」和專案啟動階段的全團隊面對面會議可以非常有幫助。這裡有三個關鍵

點：第一，專案應該以高強度開始，並專注於早期的進展展示。第二，不應在頭幾次衝刺中耗盡所有的「社交預算」。第三，早期的社交活動應該與專案工作相關，例如為發布規劃召集團隊。

現在試一試

- 在表 18.1 中找到你的專案各辦公室的位置。在下一次衝刺回顧會議中討論這些差異。這些差異看起來真實嗎？還有其他差異嗎？這些差異可能會導致哪些未來的潛在問題？
- 在未來的衝刺規劃會議中，討論衝刺期間各地可能發生的文化或國家慶祝活動。不僅僅要提到節日或慶典，還要讓當地的團隊成員告訴其他人更深層次的意義，例如他們如何度過這一天、關於該事件的民間故事或特殊儀式等。
- 在下一次衝刺回顧中，討論並記錄團隊的運行協議。團隊內什麼行為是適當的？

實體聚集

我參與過的所有分散式團隊都報告說，偶爾聚在一起會帶來很多好處。團隊實現這一點的方式差異很大——有些團隊在最初幾次衝刺中完全在同地點協作，有些團隊安排偶爾的全團隊聚會，還有一些團隊輪流安排成員在不同地點之間輪替聚會。大多數團隊結合使用不同的技巧，我們將在本節中探討每種方式。

播種式拜訪

一種最受歡迎的團隊聚會方式是 Martin Fowler 所稱的「播種式拜訪」（seeding visit）。他認為這些拜訪應該「在專案早期進行，旨在建立關係」（2006）。一場在專案開始時將所有團隊成員聚集在一起的播種式拜訪，可以成為促成專案成功的最佳投資之一。這對於團隊成員彼此不熟悉、共同經歷有限、使用不同語言或來自不同文化的專案尤為重要。給予團隊一段短暫時間在同地點工作，可以讓團隊成員快速地了解和信任彼此。這種方式可能只需要幾天或一週的時間，但許多團隊發現，第一次衝刺能夠從頭到尾讓所有人在同一地點工作，真的非常有幫助。這正是 Jane Robarts 在香港和中國的一個分散式專案中發現的。

這次面對面的啟動會給了我們一個機會彼此認識、建立融洽的關係，並共同理解專案內容。當團隊成員各自回到不同地點時，他們都已彼此熟悉，願意打電話聯繫對方，並且感覺自己是同一個團隊的一部分（2008, 328）。

來自 Microsoft 模式與實踐小組的 Ade Miller 建議：「利用這些在同一地點工作的時期，不僅要建立對問題領域的共同理解，還要建立團隊內部的工作關係（2008, 18）。」

> 「讓部分團隊成員飛越半個地球、再為他們提供飯店住宿，成本太高了。我們使用分散式團隊是為了節省成本，這樣做會完全違背地理分散式團隊的初衷。」

反對意見

拒絕讓團隊成員（至少是部分成員）聚在一起是追求虛假的經濟效益：這樣做的確可以節省當前的費用，但會在專案其餘階段中造成更高的成本。絕不要僅根據團隊成員每小時的勞動成本來預測外包專案的成本節省。使用分散式團隊存在許多隱藏成本，增加的差旅預算應該是任何分散式專案的一部分。Erran Carmel 在他的書《Global Software Teams》中也持相同看法：「從一個地點飛往另一個地點的飛行成本很昂貴，但對於全球團隊來說是必要的（1998, 157）。」來自 Atlantic Systems Guild 的 Tom DeMarco、Tim Lister 以及其他成員也同意：「要成功地進行分散開發，你幾乎肯定需要增加而不是減少你的差旅預算（2008, 42）。」

如果預算允許，你甚至可以讓團隊在同地點工作的時間超過一次衝刺。在一個 20 人年專案的開始階段，Xebia 選擇讓荷蘭和印度的開發人員同地點工作五個兩週的衝刺。該專案的顧問 Jeff Sutherland，與來自 Xebia 的共同作者描述了這樣做的好處：

> 在共同現場的迭代中，團隊成員建立了持續整個專案的個人關係，印度團隊成員也對客戶背景有了良好理解。此外，這也讓所有人對團隊內實踐、標準、工具以及自然形成的角色達成一致（2008, 341）。

雖然僅在專案開始時安排團隊成員聚在一起合乎邏輯，但有時並不可行。在這種情況下，應該盡可能地安排分散式團隊成員聚集在一起。同地點工作的時間不必局限於專案的開始階段，任何能讓團隊聚在一起的時間都是合適的時間。Microsoft 的 Ade Miller 指出：「特別是在專案的關鍵時刻，面對面交流是無可替代的（2008, 10）。」

我見過最成功的其中一個播種式拜訪發生在 Oticon，這是世界上最古老的助聽器製造商。Oticon 的主要開發辦公室位於丹麥哥本哈根附近的 Smørum。2007 年 6 月，Oticon 決定雇用大量的新開發人員，但這些人員將被雇用在波蘭。Oticon 當時在波蘭已經有一個辦公室，但並未給軟體開發人員使用。選擇波蘭的主要原因是丹麥難以找到開發人員，而非一般的節省成本考量。

Oticon 意識到，讓波蘭和丹麥的開發人員整合在一起極其重要。負責招募波蘭開發人員並將他們與丹麥團隊整合的經理 Ole Andersen 描述了他成功的整合經驗。

> 我們決定讓每位波蘭開發人員來丹麥進行為期兩個月的工作，並加入我們的 Scrum 團隊。我們租了一套靠近辦公室的舒適公寓，讓他們感到愜意並享受在這裡的時光。有些人還趁機邀請家人來公寓住上一週左右。在丹麥的兩個月期間，Scrum 團隊向波蘭的開發人員介紹公司，讓他們熟悉內部環境，像其他團隊成員一樣工作。丹麥開發人員對這過程給予了非常正面的回饋，其中一些人甚至與波蘭開發人員成為了好朋友。波蘭開發人員在丹麥感到賓至如歸，而良好的公寓環境跟在酒店住兩個月極其不同。

接觸式拜訪

在播種式拜訪（理想情況下發生在專案初期，但也可能不是）建立了初步關係後，會使用「接觸式拜訪」（contact visit）來維持這些關係。與播種式拜訪一樣，接觸式拜訪應以完成某項任務（如規劃、設計問題的解決方案等）為重點，但正如 Fowler 所說：「記住，這種拜訪的主要目的是建立工作關係，而不是完成任務（2006）。」他建議每隔幾個月至少進行一次為期一週的拜訪。

一些團隊發現，季度版本規劃是讓整個團隊再次聚集在一起的好時機。舉例來說，如果產品的計畫是在產品生命週期內每三個月推出一個新版本，或者一個耗時一年或更久的大型產品，季度週期可能從產品負責人向團隊傳達產品願景開始。暫時讓團隊在一起工作可以讓這目標更容易實現。

　　此外，別忘了，通常當一個版本週期開始時，上一個週期即將結束，這將成為團隊聚集的理想時機。透過一次旅行的成本和不便，團隊可以同時完成新版本和衝刺的願景設定與規劃，以及上一個版本的最後衝刺的審查和回顧會議。Microsoft 的 Miller，有更進一步的建議。

> 讓團隊在最後幾次迭代期間重新聚集在一起，有助於最終交付過程順暢進行。這能夠幫助團隊專注於「完成交付」。當需要做出關鍵決策時，「在同一個房間裡」就代表整個團隊都可以參與（2008, 11）。

旅行大使

在分散式專案中，「走動管理」（Management By Walking Around, MBWA）常常被「飛行管理」（Management By Flying Around, MBFA）取代。當然，在分散式 Scrum 專案中，這不僅僅表示只有「管理者」在飛來飛去，在許多情況下，從一個城市飛到另一個城市的人可以被視為「大使」（ambassador）。Martin Fowler 將大使定義為「在另一個地點待上幾個月的半永久性人員」。雖然在另一地點待上幾個月或許很理想，但我發現實務上通常需要妥協、彈性調整，更頻繁地派遣大使進行較短的拜訪。

　　我不太熟悉實際大使的工作，所以我通常將這些專案大使視為 1961 年 Louis Armstrong 歌曲《The Real Ambassador》中描述的角色[3]。在這首歌中，Armstrong 告訴那些由政府指派任命的大使，作為一名在世界各地巡迴演出的爵士音樂家，他才是代表自己國家的「真正大使」，儘管他說：「我只是演奏藍

3　請上 http://www.therealambassadors.com/2.htm 聽聽 Armstrong 演唱這首歌曲，並閱讀他與合作夥伴 Dave Brubeck 作為「真正大使」的經歷。

調，與人面對面交流。」這句話完美地總結了專案大使的職責：寫一些程式，並與人面對面交流。Fowler 也承認大使工作的非正式層面非常重要：

> 大使工作的一個重要部分是傳遞小道消息。在任何專案中，都有大量的非正式交流。雖然其中大部分並不重要，但有些卻是重要的——問題在於，你無法分辨哪些是重要的。因此，大使工作的一部分是傳遞許多看似不足以透過更正式交流渠道傳遞的消息；我指的是幫助我們了解同事的消息（例如「Fernando 說他的寶寶昨晚第一次學會走路」），而不是惡意的謠言（2006）。

我發現，大使建立的個人關係，即使在他們返回自己的國家後，也能長期發揮極大的價值。Ben Hogan 參與了一個分散於班加羅爾與雪梨之間的專案，他評論道：「我們發現，在我們的不同地點之間交換大使，是改善跨團隊溝通最有效的技術之一。這讓我們能建立個人關係，並提供一種機制來建立信任及傳遞知識。大使能夠傳遞所學的經驗，並為專案設定未來方向（2006, 322）。」

在我擔任教練的一個專案中，開發人員分別位於丹佛和多倫多。由於一次收購，兩地的團隊被迫合作一個共同專案，導致兩個團隊一開始之間的關係不太友好。來自丹佛的程式設計師 Frank 自願前往多倫多進行幾次為期兩週的拜訪。我已經與多倫多的開發人員合作兩年，對他們非常熟悉，為了確保我們從 Frank 的行程中獲得最大的收益，我與他聊了聊工作之外的興趣愛好。當我得知他是個攀岩愛好者後，我聯繫了多倫多的 Marcel，他是一位熱衷攀岩的人。我請 Marcel 幫忙花些時間陪伴 Frank，看能不能幫他弄到健身房的攀岩通行證。Marcel 很樂意這麼做，兩人很快成為好朋友，還發現彼此有其他共同興趣。

Marcel 和 Frank 之間的新友誼一開始就為專案帶來了好處。但幾個月後，當我們兩地專案周邊的部門之間出現潛在衝突時，這段友誼真正顯現了價值。丹佛的 IT 員工將一台由多倫多團隊使用的伺服器命名為「Pandora」，多倫多團隊對此非常憤怒，認為這個名字意在侮辱，因為神話中 Pandora 的盒子裡裝滿了人類的所有罪惡。當事情發生時，我正在多倫多，於是我請 Marcel 打電話給

Frank，讓他低調地確認這個名字是否真的有侮辱意圖。兩小時後，Frank 告訴我們，選擇這個名字的員工是從先前生成的一個伺服器名稱列表中挑選的，完全不知道 Pandora 是誰。由於 Marcel 和 Frank 之間建立的信任，我們得以迅速化解這場風暴。

Jane Robarts 也發現，大使拜訪的好處遠遠超出與拜訪相關的正式目標：

> 在整個版本發布期間，我們安排了美國產品經理和團隊負責人拜訪印度辦公室。這樣做的目的是為了方便業務分析師、開發人員和品質分析師在印度快速掌握領域知識。這次拜訪的一個驚人附帶成果是，拜訪印度辦公室的成員無一例外地對當地環境有了更深刻的理解。拜訪之後，他們會調整電話會議的時間、想辦法減少會議次數，最重要的是，還改變了他們的溝通語氣。他們對印度團隊的承諾和奉獻有了更深的認識，也理解了每個人為專案所做出的個人犧牲。印度團隊成員在與美國團隊的部分成員見面後，也產生了相互的理解（2008, 328）。

- ❏ 買一張機票。偶爾的面對面互動很重要，如果你已有一段時間沒有拜訪專案中的其他地點，計劃一次拜訪吧。
- ❏ 如果專案剛開始或處於早期階段，還可以從中受益，請找出合適的大使並安排他們的首次拜訪。

現在試一試

改變你的溝通方式

正如 Robarts 的大使們所發現，分散式團隊對溝通方式的影響非常深遠。同地點辦公的 Scrum 團隊主要依賴面對面的溝通。轉過椅子問一句：「嘿，Chris，你對這個加密演算法了解多少？」與打電話給相差四個時區的 Chris 完全不同。而這又與發送電子郵件給 Chris、等到明天才收到回覆有著更大的差別。

補充一些文件

分散式團隊難以避免地需要比同地辦公的團隊撰寫更多文件。可能需要更依賴書面狀態報告來補充衝刺審查會議，讓那些無法參加的成員也能掌握進度。設計方案可能需要以草圖和書面形式製作，然後在分散式團隊成員之間傳遞，特別是那些工作時間重疊較少的成員。走廊交談將被電子郵件取代，無疑會出現更多的書面需求。

所幸，更多的書面溝通未必代表專案喪失敏捷性，但團隊成員需要意識到，書面溝通容易導致誤解。在我參與的幾個專案中，不同城市的團隊成員對彼此非常不信任，通常這些團隊是因為併購而組建的。由於缺乏信任以及電子郵件容易被誤解，這些團隊選擇暫時禁止使用電子郵件，每次需要溝通時都改為直接打電話。

撰寫更多文件的影響並不全是負面的。例如，Jane Robarts 分享了一個有趣的故事，講述她的一位同事如何成功利用書面溝通來補充口頭資訊：

> 他總是確保在傳遞口頭資訊時，也包括書面形式的資訊，通常是使用 PowerPoint。我們通常在電話會議中根本不用 PowerPoint，但這份簡報仍是有價值的文件，可以提供給因為當時通話聽不清楚、不在場或者需要準確理解資訊內容的團隊成員稍後閱讀（2008, 329）。

這種方式對於多語言的團隊成員尤其有幫助。非母語的成員可以在閒暇時閱讀文件，從而幫助理解。

為產品待辦清單加上細節

在第 13 章「產品待辦清單」中，強調了從撰寫需求轉向討論需求的重要性。然而，許多分散式團隊發現，他們無法像預期的那樣減少對需求文件的依賴。Martin Fowler 曾表示：「隨著距離的增加，溝通需求時需要更多的儀式感（2006）。」First American Corelogic 的 Elaine Therrien 也總結了她在分散式專案產品待辦清單中的經驗，指出：「用更詳細的規格補充高層次的使用者故事，

有助於增強離岸工作的資源。更詳細的需求可以讓團隊在產品負責人無法及時回應時，對功能和最終使用者目標有更深入的了解。（2008, 371）」

Fowler 的經驗以及 Therrien 與她的跨加州、班加羅爾團隊經驗，和我在高度分散式團隊中的經驗類似。像班加羅爾和加州之間 12.5 小時的時差，這種非常分散的團隊僅僅因為正常工作日完全不重疊就面臨極大的挑戰。在這種情況下，產品負責人和團隊通常位於完全不同的時區。對於這類團隊，我建議採用一種名為「附帶測試」（send along a test）的技術。這種做法是當產品待辦清單中的使用者故事從產品負責人傳遞到團隊時，需要附帶高層次的測試案例，這些測試案例將能說明使用者故事是否完成。

> **另見**
>
> 這些測試案例就是第 13 章中介紹的「滿足條件」。

鼓勵橫向交流

在使用傳統順序開發流程的典型專案中，不同地點子團隊之間的大多數溝通，是透過指定的團隊領導進行。在 Scrum 專案中，我們希望避免這種情況，並鼓勵橫向溝通——任何一個城市的成員都可以與另一個城市的任何成員直接對話。這不僅是允許的，還是被鼓勵的。正如 Microsoft 的 Ade Miller 指出：「教練應幫助團隊記住，即使分散使溝通變得更困難，深入溝通的價值仍然存在（2008, 13）。」

橫向溝通的一個顯著優勢是它有助於對抗「沉默效應」（mum effect）（Ramingwong and Sajeev, 2007）。沉默效應發生在專案參與者未能與他人分享壞消息時。未能分享壞消息會使專案面臨風險，因為在沒有問題資訊的情況下，問題無法得到解決。眾所周知，不同文化背景的人對壞消息的分享方式和意願大不同，這使得沉默效應在高度分散的專案中更加普遍，也更具破壞性。Ramingwong 和 Sajeev 確定了團隊成員可能不分享壞消息的三個原因：

- 害怕受到懲罰，包括被解僱
- 希望維持團隊的團結
- 缺乏明確的渠道來傳達問題

一個享有自由且頻繁橫向溝通的專案，更不容易受到沉默效應的影響。建立一個人人都願意與其他所有人分享所有資訊的專案文化是很困難的，好在橫向溝通讓我們不用非得達到那種理想狀態。我可能不願意直接向產品負責人報告壞消息，但我願意在與你合作完成任務時隨口提到它，而我知道你願意將此消息帶給我們的產品負責人。對於那些因文化或個性使成員不太願意分享壞消息的專案來說，橫向溝通尤為重要。

現在試一試

❑ 在下一次衝刺規劃會議中，討論是否為每個規劃進入新衝刺的產品待辦清單項目提供足夠的細節。如果沒有，則在會議期間加上更多細節，或者考慮在衝刺期間為即將到來的產品待辦清單項目加上細節。

❑ 在下一次衝刺回顧會議中，討論沉默效應。討論團隊成員對壞消息保持沉默可能帶來的影響，並集思廣益尋找方法幫助彼此避免這些問題。

會議

我十歲的夏天是和祖母一起度過。她住在美國南部靠近紐奧良的地方，那裡的天氣既炎熱又潮濕。而我在南加州長大，那裡的天氣幾乎完美無缺，因此我抱怨過紐奧良的炎熱（相信不止一次）。我祖母的回答總是相同：「不是熱的問題，而是濕的問題。」類似地，對於分散式團隊來說，問題不是距離，而是時差。

時差對團隊協作方式的影響遠遠超過地理距離。我曾經參與過一個專案，團隊成員分布在加州、倫敦和南非。圖 18.2 顯示了這三個地點之間的距離，分別以公里、英里和時區差異表示。舊金山與倫敦之間的物理距離（8,600 公里）與倫敦和開普敦之間的距離（9,700 公里）沒差太多，然而，舊金山與倫敦之間有八小時的時差，而倫敦與開普敦之間只有兩小時的時差。正如你想像的那樣，舊金山的團隊成員面臨的挑戰遠大於倫敦和開普敦的團隊，因為倫敦和開普敦之間的工作日重疊時間長；這對於團隊如何協作產生了巨大影響。

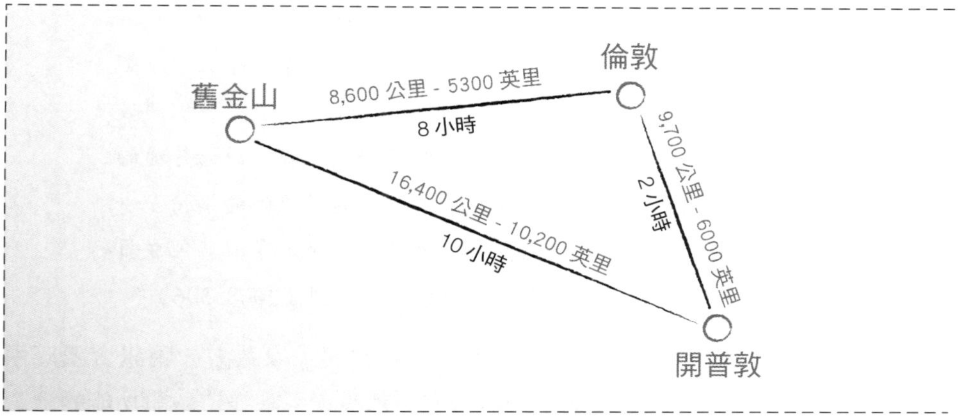

圖 18.2
要達到預期與調適之間的平衡,需要在兩邊的活動和產出之間取得平衡。

舊金山 — 倫敦：8,600 公里 - 5300 英里,8 小時
倫敦 — 開普敦：9,700 公里 - 6000 英里,2 小時
舊金山 — 開普敦：16,400 公里 - 10,200 英里,10 小時

當然,這並不是說距離本身不會帶來問題。一個分散於奧斯陸和法蘭克福的團隊,即便在同一個時區,仍然會面臨一些挑戰,而這些挑戰當整個團隊都位於其中一個城市時便不會存在。但至少,他們可以在共享的工作日內共同解決這些問題。

通用建議

在本節中,我們將探討時間與距離這對雙重問題如何影響 Scrum 專案中的四種常見會議——每日站會、衝刺規劃會議、衝刺回顧會議和衝刺審查會議,以及多團隊專案中的 Scrum of Scrums 會議。在此之前,我們先提供一些適用於所有會議的通用建議。

空出閒聊的時間

同地點辦公的團隊有許多機會進行非正式的、相互了解的對話,因此就算錯過一些也無妨。而分散式團隊則需要刻意把握任何的閒聊機會。Martin Fowler 指出:「一個良好的習慣是在電話會議開始時先閒聊一些當地新聞、最近的一些有趣話題——政治、體育或天氣——可以幫助雙方了解彼此生活的更廣泛背景(2006)。」Cynick Young 和 Hiroki Terashima 也回憶了他們跨舊金山、波士頓和多倫多的分散式專案經驗。

當開發人員最初進行技術討論時，我們發現一些成員過於專業且緊張。除了工作，很難討論其他任何話題，導致每次會議都資訊量過大。意識到這不是一種健康的合作方式後，我們開始在每次會議開始時加入一個短暫的問候階段。我們討論普通的主題，比如天氣、每個人的健康狀況以及其他想到的事情。以這種方式開始每次會議，讓每個人都放鬆下來，了解其他成員當天的狀態，這有助於形成更愉快的會議氛圍（2008, 306）。

科技還可以取代這些臨時交流的機會。我曾與一家致力於視訊會議應用的公司合作，他們在參與專案的兩個辦公室中都設置了許多帶視訊功能的會議室，每個團隊可享有專用空間作為團隊活動室。我強烈建議團隊成員在這些始終開啟的視訊會議室中共進午餐、休息等等。對於分布在三個時區的團隊來說，這種方式運作良好。例如，美國西岸的團隊成員可以在上午稍作休息，等東岸快三小時的成員吃午餐；東岸的團隊成員下午也可以在視訊會議室偷閒片刻，等西岸成員用完午餐。這些自然發生的非正式交流，將能幫助兩地的員工更像一個團隊。

有苦同當

如果你的專案分布在多地，會議可能會安排在正常工作時間之外，請確保大家有苦同當。不要將會議時間固定安排在對某一地點有利的時間。例如，對於跨加州和班加羅爾的團隊（有 12.5 小時的時差），不要固定將電話會議安排在加州時間上午八點／印度時間晚上八點半。對於加州大多數團隊成員來說，這個時間雖然比正常工作時間稍早一些，但還不算太不合理，而對印度的團隊成員來說，這是一個非常糟糕的固定會議時間。

請像 Matt Truxaw 在擔任加州 First American CoreLogic 的開發經理所做的，他鼓勵他指導的加州／印度團隊輪流承擔不便。電話會議的時間每月交替一次，一個月安排在晚上，下一個月則安排在早上。

這種安排幫助兩個團隊定期溝通，並且不會讓任何一方覺得自己比另一方承擔更多。此外，它也幫助印度團隊感受到自己是專案流程的一部分——不僅僅是被聘外援，而是真正的團隊成員。

這種輪流安排電話會議時間的方式，有助於在兩個地點之間保持適當的權力平衡。通常，權力會傾向於聚集在公司總部所在地、產品負責人所在地或多數開發人員所在地。如果允許權力集中在某一地點，可能會導致其他地點的人感到不滿。像輪流安排電話會議這樣的簡單行動，可以防止這種情況發生。

參加電話會議特別困難，尤其是當大多數其他參與者都在現場，而只有兩三個成員位於其他地點時。這種情況尤其普遍，當那兩三個成員在家中辦公時，問題會更明顯。一個簡單的方法是偶爾讓所有人都透過電話參加會議，這樣每個人都能感受到透過電話完全投入會議有多困難。

告訴大家發言者是誰

在會議中使用電話的一個明顯挑戰是辨認不同發言者的聲音。有些人能很快辨別遠距地點不同的聲音，而我從來不擅長於此，所以我很感激那些團隊使用經得起時間考驗的方法，也就是在每次發言之前先說出自己的名字。儘管這種方法效果不錯，但可惜，「我是 Mike…」這樣的開場卻往往會讓通話時間拉很長。此外，在快速或激烈的討論中，很難記得每次發言先講名字。

我曾合作過的一個團隊發現了一個有趣的細微差異，改進了這種「發言前報名字」的方法。他們稱這種技巧為「低保真視訊會議」（low fidelity videoconferencing），而且更喜歡這種會議勝過於一般視訊會議，因為視訊設備不可避免地存在各種問題和延遲。低保真視訊會議的做法是，每個城市中安排一個善於分辨聲音的人，當遠距地點某人發言時，這個人就舉起發言者的照片。當 Sonali 開始講話時，有人舉起她的照片；當她講完，Manish 開始講話時，他的照片被舉起。每個人的照片都事先拍攝好，並用膠帶固定在尺上，以便快速舉起正確的照片。

我意識到，當你只是讀到這個方法而不是親眼看到時，可能會覺得這聽起來很滑稽。然而，當我觀察該公司以這種方式進行幾次電話會議時，注意到兩個有趣的現象。首先，雖然有些團隊總是由同一個人舉照片，但其他團隊中的任何人都可以擔任舉照片員，這甚至變成了一場比賽，看誰能最先認出聲音並舉起照片，這樣似乎讓每個人都更專注。其次，大家不僅只是匆匆看一眼照片心想：「哦，是 Ranjeet 在講話。」相反，他們繼續看著照片，彷彿 Ranjeet 的嘴唇會神奇地開始動起來一樣。

衝刺規劃會議

在本節中，我們將探討分散式衝刺規劃會議的兩種常見策略。這兩種策略用名稱來直接反映它們的特性：「長時間通話」（long phone call）和「兩次通話」（two calls）。我將指出每種方法的優勢和劣勢。

長時間通話會議（The Long Phone Call）

大多數團隊採取的預設方法是讓每個人撥入會議電話，除此之外，依然按照正常情況進行衝刺規劃會議。電話會議試圖模仿現場衝刺規劃會議的形式和互動，在電話會議中完成常規衝刺規劃會議的所有工作。當結束通話時，衝刺就像在同地點工作一樣得到了完整的規劃。

　　這是時間分隔比物理分隔更糟的一個最好範例。顯然，這種分散式衝刺規劃方法只有在所有團隊成員的正常工作時間多半都重疊時才可行；沒有團隊應該經常被要求從晚上七點規劃到午夜十二點吧！

　　一般來說，我喜歡長時間通話這種方法。然而，這種方法的實用性通常取決於團隊分布的範圍。如果團隊成員位於同一個時區，可以稍微延長一天的工作時間，或者稍微調整工作時間，那麼長時間通話會議的方法值得推薦。我將這種方法的優缺點歸納整理在表 18.2 中。

優點	缺點
只要參與者保持投入，這種方法就能引發良好的討論。	在這麼長的電話會議中，參與者可能會心不在焉。
衝刺規劃能在一天內完成。	僅在工作日有足夠時間重疊時才可行。
與同地點工作的團隊使用的方法一致。	可能需要延長一地或多地的工作時間。

表 18.2
以長時間通話做衝刺規劃的利與弊。

兩次通話（Two Calls）

對於一些團隊來說，在一次電話會議中完成衝刺規劃是不實際的——因為時區分隔過大，工作日的重疊時間不夠。下一種衝刺規劃方法——兩次通話會議——藉由將會議分成連續兩天進行的兩次電話會議來解決這個問題。Symphony Services 的副總裁 Roger Nessier 描述了他們團隊如何分段進行會議。

> 將最初的八小時會議替換為連續兩天、兩次各四小時的會議更為實際。例如，第一次會議側重於確定主要任務、可交付成果和高層次依賴關係；在第二次會議中，每位團隊成員定義活動並為自己接受的每項任務提供估算（2007, 8–9）。

一些團隊傾向於在電話會議中進行所有規劃工作，而其他團隊則偏好利用兩次會議之間的間隔時間，讓團隊成員第二部分會議各自做好準備。這是 Yahoo! Vespa News Search 團隊採用的方法，該團隊的產品經理位於加州的兩個地點，開發人員則在九小時時差的挪威，由於他們的衝刺周期為兩週，團隊成員決定將首次電話會議的時間框定為兩小時。他們安排在挪威時間 4:00-6:00pm/ 加州時間 7:00-9:00am 進行，團隊還同意嚴格遵守這個時間，團隊成員 Brian Drummond 和 J.F. Unson 描述了這次會議。

> 團隊成員會仔細審查每個產品待辦清單項目，向產品負責人提出有關驗收標準、每個功能的範圍界限、業務約束等問題。討論結束後，團隊成員各自去做自己的事——挪威團隊下班回家休息，加州團隊則繼續他們比平常更早開始的工作（2008, 317）。

第一次會議側重於討論產品負責人最高優先等級的功能和期望。正如 Drummond 和 Unson 所指出的，這次會議的特點是開發團隊和產品負責人之間的大量討論。第一次會議結束後，以地點作為分野的子團隊會繼續開會，規劃自己即將到來的衝刺部分。這些會議可能發生在同一天或第二天早晨，具體取決於團隊所在的位置。在第二次會議中，子團隊會確定完成首次全體電話會議中討論的功能所需的任務。

衝刺規劃以第二次電話會議結束，通常在第二天的同一時間進行。這次會議的目的是讓各子團隊同步確認他們願意承諾的工作。例如，假設在首次會議中討論了四個功能。在那次會議結束之後，挪威的子團隊決定只能承諾完成其中三個，而加州的團隊則承諾完成全部四個。在第二次電話會議中，全體團隊會共同探索如何完全承諾完成第四項功能，或者找到一個較小的項目，讓兩個子團隊都可以承諾完成。Yahoo! 的 Drummond 和 Unson 發現這種方法效果良好。

> 團隊能夠設法將跨時區會議的不便降到最低，平均輪流配合彼此的時差。他們透過讓會議聚焦於主題，來確保資訊完整與準確，使團隊能夠遵守嚴格的時間框架規則。任何不影響另一方的討論都被留到當地更方便的時間進行（2008, 318）。

這種方法的優缺點整理於表 18.3 中。

表 18.3
將衝刺規劃分成兩次通話會議討論的優缺點。

優點	缺點
可以更有效地利用時間。	根據團隊的分布情況，實用性會有很大不同。
即使工作時間只是略有重疊（或可使其略有重疊）也可使用。	因為許多討論發生在子團隊內部，並未與全體團隊共享所有知識，這可能導致後續產生誤解與溝通不良。
	不能在一天內完成。

第三種偶爾採用的方法，是讓每個地點的技術負責人（technical lead）負責所有規劃。雖然這可以將時區帶來的挑戰降至最低，但我並不推薦這種方法，有三個主要缺點：

- 並非所有人都參與規劃，因此對於承諾要完成的工作缺乏認同感，也缺乏理解。
- 在沒有全員參與的情況下，任務更有可能被遺忘或錯誤估算。
- 這種方法妨礙了自組織，並使團隊無法對所面臨的挑戰產生責任感。

注意

每日站會（daily scrum）

每日站會（daily scrum）面臨一套與衝刺規劃會議完全不同的挑戰。衝刺規劃需要進行長時間但不太頻繁的會議，而每日站會則是短時間但需每天都進行的會議。由於每日站會被限定在 15 分鐘內，因此對於工作日有重疊的團隊來說，舉行這種會議並不成問題。然而，對於工作日完全沒有重疊、分布範圍廣的團隊來說，每天在非正常工作時間參加電話會議並不是長期可持續的做法。這類團隊通常採取以下三種主要策略：一次性電話會議、書面會議以及區域性會議。

一次性電話（Single Call）

也許最常見的做法，也是大多數分散式團隊首先嘗試的方法：讓所有人參加同一個電話會議。對於處於幾個不同時區內的團隊來說，這是一個很好的方法。不幸的是，隨著時區數增加，這種方法很快就行不通了，到頭來，大多分布範圍廣的團隊會發現，他們必須為每日站會找出其他應對辦法。

一些分布範圍廣的團隊，試圖透過減少每日站會頻率來克服單一電話會議的不便和不可持續性，比如每兩天或三天進行一次。我完全能夠理解，也很同情每天在非工作時間舉行電話會議的麻煩，但是每當我想減少專案每日會議的頻率時，我都會回想起 Fred Brooks 在《人月神話》中提到：「一個專案怎麼會延誤一年？……因為它一天一天地延遲（1995, 153）。」我的建議是，儘量維持「每天」舉行「每日」站會的意義。如果選擇不這麼做，至少用書面的會議來

替代跳過的會議，或者每一個地點派一名代表參加電話會議。接下來這兩種策略詳細描述了這些方法。

選擇使用一次性電話會議方法的團隊，應考慮按照本章前面「有苦同當」一節所描述，輪流安排會議時間。一次性電話會議方法的優缺點，統整在表 18.4 中。

表 18.4
要每個人都參與每日站會通話的優缺點。

優點	缺點
與同地協作式團隊使用的方法相似，因此不需要學習新的技巧。	對於團隊成員可能非常不方便。
會議在全體團隊成員在場的情況下進行討論。	要求大家在正常工作時間之外進行會議不是長久之計。
所有成員都能了解所有問題，從而促進更好的團隊學習和對共同目標的承諾。	

書面會議（Writing the Meeting）

為了減輕至少一個地點在非工作時間參加電話會議的痛苦，一些團隊選擇完全放棄每日站會。這些團隊不想完全放棄每日溝通的價值，通常會用書面形式來替代每日站會。團隊成員同意發送電子郵件、更新 wiki 頁面，或在其他非同步協作工具中輸入他們會在電話會議中分享的相同內容。

這種方法的變通做法是，選擇一個絕大多數團隊成員方便的時間進行電話會議，而其他無法參加的團隊成員則可提交書面報告來「參與」。當大多數團隊成員在同地點工作、只有少數幾名成員遠距工作時，這種做法特別常見。

通常我不建議將這種方法作為主要技術。如果團隊認為每天通話會議過於頻繁，需要降低頻率，可以用這種方法來補充每日通話的會議。然而，當電話會議變成每日書面更新時，一些重要的「附加效益」會消失，例如，當團隊成員說「今天我要完成這個」時，對工作的承諾似乎比寫下同樣的話更強烈。這可能是因為口頭講述是一種在同事面前做出的承諾，而書面資訊則是私下做出的承諾，也許只有同事會看。這種方法的其他優缺點在表 18.5 中做了總結。

優點	缺點
能夠長期維持。	問題不會被討論，可能會停滯數天。
幫助克服語言問題，包括重口音。	錯失了利用每日互動促進團隊成員改進關係和知識共享的機會。
	書面更新不一定會被閱讀。
	團隊成員不太可能彼此追究前一天承諾的責任。

表 18.5
用一樣的書面資料取代每日站會的優缺點。

區域會議（Regional Meeting）

每日站會的第三種方法（也是最後一種方法）是進行一系列區域性會議，隨後透過某種方式共享會議中的關鍵議題。如果一個團隊分布在兩個相距較遠的城市，每個城市可以有自己的每日站會。例如，團隊成員位於舊金山辦公室和倫敦辦公室（兩地相差八小時），每個地點各自進行會議是可行的。

有時，分散式團隊在幾個辦公室之間有重疊的工作時間，但其中某一個辦公室相隔較遠，在這些情況下，重疊時區的地點可能進行一個區域性每日站會，而較遠的那個地點則自行開會。例如，如果舊金山和倫敦團隊加入了一個位於洛杉磯的團隊，一個可能的安排是讓加州的這兩個團隊透過電話進行每日站會，而倫敦團隊則單獨進行現場會議。

一種常見的做法是讓西半球團隊和東半球團隊個別舉行電話會議。西半球的電話會議可以輕鬆容納北美和南美的所有人，而東半球的電話會議則涵蓋世界其他地區（可能需要排除澳洲和紐西蘭）。如果一個團隊的成員分布範圍如此廣，比如分布在舊金山、西雅圖、多倫多、倫敦、布拉格、斯德哥爾摩、北京和墨爾本，可能需要安排三次不同時間的會議，而不是兩次。不過請記住，我們這裡討論的是每日站會，而不是 Scrum of Scrums（稍後會提到）。大多數團隊只需要安排兩次不同時間的會議即可。

這些區域性會議（無論所有人是否在同一個辦公室，還是多個城市一起開會）通常會隨後進行額外的溝通，以確保每個子團隊了解其他子團隊的工作。

一種進行後續溝通的方法是安排電話會議，每個子團隊至少一名代表參加。這是 Martin Fowler 採用的方法，他指出：「我們與同一海岸上的團隊進行站會，但不同沿岸之間不會進行這樣的站會。不過我們確實安排每日跨岸會議（cross-shore meeting），但這些會議不是整個團隊參與。（2006）」

另一種確保子團隊之間溝通的方法，是指定一名或多名團隊成員參加所有站會。指定的團隊成員參加正常的子團隊站會後，還需要參加一到兩次其他站會，這些站會通常在其正常工作時間以外的時間進行。

無論使用哪種方法來在子團隊之間共享資訊並協調工作，非工作時間電話會議帶來的不便都會大大減少。然而，這種不便無法完全消除，因為每天至少有一人需要參加非工作時間的會議。指派成員輪流擔任此職責，就可以進一步減少這種不便。

我發現區域性會議適合大多數分布範圍廣的團隊。雖然我更希望所有人每天都參加一次統一的電話會議，但這不一定長久可行。儘管這種方法存在一些缺點，但其優點（略微）多過其缺點，整理於表 18.6 中。

表 18.6 使用區域會議來進行每日站會的利弊。

優點	缺點
非工作時間通話的痛苦大大減少。	從一個會議轉到另一個會議的資訊可能是不正確或不完整的。
允許各地子團隊僅分享對他們最重要的資訊。	可能導致不同子團隊之間出現「我們」和「他們」的對立感。
	並非所有人都能出席所有的討論。
	子團隊之間可能沒有及時分享資訊。

另見

第 17 章「擴展 Scrum」中描述過 Scrum of Scrums 會議。

Scrum of Scrums

Scrum of Scrums 用於協調多個團隊之間的工作。每個團隊派一名代表參加會議，通常每週舉行兩到三次。這種會議舉辦頻率低，因而更容易在分散式團隊中實施，而且因為幾乎在一小時以內完成，因此只要團隊的工作日有重疊到，就可以輕鬆安排 Scrum of Scrums 會議。

礙於團隊如此分散，以至於沒有共同的工作時間，就會出現各種挑戰。在這些情況下，成功的團隊通常採用其中一種較理想的每日站會策略——一次性電話會議或區域會議。如果只有少數幾個團隊參與，一次性電話會議通常是可行的，只要參與者能找出一個大多數人最不麻煩的時間來開會。這比每日站會更容易做到，原因有二：首先，Scrum of Scrums 不是每日舉行的；其次，大多數團隊會偶爾更換參與會議的成員。雖然連續四星期每週二、週四晚上七點參加電話會議可能有些不便，但與每週五天晚上七點開會一直到退休相比，這算不了什麼。

更大的團隊，或面臨更大時區挑戰的團隊，通常會選擇舉行區域會議。例如，一個專案有四支團隊在多倫多、三支團隊在班加羅爾、兩個團隊在北京，可以選擇在多倫多舉行一次四個團隊的面對面 Scrum of Scrums 會議。由於這次會議對班加羅爾和北京的參與者來說時間不便，所以他們可以自己安排一個更合適的電話會議。這兩組之間的資訊，將透過參加兩次會議的一兩個人，或透過包括每次會議代表的電話會議進行共享。

衝刺審查會議和回顧會議

衝刺審查會議和回顧會議同時具有每日站會和衝刺規劃會議的特徵，這些會議與衝刺規劃會議一樣，不是每日舉行的，因此團隊成員更有可能在正常工作時間以外的時間參加。然而，與每日站會相似，審查和回顧會議較短，因此更容易安排適合的時間。

工作時間有重疊的團隊，自然會將這些會議安排在一天中重疊的部分。工作時間幾乎重疊的團隊，通常將這些會議安排在一天工作結束時和另一天工作開始時。例如，一個分布在丹佛和赫爾辛基的團隊相差九小時，他們可以將審查會議安排在丹佛的早上八點／赫爾辛基的下午五點。丹佛的團隊成員需要比平時稍早到達工作地點，而赫爾辛基的團隊成員需要比平時稍晚下班；不過因為這些會議每幾週才舉行一次，整體而言，這種方式運行良好。

分布更廣泛的團隊需要找出對一個或多個地點的成員個人生活影響最小的時間。一個分布在倫敦和紐西蘭（相差 12 小時）的團隊可能決定在某地早上八

點／另一地晚上八點舉行會議。與所有非工作時間的會議一樣，應該輪流安排哪個地點負責早班、哪個地點負責晚班。

如果審查會議和回顧會議的時間都很短，一些團隊會傾向將兩個會議連續安排進行。其他團隊則傾向將它們安排在連續兩天進行，這種選擇的權衡在於，分兩天的非工作時間短會議與一天完成的較長會議，如何取捨則要視團隊實際情況去考量。

參與不是可有可無的

參與衝刺審查會議和回顧會議的一個挑戰在於，一些團隊成員可能會認為參加與否無所謂，但並非如此。雖然我認為參與是必須的，但我也認為期望團隊成員每次非工作時間都有空參加是不切實際的。我喜歡設定這樣的期待：團隊成員應參加每次的審查會議和回顧會議，但偶爾可能會缺席。如果你無法出席，我希望你能打電話通知團隊中的某人或發送電子郵件告知大家，讓我們知道你不會出席。

我將參加非工作時間的審查會議和回顧會議，當作我女兒游泳隊的訓練。訓練不是可有可無；我的女兒不能跳過訓練就直接參加比賽還渴望取得好成績。要參加比賽，他們就必須參加訓練。然而，他們的教練知道，這些學齡兒童可能會因為許多原因偶爾缺席訓練：看醫生、兄弟姐妹生病、無法到達訓練地點、學校郊遊等等。偶爾缺席幾次不是問題，但缺席太多次，教練會要求有合理的解釋。同樣的道理也適用於 Scrum 團隊。

偶爾舉行單一地點的回顧會議

我通常不建議將某個人或某些人排除在回顧會議之外，也不會建議團隊將測試人員排除在外，在沒有他們的情況下討論。同樣，我也不希望團隊將產品負責人排除在回顧會議之外。然而，電話會議可能會產生一些不太理想的情況，因此我希望團隊偶爾不使用電話，也就是說，應定期在每個地點單獨舉行回顧會議。任何主題都可以成為單一地點回顧會議的討論重點，但我特別鼓勵某個城市的子團隊專注於兩件事：自己地點特有的問題，以及如何改善與其他地點的互動。

謹慎行事

沒有人會因為團隊本身的利益而選擇分散一個團隊，決定將團隊成員分布在不同地理位置，通常是出於其他考量——例如節省成本、在多個地點招募、在新地區獲取專業知識、因收購而不得不如此，或其他類似的原因。分散團隊會給參與的人帶來額外的工作和壓力，並為組織帶來更多的風險。

> **另見**
>
> Iacovou 和 Nakatsu 提供了一份分散式專案面臨風險的綜述（2008）。

　　本章的建議來自於我的個人經驗以及我與其他人交流的經歷。分散式開發可以做到成功運行，但分散式團隊永遠無法達到同地協作式團隊的水準表現。然而，因為同地協作並非永遠是選項，所以組織不得不尋找方法，例如本章描述的技巧，幫助分散式團隊盡可能高效地運作。即便如此，我們應該明智地考慮到 Emmeline de Pillis 和 Kimberly Furumo 在《Communications of the ACM》中發表的一篇文章所做的結論，他們在進行了分散式團隊與同地協作式團隊的表現、滿意度和小組動力比較實驗後，得出這樣的結論：「虛擬團隊的表現、滿意度以及投入與成果比率顯著低於同地協作式團隊。虛擬團隊似乎只會降低承諾、士氣和表現（2007, 95）。」

延伸閱讀

Carmel, Erran. 1998. *Global software teams: Collaborating across borders and time zones*. Prentice Hall.

　Carmel 博士是美國大學（American University）的教授，也是科技全球化的知名專家。本書特別針對軟體開發與 IT 專案，是對 Duarte 和 Snyder 著作的良好補充。他的早期著作《Global Software Teams》聚焦於軟體開發，但我更推薦這本較新的著作。

Duarte, Deborah L., and Nancy Tennant Snyder. 2006. *Mastering virtual teams: Strategies, tools, and techniques that succeed*. 3rd ed. Jossey-Bass.

　這是一本描述與分散式（或稱「虛擬」）團隊合作的最佳通用書籍，提供了有關小組動力、文化、會議等方面的實用資訊。雖然該書並未特別從 Scrum 或軟體開發的視角出發，但其中的大部分內容是適用的。

Fowler, Martin. 2006. Using an agile software process with offshore development. Martin Fowler's personal website, July 18. http://martinfowler.com/articles/agileOffshore.html.

> 這篇網頁總結了 ThoughtWorks 首席科學家 Martin Fowler 對離岸敏捷開發的看法，內容包括學到的經驗教訓、對離岸開發的成本與效益的評論，以及對離岸和敏捷開發未來的預測。

Miller, Ade. 2008. *Distributed agile development at Microsoft patterns & practices*. Microsoft. Download from the publisher's website. http://www.pnpguidance.net/Post/DistributedAgileDevelopmentMicrosoftPatternsPractices.aspx.

> Microsoft 模式與實踐小組的 Ade Miller，總結了該分散小組面臨的挑戰以及他們如何解決這些挑戰。

Sutherland, Jeff, Anton Viktorov, and Jack Blount. 2006. Adaptive engineering of large software projects with distributed/outsourced teams. In *Proceedings of the Sixth International Conference on Complex Systems*, ed. Ali Minai, Dan Braha, and Yaneer Bar-Yam. New England Complex Systems Institute.

> Sutherland、Viktorov 和 Blount 提供了一個特別成功的 Scrum 專案案例研究，該專案分布在兩大洲的三個不同地點。

Chapter 19
與其他方法共存

探討敏捷軟體開發如同在試管中進行研究,而在現實世界中體驗則截然不同。在試管中,像 Scrum 這樣的敏捷方法很容易被所有成員接受,而且企業政治、經濟等不愉快的現實問題無法介入。然而在現實世界中,這些問題確實存在,很少能單純地決定使用 Scrum,然後在沒有其他約束的情況下順利執行。某個專案可能被允許嘗試 Scrum,但前提是不能影響組織的 CMMI 三級認證;另一個專案可能被允許嘗試 Scrum,但必須通過初步架構審查,並在設計完成的檢查點會議上取得成功。

或許組織對專案施加這些約束是有其合理原因的,但它們仍然是約束。我這裡所說的「約束」並非帶有顯著的貶義,而是指團隊工作方式的某些自由度被剝奪了。並非所有約束都是壞事——例如,在美國(以及世界上許多地方),我被約束必須靠右側行駛。我很樂意遵守,因為我知道其他駕駛者也同樣受此約束,因此與我相撞的可能性大大降低。同樣地,許多 Scrum 團隊至少初期必須在組織的規則和規範內進行工作。

本章將探討當 Scrum 專案與傳統的順序(瀑布式)開發流程交疊時,會對專案產生什麼影響。接下來,我們將討論專案治理的影響,以及 Scrum 專案如

何與非敏捷治理方法共存。最後，我們將探討 Scrum 專案如何符合 ISO 9001 或 CMMI 等標準。

混合 Scrum 和順序開發

很少有大型組織能夠完全使用 Scrum 進行所有專案。大多數組織將不得不忍受一段過渡期，在此期間某些專案已經轉向 Scrum、而某些專案尚未轉型。這可能是因為一次轉型會讓整個公司的流程過於混亂，或是因某個特定專案中途更改流程會造成干擾，或者其他多種原因。由於許多組織在某個時候都會面臨混合 Scrum 和順序開發的問題，我們將在本節討論這個主題。

三種互動場景

Scrum 和傳統順序開發的接軌方式不盡相同，而專案所面臨的問題，則取決於 Scrum 和順序開發相接時的具體環節。Scrum 講師 MicheleSliger 描述了三種可能的接軌情境（2006）。

專案初期的瀑布。 Scrum 和順序開發在專案初期交匯，通常是因為組織設置了專案審核門檻，要克服這些門檻，Scrum 團隊需要暫時拋開對文件的排斥，並建立規範、專案計畫或其他獲得批准所需的文件。在初期採用瀑布式開發的專案獲得批准後，專案便會按照正常的 Scrum 流程運行。Sliger 建議遵循 Alistair Cockburn 的觀點，製作「剛好達成目的」的文件即可（2000）。她描述了一個團隊，他們寫了一份剛好能過審的簡要規格文件，讓專案獲得核准。

> 團隊幾乎不再使用這份規範，發布過程中也很少參考。然而，他們不認為編寫規範是浪費時間，反而認為，這個過程幫助他們建立了清晰的產品願景，帶來實際好處。而且，專案審核委員會的財務經理也得到了他們所需的資訊（2006, 29）。

專案結尾的瀑布。 當 Scrum 和順序開發在專案結尾交匯時，通常是因為測試階段的需求。有時，專案結尾會回歸瀑布式開發，是因為組織只是試探性地採用 Scrum，並且仍將測試人員或品保人員視為獨立小組，讓他們在最後階段才介

入進行驗證和驗收工作。其他時候，則是因為外部小組（如營運部門）要求在最後進行某些測試。對於這種需求，一般的應對方法是安排一個或多個衝刺來完成這項工作。到專案結尾時，團隊已經習慣了新的敏捷工作方式，因此即使在最後階段，也會繼續應用 Scrum 方法，例如繼續以衝刺的方式工作、召開衝刺規劃會議、進行每日站會等。

並行的瀑布。Scrum 和順序開發交匯最困難的情況可能是「並行的瀑布」。常見的例子是，當兩個或更多團隊必須共同開發一個產品，其中至少一個團隊採用 Scrum、一個團隊使用傳統的順序開發方法。在這種情況下，協調工作和頻繁溝通通常會是最主要的問題來源。順序開發團隊傾向透過會議和文件來確定介面細節，而 Scrum 團隊則傾向於讓介面保持彈性，並透過非正式但頻繁的溝通逐步定義介面和承諾。

處於這種情境的 Scrum 團隊通常會發現，吸引瀑布式專案管理者參加衝刺規劃會議或每日站會很有幫助。Sliger 描述了她成功邀請順序開發團隊管理者參加衝刺規劃會議的經驗。

> 一開始，瀑布管理者抱怨這些規劃會議干擾了他們的時程安排。然而，參加了幾次會議後，管理者們開始意識到共享資訊的價值，工作變得更加順暢，協作和溝通也變得更加順利（2006, 30）。

三種衝突

Sliger 描述了 Scrum 與順序開發交匯時的情境，針對兩種截然不同的開發方法說明如何應對具體情境中的差異，而 Barry Boehm 和 Richard Turner 則更著眼於如何避免這兩種不同方法共存時可能引發的三種衝突：

- **開發流程方面**。這類衝突來自 Scrum 與順序開發流程之間的差異。
- **業務流程方面**。這類衝突源於 Scrum 團隊與順序開發團隊跟業務的互動方式不同。一個習慣於順序開發團隊規劃方法的組織，可能對 Scrum 團隊的規劃方式感到陌生。

- **人員方面**。這類衝突是由 Scrum 方法中的不同角色或轉移角色所引發，以及 Scrum 強調自組織、團隊合作與溝通的特性所致（Boehm and Turner 2005）。

其中一些衝突可能發生在單一團隊內。例如，Scrum 偏好以使用者故事或類似方式來描述輕量級需求，而順序開發流程則更傾向於詳細記錄前期需求。當敏捷的前期活動需要將其產出交接給後續的順序開發流程時，如果細節不符合對方的預期，就可能會引發問題。

其他衝突則可能發生在採用不同開發流程的兩個團隊之間。例如，兩個團隊需要協同步驟時，這些問題可能顯現。Boehm 和 Turner 描述了 Scrum 團隊與順序開發團隊必須整合工作時的挑戰。

> 如果 Scrum 團隊自行發展其介面，團隊的其他部分可能因標準變動而面臨開發風險。然而，傳統（順序開發）方法早期鎖定介面的做法，可能阻礙 Scrum 團隊重構其設計部分的需求（2005, 31）。

為解決這些問題，Boehm 和 Turner 提出以下建議：

- **進行比一般 Scrum 要求還多的分析**。如果 Scrum 團隊要與順序開發團隊成功合作，必要的妥協是進行比一般更多的前期分析，這樣才能將工作分配給相關團隊，並理想地識別出大型介面。
- **從建立「符合最低需求」的流程開始，而不是簡化一個龐大的流程**。經驗顯示，當一個大流程被簡化時，通常無法縮減到真正合適的程度。避免這些問題的最佳方法是從一個空的流程開始，然後只加入必要的內容。
- **定義一個將 Scrum 和順序開發方法區分開來的架構**。在專案啟動和前幾個衝刺中，重點放在確定哪些系統區域最適合使用 Scrum 和順序開發方法。穩定且需求明確的區域可由順序開發團隊建構；需求不確定或多樣設計方式的區域，應由 Scrum 團隊負責建構。
- **採用通用的敏捷實踐**。某些敏捷實踐無論在哪種流程中都很有用，例如持續整合、大量依賴自動化測試、結對程式設計和重構等，這些做法既適用於依序專案，也適用於 Scrum 專案。

- **教育利害關係人**。由於某些利害關係人可能需要與 Scrum 團隊及順序開發團隊互動，因此教育團隊相當的重要。這些利害關係人需要充分了解每種流程，以便根據其角色參與或理解相關工作。

☐ 鼓勵順序開發團隊處理較小批量的工作。與其每隔幾個月將工作交付或整合給 Scrum 團隊，我們更希望順序開發團隊每隔幾週進行一次交付或整合。

☐ 嘗試制定一項規則，Scrum 團隊不應將順序開發團隊負責但卻未完成的產品待辦清單項目拉入衝刺中。只有在順序開發團隊已經完成該項目相關工作的情況下，才可將該項目拉入衝刺。

☐ 要求順序開發團隊的一名成員也被分配到 Scrum 團隊中，並讓該成員參加規劃會議、審查會議、回顧會議和每日站會。

> **現在試一試**

Scrum 和順序開發流程可以永遠共存嗎？

關於 Scrum 和順序開發方法能否永遠共存的問題，大家看法不一。目前確實有一些組織這樣運作，而且在過去也有組織成功支援了多種非敏捷開發流程，但 Scrum 是否具備某些根本特性，會使它無法與傳統的順序流程長期共存？MicheleSliger 認為確實如此。

> 我曾經說過，公司可以無限期地混合使用敏捷和傳統方法，因為他們可能不希望將每個專案都轉移到敏捷環境中。但根據我過去一年的觀察，我不再這麼想了。我認為公司最終必須選擇一條路，我將這個關鍵時刻稱為「懸空點」（high-centering）。「懸空點」是越野駕駛中的術語，意指當你的吉普車爬過一塊石頭或一堆泥土，結果車子底盤卡住，四個輪胎都懸空無法著地，導致既無法前進也無法後退。好比這些公司開著他們的「敏捷吉普車」爬上敏捷的山坡，當他們陷入困境動彈不得時，必須做出明確而公開的決定以便繼續前進，否則他們的團隊將滑回山腳的順序開發流程中。

我傾向於認同 Sliger 的觀點。在大型組織中，讓 Scrum 暫時與順序開發流程共存往往是必要的。但重要的是記住，敏捷並非終點，而是一個持續改進的過程。當一個組織嘗試變得越來越敏捷時，Scrum 和順序開發之間的衝突將愈演愈烈，如果這些衝突的根源未妥善處理，組織的內部「重力」就會把組織拉回到採用 Scrum 前的軟體開發流程。一些不具威脅性的敏捷實踐，例如每日站會或持續整合或許會被保留下來，但該組織將無法獲得敏捷轉型所帶來的顯著利益。

治理

許多組織採用順序軟體開發方法，是因為這種方法將軟體開發過程劃分為明確的階段，而這種明確的順序有助於專案的監管。專案監管——通常稱為治理（governance）——的目的是確保專案不會偏離方向。有效的專案治理可以識別可能超出預算的專案，從而討論是否應該取消該專案。治理還可以識別過於偏離原始目標的產品、偏離架構標準的專案，或者其他對組織重要的類似高層次考量。

專案治理並不是一個新概念，但它在 Dr. Robert Cooper 發明的「階段門流程」（stage-gate process）中找到了最自然的歸宿。其核心思想是在每個開發階段結束後，專案都需要通過一道「門」，每道門都是專案正式審查的檢查點；專案可能被批准繼續進入下一個階段、回到上一個階段進行重工或者被取消（2001）。

圖 19.1
階段門方法帶來了很多挑戰。Stage-Gate® 是產品發展協會的註冊商標。

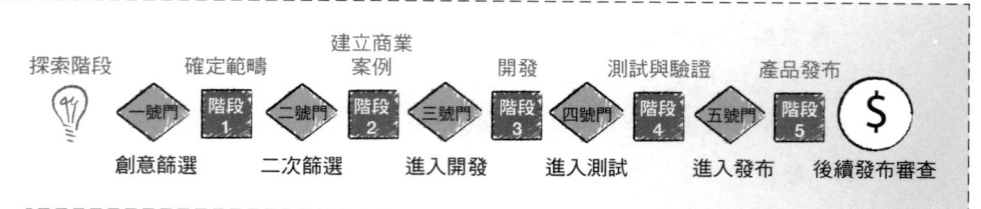

探索階段 — 一號門（創意篩選） — 確定範疇 — 階段1 — 二號門（二次篩選） — 建立商業案例 — 階段2 — 三號門（進入開發） — 開發 — 階段3 — 四號門（進入測試） — 測試與驗證 — 階段4 — 五號門（進入發布） — 產品發布 — 階段5 — $ — 後續發布審查

軟體團隊可能在不同時刻遇到階段門或檢查點：對範疇、預算和時程的早期審查；對架構和設計決策的審查；確認應用程式是否準備好進行系統或客戶

驗收測試的審查；確認產品是否可以交付給支援組織的審查等。這些檢查點會嚴重干擾軟體團隊使用 Scrum，因為它們並不適合以迭代方式進行的工作。例如，一個讓系統設計逐步成形的 Scrum 團隊，可能很難通過一個評估系統架構適當性和正確性的早期檢查點。

調和專案治理需求與使用 Scrum 的願望的第一步，是認識到專案治理與專案管理並不是同一件事。可以將專案治理與專案管理分開。然而，在分開它們的同時，我們希望能夠設立高層次的檢查點，以提供必要的監管，同時讓團隊仍然能夠以敏捷方式自主管理專案。

為了證明治理本身並非壞事，假設你突然被晉升為公司總裁或執行長，身為新的負責人，你會希望對公司的一些重大專案有一定的了解。也許你會制定一項規則，要求所有預算超過某個金額的專案必須經過你批准才能啟動。而且，雖然你計劃盡量多參加衝刺審查會議，但你希望所有持續時間超過三個月的專案，能夠每三個月提供一份關鍵資訊的兩頁摘要。這是一種輕量且合理的治理模式。因此，讓人反感的並非治理本身，而是當治理開始干預專案執行方式的時候，才會令人反感。

在非敏捷治理下執行 Scrum 專案

由於很少有組織會一開始就徹底改革其現有的治理方法，因而團隊需要找到方法與組織的非敏捷治理合作，採取以下行動應該有所幫助。

事先談判並設定期望。第一個經歷公司治理流程的 Scrum 專案無疑地將面臨挑戰。幾乎可以肯定，有些事情團隊無法做到。例如，Scrum 團隊無法在獲得開始寫程式的許可之前提供完整的設計，因為設計和寫程式是同步進行的。解決此問題的唯一方法是團隊提前與必要的治理小組進行談判。團隊獲得的支援越多，並且這種支援來自組織內部的層級越高，效果越好。團隊不需要尋求永久改變治理政策，而是可以將這次變化提出來，當作一次性的實驗。

使報告符合當前的期望。提供專案治理的專案審查委員會或監管委員會，對於專案應提供給每個檢查點的資訊有既定期望。不要對抗這些期望。如果他們期待的是甘特圖，那就提供甘特圖。然而，若是可以，就嘗試逐步改變期望，提

供額外、更適合敏捷的資訊。例如，如果適合展示燃盡圖就提供燃盡圖，或者，提供一份報告，顯示建構伺服器連續集成建構的次數以及執行的測試運行數量（可能是數千，甚至數十萬次）。

邀請他們進入你的流程。Scrum 團隊可以透過邀請治理委員會成員參加其定期會議，來補充那些細節較少的正式治理檢查點。Yahoo! 的團隊會接受架構審查委員會的審查。前 Yahoo! 敏捷產品開發總監 Gabrielle Benefield 回憶了早期敏捷團隊處理這些問題的方式：

> 敏捷團隊⋯⋯早期邀請架構審查委員會的人員參加衝刺審查會議。這樣，他們仍然有一個正式的檢查點，但到那時，大多數主要問題已經解決。這樣的過程沒那麼痛苦，而且更早建立了信任與合作。

我喜歡將大家熟悉的「走動式管理」（walking around）技巧進一步擴展為「站立式管理」（standing around）。鼓勵參與專案治理的管理者和高層參加每日站會，在那裡他們可以站著聆聽專案的進展。就像使用者故事的工作方式將文件轉化為對話一樣，專案報告也需要發生這種轉變。鼓勵相關人員拜訪團隊或參加團隊的會議，以親眼看到實際的進展。

引用成功案例。沒有什麼比成功更有說服力。盡一切可能讓一兩個專案通過精簡的治理檢查點，然後以這些專案的成功作為證據，用來爭取未來的專案也應採用相同做法。Gabrielle Benefield 指出：「一旦你讓幾個敏捷團隊展現出好的結果，就能建立信任，然後你可以著手處理更大的整體治理流程。」

敏捷和專案治理的概念並非本質對立，兩者都試圖改進最終產品。Scrum 透過緊密合作和限制衝刺時間的短期檢查與調整週期來達成目標，專案治理則透過所謂的檢查與批准（或拒絕）檢查點來實現，將產品或專案與一組理想屬性進行比較。雖然追求相似的目標，但 Scrum 和專案治理採取的路徑完全不同。正是在這些不同路徑上，混合兩者時會出現問題。所幸，只能雙方各做出一些妥協，再結合本節中的建議，就可以成功結合敏捷性和監管。

合規性

並非所有團隊或甚至軟體開發部門都能完全掌控自己的開發流程。例如，在外包或合約開發中，客戶經常要求供應商達到 CMMI 五級認證，要求軟體開發人員遵循某些既定的最佳實踐。此外，一些軟體密集型產品被交付到受監管的產業，必須符合如 ISO 9001 的標準；生產醫療監管設備的公司必須符合 ISO 13458；美國的上市公司必須遵守《沙賓法案》（Sarbanes-Oxley）。此類要求不勝枚舉。

這些標準中，沒有任何一項明確要求使用與 Scrum 完全衝突的生命週期，但其中一些標準假定會使用順序開發流程，因此與 Scrum 的相容性較低。由於遵守此類標準通常是必要的，Scrum 團隊必須思考如何以最佳方式遵守這些標準，並在某些情況下先問清楚，Scrum 流程下是否可能做到這一點。本節將探討 Scrum 團隊如何遵守 ISO 9001 和 CMMI 這兩項更常見的標準。透過研究 ISO 9001 和 CMMI，我們可以總結出一些在其他合規情況中有用的應對策略。

ISO 9001

國際標準化組織（ISO）維護 9001 標準，通常會以 ISO 9001:2000 或 ISO 9001:2008 的格式完整標示，數字代表標準的版本發布年分。ISO 9001 認證的用意並非保證組織的產品達到特定的品質水準，而是表明該組織在開發產品時遵循了一套正式的實踐。達到 ISO 9001 標準的過程中，有絕大部分是在建立一個「品質管理系統」（quality management system），通常就是一份冗長的文件或一組網頁，描述組織所遵循的品質實踐。

PrimaveraSystems（一家專案與投資組合管理系統的開發商）在十個月內建立了其品質管理系統。該公司舉辦了 30 場工作坊來記錄其現有流程，每場工作坊都包含來自開發人員的跨職能代表。

在啟動 ISO 9001 工作時，Primavera 已經對敏捷實踐擁有豐富的經驗。在這種環境下，引入 ISO 9001 可能會讓員工擔心喪失敏捷性。Primavera 的 Bill McMichael 和具有 ISO 9001 專業知識的顧問 Marc Lombardi 在該計畫中合作，發現文件化並未削弱敏捷性。

> 我們擔心會違背「可運行的軟體勝過全面的文件」原則。我們的口號是提供文件的量要恰到好處，以便作為有用的參考，並協助強化現有流程的執行（2007, 264）。

Primavera 花費近一年通過 ISO 9001 認證審核的經驗，得到了 Graham Wright 的支持。Wright 是位於倫敦的 Workshare 的一位教練，參與了其組織成功獲得 ISO 9001 認證的過程。該過程耗時略超過一年，並在 Workshare 採用極限程式設計（XP）後 13 個月開始。Wright 報告說：「在獲得認證的過程中，我們未對現有的 XP 實踐做任何改變（2003, 47）。」

我與 ISO 9001 的經驗

我與 ISO 9001 的經驗與上述情況一致。2002 年，我管理的一個開發團隊所在的組織，決定獲得 ISO 9001 認證。由於我的團隊對 Scrum 的了解比 Primavera 來得粗淺，那時我採取了不同的方法，親自撰寫了大部分的品質管理系統。

在正式審核的幾個月前，我們與審核人員見面，讓他熟悉我們的軟體開發方式，並了解他對我們有什麼期待和要求。那時是 2002 年初，他從未聽說過 Scrum，而我們也沒有任何 ISO 9001 的經驗。那次會面後，我們做出了一些流程改變。首先，他堅持使用者故事不能僅以索引卡片的形式呈現，使用者故事格式是可以的，但他堅持要求我們產出一份「文件」。我們同意將使用者故事印到紙上，並存放於有標號的文件夾中。其次，雖然我們的非正式設計流程沒問題，但他要求更多的設計文件。我們把每次設計討論後的白板畫面拍下來，並且這些照片與任何手寫筆記一起存檔。我們在團隊室內放置了一個帶鎖的檔案櫃，用來保存所有設計文件。

後來，我們通過了他的審核。最有趣的是，他對我們的自動化測試流程印象十分深刻。除了持續集成的建構伺服器，我們還進行每晚建構，包括數千個測試（主要用 JUnit 編寫）。我們展示了過去一個月的夜間建構結果，每晚所有測試都成功完成。這支團隊雖然很優秀，但是在那段期間能夠沒有一次測試失敗，實在有點運氣成分。審核人員瞄了一眼那些成功測試的報告問：「你們怎麼知道測試沒問題？也許根本沒執行，或者你們的測試架構只是報告成功而已。」

嗯，我們知道是因為白天總會有測試失敗的情況發生，只是晚上並沒有。但這對我們的審核人員來說還不夠，他堅持審核人員要求每晚建構必須包含一次故意失敗的測試。於是我們加入了。

  assertTrue(false);

這樣的程式碼確保測試會失敗，因為 false 不等於 true。添加了這個失敗測試，我們就通過了 ISO 9001 的證認審核。

  雖然我不認為這些步驟有助於我們開發出更好的軟體，但它們並未增加顯著的持續性負擔。文件記錄耗費了時間，但這是一次性工作（計畫每年更新），而這些工作主要由我來負責完成。曾在兩家獲得 ISO 9001 認證的公司中使用 Scrum 的 Juan Gabardini 也表示同意。

> 對公司而言確實有一定的額外負擔，但對團隊來說情況並不算太糟。我並不是說這不費力！你將需要一位思想開放的 ISO 顧問來幫助你將一切保持在盡可能精簡的狀態，但又不至於過於精簡（2008）。

能力成熟度模型集成（CMMI）

自第一個敏捷專案誕生以來，各公司就開始詢問敏捷方法是否與軟體工程學院（Software Engineering Institute, SEI）的能力成熟度模型集成（Capability Maturity Model Integration,CMMI）相容。CMMI 與其前身——軟體能力成熟度模型（SW-CMM），是用來衡量組織流程成熟度（或至少有多少過程已經被定義）的一種標準，常被視為較為繁瑣的軟體開發方式，與靈活的敏捷開發形成對比。但 CMMI 的原作者之一 Richard Turner 和教授 Apurva Jain 認為，「雖然 CMMI 和敏捷方法之間確實有顯著差異，但「水火不容」的描述過度誇大了（2002）。」

  Turner 並不是唯一一位考慮到 CMMI 在敏捷專案中適用性的作者。初版 SW-CMM 的主要作者 Mark Paulk，評估了極限程式設計（XP）與原版 SW-CMM 的 18 個關鍵流程領域的對應性。Paulk 的意見是，XP 部分或大致涵蓋了達到 CMM 三級所需 13 個領域中的 10 個，且未對其餘三個構成障礙。

我們因此可以認為 CMM 和 XP 是互補的。SW-CMM 以通用術語告訴組織「該做什麼」，但並未說明「如何做」，而 XP 是一套包含相當具體操作方法（即實作模型）的最佳實踐，適用於特定環境。即使 XP 的實踐未能完全涵蓋 CMM 的需求（目標或關鍵過程領域 KPA），XP 的做法還是可以與 CMM 的做法（目標或 KPA）相容（2001, 26）。

結合敏捷實踐與 CMMI，不僅僅只是理論，已有許多公司成功結合了敏捷開發與 SW-CMM 或 CMMI。Philips Research 的 Erik Bos 和 Christ Vriens 領導了首批記載接受 CMM 審核的敏捷專案之一，他們表示：「審核人員對於透明、易於訪問且統一的專案資訊特別印象深刻（2004）。」

Joe Fecarotta 的敏捷專案通過了 CMMI 三級評估，他也發現 CMMI 和敏捷是相容的。他表示：「CMMI 和相關的審核並未強制採用特定的方法，而是試圖幫助團隊遵循最佳實踐（2008）。」

像 Scrum 這樣的敏捷方法也被引入到已通過 CMMI 五級評估的組織中。位於丹麥和英國的獨立軟體開發商 Systematic 雇用了超過四百名員工，從事國防、醫療、製造業和服務業的軟體開發。在通過 CMMI 五級兩年後，他們決定同時採用 Scrum。據報導，兩者相得益彰。

> 與之前的 CMMI 五級實踐相比，Scrum 現在將每類工作的負擔（缺陷、重工、總工作量和流程負擔）減少了近 50%，同時保持了相同的流程紀律（Sutherland, Jakobsen, and Johnson 2007, 273）。

Systematic 將 Scrum 整合進其 CMMI 五級流程，解決了 CMMI 實施中的一個常見問題。在追求特定 CMMI 級別時，許多組織忘記了最終目標是改進其軟體開發方式（因此也改進其交付的產品），反而專注於依賴 CMMI 文件填補所謂的缺陷，而不考慮這些變更是否會改進流程或產品。當 CMMI 的目標與 Scrum 本質以價值為中心、「最近為我做了什麼」的思維方式相結合時，這問題可以得到解決。Jeff Sutherland、Carsten Jakobsen 和 Kent Johnson 都曾參與 Systematics 公司轉型 Scrum，將 Scrum 與 CMMI 的結合稱為「魔藥」。

混合兩者後，一種魔藥誕生了，其中⋯Scrum 確保流程被高效實踐，同時擁抱變化，而 CMMI 確保所有相關流程都被考慮到（2007, 272）。

實現合規的策略

我們已經從理論和實證的角度確立了 Scrum 至少可以與 ISO 9001 和 CMMI 相容。以下是一些具體建議，可幫助你在組織中成功結合它們與 Scrum：

- **投入足夠的努力在產品待辦清單上**。具有合規需求的專案有一個共同特點，即對產品待辦清單的更多投入能帶來好處。雖然不需要一開始就詳細闡述所有產品需求，但投資於一個可以逐步精煉、結構良好的產品待辦清單，將有助於實現合規的目標；詳見第 13 章「產品待辦清單」。

- **將合規工作放入產品待辦清單中**。如果需要建立文件或其他成果來實現合規，應將相關工作放入產品待辦清單中。這不僅能確保這些工作不會被遺忘，還能清楚看到合規的成本。

- **考慮使用檢查表**。許多專案報告稱檢查表非常有幫助。需要注意的是，檢查表不應引入新的強制性步驟，而應包括團隊已執行的步驟，僅用來向審核人員或評估人員證明活動正在進行。例如，前述提到的 CMMI 五級公司 Systematic 使用了一頁長的故事完成檢查表，從故事是否已被估算開始，到該故事是否已整合進系統為止。團隊的「完成定義」也可以很容易轉化為檢查表，詳見第 14 章「衝刺」。

- **自動化**。建構和測試自動化對於任何 Scrum 專案的成功都很重要，而對於有合規需求的專案更是如此。

- **使用敏捷專案管理工具**。可追溯性對於大多數合規標準而言至關重要。雖然我偏好實體成果——如手寫的索引卡片和貼在牆上的大型視覺化圖表——但對於有合規需求的團隊而言，應至少考慮使用敏捷專案管理工具。

- **穩步推進**。你可能無法在一夜之間徹底改變一個重要的流程元素，例如 ISO 9001 品質系統手冊，那麼就做 Scrum 團隊最擅長做的事：逐步實

> **另見**
>
> www.userstories.com 網站對敏捷專案管理工具做了評論。

施改變。逐漸修訂品質系統手冊，使其更加敏捷。由於 ISO 9001 絕大部分是跟確保公司遵循自己的品質系統相關，因此公司可以修訂其品質系統以支援 Scrum。

- **與審核人員合作**。只要有可能，提前與你的審核人員見面，非正式地討論你的軟體開發方式，並請審核人員指出任何可能的問題。如果可能，請與經驗豐富的審核人員合作，這些審核人員能理解即使流程看起來截然不同，也不意味著它無法達到標準的目標。
- **尋求外部幫助**。如果你之前未嘗試過此類型的認證，請找一位有經驗的外部顧問。如果你對 Scrum 還不熟悉，請找一位經驗豐富的 ScrumMaster；擁有或引入這兩塊專業知識至關重要。

展望

Scrum 很少會在一個單純、不受外部現實世界干擾的環境中實施。本章探討了三種類型的干擾：需要與另一個順序開發管理的專案協作（或以順序開發方式運行部分 Scrum 專案）；需要在公司治理體系內工作；需要遵守法律、法規或標準。在下一章中，我們將繼續探討在實踐 Scrum 過程中可能遇到的挑戰，包括來自組織內其他部門或團體（如設備管理部、人力資源部以及專案管理辦公室）對團隊或專案的影響。

延伸閱讀

Boehm, Barry, and Richard Turner. 2005. Management challenges to implementing agile processes in traditional development organizations. *IEEE Software*, September/October, 30–39.

　　Boehm 於 1988 年提出了螺旋模型，這是最早對瀑布式流程的一種有效替代方法。在這本書中，他與共同作者 Turner 一起闡述了敏捷與「紀律性」流程位於一個連續體上，可以根據專案的具體風險因素混合使用。

Glazer, Hillel, Jeff Dalton, David Anderson, Mike Konrad, and Sandy Shrum. 2008. *CMMIor agile:Why not embrace both!* Software Engineering Institute at Carnegie Mellon, November. http://www.sei.cmu.edu/pub/documents/08.reports/08tn003.pdf.

這份白皮書認為，CMMI 的最佳實踐與敏捷方法論並不相互衝突，兩種方法可以成功結合。

McMichael, Bill, and Marc Lombardi. 2007.ISO 9001and agile development. In *Proceed- ings of the Agile 2007 Conference*, ed. Jutta Eckstein, FrankMaurer, Rachel Davies, Grigori Melnik, and Gary Pollice, 262–265. IEEE Computer Society.

這篇簡短的經驗報告對 Primavera 如何將 ISO 9001 整合到其現有 Scrum 流程，提供了具體建議。

Paulk,Mark. 2001. Extreme programming from a CMMperspective. *IEEE Software*, November, 19–26.

這篇 2001 年的文章雖然略顯過時，因其比較的是 EX 和如今已被取代的 CMM；但作為 CMM 的主要作者之一，Paulk 的觀點仍然值得一讀。

Sliger, Michele. 2006. Bridging the gap: Agile projects in the waterfall enterprise. *Better Software*, July/August, 26–31.

這篇文章提出了敏捷和瀑布流程可以在組織中共存的觀點，並針對如何在敏捷流程中前置瀑布、後置瀑布或並行瀑布執行，提出了具體建議。

Sutherland, Jeff, Carsten Ruseng Jakobsen, and Kent Johnson. 2007.Scrumand CMMIlevel 5:The magic potion for code warriors. In *Proceedings of the Agile 2007 Conference*, ed. Jutta Eckstein, FrankMaurer, Rachel Davies, Grigori Melnik, and Gary Pollice, 272–278. IEEE Computer Society.

這篇關於高生產力專案的報告宣稱，Scrum 與 CMMI 結合比單獨使用任何一種更強大，並提供了將 Scrum 與 CMMI 結合的指導方針。

Chapter 20
人力資源、設備管理與專案管理辦公室（PMO）

要讓 Scrum 真正長久運作成功，實施敏捷所帶來的影響與改變，必須擴散到組織中的其他部門。如果沒有做到這一點，組織的慣性——即在轉型開始前，形塑了組織的那些深層影響力——將會開始發揮作用，讓組織逐漸回到原本的運作模式。我曾見過因忽略敏捷對開發部門以外群體的影響，而導致 Scrum 轉型陷入停滯甚至完全中止的情況。這樣的忽視可能會導致以下問題：

- **人力資源**。Scrum 團隊在初期可能運作得非常好，直到年度評估時，情況就變了。大家突然間意識到，他們的考核與加薪依然是完全基於個人績效。年度評估或許會有一欄考核個人團隊合作，但最終，個人貢獻和英雄式的傑出表現才是真正帶來加薪和升遷的關鍵。
- **設備管理**。整個團隊能夠坐在一起的話，敏捷運作會容易得多。但如果設備管理部門的安排讓這件事變得困難重重，或者禁止團隊在牆上張貼燃盡圖和其他重要的專案資訊，就會影響到團隊士氣。當感覺到周圍的人都在與你作對，想要持續推動 Scrum 進展就變得更加困難了。

- **專案管理辦公室（PMO）**。如果未考慮專案與現有 PMO 的關係，Scrum 團隊可能會抱持「不顧文書與流程」的態度直接開始行動，這等於是把本來就對組織初步嘗試 Scrum 感到不安的 PMO，推到了敵對的位置上。PMO 的反應就是說服部門管理層，Scrum 是可以接受，但前提是要有大量文件和流程輔助。

當 Scrum 被錯誤地視為僅僅是開發團隊內部的變化時，IT 部門以外的部門所創造的組織慣性，可能會將開發團隊拉回到起點。在本章中，我們將探討可以採取哪些行動，來幫助組織的轉型工作獲得足夠的「逃逸速度」來擺脫這種慣性。我們特別會討論 Scrum 對三個部門──人力資源、設備管理以及專案管理辦公室──的影響。

人力資源

許多涉及 HR 部門的問題源於責任共享的變化。在《The Wisdom of Teams》一書中，Katzenbach 和 Smith 描述了為何這種改變會很困難。

> 大多數組織本質上更傾向於個人責任而非團體（團隊）責任。職位描述、薪酬方案、職業發展路徑和績效評估都著重於個人……我們的文化強調個人成就，因而使得我們對於將職業前景交由他人表現來決定感到不安……即使只是想把強調個人責任轉為強調團隊責任，也讓人感到不安（1993, 3–4）。

例如 Chuck 的案例。當我告訴 Chuck 和他的團隊成員，我希望他們嘗試在幾個衝刺中結對程式設計，Chuck 站起來說：「我要去找 HR。」然後離開了衝刺回顧會議。他的目的是什麼？要公司開除我？但我甚至不是公司的員工，所以我完全搞不懂他想幹嘛。團隊其他成員的表情也同樣疑惑，但我們繼續了會議。

當天上午，我還沒有機會和 Chuck 談一談他的想法，就接到了 Ursula（公司人力資源總監）的電話，請我去她的辦公室一趟。這次的討論，成了我之後在其他公司經歷幾乎相同討論的第一次。Chuck 向 Ursula 抱怨，如果團隊實施結對程式設計，他將受到不公平的懲罰。Chuck 是團隊中一名出色且注重品質的程式

設計師，他向 Ursula 解釋說，他的年度加薪歷來高於平均水準，因為他一向寫出團隊中最好的程式碼；如果採用結對程式設計，他的經理就無法好好評估他的能力，因為很難分辨哪些程式碼是他寫的、哪些是別人寫的。因此，Chuck 認為他的加薪將因此受到不公平的影響。Ursula 接受了這個說法，並且告訴我，不要讓開發人員結對程式設計，因為這會掩蓋個人表現，導致不公平的評估。

像這樣的情況以及像 Chuck 這樣的員工，使得你遇到某些最棘手的問題將與人資政策有關。人力資源部門的員工在這些問題上可能是一大助力、也可能是一道障礙。在本節中，我們將探討與人力資源相關的問題，包括匯報結構、定期績效評估、處理績效問題以及規劃職業發展。

匯報結構

不是一定需要固定的匯報結構才能成功實踐 Scrum。我曾見過功能性、專案導向以及矩陣式組織結構各自成功的案例。矩陣式組織可能更容易面臨挑戰，但對於選擇這種結構以獲得其他好處的組織來說，早就預料到這種情況。因此，儘管我不會強烈主張某種特定的組織結構，但我會說，組織應盡量扁平化，團隊成員與公司高層之間的層級越多，出現功能失調的機會就越大。

向 ScrumMaster 匯報

討論管理層次時，經常會出現有關團隊成員是否可以向 ScrumMaster 匯報的問題。普遍的建議都是：不恰當。我要背離這種建議，表明我並沒有強烈反對團隊成員向 ScrumMaster 匯報。我的觀點可能源於我曾在小型組織中同時擔任 ScrumMaster 和主管多年，小型組織沒有能力將這兩個角色分開；或者，這可能是因為我聘用過能擔任好這兩種角色的人。

一般的反對意見是，向 ScrumMaster 匯報的團隊成員在每日站會中可能不會暢所欲言。例如，開發人員可能會害怕影響績效評估而不提及工作中遇到的障礙。當然，這是一個風險，但只要 ScrumMaster 理解，不能將團隊公開提出的問題當作攻擊他們的手段，這個風險就能輕易化解。此外，當 ScrumMaster 同時也是團隊的主管時也有好處，這樣的角色有時更能消除某些障礙。

是否有一些 ScrumMaster 不適合讓團隊成員向其匯報？絕對有。事實上，我更傾向於團隊成員向部門經理匯報而不是 ScrumMaster。然而，在敏捷的「不當行為」中，讓團隊成員向 ScrumMaster 匯報算是很輕微的一種——如果選對了 ScrumMaster。

向產品負責人匯報

考慮到我對團隊成員向 ScrumMaster 匯報持開放態度，你可能會訝異我強烈反對向產品負責人匯報。區別在於，在健康的團隊中，產品負責人和團隊之間存在自然的緊張關係。產品負責人的一部分工作是推動更多的功能和更快交付，而好的團隊當然渴望更快地交付更多，但偶爾也需要對產品負責人的要求提出反對，當他們感覺到這樣做會損害產品內部品質的時候。我發現，當團隊向產品負責人匯報時，這種自然緊張關係就消失了。團隊成員偶爾抗拒產品負責人的更多要求是一回事，可是當產品負責人也是他們的主管時，情況就完全不同了。

出於同樣的原因，讓 ScrumMaster 向產品負責人匯報也是不明智的。ScrumMaster 和產品負責人在公司的組織結構圖上不需要在同一個層級，但他們應該在專案中將彼此視為合作夥伴和平等角色。

定期績效評估

許多人呼籲組織取消年度績效考核制度。我曾與不同的人力資源部門探討過這個問題，但只在非常小型的組織中贏得了這場辯論，那裡的人力資源主管可能太忙而無法實施年度評估。因此，與其建議你對一個可能無法消除的做法提出反對，不如探討定期績效評估對 Scrum 團隊的影響，以及如何將負面影響降到最低並加強正面效果。

嘗試在評估中消除大多數個人因素。毫無疑問，個人會按照績效評估中受重視的標準來調整行為。我正在看一份舊的評估表，上面要求我評分「個人是否有效管理預算和時效內的任務」。如果某人在上次評估中這方面的表現評等很低，你會預期他如何行動？他會對同事發出的請求協助做出回應嗎？可能不會。個

人評估因素導致個人導向的行為。我們希望相反，鼓勵人們做對團隊和產品最有利的事情。在許多西方文化中，從評估中完全消除個人績效因素也會遭遇許多團隊成員的抵制。在這種情況下，可以嘗試個人和團隊因素採取 50/50 的比例均分。

包含團隊合作因素。多數績效評估會有一個欄位讓經理指明員工與他人是否順利合作，但一份有用的評估應該有更詳細的內容，以確立我們希望的團隊合作重點。例如，員工的評估從「個人是否有效管理預算和時效內的任務」改為每位成員「是否有效幫助團隊完成預算和時效內的任務」，這是一個初步改進。可是這樣還不夠，因為「幫助團隊完成」仍然是個人指標。更好的指標應該是「團隊是否在預算和時效內有效完成工作」，且團隊中的每個人應獲得相同的評分。

> 「團隊可能是以整體為單位運作，但它是由個人組成的。如果我們請其中一個人幫忙，對方總是回答『拍謝，我已經做完我的份內工作了』然後繼續上網，而這件事老是得由其他人站出來替她做，但卻拿到跟她一樣的評分，就很令人沮喪了。」

反對意見

這確實會令人沮喪。需要有人與這位員工談談她的態度對團隊的影響。理想情況下，整個團隊應該在衝刺回顧會議上有勇氣談論這一點。如果不行，ScrumMaster 應該指導她，讓她明白其態度對其他人的負面影響。此外，由於評估的一部分幾乎肯定是基於個人績效因素，因此應有充足機會在評估中納入此問題。

更頻繁地進行績效評估。員工與他們的主管應該盡量多進行非正式的交流，討論績效、期望和目標。但如果你要進行正式的績效評估，則需要比一年一次更頻繁，即使對於非敏捷組織也是如此，使用 Scrum 時尤為重要，因為 Scrum 專案推進速度更快，而且員工在學習新技能和工作方式，尤其是剛轉型 Scrum 的前一兩年。

廣泛徵求意見。撰寫定期績效評估時，你不太可能了解該員工所有的工作表現，因此，請廣泛徵求他人的回饋意見。部門經理應詢問員工的 ScrumMaster、產品負責人、一些團隊成員、員工所屬部門的同事以及該員工接觸過的使用者或客戶

的意見。我通常為每份評估選擇一些回饋來源，並透過電子郵件聯繫，請他們告訴我該員工可以「開始做什麼、停止做什麼或繼續做什麼」來改進其績效，然後從中找出共同點並制定可行的建議。

教育並提升人力資源部門的參與度。我們討論過的許多變化需要人力資源部門的參與或批准。不僅如此，應積極讓他們了解開發組織中正在發生的變化。如果你進行半天的 Scrum 培訓，邀請人力資源部門的人員參加。Gabrielle Benefield 在 Yahoo! 擔任敏捷產品開發總監時這樣做了。參加培訓的人力資源高層代表對此深感興趣，以至於人資部門也開始使用 Scrum 來管理更新年度評估流程的專案。Benefield 描述了結果。

> 他們藉由 Scrum 按時完成了專案，而且十分成功。他們喜歡迭代的節奏以及為了跟進進展而經常開會，特別是因為團隊分布在不同地點且受干擾影響。

移除團隊成員

當我在會議上看到 Derek 向我走來時，我感到非常興奮。一年前，我在他的公司教授一門課時第一次見到他。之後，我回去過幾次，每次與他交談都很愉快，但我們已經有三個月沒聯繫了，我認為這是一次很好的機會可以聊聊彼此近況。當我們打招呼時，我能看出他心情沉重，所以我們坐下來談了一會兒。Derek 告訴我，在上週他團隊舉行的衝刺審查會議上，團隊成員決定要求他辭去 ScrumMaster 一職並離開團隊。他照做了，現在正在公司內尋找另一個 Scrum 團隊加入，但被團隊要求離開的震驚感仍未平復。

雖然少見，但 Derek 的情況並非聞所未聞。有關團隊是否有權移除某位成員的問題，是經常討論的一個話題，通常被稱為「投票驅逐某人」，而移除團隊成員的行為需要審慎考量。在採取這類措施之前，應該努力解決導致部分或全部團隊成員認為「如果沒有某個人會更好」的問題。

團隊不應該擁有單方面移除成員的權利。如果我們回想第 12 章「領導自組織團隊」，你會記得自組織並非憑空誕生，自組織的發生需要具備正確的前提條件，接著個體在組織設定的邊界內進行自組織。這被稱為 CDE 模型，該模型指

出，要讓自組織發生，需要有一個界限來約束個人行為、彼此之間的差異以及進行轉變性的交流。第 12 章還指出，組織中的領導者可以透過調整界限、差異和交流，對自組織團隊施加影響。例如，隨著時間推移和人員的流動，一個團隊可能變得過於同質化。敏銳的產品負責人、部門經理甚至 ScrumMaster，可能會透過加入一兩名擁有截然不同背景、技能或決策風格的新成員來平衡這種情況。

這難道不可能嗎 —— 在這個案例中甚至很有可能 —— 團隊很可能對新加入、不符合團隊風格的成員下意識產生排斥，並投票將他們逐出團隊，讓領導者的刻意安排白費工夫。因此，團隊組成的最終權限必須掌握在組織領導層手中。當團隊成員表示如果沒有某位成員他們會更有效率，這些領導者應該傾聽，但不應該允許團隊成員自行決定誰該離開。

職涯發展

雖然有些員工可能會擔心「被離開」，但其他人可能更擔心自己的職業發展。在大多數組織中，過去可以很輕易地看出一個人的職涯發展：你提升自己的技術能力，在相同技能的小團隊中脫穎而出成為領導者，再晉升為經理、資深經理……在這個過程中，你的技術能力可能會有所減少，但組織結構圖上歸屬在你名字底下的人會越來越多，而向你報告的下屬人數通常直接關係到你在組織中的重要性。

隨著 Scrum 帶來的組織結構扁平化以及某些角色或職位的取消，許多員工會開始疑惑自己的新職涯發展。他們想知道未來會從事什麼樣的工作，以及自己（和他人）要如何衡量他們工作的價值是否有所提升。在組織採用 Scrum 後，一個人的成功不是再以多少人向他報告來衡量，而是可以透過被賦予多少責任來評價。例如，一位新的 ScrumMaster 可能會被分配負責一個小型但或許已經成熟的團隊；成功管理這種情況後，這位 ScrumMaster 可能會被安排管理另一個沒有 Scrum 經驗、且其專案也更為重要的團隊。這個過程可能會一直延續，直到這位 ScrumMaster 與多個團隊合作，甚至領導一個 ScrumMaster 的實踐社群。

這種職涯路徑（一個專案的成功導致下一個專案更大的責任）同樣適用於 Scrum 團隊中的所有角色，包括程式設計師、測試人員、設計師等。職業生涯的早期，一位程式設計師可能僅僅被分配到一個團隊負責寫程式，之後，可能會被安排到另一個團隊，因為我們希望其他人能學習她在高可用性網站上的經驗。再之後，她可能被安排到某個特定團隊，因為他們需要她的問題解決能力和人際交往能力。成功會帶來更多的責任。

這種態度在 SAS 內非常普遍。SAS 是一家擁有超過 4,000 名員工的私人軟體開發公司。自《財富》雜誌開始每年發布「最佳工作場所」名單以來，SAS 每年都在前大 20 名單上。一篇發表於《哈佛商業評論》的文章描述了 SAS 的激勵文化。

> SAS 的營運理念是，振奮人心的工作會帶來卓越的績效，最終創造更好的產品。SAS 不會試圖用股票期權來收買員工；它從未提供過這種獎勵。在 SAS，公司對於出色表現的最佳感謝方式是一個更具挑戰性的專案（Florida and Goodnight 2005, 126）。

反對意見

「但等等，如果團隊是自組織的，如何將解決問題的責任或設計高可用性系統的責任交給一個人呢？」

責任不會交給一個人，而是由整個團隊共同承擔。但領導者可以向團隊中的某位成員表達他們更高的期望：「我們需要你加入這個團隊，是因為你的溝通技能。我們還記得你一年前是如何化解 Francois 和 James 之間的衝突，我們可能在這個團隊也會遇到類似的問題。」領導者對某人的期望或將某人安排到團隊中的原因並不需要保密。儘管某些情況下可能需要保密，但如果某人因為特定的技術技能被安排到團隊中，完全沒有理由不與整個團隊分享這個資訊。

只要有人參與，就一定會有人的問題

由於軟體開發本質上是一項需要大量人員參與的活動，因此不可避免地會出現與人相關的問題。不可能提前預測所有問題，而這裡所涵蓋的問題是你最有可能遇到的。至於其他出現的人事問題，希望能夠依循本節所描述的相同原則來加以解決。

> ❏ 見見某位人資或人事部的成員。簡要解釋什麼是 Scrum，以及為什麼你的部門或團隊正在採用它。說明你預見到與現行人事政策可能產生的衝突，並詢問此人是否能預測到其他可能的問題。請求他們幫助緩解這些情況。

現在試一試

設備管理

任何試圖在不適當的工作空間運行 Scrum 的團隊都知道這有多困難。一個理想的工作空間應該支援團隊成員學習如何以敏捷的方式工作，不幸的是，許多不甚理想的工作空間，實際上會阻礙團隊的努力。事實上，團隊的物理工作空間對其工作方式的影響如此之大，以至於 Gerald Weinberg 曾經問：「誰是最重要的人？安排設備陳設的那位（Dinwiddie 2007, 208）。

團隊的物理環境對其敏捷程度的影響如此之大，在《Extreme Programming Explained》（第二版）中，Kent Beck 和 Cynthia Andres 將「資訊化工作空間」提升為一個主要實踐（2004）。鑑於團隊的物理環境對其敏捷能力的影響，在這一節我們將考慮環境的兩個面向：物理空間以及空間內的設備。

空間

傳統的高科技辦公室配有六英尺（接近兩米）高的隔間牆，明顯不利於團隊協作。對於參與設計工作空間的團隊來說，最常見的替代方案是商業內部設計師所稱的「洞穴與公共空間」（cave-and-common）設計。這種方法將小而安靜的空間（洞穴）與公共區域結合在一起。

在 Scrum 之前，典型的「洞穴與公共空間」設計可能包括每位員工擁有一個專用隔間，以及一個中央區域——內有沙發、白板和書架，供員工進行自發的討論。而在有選擇的情況下，Scrum 團隊會採用這設計，但大幅偏向公共空間。Scrum 的「洞穴與公共空間」工作區通常完全放棄隔間，取而代之的是一個大型公共工作區，周圍有幾個可供任何人使用的小型辦公室或會議室。

3M 的 Scrum 團隊對於切換到開放式工作環境的經驗這樣評價：「我們發現開放式空間對於促進即興協作非常有益。團隊成員能迅速判斷其他成員是否有空。」他們表示，開放空間中固有的合作精神和能量提升了團隊的活力。他們總結道：「設計一個以協作為重點的團隊空間對於實施 Scrum 工作環境非常有幫助，並改善了團隊的專注力和凝聚力（Moore et al. 2007, 176）。」

這種開放式工作環境的另一個好處是可以輕鬆改變空間布局。隨著團隊成員學習如何最好地合作，他們經常會嘗試更改空間配置。此外，隨著團隊規模的變化，能夠靈活配置開放式工作空間、更滿足團隊需求，是非常有益的。

反對意見

「我不想在共享空間中工作。太吵了，我需要安靜才能集中注意力。」

確實，在軟體專案中，有時需要絕對的安靜和專注。但更多的時候，協作、討論以及共享知識和理解是更重要的。當有人確實需要安靜工作時，可以退到「洞穴」中，這應該得到團隊的尊重。或者，儘管一般來說不鼓勵使用耳機，但在需要絕對專注時，偶爾使用耳機是一個可以接受的選擇。

幸虧大多數人發現，與隊友更頻繁互動的好處遠超出噪音增加帶來的不便。這正是 Syed Rayhan 和 Nimat Haque 的經驗。

> 令人驚訝的是，團隊從一開始就喜歡開放空間的概念，我們幾乎不需要說服他們。有些人擔心空間接近和過多交流會影響他們的專注力。不過後來他們發現，這種互動實際上更快地解決問題，並讓他們相互學習。現在他們一致認同，隔間不利於工作成效，他們再也不希望回到那樣的工作環境（2008, 354）。

整個空間都成了戰情室

在採用 Scrum 之前，許多團隊渴望擁有一個「戰情室」，這是一間團隊被授權佔用的會議室。對於 Scrum 團隊來說，專門的戰情室不那麼必要，因為團隊的整個開放式工作空間本身就是戰情室。每日站會和其他會議通常在團隊的開放空間中進行，而不是在會議室內。

傳統戰情室的一個好處是，它提供了一個地方方便進行不在行程表中的臨時會議。四個團隊成員如果突然決定要對某個問題進行深入討論，可以直接走進戰情室，不需要在共享日曆上安排會議。由於這間房間屬於團隊，因此幾乎可以肯定在需要用的時候會是空的。Scrum 團隊仍然需要一個進行即興會議的地方。這有時是一間專門給團隊（或幾個 Scrum 團隊共享）用的會議室，但也可以是在團隊開放工作空間中央的一張小桌子。不管即興會議空間是選擇私密空間還是共享空間，主要取決於團隊偏好聽到所有討論（並能選擇參與或退出），還是希望將長時間的討論移到小房間裡，讓公共空間保持安靜。

如果你計劃重新配置空間以創造一個大型的開放區域，務必確保有足夠的空間容納團隊中的所有成員，包括 ScrumMaster，理想情況下還包括產品負責人。最糟糕的情況莫過於整個團隊大多數人都待在一起，卻有少數人被隔離開來。例如，讓設計師與其他人分開坐會引發不滿。更糟的是，坐在一起的團隊成員由於彼此接近會培養出默契，而那些座位被分開的成員會開始覺得自己在專案中是局外人。

這並不是說一個由十幾個團隊組成的百人大型專案，必須全部坐在一個超大的開放空間中。對於大型專案，最常見且成功的方法是建立多個開放區域，每個區域可以舒適地容納大約 20 人。一起協作的三、四個團隊可以共享這樣的區域，但要注意讓成員與他們的 Scrum 開發團隊坐在一起，而不是與他們的功能團隊。例如，避免讓公司中所有程式設計師坐在建築物的另一個區域，跟測試人員分開。

高層支持至關重要

ScrumMaster 的職責是移除任何阻礙生產力的障礙，而妨礙溝通和團隊合作的工作空間絕對是一種障礙。然而，ScrumMaster 通常需要來自企業轉型社群（Enterprise Transition Community）或高層主管的幫助，才能改善工作空間。Scrum 培訓師 Gabrielle Benefield 在領導 Yahoo! 向 Scrum 轉型時，發現了這一點。

> 與設備管理單位合作時，有高層支持十分重要，因為這些部門往往非常堅持自己的流程和繁瑣的行政制度，而且權力很大。你會經常被拒絕；因此只能不斷嘗試，看看能爭取到多少。有些團隊比較主動，乾脆自己移除設備（違反公司政策），有時成功過關、有時沒有。在這種情況下，你需要一位高層經理來幫你消除這些障礙，因為團隊成員做了這樣的事很難不危及到自己的工作。當你被拒絕時，需要弄清楚答案背後的真正原因。有時候是預算不足，在這種情況下，看看是否有更便宜的方法，或者你是否可以透過其他方式獲取資金。如果是因為消防政策，就不太可能改變了；如果是時間或資源問題，看看是否可以自己完成。

反對意見

> 「我不想放棄我的隔間，尤其是我已經在這裡待得夠久，有了一個窗邊的好位置。」

在轉型 Scrum 的過程中，一個常見的挑戰是，那些在傳統軟體開發中受益的人往往需要放棄最多。例如，那些獲得了響亮職稱的人，如今只是「團隊成員」；那些擁有獨立隔間——更不用說擁有大窗戶的辦公室——的人，如今需要搬到共享的公共工作空間。在許多情況下，華麗的職銜和更受青睞的隔間已經成為組織中的地位象徵，而擁有它們的人自然不願意放棄。

有時候，一句「我們這麼做是為了共同利益」可以奏效，但其他時候，更好的方法是承認「生活並不公平」，但如果 Scrum 轉型成功，整個組織會更加成功，也就能為每個人提供更好的機會，例如更具挑戰性、令人感興趣的專案。

設備

一些團隊在辦公室設備安排方面非常有創意，並且幸運地獲得了預算支持他們的大膽想法。他們一般的做法是結合可移動的桌子與一個大的開放空間，讓團隊按照他們認為合適的方式來安排工作空間。有些團隊偏好面對面坐在雙排辦公桌前，而有些團隊覺得整天看著別人的臉很不自在，傾向於背對彼此的座位安排。除了讓空間配置更靈活，可移動式辦公桌還向團隊傳達了一個強而有力的訊息：它具體強化了團隊應該自行組織的概念—包括工作空間——以最有效的方式打造他們負責的產品或系統。

也許比起移動式辦公桌還重要的是工作桌的形狀和寬度。大多數好的 Scrum 團隊最終會採用某種形式的結對程式設計（或者更廣義一點，兩名團隊成員的配對合作）。即使他們只選擇在最關鍵的任務上進行配對合作，合適的桌面也能使這過程更加順利；狹小或曲面的工作桌面很難將兩人並排在同一個螢幕前，如果桌子下方的空間只能塞得下一個人的腿，問題會更加嚴重。

注意小細節

即使是比桌子更小的物品也需要注意。例如，電話常常成為問題的根源。儘管團隊成員可能很容易將桌子從一個位置移到另一個位置，或者打包和重新布置桌面，但更改電話的位置似乎遠比想像中困難。一些公司試圖透過使用 VoIP 電話來解決這個問題。然而，我跟一些曾經嘗試過這種方法的團隊聊過，他們他們普遍反映還是會遇到許多與傳統電話相同的問題。

Kofax 的敏捷開發總監 John Cornell 在引入開放工作空間時，遇到了完全不同的電話問題。

> 第一個開放空間的最初計畫是讓團隊成員共享辦公室電話，取代每個人在原來的隔間中擁有個人電話。管理層認為這不會是一個問題，因為如今每個人都有手機，而且大多數技術人員不會有業務相關的電話。但員工們的看法完全不同，他們認為辦公室電話很重要。所以，團隊成員又再一次認為管理層在阻礙他們的生產力。

我相信，其中一些開發人員家裡並沒有電話，完全依賴手機，可是我也懷疑，某些團隊成員會感到沒有自己的電話就像是二等公民。這肯定不是管理層希望傳達給團隊的資訊，但不難看出為什麼會被如此解讀。

每個人應該坐在哪裡

在共享的開放工作空間內，座位安排通常不像在傳統隔間那樣重要。由於缺少隔間牆，所有人都可以享受到開放的視野。頻繁的結對合作讓人們不會整天坐在同一個地方。此外，能夠在開放空間內自由移動（即使沒有可移動的桌子），也減少了座位固定的感覺。

作為團隊的保護者，ScrumMaster 通常坐在團隊區域最接近主入口的位置。敏捷教練 George Dinwiddie 提到過一個團隊，該團隊的經理/ScrumMaster 扮演了團隊的「看守者」角色。一位開發人員將這個經理/ScrumMaster 形容為「杜賓犬式管控」，因為他會突然停止手頭的工作，迅速攔住要進來的人並詢問其目的（2007, 208）。如果這個經理能提供對方所需的資訊，就會直接告知，保護團隊不受干擾。如果無法滿足訪客的需求，但需求是真實且必要的，則允許訪客進入團隊區域。

在工作空間中應該可見的項目

現在我們已經討論了良好 Scrum 工作空間的空間和設備，本節列出了一個理想敏捷工作空間內應該可見的項目清單。

- **大而顯眼的圖表。** 優秀的 Scrum 團隊會在其工作空間中張貼各種大而明顯的圖表。其中最常見的是衝刺燃盡圖，顯示每一天的當前衝刺中剩餘的工作時數。這些圖表清晰且強烈地提醒團隊專案目前的狀態。圖表上的資訊會吸引團隊成員的注意，因此可以根據衝刺的重點調整展示的內容。Ron Jeffries 建議使用多種類型的圖表，包括顯示通過的客戶驗收測試數量、每天測試的通過/失敗狀態、衝刺和發布燃盡圖、每一個衝刺引入產品待辦清單的新使用者故事數量等（2004a）。

- **額外的回饋裝置**。除了大而明顯的圖表，Scrum 團隊通常還會在其工作空間中使用其他視覺回饋裝置。最常見的一種是當自動建構失敗時亮起的熔岩燈。我還見過一些團隊使用閃爍的紅色交通號誌燈來指示異常情況，例如生產伺服器的問題。LED 顯示器可以設置為顯示來自 Twitter 的消息。也很受歡迎的還有環境光球（ambient orb）和 Nabaztag 兔子，它們是無線且可程式設計的設備，團隊可以將其配置為改變顏色、說出資訊或晃動耳朵等。軟體架構師 Johannes Brodwall 展現了敏捷對簡單解決方案的偏好，他推薦使用 USB 連接設備，例如 Delcom 提供的設備，他曾用它來監控測試、預備和生產伺服器（2008）。這些設備讓工作空間更有生氣，低調地提供對團隊有用的資訊。

- **團隊中的每個人**。理想情況下，團隊中的每個人應該能看到其他所有成員，包括 ScrumMaster，最好包括產品負責人。我明白產品負責人通常對開發團隊之外的其他群體有責任，因此可能需要坐在靠近這些群體的地方。然而，在理想情況下，產品負責人還是應該能被團隊工作空間的所有人看到。

- **衝刺待辦清單**。確保衝刺中所有必要的任務都能完成，一種最佳方法是讓衝刺待辦清單明確可見。最好的方法是將衝刺待辦清單以任務板的形式展示在牆上。任務板通常以列與欄的樣式呈現，每一列代表一個特定的使用者故事，故事中的每項任務則以一張索引卡或便利貼表示；可以參考圖 20.1 的範例。任務卡片依照欄位分類，最少包括「待辦事項」（To Do）、「進行中」（In Process）和「已完成」（Done）[1]。任務板使團隊成員能一目了然地看到工作進展情況和剩餘的工作。

---

1 各式任務板的照片，請參考 http://www.succeedingwithagile.com。

圖 20.1
衝刺待辦清單清晰可見的任務板。

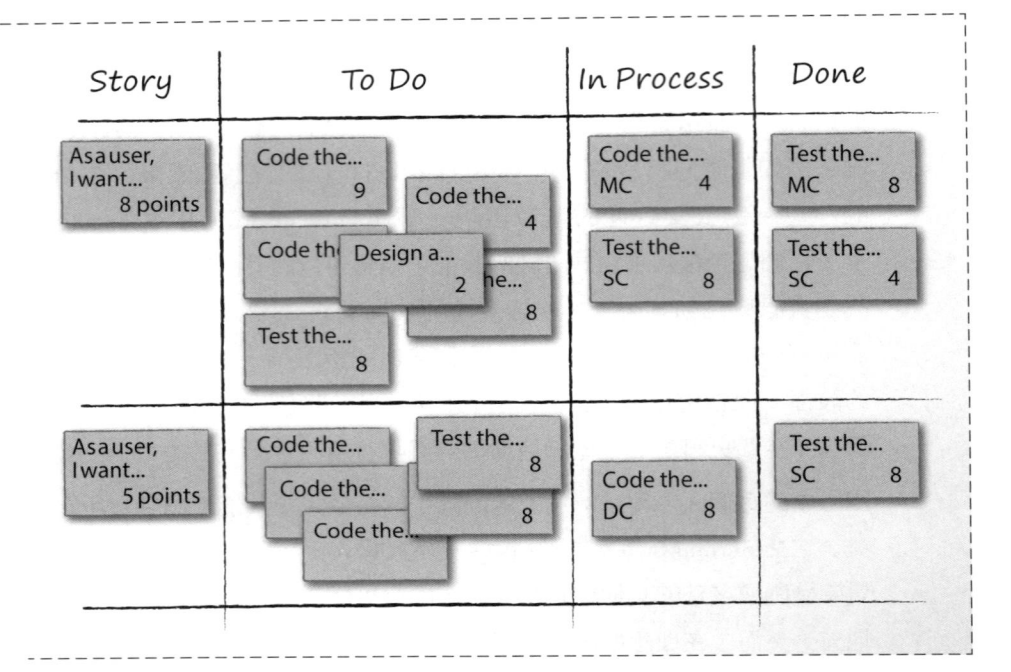

Story	To Do	In Process	Done
As a user, I want... 8 points	Code the... 9 / Code the... / Code the... / Design a... 2 / Test the... 8 / Code the... 4 / the... 8	Code the... MC 4 / Test the... SC 8	Test the... MC 8 / Test the... SC 4
As a user, I want... 5 points	Code the... / Code the... / Code the... / Test the... 8 / Code the... 8	Code the... DC 8	Test the... SC 8

- **產品待辦清單清單**。不斷進行一系列衝刺的一個問題是，每個衝刺可能會感覺與整個計畫的發布或相關的新功能脫節或缺乏關聯。減少此問題影響的一種好方法是在顯眼的位置清楚展示產品待辦清單，這可以簡單地將裝滿使用者故事索引卡的盒子放在團隊空間中央的一張桌子上。更棒的是，把即將到來的使用者故事索引卡釘在牆上，讓所有人都能看到。這使團隊成員能夠了解，他們在當前衝刺中進行的使用者故事如何與即將到來的故事相關聯。

- **至少一塊大白板**。每個團隊都需要至少一塊大白板。將白板放置在團隊的公共工作空間中可以促進自發性的會議。開發人員可能會開始使用白板來思考怎麼解決問題，其他人可能會注意到，並主動提供幫助。

- **安靜和私密的地方**。儘管開放溝通很重要，但總是會有人需要安靜不受打擾的空間。有時候只是為了講私人電話，有時候則是為了在不被打擾的情況下思考一個特別具有挑戰性的問題。

- **食物和飲料**。工作空間內提供食物和飲料絕對是個好點子。不需要搞得太花哨，也不必由組織提供。我曾合作過的許多團隊，他們購買一個小型冰箱，共同分攤購買瓶裝水或汽水的費用，有些團隊則購買咖啡機，還有些團隊輪流帶零食，有些很健康、有些則未必。
- **窗戶**。窗戶是很珍貴的，通常分配給公司重視的員工，而開放工作空間的一個好處是窗戶可以被共享。即使窗外的景色只是停車場，而且透過三張雜亂的桌子才看得到，但能看到窗戶和一些自然光總是令人心情愉快。

> **現在試一試**
>
> ☐ 列出團隊物理工作空間中可能影響生產力的事物並按優先順序排列。尋求來自企業轉型社群的支持，看看是否有人可以跟你一起去找設備管理部門溝通。
>
> ☐ 如果有不需要事先獲得批准就能改善團隊工作空間的事情，請直接去做。注意不要阻擋消防通道或違反其他法規，但通常採取「先做再說」的方法可以帶來一些改善。

專案管理辦公室（PMO）

一個參與並支持 Scrum 轉型的專案管理辦公室（PMO）可以帶來巨大的助益。PMO 的成員通常將自己視為實踐的保護者和支持者，因此 PMO 可以協助在整個組織中實施和推廣敏捷實踐。然而，當 PMO 未能正確參與時，可能會試圖捍衛現有流程而成為阻力，未必是協助改進。

大多數 PMO 成員對 Scrum 的自然反應是抗拒，原因之一在於，新的事物讓人心生恐懼，不管是從個人觀點還是工作角度去看。Scrum 將傳統的專案管理責任分散到 ScrumMaster、產品負責人和團隊之間，使得專案經理不禁對自己的角色產生了疑惑。而且，在大多數 Scrum 和敏捷文獻中 PMO 的缺席，加劇了 PMO 成員的自然擔憂。

在本節中，我們將討論成功轉型 Scrum 的組織中 PMO 執行的工作類型來減輕這些擔憂。我們將探討 PMO 在三個方面的貢獻和工作：人員、專案和流程。

> **另見**
>
> 專案經理的角色在第 8 章「改變的角色」有討論過。

人員

儘管被稱為專案管理辦公室，PMO 對參與 Scrum 轉型的人員有著巨大的影響。一個敏捷 PMO 應該做到以下幾點：

- **開發培訓計畫**。Scrum 的採用對許多團隊成員來說是新穎且陌生的。PMO 可以透過制定培訓計畫、選擇外部培訓師來提供培訓，或者自己進行培訓，發揮巨大作用。

- **提供教練服務**。除了培訓，個人教練和小組教練也是極其有幫助的。在培訓課上，講師可能會說：「這就是如何進行一次衝刺規劃會議」，並可能帶領學員進行一次練習。而透過教練的協助，經驗豐富的人可以與團隊坐在一起，協助大家進行真正的衝刺規劃會議（或其他需要指導的技能）。在初期，PMO 的成員可能自己不具備這些技能，但應該專注於從外部教練那裡學習，然後親自擔任教練進行指導。

> **另見**
> 這邊敘述的教練可以是散播 Scrum 的關鍵角色。如何善用他們，可以參見第 3 章「採用 Scrum 的模式」中「內部教練」一節。

- **挑選和培訓教練**。一個成功的 Scrum 專案計畫，最終需要的教練指導，比 PMO 本身所能提供的還要多。PMO 應觀察他們所協助的團隊，識別出並培養內部教練，然後提供進一步的培訓或協助，幫助選定的人員成為熟練的教練。這些教練通常保留他們目前的工作，但被賦予額外的職責，例如每週花最多五小時幫助特定的團隊。

- **挑戰現有行為**。當組織開始採用 Scrum 時，PMO 的成員應關注那些恢復舊習慣的團隊，或是那些讓舊習慣阻礙他們變得敏捷的情況。後期，PMO 的成員可以提醒團隊，Scrum 是持續改進的，並且避免團隊變得自滿而不再進步。

專案

儘管隨著 PMO 更敏捷化，一些以專案為導向的職責會被取消，但仍有一些職責保留，包括以下幾點：

- **協助報告工作**。在大多數規模夠大而設有 PMO 的組織中，通常每週會向部門主管報告專案狀態或是召開會議。如果是會議，應由適當的專案

相關人員參加，例如產品負責人或 ScrumMaster；如果是每週的標準化狀態報告，PMO 可以協助準備報告。

- **協助法規需求**。許多專案需要符合標準（如 ISO 9001、沙賓法案等）或組織特定的規範（例如資料安全規則）。敏捷 PMO 可以幫助團隊了解這些需求，對於如何遵從提供建議，並作為中央知識匯集中心，分享有關合規與類似問題的建議和經驗。

> **另見**
>
> 更多法規性在第 19 章「與其他方法共存」的「合規性」一節有探討。

- **管理新專案的流入**。敏捷 PMO 最重要的職責之一是協助管理新專案流入開發組織的速度。如第 10 章「團隊結構」中所述，限制工作量在可負擔的範圍內十分重要，否則，工作將堆積起來，導致一大堆問題。每完成一個專案，就可以開始另一個相同規模的新專案。敏捷 PMO 可以作為把關者，幫助組織抵制過快啟動專案的誘惑。

流程

作為流程的管理者，PMO 成員將與 ScrumMaster 緊密合作，以確保 Scrum 盡可能妥善實施。這些與流程相關的活動包括以下幾點：

- **提供並維護工具**。通常，工具的選擇應盡可能留給各個團隊自行決定。如果不行，可由實踐社群來決定是否統一使用某項工具，以便帶來足夠的效益。除非萬不得已，才會讓 PMO 來決定，不過這種情況應該極為罕見。敏捷 PMO 可以透過採購適當的工具並完成所需的配置或定制來為團隊提供幫助。

- **協助建立和收集指標**。與在轉型敏捷之前一樣，PMO 可以辨別並收集指標。Scrum 團隊比傳統團隊更不信任這類指標計畫，因此這是 PMO 需要謹慎處理的領域。敏捷 PMO 應收集的一項資訊，是團隊在交付價值方面的表現如何。

> **另見**
>
> 在第 21 章「看看自己的進展」有評估敏捷進度的各種指標與方法。

- **減少浪費**。PMO 應積極幫助團隊消除其流程中所有浪費的活動和無效產物。敏捷 PMO 應避免引入不必要的文件、會議、批准流程等。同時應幫助團隊檢視他們正在進行的活動，找出可能未增加價值的部分。

- **協助建立並支援實踐社群**。敏捷 PMO 最重要的職責之一是鼓勵實踐社群的形成，並在其成立後對其提供支援。實踐社群不僅有助於 Scrum 在組織中的傳播，還幫助將一個團隊的好想法快速傳播到其他團隊。
- **在團隊之間創造適當的一致性**。大多數團隊，尤其是 Scrum 團隊，對於由規範強制執行的一致性通常都很反感。最好的跨團隊一致性來自於大多數或全部團隊都認同某種實踐是值得採納的好想法。敏捷 PMO 透過確保好想法快速在團隊之間傳播來促進這一點。實踐社群和共享教練是兩種可以運用的方式。
- **協調團隊**。由於 PMO 成員與來自許多不同團隊的個別成員合作，因此他們在協調各個團隊的工作方面扮演著重要角色。當兩個團隊的工作開始分化或重疊時，通常 PMO 成員會是最早注意到的。當這些情況發生時，PMO 成員可以提醒相關團隊。
- **示範如何使用 Scrum**。透過深入接觸 Scrum，大多數敏捷 PMO 很快就能意識到它作為通用專案管理框架的實用性，許多 PMO 選擇使用 Scrum 來自我管理，規劃每月衝刺、進行每日站會等等，與其他團隊的運作方式無異。
- **與其他部門合作**。正如本章前面所述，PMO 在協助團隊與其他部門合作方面具有重要作用，特別是人力資源和設備管理方面。

重新命名 PMO

許多 PMO 選擇重新命名，以便更加符合他們修訂後的角色。雖然沒有統一的標準名稱，但以下幾個名稱最為常見：

- Scrum Center of Excellence（Scrum 卓越中心）
- Scrum Competence Center（Scrum 能力中心）
- Scrum Office（Scrum 辦公室）
- Development Support（開發支援組）

在第二章「轉型 Scrum 的 ADAPT 方法」中，我提醒過不要為採用 Scrum 起名字。許多人對名稱變更和精心策劃的名字持懷疑和不信任的態度，如果 PMO 改名但其他方面保持不變，那麼這種懷疑態度將直指 PMO。因此，無論是叫 PMO、Scrum Center of Excellence 還是其他名稱，要成功採用 Scrum，支援組織順序開發流程的 PMO 必須改變的不僅僅是名稱。然而，正如本節指出的，敏捷 PMO 能為組織帶來很大的價值。

核心觀點

你可以忽略 Scrum 對這些群體的影響，並暫時取得成功。然而，最終你仍然需要與這些人合作，才能實現成功且長期的轉型。採用一種強調「個人和互動重於流程和工具」的流程，卻不與人力資源部門接觸，根本太荒謬了。在典型的組織中，人力資源部門對於人們如何看待自己工作以及如何行動的影響力，甚至可能超過他們的直屬主管。

同樣，我們工作的物理環境也直接影響我們的行為。想想，公司宣稱「員工是我們最大的資產」、而設備管理部門卻禁止員工在牆上張貼燃盡圖，這當中的矛盾。真實的資訊十分清晰：「牆壁比人更重要。」

PMO 通常擁有巨大的政治影響力和專案經驗，讓他們加入 Scrum，不僅可以避免潛在的阻力來源，還能從他們的經驗中獲益。PMO 的成員將成為自組織、持續改進、所有權、溝通、實驗和協作以及其他價值觀的守護者。

我們很容易把人資、設備管理和專案管理辦公室等部門視為要克服的障礙，但更有建設性的做法是將他們當作可以爭取的盟友。對立的關係短期內或許還行得通，但若想要長期成功，就必須仰賴整個組織的支持。成為敏捷的道路可能很長；因此，當你有選擇時，應選擇建立友誼而非敵對關係。

延伸閱讀

Cockburn, Alistair. 2006. *Agile software development: The cooperative game*. 2nd ed. Addison-Wesley Professional.

這本榮獲 Jolt 大獎的書涵蓋了許多主題，但第 3 章「溝通、合作團隊」是必讀內容，這一章深入探討了物理環境對專案團隊的影響。第一版的該章節可以在 InformIT 網站免費獲取。不過，購買整本書絕對是值得的。

Jeffries, Ron. 2004. Big visible charts.XP, October 20.　http://www.xprogramming.com/XPmag/BigVisibleCharts.htm.

這篇文章對敏捷團隊工作空間中應存在的「大而明顯的圖表」提供了出色的描述。

Nickols, Fred. 1997. Don't redesign your company's performance appraisal system, scrap it! *Corporate University Review*, May–June.

有很多出色的文章討論定期績效評估弊端。而這篇由於篇幅簡短且論點強有力，是一個很好的起點。

Seffernick,Thomas R. 2007. Enabling agile in a large organization: Our journey down the yellow brick road. In *Proceedings of the Agile 2007 Conference*, ed. Jutta Eckstein, FrankMaurer, Rachel Davies, Grigori Melnik, and Gary Pollice, 200–206. IEEE Computer Society.

Seffernick 描述了 KeyCorp（擁有 1,500 名開發人員的大型金融機構）成功轉型為敏捷 PMO 的過程。他詳細說明了如何將敏捷前的 PMO 簡化為核心成員，其餘成員返回開發團隊，以及 PMO 如何重新定義為軟體開發支援中心。

Tengshe,Ash, and Scott Noble. 2007. Establishing the agilePMO: Managing variability across projects and portfolios. In *Proceedings of the Agile 2007 Conference*, ed. Jutta Eck- stein, FrankMaurer, Rachel Davies, Grigori Melnik, and Gary Pollice, 188–193. IEEE Computer Society.

Tengshe 和 Noble 描述了在 Capital One Auto Finance 建立敏捷專案管理辦公室的經驗。這篇文章提供了從傳統 PMO 轉型敏捷的寶貴建議。

PART V
接下來要做的事

「當你完成了 95% 的旅程，
你其實只走了一半的路。」

— 日本諺語

Chapter 21
看看自己的進展

在你開始採用 Scrum 不久後，有人會問：「我們做得怎麼樣？」這並不是一個可以簡單回答「我們做得很好」的問題，同樣地，你也無法將答案簡化為「我們達到了 Scrum 第三級」。採用 Scrum 是一個複雜的過程，而回答「做得怎麼樣」也需要一個複雜而深入的說明。幸運的是，許多早期採用者的公司已經嘗試過各種方式，並記錄了一些合適的方法，這些方法可以作為參考。

在以下小節中，我們將探討如何衡量進展。我們首先會介紹三種被多家公司採用的通用敏捷性評估方法。接著，我們會討論如何調整其中一種評估方法以符合自身需求。最後，我們會強調從平衡的視角來審視導入 Scrum 的重要性，並展示一種計分卡來達成這個目的。

衡量的目的

讓我們先思考為什麼要進行衡量，再進入應該衡量什麼的討論。如果問大多數人衡量的目的為何，他們可能會說，這是為了確定某事物有多大、多重、多長或有多少。這種定義也未免太過於廣泛了，衡量的真正目的是減少不確定性。

一個測量即使不精確，也能夠減少不確定性。以我今天午餐喝的湯為例，我在一家不熟悉的餐廳看到番茄羅勒湯非常吸引人，我問服務生杯裝和碗裝湯的大小分別是多少，好讓我決定要點哪一種。她並沒有說「五盎司和八盎司」，而是用手比劃出了大概的大小，這已經足夠減少我的不確定性，讓我決定點碗裝的湯。

這是一個重要的觀點，因為討論軟體指標時，經常會陷入追求完美的泥沼。我們不需要完美的測量結果，我們需要的是能幫助我們回答問題的測量。關於 Scrum 導入成功與否，最常見的問題包括以下幾個：

- 我們在導入 Scrum 上的投資是否值得？
- 接下來我們應該專注於改進什麼？
- 我們應該繼續使用 Scrum 嗎？
- 我們在軟體開發上比一年前做得更好嗎？
- 我們開發的產品是否更優秀？
- 我們的產品是否缺陷比較少了？
- 我們的速度是否比以前更快？

現在試一試

- 與已經開始採用 Scrum 的團隊交談，了解他們收集了哪些指標。也要詢問他們當初希望收集哪些指標。
- 在啟動自己的指標計畫之前，列出你試圖回答的問題。

通用敏捷性評估

另見

我們將在本章稍後的「Scrum 團隊的平衡計分卡」小節中看到一些有關衡量的例子，像是 Scrum 對品質的影響。

這些問題有許多可以直接回答。例如，要判斷產品在採用 Scrum 後是否缺陷較少，你可以將產品發布後 90 天內客戶回報的缺陷數量與採用 Scrum 前的專案數據進行比較。你甚至可以根據程式碼行數、專案中投入的人月數或使用者數量，將資料正規化（normalize）。有時，我們感興趣的是更深奧的問題：我們有多敏捷？

我能理解那些認為我們不應該在乎自己有多敏捷的觀點；我們應該關注的是，能不能以更快的速度、更低的成本開發出更好的產品，因此，真正應該衡量的是開發組織達成這些目標的成效。在某種程度上，我想說，判斷開發組織今年是否比去年做得更好，最好的方法是查看其開發的產品是否創造了更多收入。然而，這種方法存在許多問題，例如，組織從開發技術提升到業務收入成長，可能需要一段時間。此外，外部因素諸如經濟衰退或市場對公司產品需求的變化，可能會蓋過開發人員所帶來的改進效果，或者，銷售人員獎勵機制的調整，可能會促使他們轉而先推廣其他產品。

顯然，像產品營收這類指標能告訴我們一些關於整體產品開發流程的資訊，但它終究無法充分回答有關軟體開發團隊表現的問題。我們可以使用替代指標來解決這問題，通常是一些前導指標，作為其他指標的替代方案——那些收集成本過高、混雜了過多因素或等到能夠收集時已經太晚而無法使用的指標。這種時候，衡量一個團隊或組織的敏捷性，就會是一個有用的替代指標。

為什麼敏捷性是一個好的替代指標？假設我們去年評估了你的專案團隊，現在又要再次進行評估。透過某種形式的評估，我們發現該團隊在衝刺工作上有所改善。也許他們更能準確規劃一個衝刺中可以完成的工作量，也許團隊成員在衝刺期間更緊密合作，或者衝刺更穩定地產生了可交付的產品增量。不管具體是什麼，你的團隊在衝刺方面比一年前更出色了。這是否意味著你的團隊能更快、以更少成本開發出更好的產品？不一定，但這表明有可能正在朝這個方向發展。我們測量團隊的敏捷性，是在觀察團隊是否正在以某種方式改進，而這些方式是我們可以預測的，並且應該會帶來我們真正渴望的——更好的業務成果。我們使用「團隊有多敏捷」這個替代指標，因為它能在商業結果出現之前被妥善測量，並且允許我們專注於商業成功的單一因素——開發團隊。

接下來，讓我們來看衡量團隊敏捷性的三種通用方法。

Shodan 遵從性調查

最早的評估方法之一，至今也仍然有價值的方法，是 Bill Krebs 的「Shodan1 遵從性調查」（Shodan1 Adherence Survey；Williams, Layman, and Krebs 2004）。

Krebs 的方法是一份包含 15 個問題的自我評估調查，涵蓋了極限程式設計實踐的各個面向。表 21.1 中顯示了一個範例問題，如你所見，每個問題都包含簡短的描述以及一份清單，列出完全遵循該實踐的團隊應具備的事實。回答的選項從 0（「不同意使用這種實踐」）到 10（「對這種實踐狂熱」）。

Shodan[1] 遵從性調查的結果是一個從 0% 到 100% 的數值，顯示對這 15 項實踐的遵守程度。最終得分是將受訪者的回答與 Krebs 對各實踐領域重要性的固定權重加總得出。每日站會對最終得分的貢獻最小（不到 1%），而結對程式設計的貢獻最大（12.5%）。

使用 Shodan 遵從性調查

這份 15 個問題的調查夠簡短，可以在每次衝刺結束時完成，但我認為這樣的頻率過高。我們希望使用該調查來觀察趨勢並找出需要改進的領域，如果調查過於頻繁，就會難以看出這些趨勢。我還見過一些團隊將這份調查納入衝刺回顧會議，取代了回顧會議中原本更開放的討論。

在我看來，正確使用 Shodan 遵從性調查，應該是讓所有團隊成員回答所有問題，可能每六個月進行一次，頻率絕對不高於三個月一次，這樣才能將不同時間點的結果進行有意義的比較。

定期進行 Shodan 遵從性調查，組織可以發現趨勢，例如：「我們在客戶驗收測試方面做得如何？」此外，還可以根據公司需求進行特定的變化，例如增加重要的敏捷實踐或改變 Krebs 分配給各實踐的權重。

---

1 Shodan 在日文中為「初段」的意思。在武術中通常用來指獲得最低段數黑帶的人，在圍棋中則指實力較強的業餘棋手。

表 21.1
Shodan 遵從性調查的範例問題。

客戶驗收測試
客戶驗收測試旨在確保開發人員和客戶都清楚自己需要什麼。所有驗收測試必須通過，產品才能交付給客戶。客戶驗收測試對於產品開發的重要性如何？ • 驗收測試用於驗證系統功能和客戶需求。 • 客戶提供驗收標準。 • 客戶使用驗收測試來判斷在迭代結束時完成了什麼。 • 驗收測試是自動化的。 • 使用者故事要通過驗收測試之後才算完成。驗收測試每晚自動執行一次。

優點與缺點

這份調查的優點在於它只有 15 個問題，不過因為每個問題本身結構都很複雜，所以「15」這個數字有點誤導。Shodan 方法的一個缺點是，其結果無法直接採取行動。一項實踐的低分可能是沒有完成遵守該問題中的某個子問題。因此，在教練或顧問能夠幫助團隊改進該實踐之前，需要進一步調查具體原因。

Agile:EF

Shodan 遵從性調查的創始人 Krebs 和他在 IBM 的幾位同事，還提出了其他方法來評估敏捷團隊的表現，其中最值得注意的是「敏捷評估框架」（Agile Evaluation Framework，簡稱 Agile:EF）（Krebs and Kroll 2008）。Agile:EF 的核心思想是採用敏捷的建議——保持簡單。因此，與其說是一個實際的框架，不如說是一個用於評估團隊的流程。

在這種方法中，Krebs 和其共同作者 Per Kroll 建議讓團隊成員填寫一份非常簡短的問卷，頻率可能是每次衝刺結束時。問題的設計比 Shodan 調查中的問題更簡短，但與 Shodan 調查類似，每個問題都針對一項敏捷實踐。每個問題的答案用 1 到 10 的分數來評估，10 表示該實踐 100% 被採用，1 表示從未採用，5 表示該實踐採用的比例約為 50%。Agile:EF 並未提供推薦的問題集，作者建議可以使用現有的問題集，例如，可以直接使用 Shodan 遵從性調查的問題。

圖 21.1 說明了 Agile:EF 評估結果的展示方式。在圖中，實心柱狀條表示團隊的平均得分。較深且較細的線條表示意見分歧的範圍。如果你評估的是一個夠大的群體，可以計算標準差並用這些線條表示；如果你評估的是單一團隊，那麼可以用細線來標示最低和最高的回應。

圖 21.1
Agile:EF 調查結果範例顯示平均得分及其周圍的一個標準差範圍。

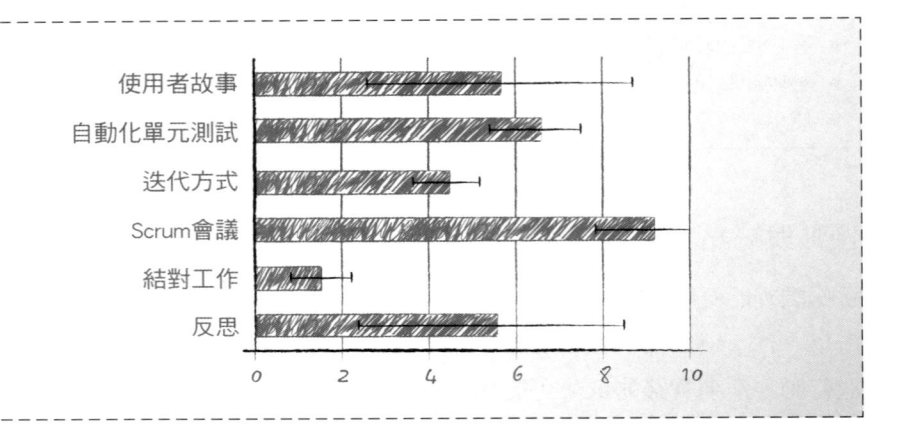

使用者故事
自動化單元測試
迭代方式
Scrum 會議
結對工作
反思

0　2　4　6　8　10

優點與缺點

作為一種通用方法，Agile:EF 值得推薦。定期、快速、不具干擾性的評估，比冗長而詳細的評估更可能獲得較高的回應率。雖然 Agile:EF 能夠使用任何問題集是其優勢，但這同時也限制了其作為框架的現實應用範圍。

雖然我欣賞 Agile:EF 對簡單性和快速調查的專注，但我的經驗說明了，如果每次衝刺結束時都向團隊提相同的 15 個問題，你可能不會得到有用的結果。我建議準備多組問題，每組專注於軟體開發過程的不同面向。在每次衝刺結束或每月一次，提出不同的問題集，輪流使用這些問題；等到你又要重新使用同一組問題時，應該已經過了一段時間，團隊就能在調查涉及的領域取得有意義的改進。

比較敏捷性評估

幾年前，一些客戶開始問我：「我們做得怎麼樣？」我的回答通常是這樣的：「在結對程式設計方面你們做得相當不錯，我也喜歡團隊從撰寫需求文件轉向

討論使用者故事的方式。但團隊尚未完全接受自動化測試的概念，我們需要在這方面多加關注。」然而，這並不是他們想要的答案；他們想知道的是：「我們和競爭對手相比，表現如何？」

起初，這個問題很困擾我。我認為，競爭對手做得怎麼樣，一點都無關緊要。如果你還不夠完善，就繼續改進。過了一段時間，我才意識到我的想法有漏洞。一家企業不需要達到完美；它只需要比競爭對手更好（並保持領先）。今天，Google 成為主導搜尋引擎，不是因為它的搜尋結果是完美的，而是因為它的結果通常比競爭對手更好。

這意味著敏捷不需要像 CMMI 那樣的五級成熟度模型。企業並不是在追求一個理想化的完美敏捷原則和實踐清單，而是試圖比競爭對手更敏捷。這並不意味著成為敏捷本身就是目標，目標仍然是開發出比競爭對手更好的產品。但比競爭對手更敏捷，就象徵該組織能以更低成本更快交付更好的產品。

基於此，Kenny Rubin 和我建立了 Comparative Agility 評估（CA），該工具可免費線上使用。與 Shodan 遵從性調查及 Agile:EF 相似，CA 評估也基於對問卷問題的個人回答。然而，它還被設計為可以由經驗豐富的 ScrumMaster、教練或顧問根據訪談或觀察，代表團隊或公司完成。

CA 評估的調查回應將進行匯總，然後可以與整個 CA 資料庫進行比較。回應還可以與資料庫的特定子集進行比較。例如，你可以選擇將你的團隊與所有從事網頁開發的公司、所有採用敏捷約六個月的公司、特定產業的所有公司，或這些因素的組合進行比較。你還可以將團隊的數據與之前的數據進行比較，展示自那時以來取得的改進。

在最高層級，CA 方法從七個維度評估敏捷性：團隊合作、需求、規劃、技術實踐、品質、文化和知識創造。圖 21.2 顯示了一個團隊在三個維度的部分評鑑結果。該圖顯示了某個團隊與 CA 資料庫的其他團隊進行的比較（此處為其他進行網頁開發的團隊）。圖中的 0 代表資料庫中所有匹配團隊的平均值，標記為 -2 到 2 的垂直線表示與平均值的標準差範圍。從圖中可以看出，該團隊在「規劃」方面明顯高於平均水準，在「需求」方面稍高於平均水準，但在「品質」方面顯著低於平均水準。

另見

如需了解敏捷五級成熟度模型的範例，請參閱 Sidky Agile Maturity Index 的說明。http://www.agilejournal.com/content/view/411/33/

注意

你可以在 Comparative Agility 網站上進行 CA 評估（網址：www.Comparative Agility.com）。

圖 21.2

比較敏捷性評估（CA）結果顯示，該團隊在規劃和需求方面表現高於平均水準，但在品質方面低於平均水準。

規劃

前期制定全面、以任務為導向的計畫；不願更新計畫；對時程安排缺乏認同感。

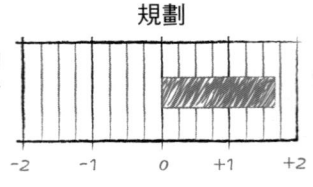

計畫的制定涵蓋多個層級的細節；經常更新；由團隊建立並獲得全員認同。

需求

以文件為中心；在前期收集；沒有意識到需求是逐步湧現的。

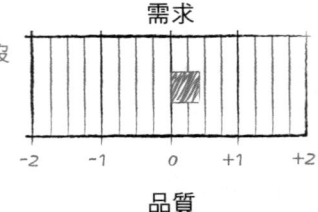

在不同細節層次上收集需求；逐步細化；以對話為主，文件為輔。

品質

開發後進行品質測試；對自動化缺乏重視或有效應用。

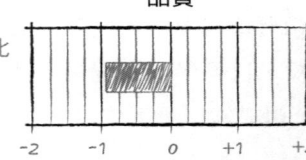

在每個衝刺期間將品質內建於產品中；實施自動化單元測試和驗收測試。

　　圖 21.2 中的每個維度由三到六個特徵組成，並透過一組問題來評估團隊在每個特徵上的得分。例如，「規劃」維度的特徵包括：

- 規劃的發生時間
- 參與者是誰
- 是否同時進行發布和衝刺規劃
- 關鍵變數（如範疇、時間表和資源）是否被鎖定
- 如何追蹤進度

　　表 21.2 列出了與「規劃發生時間」相關的問題。這些問題的回答選項包括：「完全正確」、「較正確」、「既不正確也不錯誤」、「較錯誤」、「完全錯誤」以及「不適用」。

	完全正確	較正確	既不正確也不錯誤	較錯誤	完全錯誤	不適用
前期規劃是有幫助的，但不應過於詳盡冗長。						
團隊成員在規劃會議過後應該清楚知道需要完成的事項，並對實現其承諾有信心。						
團隊應該在發現需要改變發布日期或範疇時，立即進行溝通。						
規劃工作應大致均勻地分布在整個專案過程中。						

表 21.2 問題範例
比較敏捷性評估考慮的特徵之一是團隊何時進行規劃。

優點與缺點

比較敏捷性評估的優勢之一是設計使其更容易導向可採取行動的結果。與其他評估方法一樣，CA 的結果首先指出七個維度中的某一個缺點，但與其他方法不同的是，深入分析該維度可以揭示組織面臨的具體挑戰。這應該能幫助團隊或其 ScrumMaster 更輕鬆地確定可採取的行動。例如，如果我們深入查看圖 21.2 中品質面向的低分，可以發現品質維度包括以下三個特徵：自動化單元測試、客戶驗收測試和時間安排。由於 CA 方法對每個特徵進行單獨評估，因此可以清楚地看出哪個特徵拖累了組織的整體品質得分。

CA 的比較性是其最大的優勢之一。透過你的組織與其他組織的比較，可以將改進工作集中於最能帶來成效的領域。

CA 評估的主要缺點在於調查範圍廣泛，它包含了近 125 個關於開發過程的問題。有兩種常見的解決方案：

- 每年進行一次或兩次完整的評估（在某些組織中，每季度進行可能比較可接受且適用）。
- 每月只評估七個維度中的一個。

現在試一試

❏ 如果你從未對任何敏捷團隊進行過調查,現在就開始吧。不要花六週時間設計完美的調查。查看 CA 評估或 Shodan 遵從性調查中的問題,選擇 15 個你認為有用或有趣的問題,並開始進行。

❏ 在等待第一組調查問題的結果時,思考你的長期策略,並建立或選擇你將例行使用的方法。

建立你自己的評估

有些組織選擇建立自己的評估方法。這麼做當然需要更多的工作,但好處在於能完全根據需求量身打造評估內容。實施大規模 Scrum 計畫的組織,如 Ultimate Software、JDA Software、Yahoo! 和 Salesforce.com,都採用了這種方法。如果你選擇這條路,務必從查看像 Shodan 遵從性調查和比較敏捷性評估這樣的方法當中的問題開始。剔除跟你的組織不相關或不會提供有價值結果的問題。例如,如果自動化測試已經是所有團隊的既定實踐,並且都做得很好,你可以刪除相關問題以節省時間。

大多數公司層級的評估中,我見過不少問題集中於員工對變革的看法。例如,Yahoo! 在其轉型 Scrum 的過程中提出了類似以下的問題:

- 自從採用 Scrum 以來,你認為你的團隊有多高效?
- 自從採用 Scrum 以來,團隊士氣發生了什麼變化?
- 自從採用 Scrum 以來,你對專案的責任感和歸屬感有什麼變化?
- 自從採用 Scrum 以來,團隊中的協作和合作程度有什麼變化?
- 自從採用 Scrum 以來,你對所開發內容的整體品質有什麼看法?

問題的回答選項是:「Scrum 差得多」、「Scrum 比較差」、「Scrum 差不多」、「Scrum 比較好」,或「Scrum 好得多」。

Salesforce.com 在其轉型為 Scrum 的過程中也提出了類似的問題:

- 你認為 Scrum 是一種有效的方法嗎?
- Scrum 對我們產品品質的影響是什麼?

- 你會向公司內外的同事推薦 Scrum 嗎？

除了這些定性指標之外，Salesforce.com 還收集了一些有效但簡單的量化指標，讓公司可以從多個角度審視其 Scrum 轉型，這正是下一節的主題。

> 「我不喜歡這類問題。誰會關心員工對他們的生產力或品質有無改善的看法？」

反對意見

這種反對意見忽略了一個關鍵事實：參與軟體開發的人對工作方式的變化具有卓越的評估能力。當然，如果有人事先宣布若是 Scrum 使生產力翻倍會給予獎金，員工可能會帶有偏見。但這既不是我的建議，也不是這些公司在使用這些問題時的做法。在沒有誤導性激勵的情況下，大多數員工會如實回答。而且，這類問題的答案可能和客戶對類似主觀問題的回答一樣有用。

Scrum 團隊的平衡計分卡

我們都知道，如果引入一個新的指標，並告訴團隊他們將根據這個指標接受評估，那麼團隊就會改變他們的行為，以便在該指標獲得更好的評估結果。例如，告訴一個團隊將根據缺陷追蹤系統中的缺陷數量評估他們的表現，那麼缺陷數量可能會下降——這可能是因為真的有效改進，但也可能是因為團隊成員找到了一些非正式溝通缺陷的方法，繞過了正式的缺陷追蹤系統。即使我們能設計出一個無法被「操控」的指標，一個數據也無法呈現完整的視圖。假設團隊透過大幅降低生產力來減少缺陷數量，交付的功能比以前少了 90%，因為每一行程式碼都經過過度嚴格的檢查。我們需要一個比任何單一指標提供的視圖更為平衡的方式來評估團隊的表現。

提供組織平衡視圖的想法促使 Robert Kaplan 和 David Norton 創造了所謂的「平衡計分卡」（balanced scorecard）。他們的想法是，要全面了解一家企業的表現，不能僅依賴損益表和資產負債表，因為這些只是衡量業務表現的兩個指標。僅透過財務報表提供的視圖，與僅透過缺陷數量了解開發組織的表現一

樣不完整。Kaplan 和 Norton 建議應從四個角度來衡量企業：財務、客戶、業務流程、學習與成長。這四個不同的角度構成了平衡計分卡（1992）。

自 2000 年以來，我使用平衡計分卡作為軟體開發團隊從多個角度評估自身的方法。Kaplan 和 Norton 最初提出的四個角度，直接應用於軟體開發部門、IT 團隊，甚至個別團隊時並不一定最合適。我多年來嘗試了各種不同的角度，但我認為最有效的是 Liz Barnett 為 Forrester Research 提出的以下四個角度：

- **卓越營運（Operational excellence）**。團隊努力以高生產率來生產高品質的產品，同時兼顧目標成本與目標時程。
- **使用者導向（User orientation）**。團隊專注於交付使用者和客戶需要的功能。
- **商業價值（Business value）**。團隊透過節省成本、增加收入或其他類似方式為業務提供價值。
- **未來導向（Future orientation）**。在交付當前產品和新功能的同時，團隊也在建構未來所需的技能和能力（Barnett, Schwaber, and Hogan 2005）。

如果在採用 Scrum 初期建立一個平衡計分卡，並定期對團隊、部門或組織進行評估，轉型的成效就會清楚可見。在 Scrum 表現良好的團隊，應能在這些層面同時取得進步。更好的是，平衡計分卡將焦點從單純「變得敏捷」，轉向實現組織採用 Scrum 的真正目標。

建立平衡計分卡

平衡計分卡的每個面向通常會用一到四個策略目標來加以補充。每個目標的進展則透過前導指標（leading indicator）和滯後指標（lagging indicator）來衡量，並為其預先設置目標值。例如，在「卓越營運」面向，我們可能設定的目標包括：提升生產力、提高品質、改進估算能力、降低總開發成本等。選擇的目標不應該是一長串美好的願望清單，而是應該僅選擇你可以專注實現的目標。

對於每個目標，確定能夠告訴我們是否達成（或已經達成）目標的指標非常重要。雖然至少需要為每個目標確定一個指標，但通常最好同時確定至少一個前導指標和一個滯後指標。前導指標是在達成目標之前預期會改變的指標，例如，對於提高品質的目標，一個前導指標可能是編寫的測試數量。更多的測試並不能保證產品的品質更高，但可能是一個不錯的指標。

滯後指標則是在達到目標之後才改變的指標，或只能在達到目標時測量的指標。例如，對於提高品質的目標，一個滯後指標可能是客戶回饋的發布後缺陷數量。滯後指標通常用於確定目標是否真正達成，但它們的缺點是要等到事後才能測量。因此，通常最好的做法是同時使用前導指標和滯後指標。表 21.3 展示了「卓越營運」角度下目標、前導指標和滯後指標的範例。

觀點	目標	領先指標	滯後指標
操作卓越	提高生產力	每次衝刺中被刪除的產品待辦清單項目百分比（目標 = 5–15%）	每位開發人員交付的功能數量（目標 = 增加 20%）
		週末進行的原始碼控制檢查次數百分比（目標 = 少於 5%）	
	計畫的可預測性		在專案中點預測的 -1 到 +2 次衝刺內完成的專案數（目標 = 95%）
	更高的品質	持續建構中通過測試的百分比（目標 = 95%）	發布後 30 天內報告的缺陷數（目標 = 減少 50%）
用戶導向	提高正常運行時間		伺服器停機時間（規劃內 + 規劃外）每年少於 120 分鐘
	提高用戶滿意度	來自客戶焦點小組的回應增加（目標 = 提高電子郵件回覆率 20%）	淨推廣者得分（目標 = 提高 25%）
			季度客戶調查得分更高（目標 = 80% 的人說「超出預期」或「遠超出預期」）

表 21.3
平衡計分卡提供績效的多角度觀點。

表 21.3
接續

觀點	目標	領先指標	滯後指標
商業價值	更頻繁的主要版本發布	為所有專案生成並顯示版本燃盡圖（目標 = 100%）	每季度至少一次重大版本發布（目標 = 之間不超過 90 天）
	版本中更多功能		每次發布中使用者可見的產品待辦清單項目數（目標 = 300）
未來導向	提高員工滿意度	向人資部門提出的投訴數量（目標 = 每月 1 次）	表示在這裡工作感覺很好或最棒的員工數（目標 = 80%）
	提高我們對 Scrum 和敏捷實踐的理解	參加各種敏捷會議的人數（目標 = 今年至少派遣 40 人參加有敏捷內容的會議）	願意向其他公司的朋友推薦 Scrum 的員工數（目標 = 80%）

偏好簡單指標

從表 21.3 可以看出，有些指標非常簡單。你可能會想：「每位開發人員交付的功能數量」（表 21.3 中的第一個滯後指標）過於簡單，沒有太大幫助。什麼算作一個功能？小功能與大功能應該平等計算嗎？一般來說，這類簡單指標在長期比較中，特別是與其他簡單指標結合考量時，可以是有幫助的。

每位開發人員交付的功能數量，是我之前提到的 Salesforce.com 用於評估 Scrum 採用效益的簡單指標之一。轉型開始的 12 個月後，公司測得每位開發人員交付的功能數量比前一年增加了 38%。是否可能因為功能變小而導致這樣的增長？當然有可能。但這樣的簡單指標幫助他們將生產力提升的感覺予以量化。回顧本章開頭關於衡量目的的討論：減少不確定性。在進行這項測量之前，Salesforce.com 的企業轉型社群或許不確定 Scrum 是否幫助了團隊提高生產力，而測量後，他們得到了答案。

Salesforce.com 使用的另一個簡單指標展示了向客戶交付功能的流程有所改進。圖 21.3 中，由 Steve Greene 和 Chris Fry 建立的「累積價值」（cumulative value）圖，也曾在第 1 章「為什麼敏捷很難（卻很值得）？」中提及。這張圖

顯示了交付的功能數量和交付時間,圖中每個功能不論大小或重要性都被統一計算,基本概念是,曲線下的面積代表了功能對使用者的整體價值——越早交付的功能,比較晚交付的功能更有價值。該圖顯示了 2006 年(採用 Scrum 之前)未交付新功能,直到 2007 年 1 月 Salesforce.com 才向用戶交付新功能。比較 2006 年曲線下的總面積與 2007 年曲線(採用 Scrum)下的總面積,可以看到 Scrum 的採用促進更頻繁的版本發布和交付更多的功能。

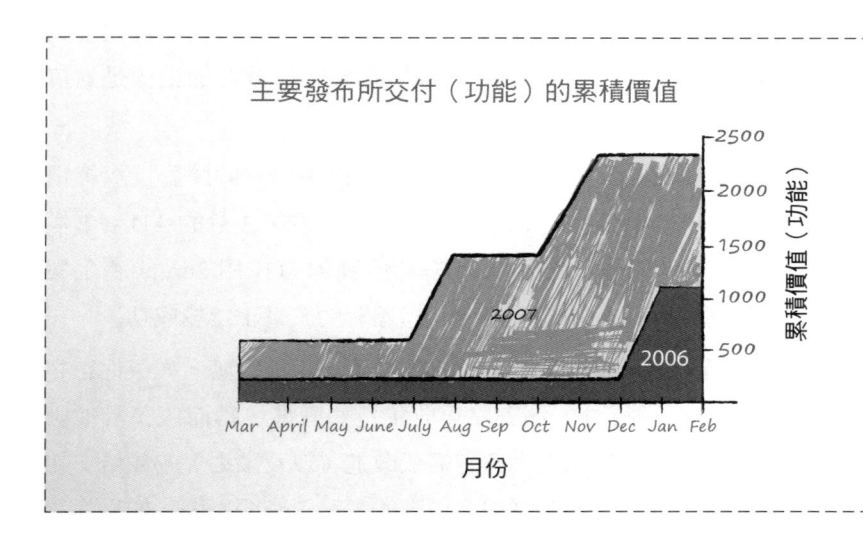

圖 21.3
Scrum 轉型一年後,Salesforce.com 使用這張圖表來展示,其「累積交付價值」這項簡單指標改善了 **568%**。

這類簡單指標的確容易受到質疑:不是所有功能的大小都一樣,也不是所有功能對所有客戶來說都同樣重要,而且 2007 年的開發人員比 2006 年多。儘管這些批評有它們的道理,但也無法削弱圖表的影響力,像圖 21.3 就清楚展現了 Scrum 給 Salesforce.com 帶來的效益。

- ☐ 列出你可以輕鬆收集的簡單指標,這些指標可以解答有關採用 Scrum 一些未解決的疑問。請開始收集它們。
- ☐ 建立平衡計分卡,它可以針對專案、部門甚至是 Scrum 轉型過程。從確定目標開始:你想實現什麼?接下來,為每個目標確定一個或多個前導指標,用以衡量你是否在達成目標的軌道上。最後,為每個目標確定至少一個滯後指標,以判斷目標是否達成。

現在試一試

我們是否真的需要這樣做？

即使是簡單的數據收集也需要付出努力,而軟體產業在這方面並沒有優秀的記錄。在有這麼多其他事情需要我們關注的情況下,我們是否真的應該花時間收集關於敏捷表現的數據?答案是肯定的,我可以指出三大主要益處:

- **指標有助於對抗組織慣性**。正如第 2 章「轉型 Scrum 的 ADAPT 方法」中所指出的,你在採用 Scrum 之前的現狀是有原因的。組織慣性會試圖將我們拉回那個現狀。定期的評估和展示 Scrum 效益的指標是對抗這種慣性的最佳方式之一。

- **指標有助於推動轉型工作**。一個好的評估計畫不僅有助於對抗組織慣性,還能激發其他團體採用 Scrum 的興趣。回想第 2 章的 ADAPT 模型,並記住推廣步驟的重要性。要讓其他團隊對採用 Scrum 產生興趣,推廣你團隊的早期成功至關重要。指標有助於量化這些成功。

- **指標幫助我們確定進一步改進的重點**。指標應該引導行動。如果你正在收集的數據從未引發行動,那就停止收集這些數據,轉而收集其他數據。一個好的評估計畫能幫助你確定需要改進(以及讚揚)的領域。如果你發現某些團隊比以往減少採用有價值的實踐,查明原因。如果你發現某些團隊採用了新實踐並且表現優於其他團隊,請設法推廣該實踐。

雖然我知道收集有關團隊在採用 Scrum 和實現敏捷方面表現的指標是有幫助且重要的,但我想用一則警告來結束本章。每當數據被收集時,組織中通常會有人過於執著這些數據、過度依賴它們,導致可能被用來對團隊施壓。我並不會極端到說指標永遠不應被拿來當作施壓的工具──我大學時期在汽車維修中心打工的時候,當我未達成每月業績時,我的老闆或許有理由對我發火。但本章所描述的指標非常不同,因此,它們應被用來引導方向並幫助理解,而不是用來指責或強制大家遵守。

延伸閱讀

Gilb, Tom. 2005. *Competitive Engineering: A handbook for systems engineering, requirements engineering, and software engineering using planguage*. Butterworth-Heinemann.

　　Gilb 是 Evo 過程的創始人，他對測量採取了嚴謹的方法。他的書展示了許多量化和測量看似無法進行測量的例子。Gilb 的方法特別適合用於定義平衡計分卡的前導指標和滯後指標。

Hubbard, Douglas W. 2007. *How to measure anything: Finding the value of "intangibles" in business*. Wiley.

　　這是一本名副其實的好書。它提供了多種測量事物的方法，並且讓背後的數學變得相對容易理解。如果你正苦惱不知如何測量某些事物，這本書可能會給你一些靈感。

Kaplan, Robert S., and David P. Norton. 1992. The balanced scorecard: Measures that drive performance. *Harvard Business Review*, January-February, 71–79.

　　這篇文章開啟了平衡計分卡運動。隨後同作者出版了相關書籍，但這篇簡短的文章仍然是該主題最好的快速入門介紹。

Krebs, William, and Per Kroll, 2008. Using evaluation frameworks for quick reflections. *Agile Journal*, February 9. http://www.agilejournal.com/articles/columns/column-articles/750-using-evaluation-frameworks-for-quick-reflections.

　　這篇文章是 Agile:EF 方法評估團隊進展的最佳介紹。

Leffingwell, Dean. 2007. *Scaling software agility: Best practices for large enterprises*. Addison-Wesley Professional.

　　本書第 22 章包含了有關使用平衡計分卡的更多資訊，該章節還包含了一個以團隊為導向的敏捷評估調查，與本章中提到的調查類似。該評估調查可以在線上取得：scalingsoftwareagility.files.wordpress.com/2008/01/team-agility-assessment-in-pdf。

Mair, Steven. 2002. A balanced scorecard for a small software group. *IEEE Software*, November/December, 21–27.

 這篇文章提供了平衡計分卡方法的背景，並展示了如何使用 Kaplan 和 Norton 最初的四個角度為一個小部門建立計分卡。

Williams, Laurie, Lucas Layman, and William Krebs. 2004. Extreme programming evalua- tion framework for object-oriented languages, version 1.4. North Carolina State Univer- sity Department of Computer Science,TR-2004-18.

 這份技術報告描述了 Extreme Programming: Evaluation Framework (XP:EF)，它以 Shodan 遵從性為基礎，包含專案背景和結果指標，所收集的附加數據或許會讓研究人員或專案管理辦公室感興趣。如果只是想改進的團隊，可以僅使用 Shodan 調查，因為它是 XP:EF 的核心，在附錄中有完整描述。

Chapter 22
旅途還沒結束

我們已經一起走了很長的一段路。我希望你在閱讀本書的過程中已經實踐了許多建議的做法和「現在試一試」，如果是這樣，相信你已經取得了不少進展。你已經建立了一個企業轉型社群（ETC），用來將 Scrum 引入你的組織，而這個 ETC 又創造了一個鼓勵改進社群形成並茁壯成長的環境。這些改進社群有一些已經完成了他們的改善目標並解散，另一些則擴大了其重點範圍，或者仍在努力解決更持續性的改進機會。

此時，Scrum 已經成為你組織中至少某些團隊的默認工作方式。它的起點是，這些團隊中的個人成為意識到需要改變其軟體開發方式的先驅，隨著這種意識的增強，它轉變成了一種希望以不同方式開發軟體的渴望，個人因而獲得了以敏捷方式工作的能力。這導致了 Scrum 的早期成功，這些成功再推廣給其他人，讓更多人可以展開自己的意識、渴望和能力循環。最終，實行 Scrum 的影響被轉移到組織的其他部分，以防止組織的「重力」將每個人和每個團隊拉回到起點。

在這個過程中，你不僅改變了人們的工作描述，還改變了他們如何看待自己在團隊中的角色。現在，團隊的結構圍繞著功能交付，而不是技術或架構

層面來組織。此外，雖然團隊有機會自我組織，但那些學會在自組織團隊中工作的領導者會在不經意間對其產生影響。團隊成員已經採用了一些新的技術實踐，幫助他們撰寫更高品質的程式碼。團隊理解其產品待辦清單的重要性，知道如何在 Scrum 嚴格的時間框架內高效地工作，也學會如何在資訊不完整的情況下進行規劃。品質可能已經有所提升——測試人員不僅融入了開發過程，程式設計師也在幫助進行自動化測試。

此時，你可能已經將 Scrum 擴展到了更大型的專案，甚至是分布在多個城市或不同洲的專案，而你已學會了如何克服這些專案帶來的一些更大挑戰。Scrum 現在更深入地融入了你的組織，甚至可能與其他企業要求（如 CMMI 或 ISO 9001 規範）共存，人力資源部門、設施管理組和專案管理辦公室的員工現在是你創造可持續變革的盟友。組織已經取得了巨大的進步。

不要停下來。

我不在乎你現在有多敏捷，也不在乎你做 Scrum 做得有多好。無論你今天有多優秀，如果你下個月沒有變得更好，那你就不再是敏捷的。你必須不斷地、不斷地、不斷地嘗試改進。

你可能會說，慢著，我還有一個反對意見：敏捷不是我的目標，交付出色的產品才是。如果我已經夠好了，為什麼不能停下來？對此，我的回答是：當然，敏捷不是你的目標。你的主要目標是快速且低成本地開發出令人興奮的卓越產品，讓你的客戶和使用者感到驚喜。然而，我相信，為了實現這個目標，你需要敏捷。而要敏捷，你必須不斷改進。

持續改進比你想像的要容易。你已經播下了所有的種子，你的改進社群將在 ETC 所培育的風險容忍、創意激發和充滿關懷的文化中扮演關鍵角色。透過試錯實驗，這些社群將引領組織走向更好的工作方式，不僅如此，他們還會激發員工的熱情。組織將從看到問題轉變為看到可能性。

至此，你正走在敏捷致勝的道路上。

參考文獻

Adler, Paul S., Avi Mandelbaum, Vien Nguyen, and Elizabeth Schwerer. 1996. Getting the most out of your product development process. *Harvard Business Review*, March–April, 13–151.

Adzic, Gojko. 2009. *Bridging the communication gap: Specification by example and agile acceptance testing.* Neuri Limited.

Allen-Meyer, Glenn. 2000a. *Nameless organizational change: No-hype, low-resistance corporate transformation.* Syracuse University Press.

Allen-Meyer, Glenn. 2000b. *Overview: Nameless organizational change; No-hype, low-resistance corporate transformation.* Previously available at http://www.nameless.org.

Allen-Meyer, Glenn. 2000c. 21st century schizoid change. *OD Practitioner* 32 (3): 22–26. Ambler, Scott. 2008a. Agile adoption rate survey, February. http://www.ambysoft.com/ surveys/agileFebruary2008.html.

———. 2008b. Scott Ambler on agile's present and future. Interview by Floyd Marinescu. InfoQ website, December 1. http://www.infoq.com/interviews/Agile-Scott-Ambler.

———. n.d. Agile Data Home Page. http://www.agiledata.org.

Ambler, Scott W., and Pramod J. Sadalage. 2006. *Refactoring databases: Evolutionary database design.* Addison-Wesley.

Anderson, Philip. 1999. Seven levers for guiding the evolving enterprise. In *The biology of business: Decoding the natural laws of enterprise*, ed. John Henry Clippinger III, 113–152. Jossey-Bass.

Appelo, Jurgen. 2008. We increment to adapt, we iterate to improve. *Methods & Tools*, Summer, 9–22.

Armour, Phillip G. 2006. Software: Hard data. *Communications of the ACM*, September, 15–17. Avery, Christopher M. 2005. Responsible change. *Cutter Consortium Agile Project Management Executive Report* 6 (10): 1–28.

Avery, Christopher M., Meri Aaron Walker, and Erin O'Toole. 2001. *Teamwork is an individual skill: Getting your work done when sharing responsibility.* Berrett-Koehler Publishers.

Babinet, Eric, and Rajani Ramanathan. 2008. Dependency management in a large agile environment. In *Proceedings of the Agile 2008 Conference*, ed. Grigori Melnik, Philippe Kruchten, and Mary Poppendieck, 401–406. IEEE Computer Society.

Bain, Scott L. 2008. *Emergent design: The evolutionary nature of professional software development.* Addison-Wesley Professional.

Barnett, Liz. 2005. Metrics for agile development projects: Emphasize value and customer satisfaction. With Carey Schwaber and Lindsay Hogan. Forrester. http://www.forrester.com/Research/Document/Excerpt/0,7211,37380,00.html.

———. 2008. Incremental agile adoption. *Agile Journal*, February 11. http://agilejournal.com/articles/columns/from-the-editor-mainmenu-45/755-incrementalagile-adoption.

Beavers, Paul A. 2007. Managing a large "agile" software engineering organization. In *Proceedings of the Agile 2007 Conference*, ed. Jutta Eckstein, Frank Maurer, Rachel Davies, Grigori Melnik, and Gary Pollice, 296–303. IEEE Computer Society.

Beck, Kent. 2002. *Test-driven development: By example.* Addison-Wesley Professional.

Beck, Kent, and Cynthia Andres. 2004. *Extreme programming explained.* 2nd ed. Addison-Wesley Professional.

———. 2005. Getting started with XP: Toe dipping, racing dives, and cannonballs. PDF file at Three Rivers Institute website. www.threeriversinstitute.org/Toe%20Dipping.pdf.

Beck, Kent, Mike Beedle, Arie van Bennekum, Alistair Cockburn, Ward Cunningham, Martin Fowler, James Grenning, Jim Highsmith, Andrew Hunt, Ron Jeffries, Jon Kern, Brian Marick, Robert C. Martin, Steve Mellor, Ken Schwaber, Jeff Sutherland, and Dave Thomas. 2001. Manifesto for agile software development. http://www.agilemanifesto.org/.

Benefield, Gabrielle. 2008. Rolling out agile in a large enterprise. In *Proceedings of the 41st Annual Hawaii International Conference on System Sciences*, 461–470. IEEE Computer Society.

Boehm, Barry W. 1981. *Software engineering economics.* Prentice Hall.

Boehm, Barry, and Richard Turner. 2005. Management challenges to implementing agile processes in traditional development organizations. *IEEE Software*, September/October, 30–39.

Bos, Erik, and Christ Vriens. 2004. An agile CMM. In *Extreme Programming and Agile Methods: XP/Agile Universe 2004*, ed. C. Zannier, H. Erdogmus, and L. Lindstrom, 129–138. Springer.

Bradner, E., G. Mark, and T.D. Hertel. 2003. Effects of team size on participation, awareness, and technology choice in geographically distributed teams. In *Proceedings of the 36th Annual Hawaii International Conference on System Sciences*, 271a. IEEE Computer Society.

Bridges, William. 2003. *Managing transitions: Making the most of change*. 2nd ed. Da Capo Press.

Brodwall, Johannes. 2008. An informative workplace. *Thinking inside a bigger box*, November 23. http://brodwall.com/johannes/blog/2008/11/23/an-informative-workplace/.

Brooks, Frederick P. 1995. *The mythical man-month: Essays on software engineering*. 2nd ed. Addison-Wesley Professional. (Orig. pub. 1975.)

Campbell, Donald T. 1965. Variation and selective retention in socio-cultural evolution. In *Social change in developing areas: A reinterpretation of evolutionary theory*, ed. Herbert R. Barringer, George I. Blanksten, and Raymond W. Mack, 19–49. Schenkman.

Cao, Lan, and Balasubramaniam Ramesh. 2008. Agile requirements engineering practices: An empirical study. *IEEE Software*, January/February, 60–67.

Carmel, Erran. 1998. *Global software teams: Collaborating across borders and time zones*. Prentice Hall.

Carr, David K., Kelvin J. Hard, and William J. Trahant. 1996. *Managing the change process: A field book for change agents, team leaders, and reengineering managers*. McGraw-Hill.

Catmull, Ed. 2008. How Pixar fosters collective creativity. *Harvard Business Review*, September, 65–72.

Cichelli, Sharon. 2008. Globally distributed Scrum. *Girl Writes Code* blog entry, May 9. http://www.invisible-city.com/sharon/2008/05/globally-distributed-scrum.html.

Cirillo, Francesco. 2007. The pomodoro technique. PDF from website of same name. http://www.pomodorotechnique.com/resources/cirillo/ThePomodoroTechnique_v1-3.pdf.

Clark, Kim B., and Steven C. Wheelwright. 1992. *Managing new product and process development: Text and cases*. The Free Press.

Cockburn, Alistair. 2000. Balancing lightness with sufficiency. *Cutter IT Journal*, November.

———. 2006. *Agile software development: The cooperative game*. 2nd ed. Addison-Wesley Professional.

———. 2008. Using both incremental and iterative development. *Crosstalk*, May, 27–30. Cohn, Mike. 2004. *User stories applied: For agile software development*. Addison-Wesley Professional.

———. 2005. *Agile estimating and planning*. Addison-Wesley Professional.

Conner, Daryl R. 1993. *Managing at the speed of change: How resilient managers succeed and prosper where others fail*. Random House.

Conway, Melvin E. 1968. How do committees invent? Originally published in *Datamation*, April 1968. Currently published on author's website. http://www.melconway.com/research/committees.html.

Cooper, Robert G. 2001. *Winning at new products: Accelerating the process from idea to launch*. 3rd ed. Basic Books.

Coyne, Kevin P., Patricia Gorman Clifford, and Renee Dye. 2007. Breakthrough thinking from inside the box. *Harvard Business Review*, December, 71–78.

Creasey, Tim, and Jeff Hiatt, eds. 2007. *Best practices in change management*. Prosci.

Crispin, Lisa, and Janet Gregory. 2009. *Agile testing: A practical guide for testers and agile teams*. Addison-Wesley Professional.

Crosby, Philip. 1979. *Quality is free: The art of making quality certain*. McGraw-Hill.

Cunningham, Ward. 1992. The WyCash portfolio management system. In *Addendum to the Proceedings on Object-Oriented Programming Systems, Languages, and Applications*, 29–30. ACM. Also at http://c2.com/doc/oopsla92.html.

Davies, Rachel, and Liz Sedley. 2009. *Agile coaching*. The Pragmatic Bookshelf.

Deemer, Pete, Gabrielle Benefield, Craig Larman, and Bas Vodde. 2008. *The Scrum primer*. Scrum Training Institute.

DeGrace, Peter, and Leslie Hulet Stahl. 1990. *Wicked problems, righteous solutions: A catalogue of modern software engineering paradigms*. Prentice Hall.

DeMarco, Tom, Peter Hruschka, Tim Lister, Suzanne Robertson, James Roberts, and Steve McMenamin. 2008. *Adrenaline junkies and template zombies: Understanding patterns of project behavior*. Dorset House.

DeMarco, Tom, and Timothy Lister. 1999. *Peopleware: Productive projects and teams*. 2nd ed. Dorset House.

Deming, W. Edwards. 2000. *Out of the crisis*. MIT Press. de Pillis, Emmeline, and Kimberly Furumo. 2007. Counting the cost of virtual teams. *Communications of the ACM*, December, 93–95.

Derby, Esther. 2006. A manager's guide to supporting organizational change. *Crosstalk*, January, 17–19.

Derby, Esther, and Diana Larsen. 2006. *Agile retrospectives: Making good teams great*. Pragmatic Bookshelf.

Deutschman, Alan. 2007. Inside the mind of Jeff Bezos. *Fast Company*, December 19. http://www.fastcompany.com/magazine/85/bezos_1.html.

Dinwiddie, George. 2007. Common areas at the heart. In *Proceedings of the Agile 2007 Conference*, ed. Jutta Eckstein, Frank Maurer, Rachel Davies, Grigori Melnik, and Gary Pollice, 207–211. IEEE Computer Society.

Drummond, Brian Scott, and John Francis "JF" Unson. 2008. Yahoo! distributed agile: Notes from the world over. In *Proceedings of the Agile 2008 Conference*, ed. Grigori Melnik, Philippe Kruchten, and Mary Poppendieck, 315–321. IEEE Computer Society.

Duarte, Deborah L., and Nancy Tennant Snyder. 2006. *Mastering virtual teams: Strategies, tools, and techniques that succeed*. 3rd ed. Jossey-Bass.

Duck, Jeanie Daniel. 1993. Managing change: The art of balancing. *Harvard Business Review*, November–December, 109–119.

Duvall, Paul, Steve Matyas, and Andrew Glover. 2007. *Continuous integration: Improving software quality and reducing risk*. Addison-Wesley Professional.

Dyba, Tore, Erik Arisholm, Dag I. K. Sjoberg, Jo Erskine Hannay, and Forrest Shull. 2007. Are two heads better than one? On the effectiveness of pair programming. *IEEE Software*, June, 12–15.

Edmondson, Amy, Richard Bohmer, and Gary Pisano. 2001. Speeding up team learning. *Harvard Business Review*, October, 125–132.

Elssamadisy, Amr. 2007. *Patterns of agile practice adoption: The technical cluster*. C4Media.

Emery, Dale H. 2001. Resistance as a resource. *Cutter IT Journal*, October.

Eoyang, Glenda Holladay. 2001. Conditions for self-organizing in human systems. PhD diss., The Union Institute and University.

Feathers, Michael. 2004. *Working effectively with legacy code*. Prentice Hall PTR.

Fecarotta, Joseph. 2008. MyBoeingFleet and agile software development. In *Proceedings of the Agile 2008 Conference*, ed. Grigori Melnik, Philippe Kruchten, and Mary Poppendieck, 135–139. IEEE Computer Society.

Feynman, Richard P. 1997. *Surely you're joking, Mr. Feynman! Adventures of a curious character*. W. W. Norton & Co.

Fisher, Kimball. 1999. *Leading self-directed work teams*. McGraw-Hill.

Florida, Richard, and James Goodnight. 2005. Managing for creativity. *Harvard Business Review*, July, 125–131.

Fowler, Martin. 1999. *Refactoring: Improving the design of existing code*. With contributions by Kent Beck, John Brant, William Opdyke, and Don Roberts. Addison-Wesley Professional.

———. 2006. Using an agile software process with offshore development. Martin Fowler's personal website, July 18. http://martinfowler.com/articles/agileOffshore.html.

Fry, Chris, and Steve Greene. 2007. Large-scale agile transformation in an on-demand world. In *Proceedings of the Agile 2007 Conference*, ed. Jutta Eckstein, Frank Maurer, Rachel Davies, Grigori Melnik, and Gary Pollice, 136–142. IEEE Computer Society.

Gabardini, Juan. 2008. E-mail to Scrum Development mailing list, February 23. http://groups.yahoo.com/group/scrumdevelopment/message/25071.

Gates, Bill. 1995. E-mail to Microsoft executive staff and his direct reports, May 26. Downloaded from the U.S. Department of Justice online case files. http://www.usdoj.gov/atr/cases/exhibits/20.pdf.

George, Boby, and Laurie Williams. 2003. An initial investigation of test-driven development in industry. In *SAC '03: Proceedings of the 2003 ACM symposium on applied computing*, 1135–1139. ACM.

Gilb, Tom. 1988. *Principles of software engineering management.* Addison-Wesley Professional.

———. 2005. *Competitive Engineering: A handbook for systems engineering, requirements engineering, and software engineering using planguage.* Butterworth-Heinemann.

Gladwell, Malcolm. 2002. *The tipping point: How little things can make a big difference.* Back Bay Books.

Glazer, Hillel, Jeff Dalton, David Anderson, Mike Konrad, and Sandy Shrum. 2008. *CMMI or agile: Why not embrace both!* Software Engineering Institute at Carnegie Mellon, November. http://www.sei.cmu.edu/pub/documents/08.reports/08tn003.pdf.

Goldberg, Adele, and Kenneth S. Rubin. 1995. *Succeeding with objects: Decision frameworks for project management.* Addison-Wesley Professional.

Goldstein, Jeffrey. 1994. *The unshackled organization: Facing the challenge of unpredictability through spontaneous reorganization.* Productivity Press.

Gonzales, Victor M., and Gloria Mark. 2004. Constant, constant, multi-tasking craziness: Managing multiple working spheres. In *Proceedings of the CHI 2004 Connect Conference*, 113–120. ACM.

Gratton, Lynda. 2007. *Hot spots: Why some teams, workplaces, and organizations buzz with energy—and others don't.* Berrett-Koehler Publishers.

Gratton, Lynda, Andreas Voigt, and Tamara J. Erickson. 2007. Bridging faultlines in diverse teams. *MIT Sloan Management Review*, Summer, 22–29.

Greene, Steve. 2007. Wall posting on the Facebook page of Adaptive Development Methodology (ADM), October 27. http://www.facebook.com/wall.php?id=4791857957.

———. 2008. Unleashing the fossa: Scaling agile in an ambitious culture. Session presented at Agile Leadership Summit, Orlando. http://www.slideshare.net/sgreene/unleashing-the-fossa-scaling-agile-in-an-ambitious-culture-presentation.

Greene, Steve, and Chris Fry. 2008. Year of living dangerously: How Salesforce.com delivered extraordinary results through a "big bang" enterprise agile revolution. Session presented at Scrum Gathering, Stockholm. http://www.slideshare.net/sgreene/scrum-gathering-2008-stockholm-salesforcecom-presentation.

Griskevicius, V., R. B. Cialdini, and N. J. Goldstein. 2008. Applying (and resisting) peer influence. *MIT Sloan Management Review*, Winter, 84–88.

Grossman, Lev. 2005. How Apple does it. *Time*, October 24, 66–70.

Hackman, J. Richard. 2002. *Leading Teams: Setting the stage for great performances.* Harvard Business School Press.

Hackman, J. Richard, and Diane Coutu. 2009. Why teams don't work. *Harvard Business Review*, May, 98–105.

Hiatt, Jeffrey. 2006. *ADKAR: A model for change in business, government and our community.* Prosci Research.

Highsmith, Jim. 2002. *Agile software development ecosystems.* Addison-Wesley.

———. 2005. Managing change: Three readiness tests. *E-Mail Advisor*, July 14. Cutter Consortium.

———. 2009. *Agile project management: Creating innovative products.* 2nd ed. Addison-Wesley Professional.

Hodgetts, Paul. 2004. Refactoring the development process: Experiences with the incremental adoption of agile practices. In *Proceedings of the Agile Development Conference*, 106–113. IEEE Computer Society.

Hofstede, Geert, and Gert-Jan Hofstede. 2005. *Cultures and organizations: Software of the mind.* 2nd ed. McGraw-Hill.

Hogan, Ben. 2006. Lessons learned from an extremely distributed project. In *Proceedings of the Agile 2006 conference*, ed. Joseph Chao, Mike Cohn, Frank Maurer, Helen Sharp, and James Shore, 321–326. IEEE Computer Society.

Honious, Jeff, and Jonathan Clark. 2006. Something to believe in. In *Proceedings of the Agile 2006 conference*, ed. Joseph Chao, Mike Cohn, Frank Maurer, Helen Sharp, and James Shore, 203–212. IEEE Computer Society.

Hubbard, Douglas W. 2007. *How to measure anything: Finding the value of "intangibles" in business.* Wiley.

Iacovou, Charalambos L., and Robbie Nakatsu. 2008. A risk profile of offshore-outsourced development projects. *Communications of the ACM*, June, 89–94.

James, Michael. 2007. A ScrumMaster's checklist, August 13. Michael James' blog on Danube's website. http://danube.com/blog/michaeljames/a_scrummasters_checklist.

Jeffries, Ron. 2004a. Big visible charts. *XP*, October 20. http://www.xprogramming.com/xpmag/BigVisibleCharts.htm.

———. 2004b. *Extreme programming adventures in C#.* Microsoft Press.

Johnston, Andrew. 2009. The role of the agile architect, June 20. Content from Agile Architect website. http://www.agilearchitect.org/agile/role.htm.

Jones, Do-While. 1990. The breakfast food cooker. http://www.ridgecrest.ca.us/~do_while/toaster.htm.

Kaplan, Robert S., and David P. Norton. 1992. The balanced scorecard: Measures that drive performance. *Harvard Business Review*, January-February, 71–79.

Karten, Naomi. 1994. *Managing expectations.* Dorset House.

Katzenbach, Jon. R. 1997. *Real change leaders: How you can create growth and high performance at your company.* Three Rivers Press.

Katzenbach, Jon R., and Douglas K. Smith. 1993. *The wisdom of teams: Creating the highperformance organization.* Collins Business.

Keith, Clinton. 2006. Agile methodology in game development: Year 3. Session presented at Game Developers Conference, San Jose.

Kelly, James, and Scott Nadler. 2007. Leading from below. *MIT Sloan Management Review*, March 3. http://sloanreview.mit.edu/business-insight/articles/2007/1/4917/leading-from-below.

Kerievsky, Joshua. 2005. Industrial XP: Making XP work in large organizations. *Cutter Consortium Agile Project Management Executive Report* 6 (2).

Koskela, Lasse. 2007. *Test driven: TDD and acceptance TDD for Java developers.* Manning.

Kotter, John P. 1995. Leading change: Why transformation efforts fail. *Harvard Business Review*, March–April, 59–67.

———. 1996. *Leading change.* Harvard Business School Press.

Krebs, William, and Per Kroll, 2008. Using evaluation frameworks for quick reflections. *Agile Journal*, February 9. http://www.agilejournal.com/articles/columns/column-articles/750-using-evaluation-frameworks-for-quick-reflections.

Krug, Steve. 2005. *Don't make me think: A common sense approach to web usability.* 2nd ed. New Riders Press.

LaFasto, Frank M. J., and Carl E. Larson. 2001. *When teams work best: 6,000 team members and leaders tell what it takes to succeed.* Sage Publications, Inc.

Larman, Craig, and Victor R. Basili. 2003. Iterative and incremental development: A brief history. *IEEE Computer*, June, 47–56.

Larman, Craig, and Bas Vodde. 2009. *Scaling lean & agile development: Thinking and organizational tools for large-scale Scrum.* Addison-Wesley Professional.

Larson, Carl E., and Frank M. J. LaFasto. 1989. *Teamwork: What must go right/what can go wrong.* SAGE Publications.

Lawrence, Paul R. 1969. How to deal with resistance to change. *Harvard Business Review*, January–February, 4–11.

Leffingwell, Dean. 2007. *Scaling software agility: Best practices for large enterprises.* Addison-Wesley Professional.

Liker, Jeffrey K. 2003. *The Toyota way.* McGraw-Hill.

Little, Todd. 2005. Context-adaptive agility: Managing complexity and uncertainty. *IEEE Software*, May–June, 28–35.

Luecke, Richard. 2003. *Managing change and transition*. Harvard Business School Press.

MacDonald, John D. 1968. *The girl in the plain brown wrapper*. Fawcett.

Machiavelli, Nicollo. 2005. *The prince*. trans. Peter Bondanella. Oxford University Press.

Mah, Michael. 2008. How agile projects measure up, and what this means to you. *Cutter Consortium Agile Product & Project Management Executive Report* 9 (9).

Mair, Steven. 2002. A balanced scorecard for a small software group. *IEEE Software*, November/December, 21–27.

Mangurian, Glenn, and Keith Lockhart. 2006. Responsibility junkie: Conductor Keith Lockhart on tradition and leadership. *Harvard Business Review*, October.

Mann, Chris, and Frank Maurer. 2005. A case study on the impact of Scrum on overtime and customer satisfaction. In *Proceedings of the Agile Development Conference*, 70–79. IEEE Computer Society.

Manns, Mary Lynn, and Linda Rising. 2004. *Fearless change: Patterns for introducing new ideas*. Addison-Wesley.

Marick, Brian. 2007. *Everyday scripting with Ruby: For teams, testers, and you*. Pragmatic Bookshelf.

Marsh, Stephen, and Stelios Pantazopoulos. 2008. Automated functional testing on the TransCanada Alberta gas accounting replacement project. In *Proceedings of the Agile 2008 Conference*, ed. Grigori Melnik, Philippe Kruchten, and Mary Poppendieck, 239–244. IEEE Computer Society.

Martin, Angela, Robert Biddle, and James Noble. 2004. The XP customer role in practice: Three studies. In *Proceedings of the Agile Development Conference*, 42–54. IEEE Computer Society.

Martin, Robert C. 2008. *Clean code: A handbook of agile software craftsmanship*. Prentice Hall.

McCarthy, Jim. 2004. Twenty-one rules of thumb for shipping great software on time. Posted as part of a David Gristwood blog entry. http://blogs.msdn.com/David_Gristwood/archive/2004/06/24/164849.aspx.

McCarthy, Jim, and Michele McCarthy. 2006. *Dynamics of software development*. Microsoft Press.

McFarland, Keith R. 2008. Should you build strategy like you build software? *MIT Sloan Management Review*, Spring, 69–74.

McKinsey & Company. 2008. Creating organizational transformations: McKinsey global survey results. *McKinsey Quarterly*, August. http://www.mckinseyquarterly.com/Creating_organizational_transformations_McKinsey_Global_Survey_results_2195.

McMichael, Bill, and Marc Lombardi. 2007. ISO 9001 and agile development. In *Proceedings of the Agile 2007 Conference*, ed. Jutta Eckstein, Frank Maurer, Rachel Davies, Grigori Melnik, and Gary Pollice, 262–265. IEEE Computer Society.

Mediratta, Bharat. 2007. The Google way: Give engineers room. As told to Julie Bick. *The New York Times*, October 21. http://www.nytimes.com/2007/10/21/jobs/21pre.html.

Mello, Antonio S., and Martin E. Ruckes. 2006. Team composition. *The Journal of Business* 79 (3): 1019–1039.

Meszaros, Gerard. 2007. *xUnit test patterns: Refactoring test code.* Addison-Wesley.

Miller, Ade. 2008. *Distributed agile development at Microsoft patterns & practices*. Microsoft. Download from the publisher's website. http://www.pnpguidance.net/Post/DistributedAgileDevelopmentMicrosoftPatternsPractices.aspx.

Miller, Lynn. 2005. Case study of customer input for a successful product. In *Proceedings of the Agile Development Conference*, 225–234. IEEE Computer Society.

Mintzberg, Henry. 2009. Rebuilding companies as communities. *Harvard Business Review*, July–August, 140–143.

Molokken-Ostvold, Kjetil, and Magne Jorgensen, 2005. A comparison of software project overruns: Flexible versus sequential development methods. *IEEE Transactions on Software Engineering*, September, 754–766.

Moore, Pete. 2005. *E=mc2: The great ideas that shaped our world*. Friedman.

Moore, Richard, Kelly Reff, James Graham, and Brian Hackerson. 2007. Scrum at a Fortune 500 manufacturing company. In *Proceedings of the Agile 2007 Conference*, ed. Jutta Eckstein, Frank Maurer, Rachel Davies, Grigori Melnik, and Gary Pollice, 175–180. IEEE Computer Society.

Mugridge, Rick, and Ward Cunningham. 2005. *Fit for developing software: Framework for integrated tests.* Prentice Hall.

Nicholson, Nigel. 2003. How to motivate your problem people. *Harvard Business Review*, January, 56–65.

Nickols, Fred. 1997. Don't redesign your company's performance appraisal system, scrap it! *Corporate University Review*, May–June.

Nielsen, Jakob. 2008. Agile development projects and usability. Alertbox, the author's online column, November 17. http://www.useit.com/alertbox/agile-methods.html.

Nonaka, Ikujiro, and Hirotaka Takeuchi. 1995. *The knowledge-creating company: How Japanese companies create the dynamics of innovation.* Oxford University Press.

Ohno, Taiichi. 1982. *Workplace management.* trans. Jon Miller. Gemba Press. Quoted in Poppendieck 2007.

Olson, Edwin E., and Glenda H. Eoyang. 2001. *Facilitating organization change: Lessons from complexity science.* Pfeiffer.

Paulk, Mark. 2001. Extreme programming from a CMM perspective. *IEEE Software*, November, 19–26.

Pichler, Roman. Forthcoming. *Agile product management with Scrum: Creating products that customers love.* Addison-Wesley Professional.

Poppendieck, Mary. 2007. E-mail to Lean Development mailing list, October 6. http://tech.groups.yahoo.com/group/leandevelopment/message/2111.

Poppendieck, Mary, and Tom Poppendieck. 2006. *Implementing lean software development: From concept to cash.* Addison-Wesley Professional.

Porter, Joshua. 2006. The freedom of fast iterations: How Netflix designs a winning web site. *User Interface Engineering*, November 14. http://www.uie.com/articles/fast_iterations/.

Putnam, Doug. Team size can be the key to a successful project. An article in QSM's Process Improvement Series. http://www.qsm.com/process_01.html.

Ramasubbu, Narayan, and Rajesh Krishna Balan. 2007. Globally distributed software development project performance: An empirical analysis. In *Proceedings of the 6th Joint Meeting of the European Software Engineering Conference and the ACM SIGSOFT Symposium on the Foundations of Software Engineering*, 125–134. ACM.

Ramingwong, Sakgasit, and A. S. M. Sajeev. 2007. Offshore outsourcing: The risk of keeping mum. *Communications of the ACM*, August, 101–3.

Rayhan, Syed H., and Nimat Haque. 2008. Incremental adoption of Scrum for successful delivery of an IT project in a remote setup. In *Proceedings of the Agile 2008 Conference*, ed. Grigori Melnik, Philippe Kruchten, and Mary Poppendieck, 351–355. IEEE Computer Society.

Reale, Richard C. 2005. *Making change stick: Twelve principles for transforming organizations*. Positive Impact Associates, Inc.

Rico, David F. 2008. What is the ROI of agile vs. traditional methods? An analysis of extreme programming, test-driven development, pair programming, and Scrum (using real options). A downloadable spreadsheet from David Rico's personal website. http://davidfrico.com/agile-benefits.xls.

Robarts, Jane M. 2008. Practical considerations for distributed agile projects. In *Proceedings of the Agile 2008 Conference*, ed. Grigori Melnik, Philippe Kruchten, and Mary Poppendieck, 327–332. IEEE Computer Society.

Robbins, Stephen P. 2005. *Essentials of organizational behavior*. Prentice Hall.

Rossi, Ernest Lawrence. 2002. The 20-minute ultradian healing response: An interview with Ernest Lawrence Rossi. Posted in the Interviews section of the author's personal website, June 11. http://ernestrossi.com/interviews/ultradia.htm.

Sanchez, Julio Cesar, Laurie Williams, and E. Michael Maximilien. 2007. On the sustained use of a test-driven development practice at IBM. 2007. In *Proceedings of the Agile 2007 Conference*, ed. Jutta Eckstein, Frank Maurer, Rachel Davies, Grigori Melnik, and Gary Pollice, 5–14. IEEE Computer Society.

Schatz, Bob, and Ibrahim Abdelshafi. 2005. Primavera gets agile: A successful transition to agile development. *IEEE Software*, May/June, 36–42.

———. 2006. The agile marathon. In *Proceedings of the Agile 2006 conference*, ed. Joseph Chao, Mike Cohn, Frank Maurer, Helen Sharp, and James Shore, 139–146. IEEE Computer Society.

Schubring, Lori. 2006. Through the looking glass: Our long day's journey into agile. *Agile Development*, Spring, 26–28. http://www.agilealliance.org/agile_magazine.

Schwaber, Ken. 2004. *Agile project management with Scrum*. Microsoft Press.

———. 2006. The canary in the coal mine. Recorded video of session at Agile 2006 Conference, 1 hour, 9 min., 14 sec.; embedded on InfoQ website, November 13. http://www.infoq.com/presentations/agile-quality-canary-coalmine.

———. 2007. *The enterprise and Scrum*. Microsoft Press.

———. 2009. *Scrum guide*, March. Posted as a downloadable PDF resource on the Scrum Alliance website. http://www.scrumalliance.org/resources/598.

Schwaber, Ken, and Mike Beedle. 2001. *Agile software development with Scrum*. Prentice-Hall.

Schwartz, Tony, and Catherine McCarthy. 2007. Manage your energy, not your time. *Harvard Business Review*, October, 63–73.

Seffernick, Thomas R. 2007. Enabling agile in a large organization: Our journey down the yellow brick road. In *Proceedings of the Agile 2007 Conference*, ed. Jutta Eckstein, Frank Maurer, Rachel Davies, Grigori Melnik, and Gary Pollice, 200–206. IEEE Computer Society.

Shaw, D. M. 1960. Size of share in task and motivation in work groups. *Sociometry* 23: 203–208.

Sliger, Michele. 2006. Bridging the gap: Agile projects in the waterfall enterprise. *Better Software*, July/August, 26–31.

Sliger, Michele, and Stacia Broderick. 2008. *The software project manager's bridge to agility*. Addison-Wesley Professional.

Sosa, Manuel E., Steven D. Eppinger, and Craig M. Rowles. 2007. Are your engineers talking to one another when they should? *Harvard Business Review*, January, 133–142.

Spann, David. 2006. Agile manager behaviors: What to look for and develop. *Cutter Consortium Executive Report*, September.

Stangor, Charles. 2004. *Social groups in action and interaction*. Psychology Press.

Steiner, I. D. 1972. *Group process and productivity*. Academic Press Inc.

Striebeck, Mark. 2006. Ssh! We are adding a process…. In *Proceedings of the Agile 2006 conference*, ed. Joseph Chao, Mike Cohn, Frank Maurer, Helen Sharp, and James Shore, 185–193. IEEE Computer Society.

———. 2007. Agile adoption at Google: Potential and challenges of a true bottom-up organization. Session presented at Agile 2007 conference, Washington, DC.

Subramaniam, Venkat, and Andy Hunt. 2006. *Practices of an agile developer: Working in the real world*. Pragmatic Bookshelf.

Summers, Mark. 2008. Insights into an agile adventure with offshore partners. In *Proceedings of the Agile 2008 Conference*, ed. Grigori Melnik, Philippe Kruchten, and Mary Poppendieck, 333–339. IEEE Computer Society.

Sutherland, Jeff, Carsten Ruseng Jakobsen, and Kent Johnson. 2007. Scrum and CMMI level 5: The magic potion for code warriors. In *Proceedings of the Agile 2007 Conference*, ed. Jutta Eckstein, Frank Maurer, Rachel Davies, Grigori Melnik, and Gary Pollice, 272–278. IEEE Computer Society.

Sutherland, Jeff, Guido Schoonheim, Eelco Rustenburg, and Mauritz Rijk. 2008. Fully distributed Scrum: The secret sauce for hyperproductive offshore development teams. In *Proceedings of the Agile 2008 Conference*, ed. Grigori Melnik, Philippe Kruchten, and Mary Poppendieck, 339–344. IEEE Computer Society.

Sutherland, Jeff, Anton Viktorov, and Jack Blount. 2006. Adaptive engineering of large software projects with distributed/outsourced teams. In *Proceedings of the Sixth International Conference on Complex Systems*, ed. Ali Minai, Dan Braha, and Yaneer Bar-Yam. New England Complex Systems Institute.

Sutherland, Jeff, Anton Viktorov, Jack Blount, and Nikolai Puntikov. 2007. Distributed Scrum: Agile project management with outsourced development teams. In *Proceedings of the 40th Annual Hawaii International Conference on System Sciences*, 274a. IEEE Computer Society.

Sy, Desiree. 2007. Adapting usability investigations for agile user-centered design. *Journal of Usability Studies* 2 (3): 112–132.

Tabaka, Jean. 2006. *Collaboration explained: Facilitation skills for software project leaders*. Addison-Wesley Professional.

———. 2007. Twelve ways agile adoptions fail. *Better Software*, November, 7.

Takeuchi, Hirotaka, and Ikujiro Nonaka. 1986. The new new product development game. *Harvard Business Review*, January, 137–146.

Tengshe, Ash, and Scott Noble. 2007. Establishing the agile PMO: Managing variability across projects and portfolios. In *Proceedings of the Agile 2007 Conference*, ed. Jutta Eckstein, Frank Maurer, Rachel Davies, Grigori Melnik, and Gary Pollice, 188–193. IEEE Computer Society.

Thaler, Richard H., and Cass R. Sunstein. 2009. *Nudge: Improving decisions about health, wealth, and happiness*. Updated ed. Penguin.

Therrien, Elaine. 2008. Overcoming the challenges of building a distributed agile organization. In *Proceedings of the Agile 2008 Conference*, ed. Grigori Melnik, Philippe Kruchten, and Mary Poppendieck, 368–372. IEEE Computer Society.

Thomas, Dave. 2005. Agile programming: Design to accommodate change. *IEEE Software*, May/June, 14–16.

Toffler, Alvin. 1970. *Future shock*. Random House.

Tubbs, Stewart L. 2004. *A systems approach to small group interaction*. 8th ed. McGraw-Hill.

Turner, Richard, and Apurva Jain. 2002. Agile meets CMMI: Culture clash or common cause? In *Extreme Programming and Agile Methods: XP/Agile Universe 2002*, ed. D. Wells and L. A. Williams, 153–165. Springer.

Unson, J. F. 2008. E-mail to Scrum Development mailing list, May 26. http://groups.yahoo.com/group/scrumdevelopment/message/29481.

Vax, Michael, and Stephen Michaud. 2008. Distributed agile: Growing a practice together. In *Proceedings of the Agile 2008 Conference*, ed. Grigori Melnik, Philippe Kruchten, and Mary Poppendieck, 310–314. IEEE Computer Society.

Venners, Bill. 2003. Tracer bullets and prototypes: A conversation with Andy Hunt and Dave Thomas, part VIII. *Artima Developer*, April 21. http://www.artima.com/intv/tracer.html.

VersionOne. 2008. The state of agile development: Third annual survey. Posted as a downloadable PDF in the Library of White Papers on the VersionOne website. http://www.versionone.com/pdf/3rdAnnualStateOfAgile_FullDataReport.pdf.

Wake, William C. 2003. *Refactoring workbook*. Addison-Wesley Professional.

Ward, Allen C. 2007. *Lean product and process development*. Lean Enterprise Institute.

Wenger, Etienne, Richard McDermott, and William M. Snyder. 2002. *Cultivating communities of practice*. Harvard Business School Press.

Williams, Laurie, Lucas Layman, and William Krebs. 2004. Extreme programming evaluation framework for object-oriented languages, version 1.4. North Carolina State University Department of Computer Science, TR-2004-18.

Williams, Laurie, Anuja Shukla, and Annie I. Anton. 2004. An initial exploration of the relationship between pair programming and Brooks' law. In *Proceedings of the Agile Development Conference*, 11–20. IEEE Computer Society.

Williams, Wes, and Mike Stout. 2008. Colossal, scattered, and chaotic: Planning with a large distributed team. In *Proceedings of the Agile 2008 Conference*, ed. Grigori Melnik, Philippe Kruchten, and Mary Poppendieck, 356–361. IEEE Computer Society.

Woodward, E. V., R. Bowers, V. Thio, K. Johnson, M. Srihari, and C. J. Bracht. Forthcoming. Agile methods for software practice transformation. *IBM Journal of Research and Development* 54 (2).

Wright, Graham. 2003. Achieving ISO 9001 certification for an XP company. In *Extreme Programming and Agile Methods: XP/Agile Universe 2003*, ed. F. Maurer and D. Wells, 43–50. Springer.

Yegge, Steve. 2006. Good agile, bad agile. *Stevey's Blog Rants*, September 27. http://steve-yegge.blogspot.com/2006/09/good-agile-bad-agile_27.html.

Young, Cynick, and Hiroki Terashima. 2008. How did we adapt agile processes to our distributed development? Overcoming the challenges of building a distributed agile organization. In *Proceedings of the Agile 2008 Conference*, ed. Grigori Melnik, Philippe Kruchten, and Mary Poppendieck, 304–309. IEEE Computer Society.